高等职业学校"十四五"规划智能制造专业群特色教材

智能产线编程与装调

主　编　陈青艳　周明龙

副主编　高　淼　蒋　芬　张　磊
　　　　于冠军　孙海亮

主　审　蒋保涛

华中科技大学出版社

中国·武汉

内 容 简 介

  本书采用项目任务式结构编写,围绕智能产线的设备认知、核心技术、程序编制、安装调试和集成联调展开,共分 5 个项目、23 个任务。每个任务均由任务导入、知识平台、任务实施、拓展知识 4 部分组成。

  本书属于高等职业院校提质培优＋双高建设智能制造类专业教材建设成果,融合了纸质版教材、课程视频或微课、动画、PPT、试题库、行业资料等多种资源,形成了一套新形态一体化教材。本书既可作为高职院校、应用型本科院校的专业教材,又可作为培训机构的参考教材,还可供相关工程技术人员参考,广泛适用于教师、学生及社会专业人士。

图书在版编目(CIP)数据

智能产线编程与装调 / 陈青艳,周明龙主编. -- 武汉 : 华中科技大学出版社,2025.6. -- ISBN 978-7-5772-1716-1

Ⅰ. TH166

中国国家版本馆 CIP 数据核字第 20257GG988 号

智能产线编程与装调
Zhineng Chanxian Biancheng yu Zhuangtiao

陈青艳 周明龙 主编

策划编辑：万亚军
责任编辑：罗 雪
封面设计：廖亚萍
责任监印：朱 玢
出版发行：华中科技大学出版社(中国·武汉) 电话：(027)81321913
     武汉市东湖新技术开发区华工科技园 邮编：430223
录 排：武汉正风天下文化发展有限公司
印 刷：武汉市洪林印务有限公司
开 本：787mm×1092mm 1/16
印 张：19.25
字 数：493 千字
版 次：2025 年 6 月第 1 版第 1 次印刷
定 价：54.80 元

前 言

FOREWORD

　　智能制造的新技术、新工艺、新规范和新标准已广泛应用于智能制造装备产业,使得智能制造装备设计、制造、装调、维护等岗位的人才需求十分旺盛。根据智能制造工程技术技能人才需求,结合智能制造产业链智能产线装调岗位的人才需求调研和智能制造类专业的人才培养方案,综合考虑智能制造类专业的核心课程、共享课程及拓展课程的课程标准,本书在融入智能新知识、专业岗位技能目标及智能制造装调标准的基础上,采用项目任务式编写方式,以智能产线为载体,围绕智能产线的设备认知、核心技术、程序编制、安装调试和集成联调展开,旨在满足智能制造类编程与安装调试工程技术技能人才的核心素养和关键技能培养需求。

　　1.项目任务式编写方式

　　本书分为 5 个项目,共有 23 个任务,遵循掌握智能产线编程与装调概念、强化应用、重点培养技能的原则,依次介绍智能产线的设备认知、知识储备、程序编制、安装调试和集成联调。每个任务均由任务导入、知识平台、任务实施、拓展知识 4 部分组成,内容循序渐进、重难点突出,以实现知识目标、技能目标和素质目标的综合培养。

　　2.理实一体化教学设计

　　本书采用新形态理实一体化教学设计,针对智能制造装备产业装调岗位技能要求,结合智能产线生产现场实践和应用案例,提炼出编程理论和装调实践教学知识点,突出 PROFINET、Modbus、RFID、CMOS/CCD、WinCC、伺服驱动、智能变频等新技术、新工艺、新规范、新标准,以及 1+X 技能等级、专业技能大赛赛项的实践实操知识点,充分体现现代学徒制特点,不断提升学生的智能制造类专业实践技术技能水平。

　　3.二维码资源拓展

　　本书每个任务都配备二维码,内容涵盖 PPT、视频或微课、拓展知识等丰富资源。读者可扫码查看。这种模式将传统纸质版教材与现代信息技术深度融合,能够激发读者的积极性,真正实现知识的立体化传授和数字化学习。

　　本书内容由浅入深,循序渐进,注重实践与规范操作,旨在实现理论与实践的紧密结合,帮助学生在提升理论水平的同时提高实践操作能力,为培养大国工匠储备智能制造专业技术技能人才。

　　本书由武汉软件工程职业学院陈青艳、安徽机电职业技术学院周明龙担任主编,武汉软件工程职业学院高淼、蒋芬和张磊,山东水利技师学院于冠军、武汉华中数控股份有限公司孙海亮担任副主编,由武汉软件工程职业学院蒋保涛担任主审。具体编写分工如下:陈青艳负责编写项目 3、项目 4、项目 5 和附录,并对全书进行修改和统稿;周明龙负责编写项目 1;孙海亮负责编写项目 2 的任务 1;高淼负责编写项目 2 的任务 2;蒋芬负责编写项目 2 的任务 3、任务 4;

张磊负责编写项目 2 的任务 5;于冠军负责编写项目 2 的任务 6;蒋保涛对全书进行了审核和把关,并提出了建设性修改意见。

本书属于提质培优＋双高建设智能制造类专业教材建设成果,融合了纸质版教材、课程视频或微课、动画、PPT、试题库、行业资料等多种资源,形成了一套新形态一体化教材。本书既可作为高职院校、应用型本科院校的专业教材,又可作为培训机构的参考教材,还可供相关工程技术人员参考,广泛适用于教师、学生及社会专业人士。

在编写本书的过程中,编者参阅了大量的文献资料,许多案例源自西门子、亚德客、华中数控、三菱等相关合作企业,在此一并致以衷心的感谢!

由于编者水平有限,书中难免存在不足之处,敬请广大读者批评指正。

编 者
2025 年 6 月

目 录

CONTENTS

知识目标

(1) 熟悉典型智能产线的基本组成、基本功能、工艺流程,掌握典型智能产线通信连接关系。

(2) 掌握智能产线的可编程控制器(PLC)、人机界面(HMI)、变频器、伺服驱动器和智能传感器等智能设备的基本组成、基本功能。

技能目标

(1) 正确识别典型智能产线的智能设备,识读对应通信连接图。

(2) 正确操作典型智能产线的智能设备。

(3) 正确识别智能产线的 PLC、HMI、变频器、伺服驱动器和智能传感器等智能设备型号。

素质目标

(1) 借阅图书资料或查阅网络资源,自主了解西门子等智能设备的新技术、新工艺、新知识。

(2) 借助各种媒体资源查找所需信息,自主学习智能产线的基本组成、功能等。

(3) 借助教学互动环节,培养自身口头与书面表达能力、人际沟通能力。

(4) 借助教学任务布置环节,培养独立制订工作计划的能力,并按新标准和新规范逐步实施。

(5) 践行劳模精神、工匠精神,加强 6S(整理、整顿、清扫、清洁、素养和安全)管理和安全教育学习。

任务 1　典型智能产线

任 务 导 入

　　智能产线是把不同智能专用设备连接起来,通过液压装置、气动装置、电机、传感器和控制器联合动作,按照特定的生产流程,自动、连续、稳定有序地产出符合技术要求的特定产品的生产线。智能产线体现了机械装配、气动传动、电气驱动、传感检测、编程控制、网络通信和人机交互等多种技术的综合应用。另外,智能产线还引入工业机器人、数控机床、工业计算机和集成技术,以适应"私人定制"产品需求,提升自身灵活性和柔性制造能力。

　　下面介绍离散行业智能制造平台、小型智能制造产线平台和智能制造理实一体化平台 3 种典型智能产线的基本组成、基本功能和通信连接关系。

知识平台　典型智能产线基本认知

任务知识 1　离散行业智能制造平台

　　离散行业智能制造平台由主件供料站、次品分拣站、旋转工作站、方向调整站、产品组装站及产品分拣站 6 个工作站组成,如图 1-1 所示。

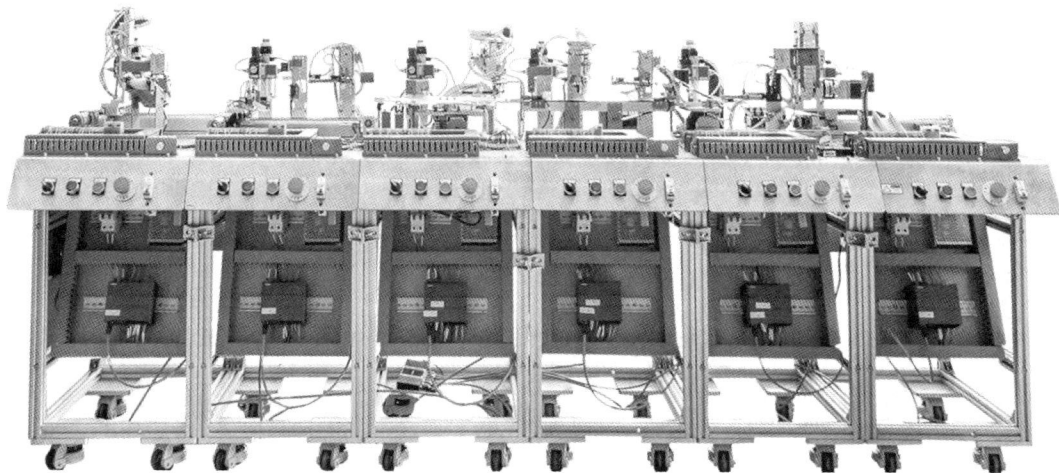

图 1-1　离散行业智能制造平台

　　离散行业智能制造平台由工程师工作站、S7-1500 控制器和 S7-1200 控制器(PLC)、人机界面(HMI)、交换机、通信模块、RFID 读写器、光学读码器(如 MV540)等现代智能设备组成。各智能设备之间均通过以太网通信,实现工程师工作站与 PLC 之间、PLC 与 PLC 之间的直接连接,如图 1-2 所示。

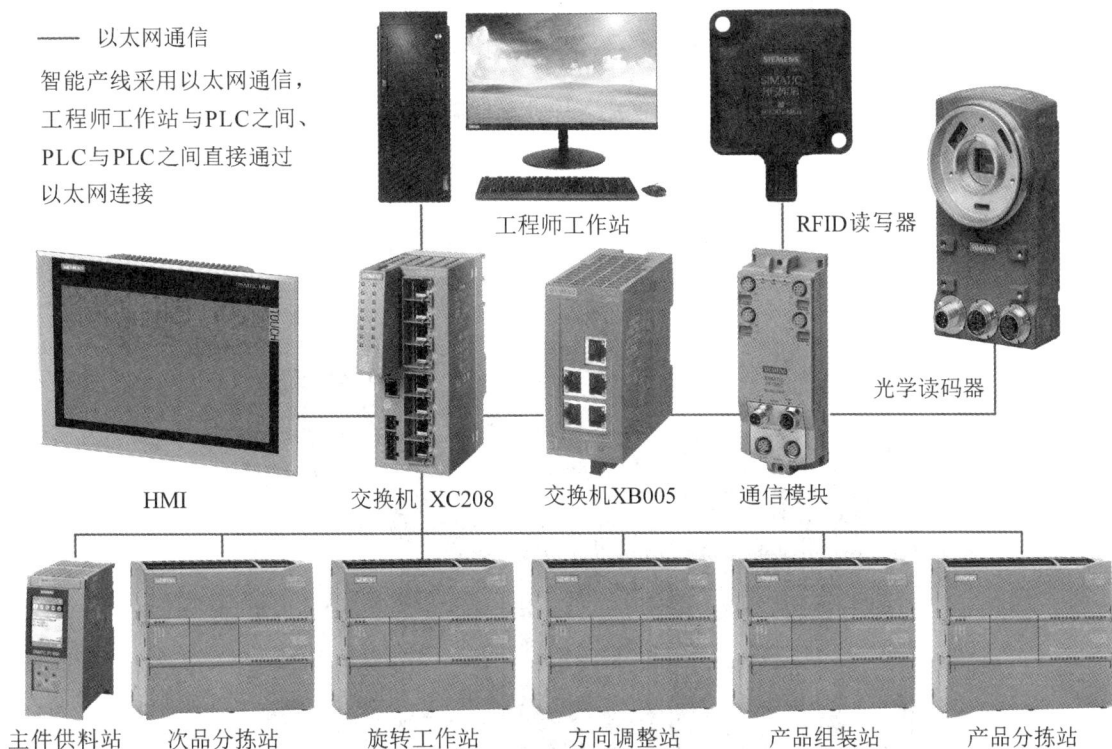

—— 以太网通信

智能产线采用以太网通信，工程师工作站与PLC之间、PLC与PLC之间直接通过以太网连接

工程师工作站

RFID读写器

光学读码器

HMI　　交换机 XC208　　交换机XB005　　通信模块

主件供料站　　次品分拣站　　旋转工作站　　方向调整站　　产品组装站　　产品分拣站

图 1-2　离散行业智能制造实训平台的控制设备通信连接

工程师工作站 PC 要求采用 Windows 7 或 Windows 10 操作系统，内存至少为 16 GB。PC 上需要安装博途（TIA Portal）软件平台，该平台中装有 STEP 7 Professional、WinCC Professional、SINAMICS Startdrive、SIMATIC STEP 7 PLCSIM 等软件，用于配置和管理 PLC、HMI、变频器及远程分布式 I/O 设备等智能设备。

作为典型智能产线，离散行业智能制造平台源自工业现场的自动化生产线，采用一套能够自动完成供料、检测、组装、装卸及运输的机器设备，组成高度连续且完全自动化的生产线，从而实现触点开关产品的组装与分拣。其工艺流程如图 1-3 所示。

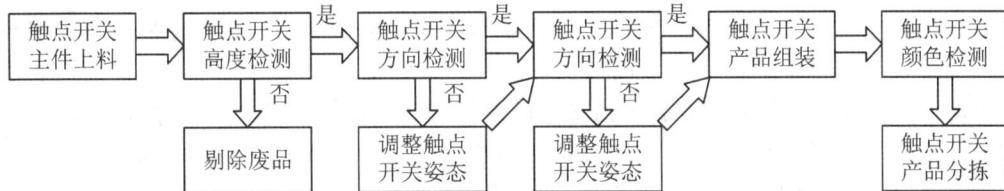

图 1-3　离散行业智能制造平台触点开关产品的组装与分拣工艺流程

具体来说，离散行业智能制造平台的主件供料站实现触点开关主件的上料功能；次品分拣站则根据高度检测结果判断触点开关主件是否合格，并剔除不合格主件（废品）；旋转工作站根据方向检测结果判断触点开关主件放置姿态是否正确，并调整姿态错误的触点开关主件的放置方向；方向调整站根据材质检测结果判断触点开关主件放置姿态是否正确，并调整姿态错误的触点开关主件的放置方向，确定触点开关主件的最终放置姿态；产品组装站实现按钮头、螺

栓头与触点开关主件的组装,完成触点开关组装工作;产品分拣站根据颜色检测结果区分触点开关不同产品,并将其放入不同物流通道,完成触点开关产品的最终分拣。

任务知识 2　小型智能制造产线平台

小型智能制造产线平台由云生成站、料仓供料站、检测加工站、自动装配站和物料仓储站组成,如图 1-4 所示。

图 1-4　小型智能制造产线平台

小型智能制造产线平台的料仓供料站、检测加工站、自动装配站和物料仓储站由生产系统信息服务器、控制中心工作站(包括工程师站和操作员站)、PLC、HMI、库卡(KUKA)工业机器人、工业交换机、通信模块、安全模块、光学读码器、RFID 读写器等主要现代智能设备组成。小型智能制造产线平台的各智能设备之间均通过以太网通信,实现工程师工作站与 PLC 之间、PLC 与 PLC 之间的直接连接,如图 1-5 所示。

云生成站由生产系统信息服务器、工业交换机和安全模块组成。生产系统信息服务器需采用 Windows 10 及以上操作系统,同时安装订单管理系统、生产管理系统(涵盖生产计划、生产执行和生产监视等功能)、库存管理系统和质量管理系统等生产管理信息系统软件,以实现小型智能制造产线平台的信息化、网络化和智能化控制。为防止外部网络对生产的干扰和破坏,外部网络须经过安全模块的安全认证和确认才可访问生产系统内部网络。

把不同颜色的主件手动放在料仓供料站的上料皮带上,经颜色传感器自动检测,由两轴机械臂拾取并放置到正确的料筒中;然后出料气缸推出正确颜色的主件,并通过 RFID 读写器向嵌入主件的 RFID 标签写入产品所有的定制信息;最后,在出站口,另一个 RFID 读写器向 RFID 标签写入主件在料仓供料站的操作信息。

当主件进入检测加工站后,RFID 读写器读取产品编号和定制信息,高度检测机构对主件的高度进行测量,若高度合格则进行后续的主件加工操作,并将检测加工信息写入 RFID 标

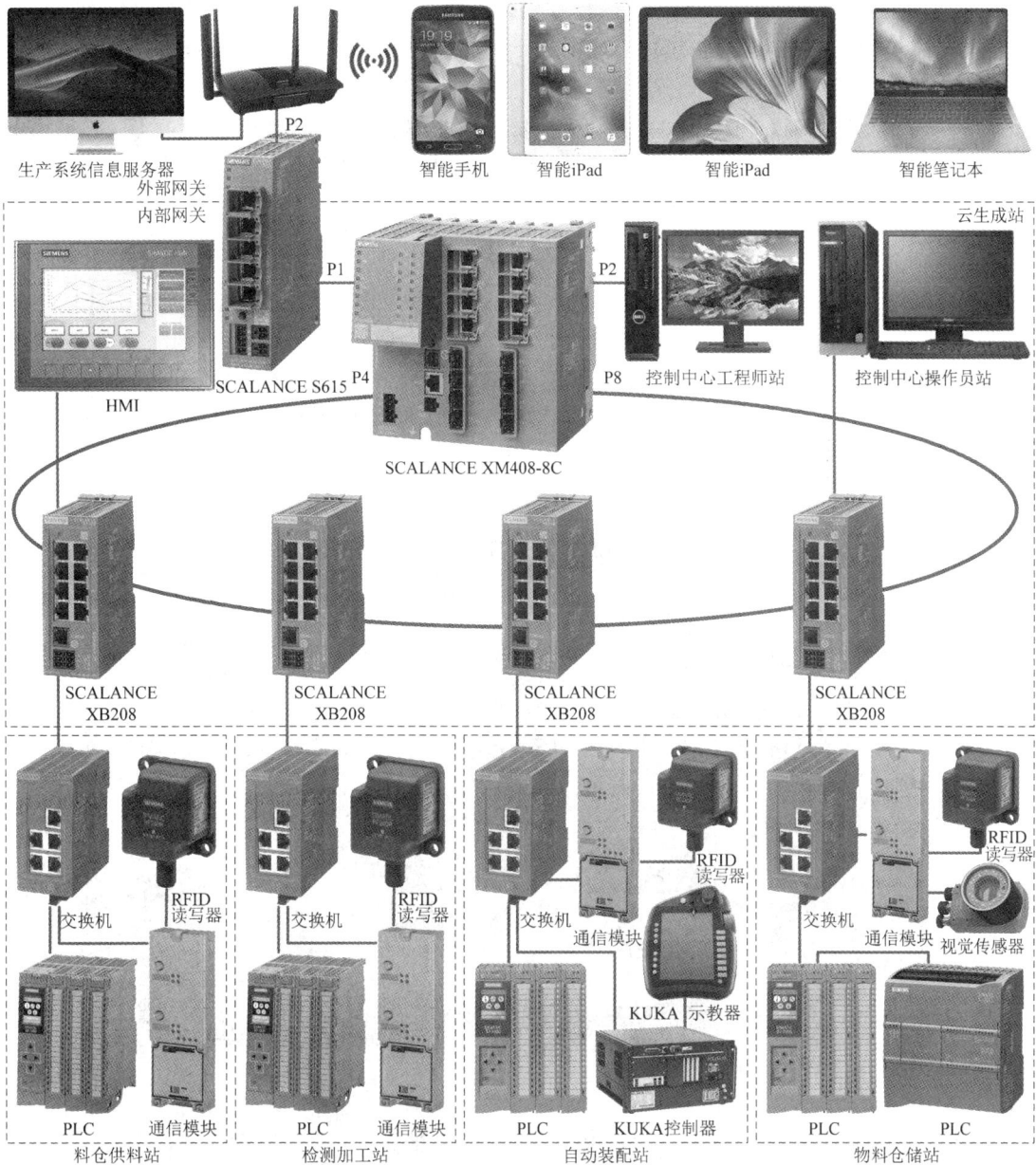

图1-5 小型智能制造产线平台的智能设备通信连接

签,随后将合格的主件转移到自动装配站。

当主件移动到转运码头后,机器人拾取主件,通过RFID读写器读取产品编号和定制信息,然后将主件放置到装配平台上,依据读取的定制配件颜色信息前往配件库,拾取正确的配件并装配到主件上,形成完整产品。在成品输送皮带上设置有成品装配检测装置。若装配不合格,则成品将直接被移至废料盒;若装配合格,则成品通过RFID读写器写入装配信息后被传送至物料仓储站,以实现配件的自动化入库。其中,配件的上料和装配过程为:手动将配件放置于配件上料皮带,传感器自动感应并驱动皮带将配件输送至指定位置;随后,机器人自动拾取配件,并将其送至色标传感器进行检测,根据检测结果将配件放置到正确的库位中。

当产品被输送到物料仓储站后,首先由光学读码器读取产品上的二维码,获取物料编码信息;随后,通过 RFID 读写器读取产品编号和定制信息,并根据定制信息将成品分通道输送至成品库。当成品出库时,RFID 读写器首先读取产品的编号,确认出库产品无误后,产品出站皮带将产品运送出站。成品的入库和出库操作由三轴机械臂完成。

任务知识 3　智能制造理实一体化平台

智能制造理实一体化平台由智能制造理实一体化虚拟仿真软件、制造执行系统(MES)、西门子 PLC、华数Ⅲ型机器人控制系统及示教器、HNC-8 数控系统、HMI、RFID 读写器、显示屏、五色灯、I/O 接口等组成。该平台的虚拟仿真软件运用 3D 技术,将智能制造产线的真实生产加工过程完整地呈现在虚拟仿真环境中,实现了在虚拟构建的智能产线场景中完成智能制造技术单元的模拟运行,如图 1-6 所示。模拟运行内容包括数控车床编程与调试、加工中心编程与调试、工业机器人编程与调试、工件在线尺寸测量编程与调试、PLC 编程与调试、RFID 编程与调试等。

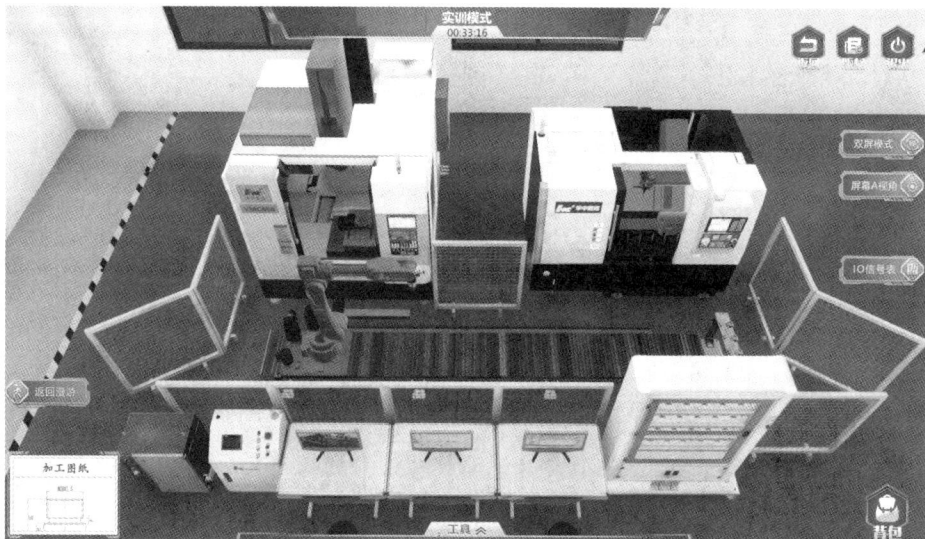

图 1-6　智能制造理实一体化平台

MES 是面向制造企业车间执行层的生产信息化管理系统。它为企业提供制造数据管理、计划排程管理、生产调度管理、库存管理、质量管理、人力资源管理、工作中心与设备管理、工具工装管理、采购管理、成本管理、项目看板管理、生产过程控制、底层数据集成分析及上层数据集成等模块,从而构建智能制造协同信息管理平台。

智能制造理实一体化平台的智能设备通信连接采用 Modbus TCP、Modbus RTU、PROFINET 和 I/O 通信等多种方式,如图 1-7 所示。

料仓五色灯通过不同颜色分别指示有料、加工前、加工中、加工后和报错 5 种状态,并与MES 上位机通过 RS485 进行数据通信,从而实现信息交互。料仓五色灯的开启和关闭由MES 控制。

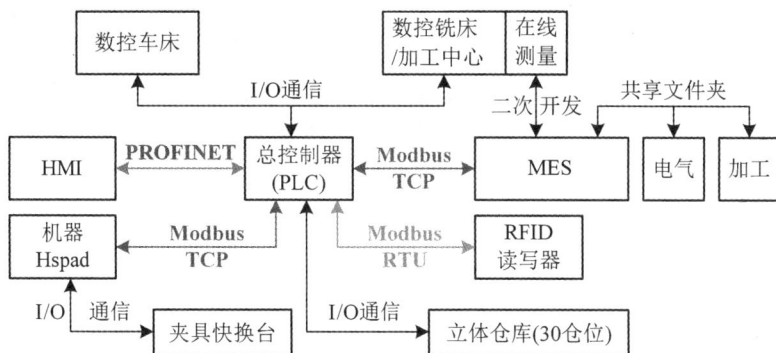

图 1-7　智能制造理实一体化平台的智能设备通信连接

任务实施　典型智能产线基本操作

◆ 任务实施要求

正确开启典型智能产线。

任何操作失误都可能因具体情况不同而产生不同的严重后果,因此必须严格遵守安全操作规程并重视相关注意事项。请务必牢记生产现场的安全符号及其含义,如表 1-1 所示。

表 1-1　安全符号及其含义

符号与含义	注意事项	符号与含义	注意事项
⚠ 危险	误操作时可能发生死亡或重伤事故	⚠ 强制	使用时必须遵守的事项
⚠ 注意	误操作时可能发生中等或轻伤事故	🚫 禁止	使用时必须禁止的事项

操作智能产线前,必须检查智能产线的设备是否具备操作条件。若智能产线正处于维修或正常运行阶段,则不允许对智能产线进行任何操作。即使允许操作智能产线时,也要先检查智能产线的周围环境是否具备操作条件,如线槽导线有无破损、机器人本体是否干净无杂物、控制柜上是否无工具和物品、有无漏水和漏电等情况。以智能制造理实一体化平台为例,其开机操作流程如下。

步骤 1　智能产线设备通电

闭合电气柜开关和总闸电源,给智能产线设备通电。

步骤 2　开启机器人

(1)顺时针旋转机器人示教器的急停按钮,解除急停状态。

（2）检查示教器是否连接成功（左下角指示灯显示绿色），顺时针旋转示教器钥匙开关。

（3）选择"自动运行"模式后，将示教器钥匙开关拧回原位，返回示教器主菜单。

（4）确认"报警信息"，点击面板上方的"关"图标，待弹出窗口后，点击"开"，打开使能开关。

（5）按右下角的"自动运行倍率调节"，将运行速度调节至10%。

（6）点击文件HSRobot，在右侧选择程序（机器人运行程序均带锁加密）。

（7）点击屏幕面板下方的"加载"，等待程序加载完毕。

（8）点击面板左侧上方的"运行"，机器人进入自动运行状态，准备完毕。

步骤 3　开启数控车床

（1）在数控车床面板前按下开机键。

（2）顺时针旋转数控车床面板的急停按钮，解除急停状态。

（3）按下数控车床操作面板的"Prg"程序按键，选择加工程序，点击"确认"以加载程序。

（4）点击"自动"，按下启动按钮启动数控车床，点击"F1"打开数控车床照明灯。

（5）旋转进给轴进给速度倍率旋钮和主轴转速倍率旋钮至100，数控车床准备完毕。

步骤 4　开启加工中心

（1）在加工中心面板前按下开机键。

（2）顺时针旋转加工中心面板的急停按钮，解除急停状态。

（3）按下加工中心操作面板的"Prg"程序按键，选择加工程序，点击"确认"以加载程序。

（4）点击"自动"，按下启动按钮启动加工中心，点击"机床照明"打开加工中心照明灯。

（5）旋转进给轴进给速度倍率旋钮和主轴转速倍率旋钮至100，加工中心准备完毕。

步骤 5　开启 MES

（1）启动2号电脑，开启ServerWindows适配器软件并最小化窗口（不能关闭此窗口）。

（2）以管理员身份开启并运行DCAgent软件，最小化窗口（不能关闭此窗口）。

（3）以管理员身份开启并运行MES软件，开启MES排程功能。

步骤 6　开启虚拟仿真软件和编程软件

（1）启动1号电脑，以管理员身份开启Portal软件，打开或编辑PLC程序或HMI。

（2）启动3号电脑，以管理员身份开启虚拟仿真软件，操作智能制造理实一体化平台界面。

拓展知识　智能制造技术单元平台基本认知

智能制造技术单元平台以智能制造技术的实际推广应用与发展需求为设计依据，遵循"设备自动化＋生产精益化＋管理信息化＋人工高效化"的构建理念，将数控加工设备、工业机器人、产品检测设备、数据信息采集管控设备等典型智能加工制造设备集成为智能制造单元"硬件"，并综合运用智能化控制技术、高效加工技术、工业物联网技术、RFID数字信息技术等"软件"，实现高度集成化与智能化的生产模式。

智能制造技术单元平台采用机器人完成数控车床、加工中心的上下料作业，根据不同零件的特性实现上料、加工、检测和下料等过程的自动化。这一过程不仅提高了生产的自动化水平,还降低了废品率,节省了人力成本,并提升了产品质量。

智能制造技术单元平台由 MES、总控 PLC、电子看板、数字化设计与加工编程平台、工业交换机、华数机器人、数控车床、加工中心、立体仓库和智能安全防护系统等智能设备组成。智能设备通过不同的通信连接实现了柔性化加工生产,如图 1-8 所示。其中,MES 可实现加工订单管理、加工数据管理、加工工艺管理、生产制造过程监控及数字化设计等自动控制功能,能够对数控机床、机器人(robot)、测量仪等设备的运行状态进行实时监控,并通过可视化界面展示检测到的数据。此外,MES 还可以完成数据的上传下达,包括上报设备状态、动作、刀具等数据,以及下发加工中心切入切出控制指令、加工任务等生产任务和命令。

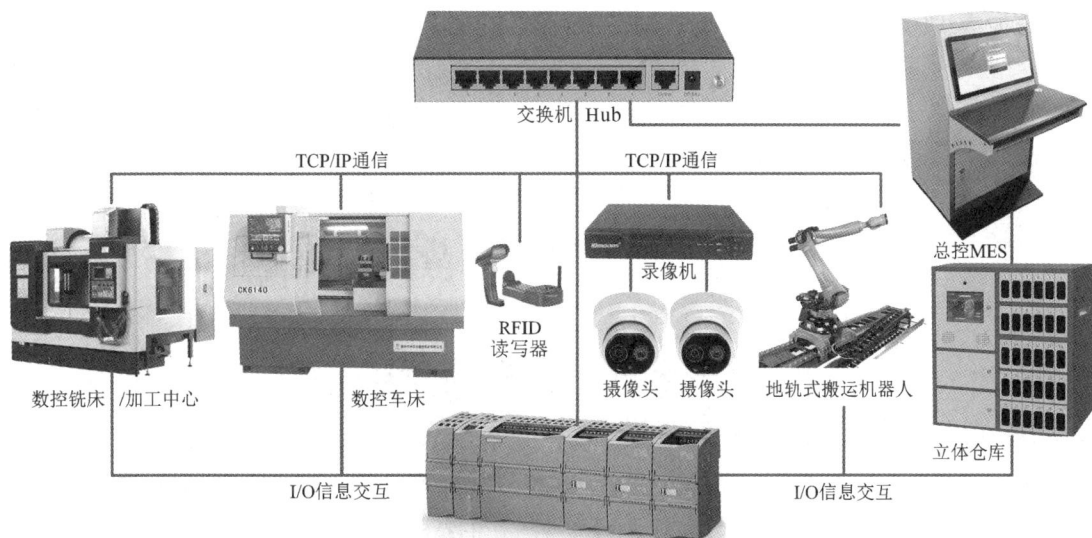

图 1-8　智能制造技术单元平台的智能设备及通信连接

在生产过程中,智能制造技术单元平台通过 MES 派发订单;经 PLC 总控接收信息后,机器人根据订单信息在快换台上选择相应夹具,装配在机器人法兰盘上(若机器人法兰盘已有夹具,则需要先判别夹具是否需要更换),并移动至立体仓库的相应仓位 RFID 位置处;随后,RFID 读写器读取仓位 RFID 标签中的零件信息,并抓取零件放置在机床卡盘上。待机床加工完成后,机器人根据机床的反馈信息,再次抓取机床卡盘上的已加工零件,将其放入立体仓库,并把零件的加工更新信息写入 RFID 标签,最后把夹具放回快换台,由此完成零件自动加工、搬运和检测等操作。

智能制造技术单元平台配备了 PLC、HMI、Modbus TCP/IP 通信模块、工业交换机等智能控制设备,实现了生产过程的自动化、信息化和智能化控制。工业机器人的法兰盘上安装了3 种不同的夹具,并且在夹具上配备了 RFID 读写器(用于读写加工信息和零件状态)和光电开关(用于检测抓取工件的状态),从而实现了零件的搬运。同时,为适应工位多、跨度大的现场环境,平台还增加了附加轴。数控车床、数控铣床/加工中心配备了 HNC-818 数控系统,以实现零件的自动加工。立体仓库的每个仓位均配备了 RFID 读写芯片、传感器和状态指示灯,用于记录毛坯、零件的加工信息和零件状态。平台还配备了围栏、安全门、安全防护罩、急停开关、解锁许可、门锁解除等智能安全防护系统,以防止在自动运行过程中发生意外或安全事故。

电子看板则实时呈现总控管理、数控机床运行状态、零件加工状态、零件加工质量、数据统计和大数据分析等信息。

任务 2　智能设备基本认知

智能设备
基本认知

任 务 导 入

智能产线的智能设备一般包括可编程控制器（PLC）、人机界面（HMI）、变频器、伺服驱动器、有线网络交换机、识别系统（包括 RFID 读写器、光学读码器、通信模块）、智能传感器、气动执行机构、数控机床和工业机器人等。这些智能设备本身具备强大的控制功能和信号处理能力，例如数控系统能通过自动加工等功能实现分散控制。

知识平台　智能设备基本认知

任务知识 1　可编程控制器

国际电工委员会（IEC）定义，可编程控制器（programmable logic controller，PLC）是一种专门为工业环境应用而设计的数字运算电子装置。PLC 采用可编程存储器，在内部存储中执行逻辑运算、顺序运算、计时、计数和算术运算等操作的指令，并能通过数字或模拟输入和输出接口控制各种类型的机械或生产过程。PLC 及其外围设备的设计都遵循易于集成到工业控制系统并便于功能扩展的原则。

目前，PLC 具备可靠性高、抗干扰能力强、配套齐全、功能完善、适用性强、易学易用等优点，深受工程技术人员欢迎。其系统的设计和建造工作量小，维护方便，易于改造，体积小，重量轻，能耗低，因此在国内外得到了广泛应用。PLC 的主要品牌有西门子（SIEMENS）、三菱（MITSUBISHI）、欧姆龙（OMRON）、松下（Panasonic）、施耐德（Schneider）、罗克韦尔（Rockwell）等。PLC 广泛应用于开关量逻辑控制、模拟量控制、运动控制、过程控制、数据处理、通信及联网等方面。

1　西门子 S7-1500 系列 PLC

S7-1500 系列 PLC 具有系统性能好、信号处理响应时间短、位指令运算速率快（小于 10 ns）、系统响应精度高等优点，能够实现实时诊断、追踪（trace）、控制参数自整定、故障安全自动化、运动控制标准化等功能，具有工业信息安全防护机制、数据校验机制、PID（比例-积分-微分）控制工艺、直接连接驱动支持速度和定位轴，支持 PROFINET 和 PROFIBUS 通信，并且具有较高的防护等级（IP20）。

S7-1500 系列 PLC 的 CPU 模块可分为标准型 CPU 模块和扩展型 CPU 模块。如图 1-9

所示,S7-1500 系列 PLC 标准型 CPU 模块目前有 CPU 1511、CPU 1512、CPU 1513、CPU 1515、CPU 1516、CPU 1517 和 CPU 1518 等多种型号。这些 CPU 模块一般需要额外配置 SIMATIC 存储卡(MMC)。

（a）CPU 1511-1 PN （b）CPU 1513-1 PN　　（c）CPU 1515-2 PN　　　　　（d）CPU 1517-3 PN/DP

图 1-9　西门子 S7-1500 系列 PLC 标准型 CPU 模块

一般来说,S7-1500 系列 PLC 的 CPU 模块至少配备 1 个系统接口。第 1 个双端口接口为 PROFINET IO 控制器,支持 PROFINET V2.3,具备实时/等时实时(RT/IRT)、介质冗余协议(MRP)、介质冗余计划复制协议(MRPD)、TCP/IP 传输协议、安全开放式用户通信、S7 通信、Web 服务器、DNS 客户端、OPC UA 服务器数据访问以及路由等功能。第 2 个接口同样为 PROFINET IO 控制器,支持 RT、TCP/IP 传输协议、安全开放式用户通信、S7 通信、Web 服务器、DNS 客户端、OPC UA 服务器数据访问及路由等功能。第 3 个接口为 PROFINET 基本服务千兆接口,支持 TCP/IP 传输协议、安全开放式用户通信、S7 通信、Web 服务器、DNS 客户端、OPC UA 服务器数据访问及路由等功能。第 4 个接口为 PROFIBUS DP(分布式外设)主站,支持 S7 通信和路由功能,并具备恒定总线循环时间。

不同型号的标准型 CPU 模块主要在基本技术参数上有所区别,具体包括存储器容量、位指令执行时间、系统总线接口数量、防护机制等级、工艺功能(如运动控制、PID 控制、技术与测量)、路由功能和跟踪功能等。S7-1500 系列 PLC 标准型 CPU 模块的技术参数见表 1-2。

表 1-2　S7-1500 系列 PLC 标准型 CPU 模块的技术参数

技术参数	CPU 1511-1 PN	CPU 1513-1 PN	CPU 1515-2 PN	CPU 1516-3 PN/DP	CPU 1517-3 PN/DP	CPU 1518-4 PN/DP
位指令执行时间/ns	60	40	30	10	2	1
程序/数据存储器容量	150 KB/1 MB	300 KB/1.5 MB	500 KB/3 MB	1 MB/5 MB	2 MB/8 MB	4 MB/20 MB
防护机制等级	4 级	4 级	4 级	4 级	4 级	4 级
最大 CPU 模块数	2000	2000	6000	6000	10000	10000
最大模块数	1024	2048	8192	8192	16384	16384

技术参数	CPU 1511-1 PN	CPU 1513-1 PN	CPU 1515-2 PN	CPU 1516-3 PN/DP	CPU 1517-3 PN/DP	CPU 1518-4 PN/DP
可扩展通信模块数	4	6	8	8	8	8
以太网/DP 接口数	1/0	1/0	2/0	2/1	2/1	3/1
工艺功能	运动控制、闭环控制、计数与测量、跟踪功能					

除了标准型 CPU 模块外，S7-1500 系列 PLC 还有紧凑型、故障安全型、工艺型、分布式、开放式和高防护等级型等多种扩展型 CPU 模块，如图 1-10 所示。例如，紧凑型 CPU 1511C、CPU 1512C 可集成离散量输入/输出、模拟量输入/输出、高速计数功能和 I/O 模块。在标准自动化基础上，故障安全型 CPU（如 CPU 1511F、CPU 1513F、CPU 1515F、CPU 1516F、CPU 1517F、CPU 1518F）增加了集成的安全功能，可实现安全功能与标准自动化的无缝对接。

（a）CPU 1512C-1 PN　　（b）CPU 1515F-2 PN　　（c）CPU 1515T-2 PN　　（d）CPU 1515TF-2 PN

图 1-10　西门子 S7-1500 系列 PLC 扩展型 CPU 模块

2　西门子 S7-1200 系列 PLC

S7-1200 系列 PLC 集成了 CPU 微处理器、电源、输入电路、输出电路、内置 PROFINET 接口、高速运动控制 IO、多种工艺模块和模拟量输入功能。内置 PROFINET 接口用于编程、HMI 及 PLC 设备间的数据通信，也可以通过附加 PROFIBUS、GPRS、RS485 或 RS232 模块与其他设备进行通信。西门子 S7-1200 系列 PLC 具有设计紧凑、组态灵活、扩展方便、功能强大等特点，能够满足工业自动化领域对各种设备的控制需求。

西门子 S7-1200 系列 PLC 由 CPU 模块、信号板、通信板、信号模块（SM）、通信模块（CM）和编程软件组成，如图 1-11 所示。其中，信号板和通信板直接插入 CPU 模块的正面槽内，而 CPU 模块、信号模块、通信模块等都安装在 DIN（德国工业标准）导轨上。

信号模块安装在 CPU 模块的右边，包括数字输入模块（DI）、数字输出模块（DQ）、模拟输入模块（AI）和模拟输出模块（AQ）。

通信模块安装在 CPU 模块的左边，可选的通信模块包括工业远程通信模块、点到点通信

（a）CM 1241　　　　（b）CPU 1215 DC/DC/DC　　　　（c）SM 1223 DC/RLY

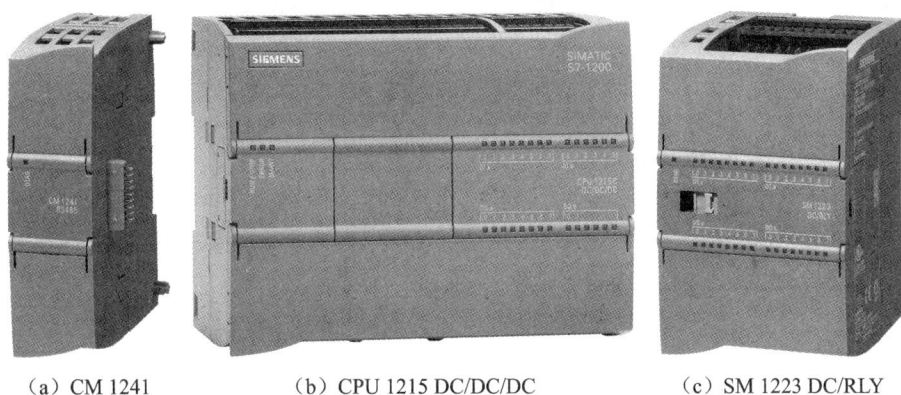

图 1-11　西门子 S7-1200 系列 PLC 组成

模块、PROFIBUS 模块、AS-i 接口模块和 IO-Link 模块等。

S7-1200 系列 PLC 目前有 CPU 1211C、CPU 1212C、CPU 1214C、CPU 1215C、CPU 1217C 共 5 种型号的集成式 CPU 模块，其基本输入、输出特性见表 1-3。这些 CPU 模块可通过信号板和信号模块扩展输入、输出和通信功能。

每一种 S7-1200 系列 PLC 的 CPU 均有 3 种不同的电源电压和输入、输出电压，见表 1-4。

表 1-3　S7-1200 系列 PLC 的 5 种集成式 CPU 的输入、输出基本特性

CPU	CPU 1211C	CPU 1212C	CPU 1214C	CPU 1215C	CPU 1217C
主存储器容量/KB	50	75	100	125	150
装载存储器容量/MB	1	2	4	4	4
PROFINET 接口数量	1	1	1	2	2
数字输入（DI）（漏型/源型）模块数	6	8	14	14	10×24 V DC 漏型/源型 4×RS422/485 差分
数字输出（DQ）模块数	4	6	10	10	6×24 V DC 漏型/源型 4×RS422/485 差分
模拟输入（AI）模块数	2	2	2	2	2
模拟输出（AQ）模块数	—	—	—	2	2
高速计数器（HSC）数量	3	4	6	6	6
脉冲输出（PTO/PWM）数量	4	4	4	4	4
串行通信模块数（max）	3	3	3	3	3
I/O 扩展信号板数（max）	1	1	1	1	1
I/O 扩展信号模块数（max）	—	2	8	8	8

表 1-4　S7-1200 系列 PLC 的 CPU 的电源电压和输入、输出电压

CPU 版本	电源电压/V	DI 输入电压/V	DQ 输出电压/V	DQ 输出电流/A
DC/DC/DC	DC 24	DC 24	DC 24	0.5,MOSFET
DC/DC/Relay	DC 24	DC 24	DC 5～30,AC 5～250	2(DC 30W/AC 200W)
AC/DC/Relay	AC 85～264	DC 24	DC 5～30,AC 5～250	2(DC 30W/AC 200W)

任务知识 2　人机界面

人机界面(human machine interface,HMI)也称为人机接口,是系统和用户之间进行信息交互、交流和交换的媒介,能够实现信息的内部形式与人类可接收形式之间的转换,并提供对话接口。西门子的 SIMATIC 系列人机界面包括 SIMATIC 精简面板、SIMATIC 精智面板和SIMATIC 移动式面板等,如图 1-12 所示。

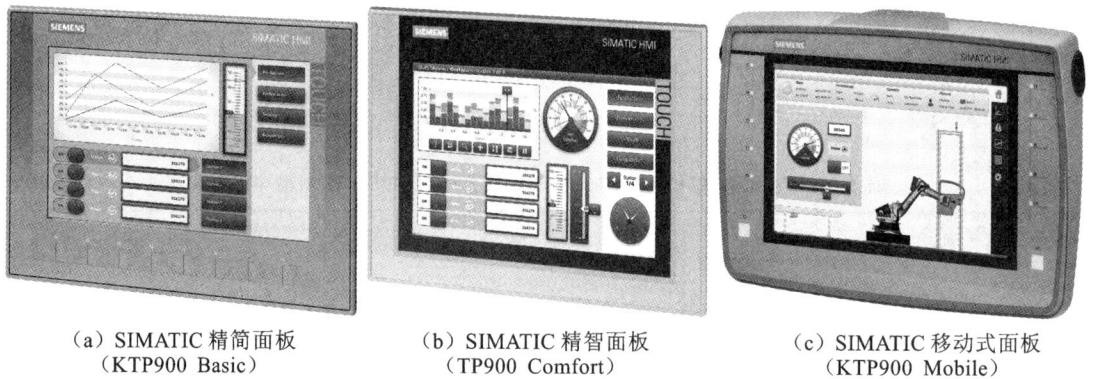

(a) SIMATIC 精简面板　　　　(b) SIMATIC 精智面板　　　　(c) SIMATIC 移动式面板
(KTP900 Basic)　　　　　　　(TP900 Comfort)　　　　　　(KTP900 Mobile)

图 1-12　SIMATIC 系列人机界面

人机界面通常由中央处理器(CPU)、显示单元、输入单元、通信接口、数据存储单元等组成。其中 CPU 的性能决定了人机界面的整体性能。人机界面使用组态软件实现状态监控、现场操作、数据存储、报警、用户管理、数据记录、配方管理、报表显示、报表打印、变量归档、通信等功能,并以字符、图画和动画等形式动态展示实时画面,生成可视化界面。它可连接多种工控设备(如 PLC、变频器、调速器、温控表、采集模块)并组网,以满足不同客户的实际需求。目前,工业控制现场常用的人机界面设备显示屏尺寸包括 4 英寸(1 英寸约为 2.54 cm)、7 英寸、9 英寸、12 英寸和 15 英寸等。

人机界面由硬件和软件两部分组成。其中,KTP700 Basic PN 的结构及其技术参数如表 1-5 所示,SIMATIC 精智面板的基本外接参数如表 1-6 所示。

表 1-5　KTP700 Basic PN 的结构及其技术参数

KTP700 Basic PN 的结构		KTP700 Basic 的技术参数	
名称	功能	参数	规格
电源接口	HMI 供电电源接口	屏幕宽×高/(mm×mm)	154.1×85.9

KTP700 Basic PN 的结构		KTP700 Basic 的技术参数	
名称	功能	参数	规格
USB 接口	外接鼠标、键盘、U 盘、USB 集线器等设备	屏幕分辨率（像素）	800×480
PROFINET 接口	HMI 与 PLC 或 PC 的通信接口,支持标准以太网通信	电源电压/V	DC 24
装配夹开口	HMI 硬件安装部件,和装配夹配合使用	电压范围/V	DC 19.2～28.8
显示屏/触摸屏	显示组态画面,支持屏幕手动输入操作	额定电流/mA	230
嵌入式密封件	保证安装后的防护等级	额定功率/W	5.5
功能键	8 个功能键	CPU 类型	ARM
铭牌	显示 HMI 型号、订货号、版本号等数据	PN 接口数	1 个
功能接地接口	接地线接口	USB 接口数	1 个(≤16 GB)

表 1-6　SIMATIC 精智面板的基本外接参数

设备型号	KTP400	TP700	TP900	TP1200	TP1500
液晶显示屏	4.3 英寸 TFT(薄膜晶体管)	7.0 英寸 TFT	9.0 英寸 TFT	12.1 英寸 TFT	15.4 英寸 TFT
像素	480×272	800×480	800×480	1280×800	1280×800
数据存储器容量/MB	16	16	16	16	16
操作方式	4 个功能键、触摸屏	触摸屏	触摸屏	触摸屏	触摸屏
PN/IP 接口数	1×PN/IP	1×PN/IP（2 端口）	1×PN/IP（2 端口）	1×PN/IP（2 端口）	1×PN/IP(2 端口) 1×千兆以太网
MPI/DP 接口数	1×MPI/DP	1×MPI/DP	1×MPI/DP	1×MPI/DP	1×MPI/DP
多媒体卡插槽数	2 个	2 个	2 个	2 个	2 个 SD 卡
USB 接口数	2 个	3 个	3 个	3 个	3 个

任务知识 3　变频器

变频器(variable-frequency drive,VFD)是一种应用变频技术与微电子技术的电力控制设备,通过改变电机工作电源的频率来控制交流电机。变频器能够将固定频率和电压的交流电源变成频率和电压连续可调的交流电源,从而改变电机转速。变频器主要由整流单元、滤波单元、逆变单元、制动单元、驱动单元、检测单元及微处理单元等组成。变频器靠内部 IGBT(绝缘栅双极型晶体管)的开断来调整输出电源的电压和频率,根据电机的实际需求提供所需的电源电压,以达到节能和调速的目的。

目前,变频器的主要品牌包括西门子（SIEMENS）、三菱（MITSUBISHI）、安川（YASKAWA）、ABB 等。不同品牌变频器的内部功能框图基本相同以保证相应的正常运行功能。目前,整流电路和逆变电路是两个标准模块,因此不同品牌变频器的主电路结构基本相同。

西门子的 SINAMICS G120 系列变频器具有模块化设计、速度或转矩的控制精度高、配置和使用灵活、调试与维护方便、通信功能强大、参数修改便捷、坚固耐用等特点,能够实现压力、温度等 PID 闭环控制,广泛应用于由风机、水泵、压缩机等控制对象组成的控制系统。SINAMICS G120 系列包括 G120、G120C、G120D、G120P 共 4 种类型变频器,其基本技术参数见表 1-7。

表 1-7 SINAMICS G120 系列变频器的基本技术参数

变频器设备	G120			G120C	G120D		G120P
控制单元类型	CU240B-2	CU240E-2	CU250S-2	G120C	CU240D-2	CU250D-2	CU230P-2
模拟输入端(AI)	1	2	2	1	1	1	4
模拟输出端(AQ)	1	2	2	1	0	0	2
继电器输出(RQ)	1	2	3	1	0	0	3
数字输入端(DI)	4	6	11	6	6	6	6
数字输出端(DQ)	0	1	0	1	2	2	0
其他输入/输出(I/O)	无	测头输入	4(DI/DQ)	无	无	测头输入	无
安全防护等级	IP20	IP20	IP20	IP20	IP65	IP65	IP20
系统总线	4 种系统总线接口:PROFINET、PROFIBUS、CAN、USS/Modbus						

G120、G120D 和 G120P 变频器由功率单元(PU)、控制单元(CU)、操作面板(BOP 或 IOP)组成;而 G120C 变频器将功率单元和控制单元集成为一个整体。SINAMICS G120 系列变频器的组成如图 1-13 所示。

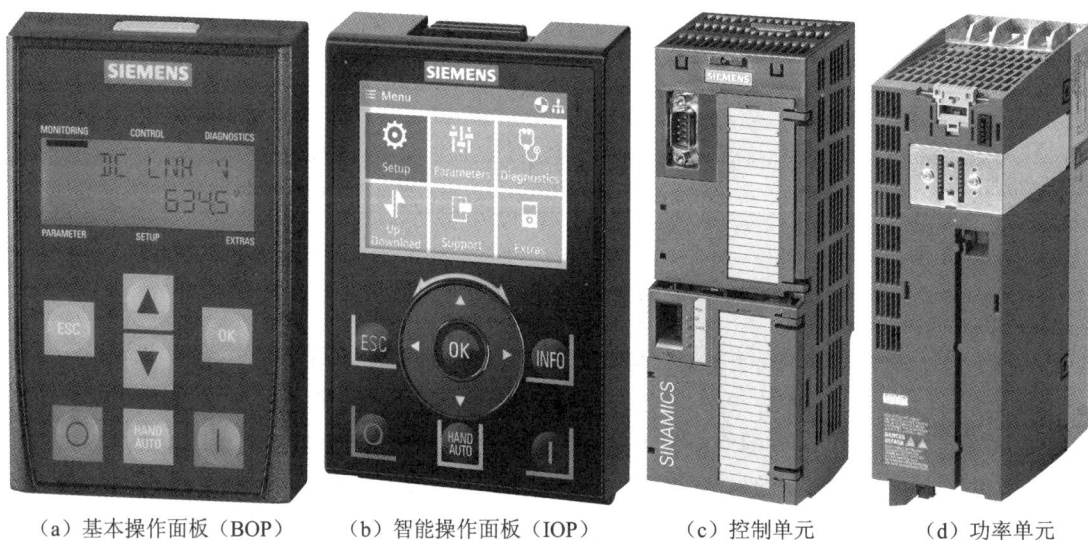

(a)基本操作面板(BOP)　　(b)智能操作面板(IOP)　　(c)控制单元　　(d)功率单元

图 1-13 SINAMICS G120 系列变频器的组成

控制单元是 SINAMICS G120 系列变频器的核心部件,用户通过设置控制单元的参数来实现变频器的正常运行。在调试过程中,用户可使用基本操作面板(BOP)或智能操作面板

(IOP)来调试控制系统、监控变频器的运行状态或修改其参数。功率单元使用IGBT技术和PWM功能，专门为电机供电。西门子SINAMICS G120系列变频器支持PROFINET、PROFIBUS、CAN、Modbus RTU和BACnet MS/TP等多种通信接口。

任务知识4 伺服驱动器

作为伺服驱动系统的核心组成部件，伺服驱动器用于控制伺服电机，其作用类似于变频器在交流电机中的作用。伺服驱动器主要应用于高精度的定位系统，以实现位置、速度和扭矩控制。

西门子伺服驱动器SINAMICS V90支持内部设定值位置控制、外部脉冲位置控制、速度控制和扭矩控制，整合了脉冲输入、模拟量输入/输出、数字量输入/输出及编码器脉冲输出接口，能够实现实时自动优化和自动谐振抑制功能，具有结构紧凑、接口标准化、伺服控制性能优异、安装调试简单、编码器接口集成化(与SIMATIC PLC快速集成)、故障诊断方便、闭环控制直接实现、经济实用及运行稳定可靠等特点，在现场工业控制与运动控制中得到了广泛应用。

SINAMICS V90伺服驱动器有200 V和400 V两种电压规格，且每种电压规格又分脉冲序列(PTI)版本和PROFINET(PN)通信版本两种，如表1-8所示。PTI版本集成了脉冲、模拟

表1-8 SINAMICS V90伺服驱动器型号

电压/V	功率/kW	额定输出电流/A	PTI版本		PN通信版本	
			外形尺寸	订货号	外形尺寸	订货号
200	0.1	1.2	FSA	6SL3210-5FB10-1UA2	FSA	6SL3210-5FB10-1UF2
	0.2	1.4		6SL3210-5FB10-2UA2		6SL3210-5FB10-2UF2
	0.4	2.6	FSB	6SL3210-5FB10-4UA1	FSB	6SL3210-5FB10-4UF1
	0.75	4.7	FSC	6SL3210-5FB10-8UA0	FSC	6SL3210-5FB10-8UF0
	1.0	6.3	FSD	6SL3210-5FB10-0UA1	FSD	6SL3210-5FB10-0UF1
	1.5	10.6		6SL3210-5FB11-5UA0		6SL3210-5FB11-5UF0
	2.0	11.6		6SL3210-5FB12-0UA0		6SL3210-5FB12-0UF0
400	0.4	1.2	FSAA	6SL3210-5FE10-4UA0	FSAA	6SL3210-5FE10-4UF0
	0.75	2.1	FSB	6SL3210-5FE10-8UA0	FSB	6SL3210-5FE10-8UF0
	1.0	3.0		6SL3210-5FE11-0UA0		6SL3210-5FE11-0UF0
	1.5	5.3	FSC	6SL3210-5FE11-5UA0	FSC	6SL3210-5FE11-5UF0
	2.0	7.8		6SL3210-5FE12-0UA0		6SL3210-5FE12-0UF0
	3.5	11.0	FSD	6SL3210-5FE13-5UA0	FSD	6SL3210-5FE13-5UF0
	5.0	12.6		6SL3210-5FE15-0UA0		6SL3210-5FE15-0UF0
	7.0	13.2		6SL3210-5FE17-0UA0		6SL3210-5FE17-0UF0

量、USS/Modbus 接口,可实现内部定位块功能,同时具备脉冲位置控制、速度控制和力矩控制模式。PN 通信版本则集成了 PROFINET 接口,可通过 PROFdrive 协议与数控系统、PLC 等上位控制器进行通信。

SINAMICS V90 伺服驱动器 200 V 电压规格的 PTI 版本和 PN 通信版本均有 FSA、FSB、FSC、FSD 共 4 种外形尺寸;而 400 V 电压规格的均有 FSAA、FSB、FSC、FSD 共 4 种外形尺寸。部分 SINAMICS V90 伺服驱动器如图 1-14 所示。

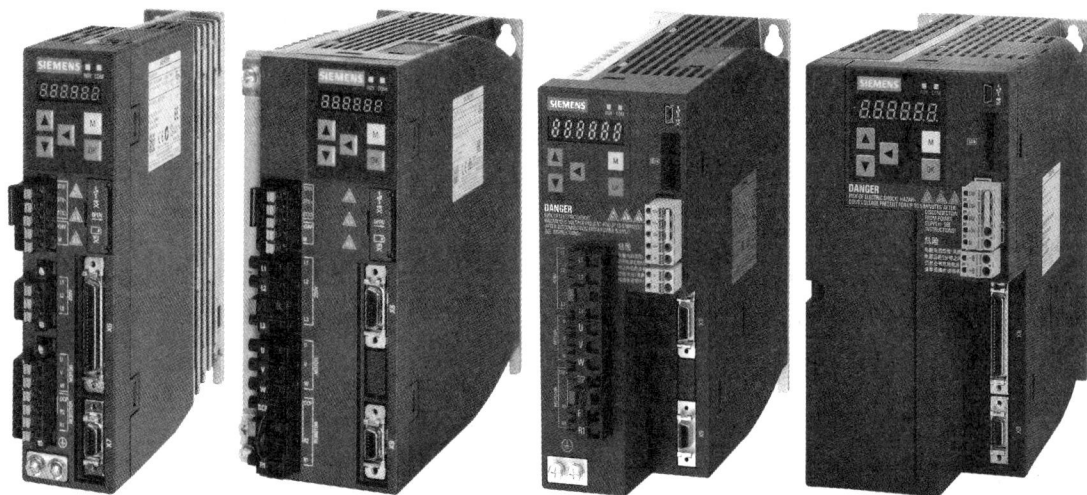

（a）SINAMICS V90 FSA　（b）SINAMICS V90 PN FSC　（c）SINAMICS V90 PN FSA　（d）SINAMICS V90 PN FSB

图 1-14　部分 SINAMICS V90 伺服驱动器

任务知识 5　有线网络交换机

工业通信网络设备 SCALANCE 广泛应用于工业以太网、工业无线以太网(IWLAN)及工业安全等领域。

作为工业以太网的网络组件和终端设备,SCALANCE X 系列有 XB005、X208、XB208、X204IRT、XR308、XM408-8C 等型号,其基本参数见表 1-9。

表 1-9　工业以太网 SCALANCE X 系列典型产品的基本参数

设备型号	通信传输速率/（Mbit/s）	端口数量		其他端口（端子板）		标准或 S7 异形导轨安装		
		RJ45	其他端口	信号触点	24 V 电源	35 mm DIN	S7-300	S7-1500
XB005	10/100	5	—	—	1×3 针	√	×	×
X208	10/100	8	—	1×2 针	1×4 针	√	√	×
XB208	10/100	8	1 操控 RJ11、管理 RJ45	—	1×6 针	√	×	×
X204IRT	10/100	4	—	1×2 针	1×4 针	√	√	×
XR308	10/100/1000	4	2×100/1000 Mbit/s 媒介	1×2 针	1×4 针	√	√	×
XM408-8C	10/100/1000	8	8×100/1000 Mbit/s SFP	1×2 针	1×4 针	√	√	√

如图 1-15 所示，作为 PROFINET IO 设备，非网管型交换机 XB005 适用于架设传输速率为 10/100 Mbit/s 的小型星状和线状结构网络；网管型交换机 XB208 适用于传输速率为 10/100 Mbit/s 星状、线状和环形冗余架构网络；在传输速率为 10/100/1000 Mbit/s 的冗余架构网络中，网管型交换机 XM408-8C 可作为冗余管理器。

（a）SCALANCE XB005　　　（b）SCALANCE XB208　　　（c）SCALANCE XM408-8C

图 1-15　工业以太网 SCALANCE X 系列交换机

网管型交换机 X-200、X-200IRT、X-300、XM-400、XR-500 可以利用 STEP 7、PST 和 PRONETA 软件进行硬件配置、硬件组态、网络配置和网络组态。

任务知识 6　识别系统

识别系统包括 SIMATIC RTLS（实时定位系统）、RFID 系统和读码系统。SIMATIC RTLS 由有源电子标签、定位基础设施和定位服务器组成。具有唯一 ID 的电子标签安装在待定位物体上，由网关组成的定位基础设施将电子标签信息进行传递、转换、放大等处理后转发给定位服务器，从而实现物流、移动式机械装置等系统的定位、检测和监视。

1　SIMATIC RF 系列 RFID 读写器

RFID 系统由智能标签/电子标签、读写器/紧凑型读写器、天线、通信模块和系统集成软件等组成。电子标签粘贴在产品、产品载体、物体、运输或包装单元上，用于读写并记录产品或物体的初始数据。读写器通过天线以及 PROFIBUS、PROFINET、Ethernet/IP、OPC UA 等标准通信接口，将电子标签的初始数据快速且可靠地传输给 PLC、PC 或云平台等上层控制系统。

SIMATIC RF200 系列 RFID 读写器（见图 1-16）具有设计紧凑、成本低和识别任务简单（I/O-Link 接口）的特点，因而适用于紧凑型物流或小型装配线应用场合。

（a）SIMATIC RF210R　　　（b）SIMATIC RF240R　　　（c）SIMATIC RF290R

图 1-16　SIMATIC RF200 系列 RFID 读写器

2　SIMATIC MV 系列光学读码器

SIMATIC MV 系列光学读码器是一种智能读码装置，具备读取一维（1D）条码和二维（2D）码、直接打码标记（DPM）、图像捕捉及光学字符识别（OCR）、对象识别以及标记质量检查等多种强大功能，能够方便地实现生产和物流的全过程跟踪。光学读码器可分为固定式和移动式两类。SIMATIC MV 系列的固定式光学读码器包括 MV420、MV440、MV500（MV540/550/560）等，SIMATIC MV 系列的移动式光学读码器则包括 MV320、MV325 和 MV340 等，如图 1-17 所示。

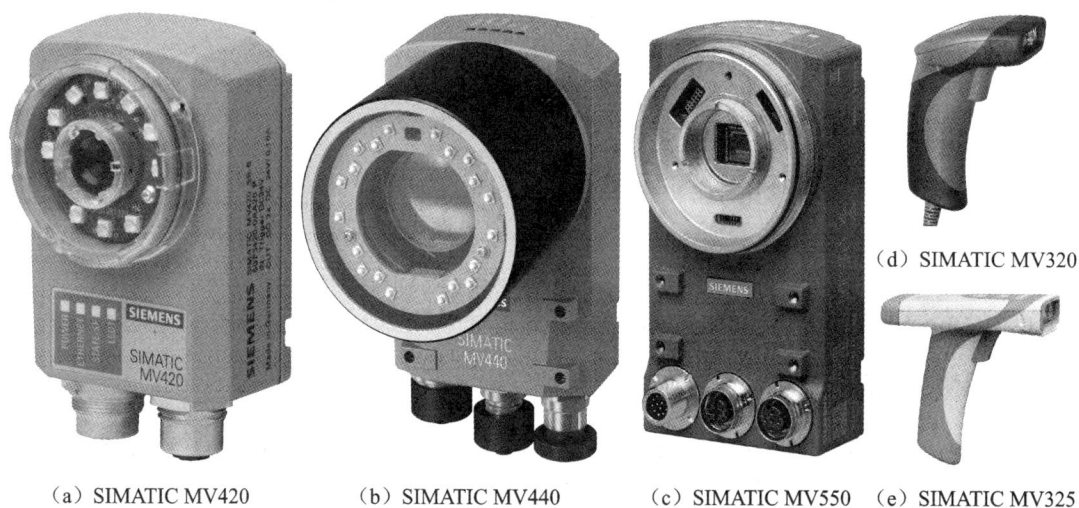

（a）SIMATIC MV420　　　（b）SIMATIC MV440　　　（c）SIMATIC MV550　　（e）SIMATIC MV325

（d）SIMATIC MV320

图 1-17　SIMATIC MV 系列光学读码器

3　SIMATIC RF 系列通信模块

SIMATIC RF 系列通信模块可以把 SIMATIC RF 系列 RFID 读写器和 SIMATIC MV 系列光学读码器集成在 SIMATIC、SINUMERIK、SIMOTION、PROFIBUS、PROFINET 和 Ethernet/IP 等控制系统和控制 I/O 设备中。不同的 RFID 读写器、光学读码器需要匹配不同

的通信模块以适应不同的控制系统。SIMATIC RF 系列通信模块如图 1-18 所示。

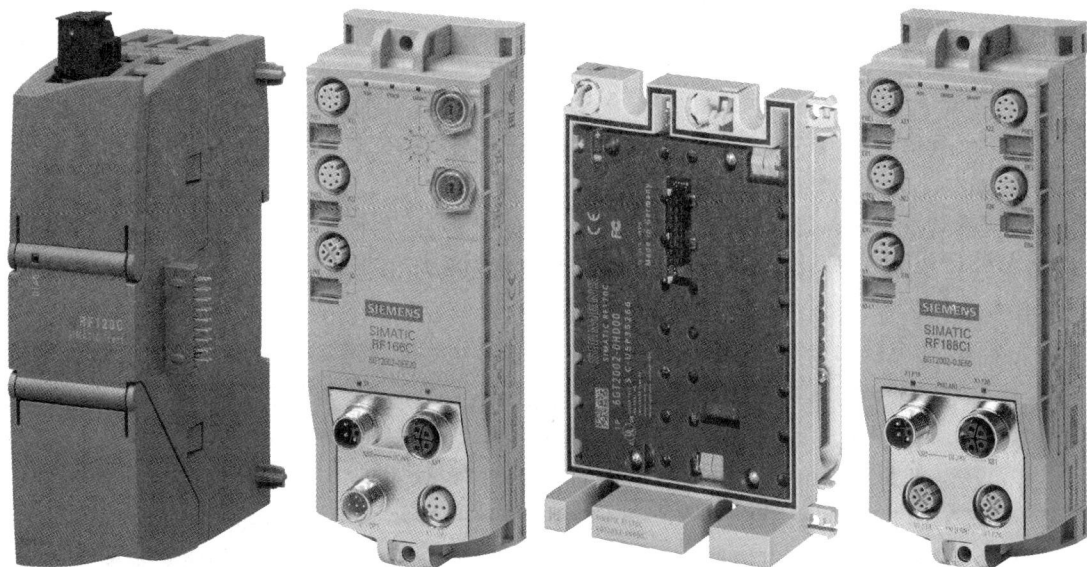

（a）SIMATIC RF120C　　（b）SIMATIC RF166C　　（c）SIMATIC RF170C　　（d）SIMATIC RF188CI

图 1-18　SIMATIC RF 系列通信模块

SIMATIC RF18xCI 通信模块的特性如表 1-10 所示。其附加 I/O 接口可连接独立的数字量输入、数字量输出或 IO-Link 模块。

表 1-10　SIMATIC RF18xCI 通信模块的特性

特性	RF185C	RF186C	RF188C	RF186CI	RF188CI
可连接的设备数量	1	2	4	2	4
支持的产品系列	RF200、RF300、MV400、MV500				
阅读器接口	RS422，传输速度为 19.2～115.2 kBd				
I/O 接口	无 I/O 接口			有 I/O 接口，传输速度为 4.8～230.4 kBd	
以太网接口	2×M12，集成开关；传输速度为 100 Mbit/s				
安全防护等级	IP67				
应用协议	PROFINET IO、OPC UA				
组态/诊断选项	STEP 7（TIA Portal）、GSDML、WBM（Web 浏览器）				
函数块 Ident 配置文件	FB 45，PCS 7 面板				
支持 SIMATIC 控制器	S7-300、S7-400、S7-1200、S7-1500				
支持第三方控制器	提供 Ident 配置文件源代码；支持所有采用 PROFINET 和 IEC61131 的编程控制器				

任务知识 7　智能传感器

智能传感器能感受到被测量信息,可把信息按一定规律转换为电信号或其他形式的信号并输出,以满足信息传输、处理、存储、显示、记录和控制等需求。智能传感器集微型化、数字化、智能化、多功能化、系统化和网络化于一体,广泛应用于工业生产、生物工程、医学诊断、环境保护、航空航天、海洋探测、资源调查、文物保护等领域,几乎无处不在。根据基本感知功能,智能传感器通常分为声敏元件、光敏元件、力敏元件、磁敏元件、气敏元件、热敏元件、湿敏元件、放射线敏感元件、色敏元件和味敏元件等类型的传感器。

作为检测装置,智能传感器是实现自动检测和自动控制的首要环节。智能传感器通常由敏感元件、传感元件和转换电路 3 部分组成。敏感元件能够将被测量转换成易于测量的物理量,使输入与输出之间具有确定的数学关系。传感元件将敏感元件输出的非电物理量转换成电信号,如电阻、电感、电容等信号。转换电路进一步将电信号转换成便于测量的电量。

光电传感器包括光电开关 E3 系列、光纤放大器 E3X-NA、接近开关 LJ12A3-4 和色标检测传感器 LX-111 等,如图 1-19 所示。其中,光电开关广泛应用于物位检测、液位控制、产品计数、宽度判别、速度检测、定长剪切、孔洞识别、信号延时、自动门传感、色标检测和防盗警戒等。光电开关按照检测方式可分为漫反射式、对射式、镜反射式、槽式和光纤式,其中对射式和漫反射式最为常见。

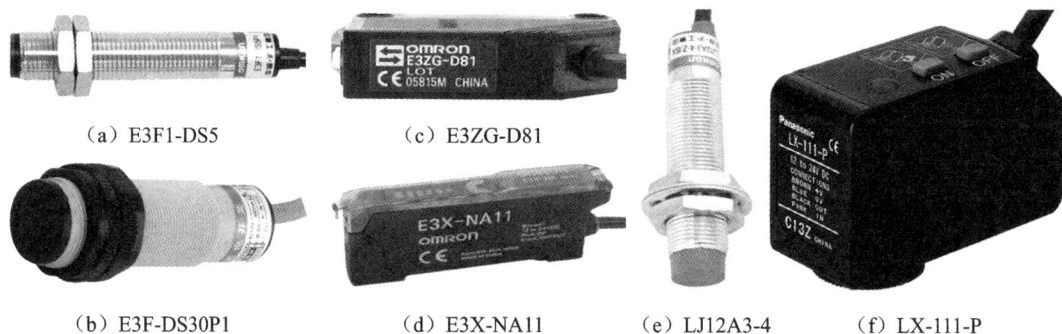

（a）E3F1-DS5　　　　（c）E3ZG-D81

（b）E3F-DS30P1　　（d）E3X-NA11　　（e）LJ12A3-4　　（f）LX-111-P

图 1-19　光电传感器

任务知识 8　气动执行机构

气动执行机构一般由气源处理元件、控制元件、执行元件和辅助元件 4 部分组成。气源处理元件由空气过滤器、减压阀和油雾器组成,主要用于净化气源、调节气压和分离水分。其中,空气过滤器用于滤除空气中的杂质(如固体颗粒、水分、油分);减压阀用于调整和稳定输出气压;油雾器用于润滑气缸,确保气缸动作灵活且经久耐用。控制元件主要用于稳定和控制气压,常见的类型包括电磁阀、流体控制阀、气控阀、手动控制阀、机械控制阀和普通线圈等。电磁阀是一种用于控制气体流动的自动化基础元件,通过控制气缸的气源,实现缸体内活塞的运动。二位五通电磁阀分为单电控和双电控两种类型。双电控电磁阀设有 2 个电磁头,在同一时刻仅有一个电磁头得电,得电后电磁阀换向,失电后电磁阀保持当前位置;只有当另一个电磁头得电时,电磁阀才会复位。执行元件包括标准气缸、迷你气缸、超薄气缸、双轴气缸、三轴气缸、笔形气缸、手指气缸、回转气缸及旋转气缸等,用于抓取和搬运设备。常见的气源处理元件、电磁阀和气缸如图1-20所示。常见气缸的基本技术参数与特性如表1-11所示。

4V210-06电磁阀　　　　HRQ20旋转气缸　　　　TN16×10S双轴气缸

4V220-08电磁阀　　　　PBR16×40SU笔形气缸　　HFY25手指气缸

（a）气源处理元件　　　　　　（b）电磁阀　　　　　　　　（c）气缸

图 1-20　常见的气源处理元件、电磁阀和气缸

表 1-11　常见气缸的基本技术参数与特性

气缸系列	笔形气缸 PB 系列	双轴气缸 T 系列	手指气缸 Y 系列	旋转气缸系列
规格	PB、PSB(R)、PTB(R) PBD、PBJ、PBR	TR、TN	HFY、HFTY	HRQ
缸径/mm	4、6、8、10、12、16	6、10、16、20、25、32	6、10、16、20、25、32	2、3、7、10、20、30、50、70、100
行程	10、15、20、25、30、40、50、 60、75、80、100、125、150、 160、175、200、250、300 （单位为 mm）	10、20、30、40、50、60、 70、80、90、100、125、 150、175、200 （单位为 mm）	张开 30°、夹紧－10°， Max 夹取点长度： 30～85 mm	回转角度范围 0°～190°
固定方式	前法兰连接板 FA、脚 座型 CJ、轴向固定 LB	顶面、侧面、前面、底面	侧面、尾部、正面	侧面、底面
示例型号	PB10×50SU： 缸径 10 mm、 行程 50 mm	TR16×100S： 缸径 16 mm、 行程 100 mm	HFY16：缸径 16 mm	HRQ20
动作类型	复动型、单动型	复动型	复动型、单动常开型	复动型
压力范围/MPa	0.15～0.7	0.15～1.0	0.15～0.7	0.15～0.7
接管口径	M5×0.8	M5×0.8、PT1/8	M3×0.8、M5×0.8	M5×0.8、PT1/8
缓冲类型	防撞垫	防撞垫	防撞垫	防撞垫、油压缓冲

任务实施 识别智能设备型号

任务实施 1 识别离散行业智能制造平台的智能设备型号

◈ 任务实施要求

识别离散行业智能制造平台中的以下智能设备型号：紧凑型 S7-1200 控制器、模块化 S7-1500 控制器、精简系列人机界面、精智系列人机界面、变频器 SINAMICS V20、变频器 SINAMICS G120 以及生产管理系统。

步骤 1 识别紧凑型 S7-1200 控制器型号

主件供料站、次品分拣站、旋转工作站、方向调整站、产品组装站与产品分拣站均采用紧凑型 S7-1200 控制器（见图 1-21），以实现触点开关的搬运、检测、调整、组装和分拣功能。

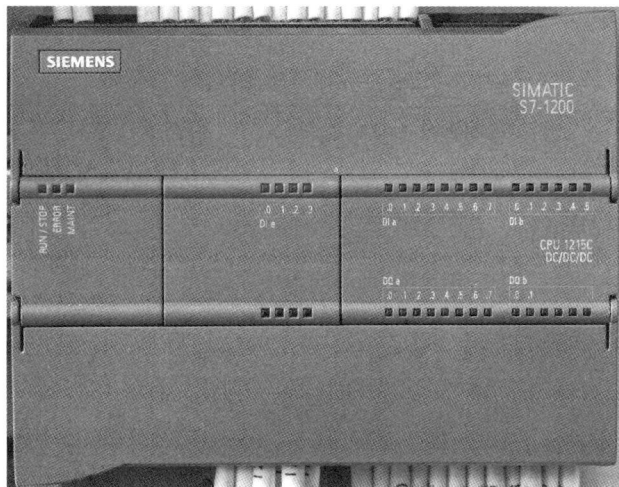

图 1-21 离散行业智能制造平台紧凑型 S7-1200 控制器

紧凑型 S7-1200 控制器中的 CPU 1215C DC/DC/DC 集成 24 V DC 电源，板载 1 个漏型/源型 DI14/DQ10（含 14 个数字量输入通道和 10 个数字量输出通道）、1 个 AI2/AQ2（含 2 个模拟量输入通道和 2 个模拟量输出通道）、6 个高速计数器（HSC）和 4 路脉冲发生器（PTO/PWM）。此外，该控制器还配备 1 个双端口 PROFINET 接口，支持 TCP/IP 传输协议、开放式用户安全通信、S7 通信以及 Web 服务器功能。

步骤 2 识别模块化 S7-1500 控制器型号

料仓供料站和云生成站都采用模块化 S7-1500 控制器，以实现离散行业智能制造平台的物料搬运和订单处理功能。该控制器由标准型 CPU 1516 模块、数字量输入模块（DI）、数字量输出模块（DQ）、模拟量输入模块（AI）、模拟量输出模块（AQ）组成，如图 1-22 所示。

S7-1500 控制器的 CPU 1516 模块是带显示屏的标准型 CPU，包含 2 个 PROFINET 接口

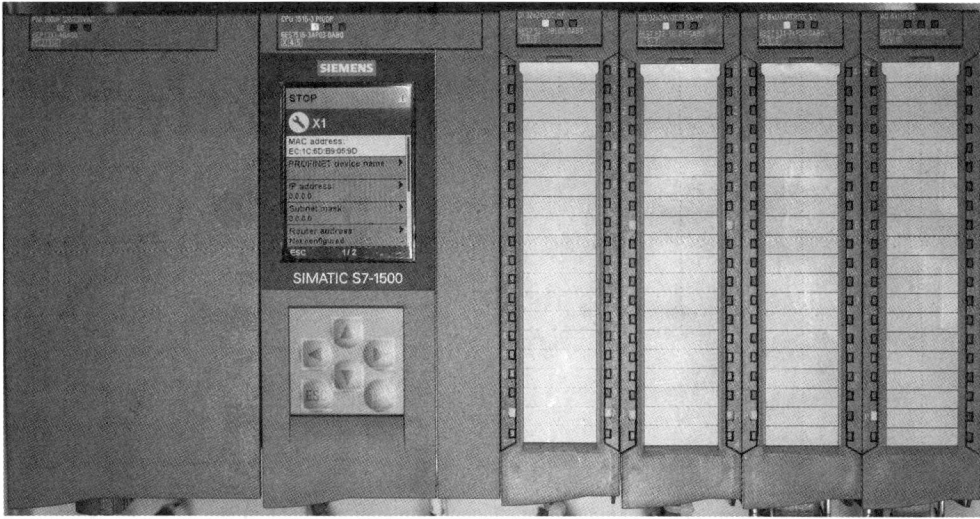

图 1-22 离散行业智能制造平台模块化 S7-1500 控制器

和 1 个 PROFIBUS DP 接口。其中，PROFINET 接口支持传输协议 TCP/IP、开放式用户安全通信、S7 通信、S7 路由、IP 转发、Web 服务器等通信功能；PROFIBUS DP 接口支持 PROFIBUS DP 主站、S7 通信、等时同步模式和 S7 路由功能。

步骤 3　识别人机界面型号

离散行业智能制造平台采用西门子精简面板 KTP700 Basic PN（见图 1-23）和精智面板 TP700 Comfort 两种人机界面，以实现与主件供料站、次品分拣站、旋转工作站、方向调整站、产品组装站和产品分拣站的信息交互。KTP700 Basic PN 支持 PROFINET 连接，且可向上移植到 SIMATIC 精智面板，具备可视化、触摸操作、按键配置和触觉反馈功能，可实现直观的操作员控制。

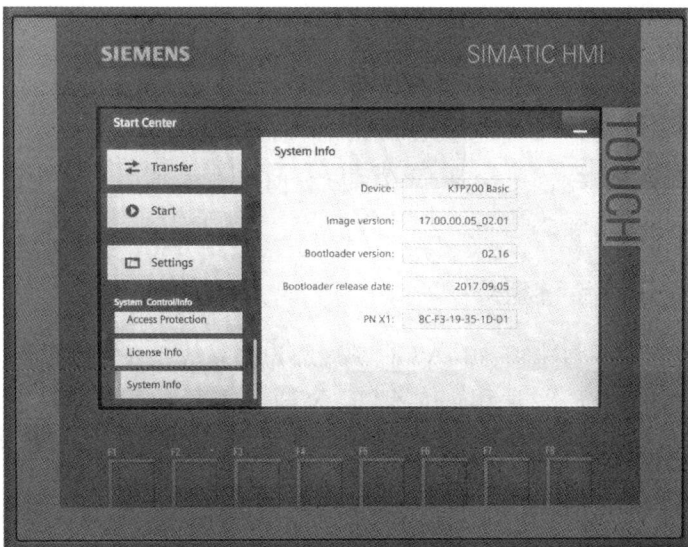

图 1-23 精简面板 KTP700 Basic PN

步骤 4　识别变频器 SINAMICS G120 和 SINAMICS V20 型号

离散行业智能制造平台使用西门子变频器 SINAMICS G120 和 SINAMICS V20,如图 1-24 和图 1-25 所示。用户可通过操作面板设定和修改控制单元参数或监控变频系统的运行状态。

图 1-24　变频器 SINAMICS G120

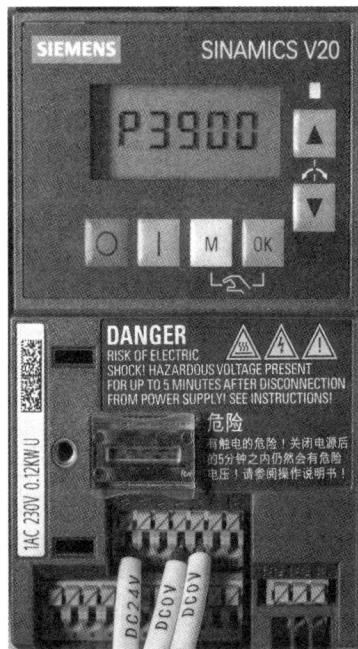

图 1-25　变频器 SINAMICS V20

西门子变频器 SINAMICS G120 的控制单元模块 CU250S-2 PN 自带显示屏,功率单元模块 PM240-2 IP20 的功率为 0.75 kW。变频器 SINAMICS G120 支持 PROFINET 总线,具备 2 个模拟量输入端、2 个模拟量输出端、3 个继电器输出端、11 个数字量输入端和 4 个数字量输入/输出端。购买变频器 SINAMICS G120 时,需提供控制单元模块、功率单元模块、智能操作面板和存储卡的型号、订货号、版本及数量。

步骤 5　识别网络交换机型号

离散行业智能制造平台采用 SCALANCE 系列网络交换机,以实现智能设备间的工业以太网通信。

步骤 6　识别识别系统型号

离散行业智能制造平台采用 SIMATIC 系列的识别系统设备,以实现 MES 的信息获取与交换。其中,RFID 读写器采用 SIMATIC RF200 系列的 RF240R,支持 RS422 接口(3964R);MV 光学读码器采用 SIMATIC MV500,用于一维条码和二维码的读取、明文识别和对象识别;通信模块则采用 SIMATIC RF180C,支持 PROFINET 通信,可连接 2 个读码器。

紧凑型 S7-1200 控制器、模块化 S7-1500 控制器、扩展型 S7-1500 控制器、人机界面、变频器、网络交换机以及识别系统等智能设备明细单如表 1-12 所示。

表 1-12　离散行业智能制造平台的智能设备明细单

设备及模块名称		型号	订货号	版本
模块化 S7-1500 控制器	电源模块	PM 190 W 120/230 V AC	6EP1333-4BA00	—
	CPU 模块	CPU 1516-3 PN/DP	6ES7 516-3AP03-0AB0	V3.0
	数字输入模块	DI32×24 V DC HF	6ES7 521-1BL00-0AB0	V2.2
	数字输出模块	DQ 32×24 V DC/0.5 A HF	6ES7 522-1BL01-0AB0	V1.1
	模拟输入模块	AI 8×U/I/RTD/TC ST	6ES7 531-7KF00-0AB0	V2.2
	模拟输出模块	AQ 4×U/I ST	6ES7 532-5HD00-0AB0	V2.2
紧凑型 S7-1200 控制器		CPU 1215C DC/DC/DC	6ES7 215-1AG40-0XB0	V4.6
人机界面 （HMI）	精简面板	KTP700 Basic PN	6AV2 123-2GB03-0AX0	17
	精智面板	TP700 Comfort	6AV2 124-0GC01-0AX0	17
变频器 SINAMICS G120	控制单元	CU250S-2 PN Vector	6SL3246-0BA22-1FA0	4.7.6
	功率单元	PM240-2 IP20 FSA U 400 V 0.75 kW	6SL3210-1PE12-3UL1	—
	闪存卡	SINAMICS G120（512 MB）	6SL3054-4AG00-2AA0	—
	操作面板	SINAMICS G120	6SL3255-0AA00-4JA2	—
变频器 SINAMICS V20		SINAMICS V20	6SL3210-5BB11-2UV1	—
网络交换机	非网管型	SCALANCE XB005	6GK5005-0BA00-1AB2	—
	网管型	SCALANCE XB208	6GK5208-0BA00-2AB2	—
识别系统	RFID 读写器	SIMATIC RF240R	6GT2821-4AC10	—
	光学读码器	SIMATIC MV500	6GF3540-8AC11	—
	通信模块	SIMATIC RF186CI	6GT2002-0JE50	V1.3

任务实施 2　识别智能制造理实一体化平台的智能设备型号

◆ **任务实施要求**

识别智能制造理实一体化平台中的紧凑型 S7-1200 控制器、精简系列人机界面、生产管理系统等智能设备的型号。

步骤 1　识别紧凑型 S7-1200 控制器型号

总控采用紧凑型 S7-1200 控制器搭配扩展模块，以实现智能制造理实一体化平台的整体控制。S7-1200 控制器由 CPU 模块、通信模块、输入模块和输入/输出模块组成,如图 1-26 所示。

图 1-26　智能制造理实一体化平台紧凑型 S7-1200 控制器

紧凑型 S7-1200 控制器的 CPU 模块集成了 PROFINET 接口,用于编程、HMI 通信以及 PLC 间的通信,可完成简单逻辑控制、高级逻辑控制、HMI 交互和网络通信等任务。CM1241 通信模块通过半双工串行通信(RS485)实现仓位零件状态信息与 MES 之间的数据通信。RFID 系统采用不同颜色显示有料、加工前、加工中、加工后和报错 5 种状态。输入模块用于显示料仓各仓位的零件状态信息。输入/输出模块实现数控车床、加工中心的输入/输出变量与 PLC、MES、机器人之间的数据通信。

步骤 2　识别人机界面型号

智能制造理实一体化平台的人机界面采用的是精智面板 TP900 Comfort,如图 1-27 所示,以实时显示数控机床的安全门状态和夹具状态、工业机器人坐标值和状态、RFID 读写信息状态、仓库零件信息、测量标定数据、MES 订单派发的车铣工序等。精智面板 TP900 Comfort 支持 PROFINET 和 PROFIBUS 连接。

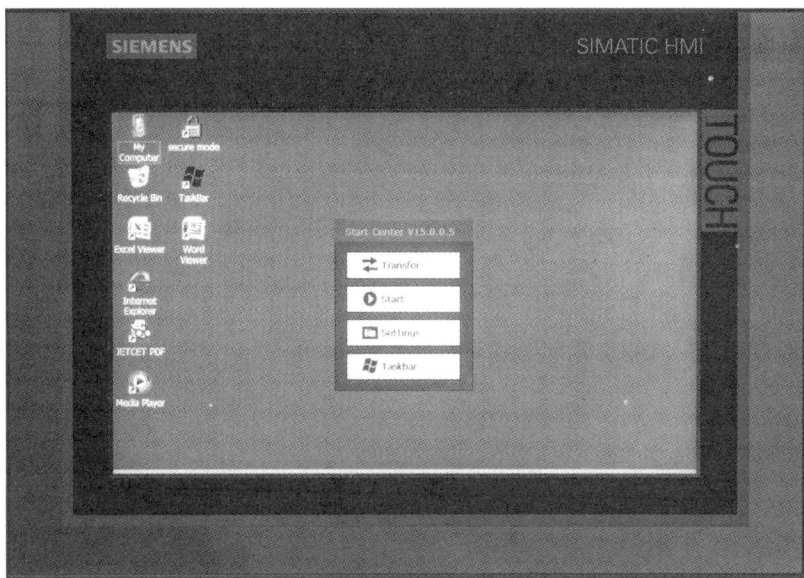

图 1-27　精智面板 TP900 Comfort

智能制造理实一体化平台的智能设备明细单见表 1-13。

表 1-13 智能制造理实一体化平台的智能设备明细单

模块名称		模块型号	订货号	插槽号	版本
紧凑型 S7-1200 控制器	通信模块	CM1241(RS422/RS485)	6ES7 241-1CH32-0XB0	101	V2.2
	CPU 模块	CPU 1215C DC/DC/DC	6ES7 215-1AG40-0XB0	1	V4.2
	数字量模块 SM1223	DI 16×24 V DC/DQ 16×Relay	6ES7 223-1PL32-0XB0	2	V2.0
	数字量模块 SM1223	DI 16×24 V DC/DQ 16×Relay	6ES7 223-1PL32-0XB0	3	V2.0
	数字量模块 SM1221	DI 16×24 V DC	6ES7 221-1BH32-0XB0	4	V2.0
	数字量模块 SM1221	DI 16×24 V DC	6ES7 221-1BH32-0XB0	5	V2.0
人机界面		TP900 Comfort	6AV2 124-0JC01-0AX0	—	16.0.0.0

拓展知识 工业机器人与数控机床基本认知

1 工业机器人基本认知

工业机器人是一种由运动控制器控制多轴联动的多关节型工业智能设备,能够实现搬运、码垛、加工、装配、检测、上下料、切割、冲压、镀膜、焊接和雕刻等多种功能。工业机器人具备自由度高、编程方式多样、功能操作方便、参数设置简单、定位精度高、安全性能好等优点,因而被广泛应用于汽车制造、集成电路(IC)、电子元器件贴片、触摸屏检测、清洁、贴膜、塑料生产、机械加工、磨削、钻孔、大气机械手、真空机械手、洁净镀膜机械手、洁净自动导引车(洁净 AGV)、洁净有轨制导车辆(洁净 RGV)及洁净物流等领域。常见的工业机器人品牌包括 ABB、库卡(KUKA)、发那科(FANUC)、爱普生(EPSON)、安川(Yaskawa)、雅马哈(YAMAHA)、川崎(Kawasaki)、不二越(NACHI)、华数和汇博等。

工业机器人一般由机械本体、手持操作编程器、控制器 3 部分组成,如图 1-28 所示。其中,机械本体包含机械臂、内置伺服电机及传动系统,其主要技术参数包括各轴动作范围、各轴额定速度、最大合成速度、搬运重量、位置重复精度和伺服电机容量等,这些参数是工业机器人机械本体技术规格选型的重要依据。KUKA 机器人的机械本体包括 KR SCARA、LBR iiwa、KR IONTEC、KR 470 PA、KR 700 PA、KR FORTEC、KR titan 等系列。KUKA 机器人典型机械本体的技术参数如表 1-14 所示。

工业机器人控制器可与不同机械本体结合使用,其技术参数规格需单独列出。控制器通常包括 CPU、伺服驱动器、基本 I/O 接口以及通信接口(如 USB 和以太网)。工业机器人控制器的主要技术参数包括控制轴数、存储容量、可控制的输入输出点数、内置接口数和适用电源范围等,这些参数是控制器选型的重要依据。

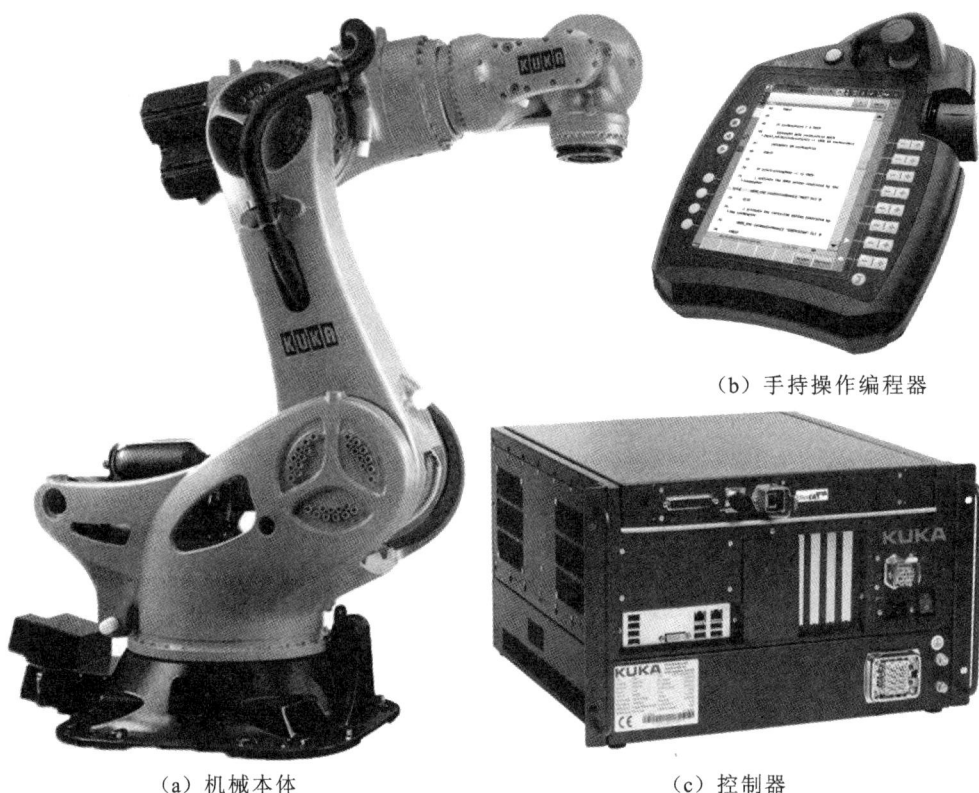

（b）手持操作编程器

（a）机械本体　　　　　　　　　（c）控制器

图 1-28　工业机器人基本组成

表 1-14　KUKA 机器人典型机械本体的技术参数

型号	KR 6 R700 sixx		KR 300-2 PA		KR 500 R2830 MT		KR 1000 titan	
	运动范围	额定速度 /((°)/s)	运动范围	额定速度 /((°)/s)	运动范围	额定速度 /((°)/s)	运动范围	额定速度 /((°)/s)
A1	±170°	360	±185°	98	±185°	90	±150°	58
A2	+45°/−190°	300	+20°/−130°	91	+20°/−130°	80	+17.5°/−130°	50
A3	+156°/−120°	360	±155°	89	+144°/−100°	75	+145°/−110°	50
A4	±185°	381	—	—	±350°	90	±350°	60
A5	±120°	388	—	—	±120°	80	±118°	60
A6	±350°	615	±350°	177	±350°	130	±350°	72

　　KUKA 机器人的控制系统包括 KUKA KR C5、KR C4 Compact、KR C5 micro、KUKA smartPAD 和 KRC ROBOTstar 等系列。其中,KUKA KR C4 控制系统集成了机器人控制 (robot control)、PLC 控制(PLC control)、运动控制(motion control)和安全控制(safety control)等功能,首次实现了与 PLC、CNC 和安全控制系统以交互方式无缝连接。KUKA 机器人部分控制器的技术参数如表 1-15 所示。

表 1-15 KUKA 机器人部分控制器的技术参数

技术参数	值或说明		
型号	KR C4 compact	KR C4 smallsize-2	KR C4
处理器	Multi-core	Multi-core	Multi-core
硬盘	SSD	SSD	SSD
内置接口	USB3.0、GbE、DVI-D	USB3.0、GbE、DVI-D	USB3.0、GbE、DVI-D
控制轴数	6 轴＋2 附加轴箱	6 轴＋6 附加轴箱	9 轴
电源频率/Hz	50/60±1	50/60±1	49～61
电源电压/V	200～230 AC	三相 208～575 AC	三相 208～575 AC
环境温度/(°)	5～45	5～45	5～45

手持操作编程器/示教器可用于手动操作机器人运行,实现示教操作、点动(JOG)运行、编程、参数设置、原点设置及监视等功能。如图 1-29 所示,KUKA 手持操作编程器/示教器具备触摸屏(支持手指或触摸笔操作)、竖型显示屏、主菜单键、8 个移动键、工艺状态键、启动程序键、钥匙开关、急停开关、USB 接口等。使用手持操作编程器基本可完成对机器人的所有操作,且操作简便、实用。KUKA 手持操作编程器各按键说明如表 1-16 所示。

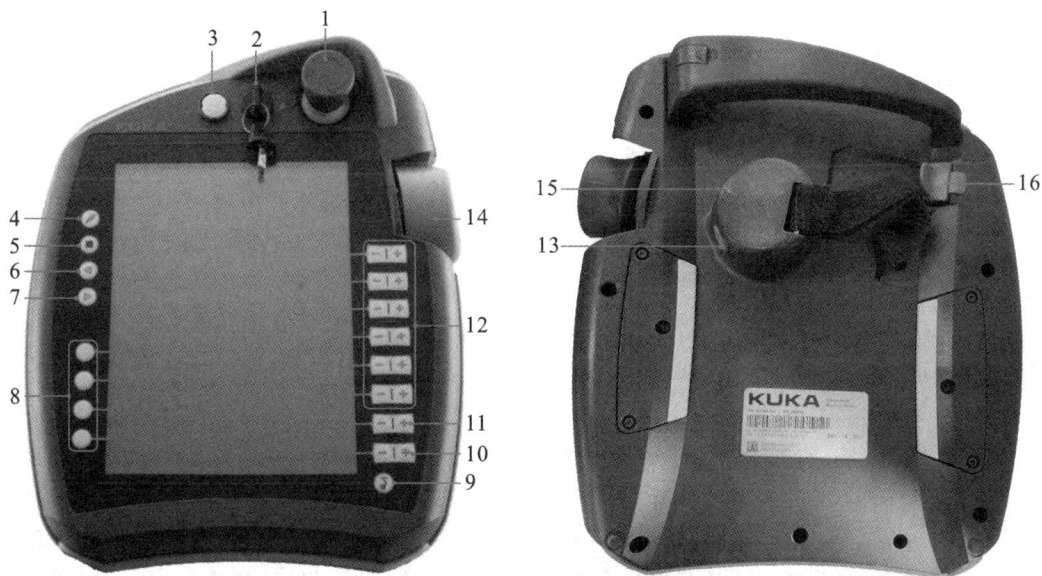

图 1-29 KUKA 手持操作编程器/示教器

1—急停开关;2—钥匙开关;3—拔 SmartPAD;4—自动显示键;5—停止程序键;6—启动程序键;
7—逆向启动键;8—工艺状态键;9—主菜单键;10—手动倍率键;11—程序倍率键;
12—手动移动键;13—启动键;14—3D 鼠标键;15—确认开关;16—USB 接口

表 1-16 KUKA 手持操作编程器按键与说明

按键	说明	按键	说明
急停开关	紧急切断伺服系统并停止操作;紧急停止时使用	主菜单键	在 Smart HMI 上显示菜单项
钥匙开关	钥匙插入时方可转动开关;可通过连接管理器切换运行模式	手动倍率键	设定手动倍率(增加+、减少-)
拔 SmartPAD	拔下 SmartPAD 的按钮	程序倍率键	设定程序倍率(增加+、减少-)
自动显示键	可识别需键盘输入的情况并自动显示键盘	手动移动键	手动移动机器人(增加+、减少-)
停止程序键	暂停正在运行的程序	启动键	启动程序
启动程序键	启动程序运行	3D 鼠标键	手动移动机器人(增加+、减少-)
逆向启动键	逆向启动程序运行	确认开关	确认开关具体位置
工艺状态键	设定工艺程序包参数,确切功能取决于所安装工艺程序包	USB 接口	存档/还原,只支持 FAT32 格式

小型智能制造产线平台所用 KUKA 工业机器人的机械本体型号为 KR 6 R700 sixx,控制器型号为 KR C4 compact,示教器为 SmartPAD。智能制造理实一体化平台则采用华数Ⅲ型控制系统,对应的示教器为 HSpad。

2 数控机床基本认知

数控机床是一种装有程序控制系统的自动化机床,能够根据已编程序使机床动作并加工零件。与传统机床相比,数控机床具有柔性高、加工精度高、加工质量稳定、运行可靠、生产效率高、生产管理智能化等优点。数控机床通常由操作面板、输入/输出设备、加工程序载体、数控系统、伺服驱动装置、测量装置、机床本体以及其他辅助装置等部分组成。

一般地,按主要加工方法、所用刀具及其用途,数控机床可分为数控车床、数控铣床、加工中心、数控钻床、数控磨床、数控镗床等。

数控车床主要用于轴类、盘类、套类零件的内外圆柱面、任意锥角的内外圆锥面、复杂回转体的内外曲面,以及圆柱、圆锥螺纹等切削加工,同时还能进行切槽、钻孔、扩孔、铰孔及镗孔等加工。

数控铣床可用于加工轮廓形状特别复杂、尺寸难以控制、曲线或三维空间曲面复杂的模具、壳体、箱体零件,也可用于加工普通机床无法加工或难以加工的零件。

加工中心是一种带自动换刀装置(ATC)的数控铣床。其加工工艺与数控铣床基本相同,结构也较为相似,但在增加数控分度头或数控回转工作台后可加工螺旋槽、叶片等复杂零件。加工中心可按控制轴数分为三轴加工中心、四轴加工中心和五轴加工中心。

3 数控系统基本认知

数控系统能够逻辑地处理具有控制编码或其他符号指令规定的程序,并将其译码并用代码化的数字表示,通过信息载体输入数控装置。数控系统经运算处理后通过数控装置发出各

种控制信号,控制机床的动作,按图纸要求的形状和尺寸,实现自动加工零件的功能。

　　智能数控系统主要由人机界面、控制模块 HPC-100(IPC-100)、电源模块 HPW-145U、主轴模块、伺服驱动模块以及 I/O 模块等构成。数控系统通过不同接口和这些模块建立联系,然后通过这些模块驱动数控机床的执行部件,使数控机床按照指令要求有序工作,实现对工业机器人从料仓搬运过来的零件进行单独车削、单独铣削或车铣混合加工,以及在加工中心中进行尺寸与精度在线检测。

项目 1 课外拓展知识

项目 2
智能产线核心技术

知识目标

（1）熟悉低压断路器、通用继电器、时间继电器等智能低压电气设备的基本特性及电气接线。

（2）熟悉激光位移传感器、色标传感器、光纤放大器、光电传感器、磁性开关等智能传感器的基本特性。

（3）熟悉了解智能变频系统的基本特性、分类与控制方式。

（4）掌握步进驱动系统的工作原理、步距角、细分驱动技术和通电方式等；掌握步进驱动系统的电气接线及工作电流、细分驱动的设置；熟悉伺服驱动系统的基本组成、要求和分类等。

（5）了解顺序控制流程的基本概念；掌握顺序功能图绘制方法；掌握闪烁、计数和顺序功能控制等的编程方法。

（6）掌握智能工业网络的 IP 地址、子网掩码、网络网段等概念；了解智能工业以太网的基本组成。

技能目标

（1）正确接线，并装调低压断路器、通用继电器、时间继电器等低压电气设备。

（2）正确选型和接线，并调试和设置激光位移传感器、色标传感器、光纤放大器、光电传感器等智能传感器。

（3）正确接线，并安装与使用西门子变频器；正确调试并设置 SINAMICS V20，掌握恢复出厂参数操作；正确调试并设置基本操作面板（BOP），掌握快速调试设置及操作步骤。

（4）正确选型和接线，并调试和设置步进驱动器的工作电流与细分参数；正确选型和接线，并调试和设置伺服驱动系统 SINAMICS V90 的参数。

（5）正确绘制顺序控制流程图和顺序功能图；正确编制基本逻辑位指令程序、定时指令程序、计数指令程序、闪烁程序、计数程序和顺序功能控制程序。

（6）正确设置智能工业网络 IP 地址和子网掩码，正确判断智能设备的所属网络网段，正确设置网络交换机设备参数和恢复出厂设置。

素质目标

(1) 借阅图书资料或查找网络资源,查阅西门子等智能设备的新技术和新知识。

(2) 借助各种媒体资源或说明书,自主学习智能产线编程与装调的核心技术。

(3) 借助工作计划、新标准和新规范,积累智能设备安装调试经验,从个案中总结共性。

(4) 体验智能产线编程与装调的关键核心技术,感受其魅力;培养智能产线装调精工细作的工匠精神,厚植爱国主义精神,传承劳模精神。

智能产线核心技术包括智能低压电气技术、智能传感检测技术、智能变频控制技术、智能伺服驱动技术、智能现场控制技术和智能工业网络技术等。

任务 1　智能低压电气技术

智能低压
电气技术

任 务 导 入

智能低压电气技术涉及大量的低压电气设备,如低压断路器、通用继电器、时间继电器等。本任务主要介绍这些低压电气设备及其基本装调内容。

知识平台　智能低压电气设备简介

1　低压断路器

低压断路器既具有手动开关的功能,又能自动实现失压、欠压、过载、短路和漏电保护,是一种重要的低压电气设备,如图 2-1 所示。低压断路器可用来接通和分断负载电路,不频繁地启动异步电动机,保护电源线路及电动机等其他设备。低压断路器动作值可调,分断能力较强,操作便捷,且安全可靠,因此广泛应用于低压配电系统各级馈出线、各类机械设备的电源控制以及用电终端的控制与保护等方面。

低压断路器通常由操作机构、触点、保护装置(各种脱扣器)、灭弧系统等结构组成。

低压断路器的主触点可通过手动操作或电动方式实现合闸。主触点闭合后,自由脱扣机构把主触点锁在合

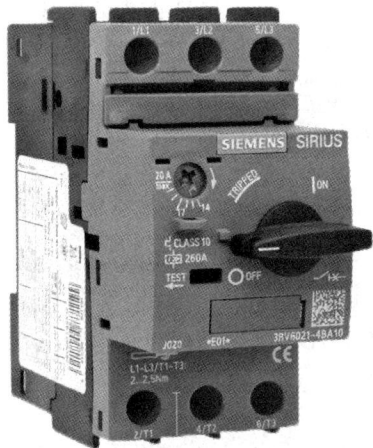

图 2-1　低压断路器

闸位置上。过电流脱扣器的线圈和热脱扣器热元件与主电路串联,欠电压脱扣器线圈和电源并联。当电路发生短路或严重过载时,过电流脱扣器的衔铁吸合,使自由脱扣机构动作,主触点断开主电路。当电路过载时,热脱扣器的热元件发热,使双金属片向上弯曲,从而推动自由脱扣机构动作。当电路欠电压时,欠电压脱扣器的衔铁释放,使自由脱扣机构动作。分励脱扣器则用于远距离控制,在正常工作时,其线圈是断电的,在需要远距离控制时,按下启动按钮,使其线圈通电,衔铁带动自由脱扣机构动作,使主触点断开。

2　通用继电器

通用继电器简称为继电器,其工作原理是利用各种物理量的变化,将电量或非电量信号转化为电磁力或使输出状态发生阶跃变化,从而通过其触头或突变量促使在同一电路或另一电路中的其他器件或装置动作。继电器是一种控制元件,如图 2-2 所示。

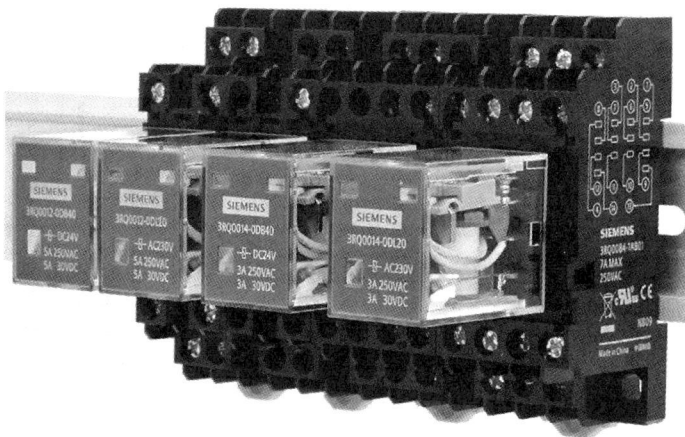

图 2-2　继电器

继电器可以用低电压、小电流来控制高电压、大电流,能够在不同电路中实现信号传递、放大、转换、联锁等功能,可控制主电路和辅助电路中的器件或设备按照预定的动作程序工作,从而实现自动化控制、信号传递、控制范围扩大以及保护等多种功能。继电器的种类繁多:按用途划分,可分为控制继电器、保护继电器、中间继电器等;按工作原理划分,可分为电磁式继电器、感应式继电器、热继电器等;按参数划分,可分为电流继电器、电压继电器、速度继电器、压力继电器等;按动作时间划分,可分为瞬时继电器、延时继电器等;按输出形式划分,可分为有触点继电器、无触点继电器等。

3　时间继电器

时间继电器基于电磁原理或机械动作原理,能够延迟触头的闭合或分断动作,用于控制较高电压、较大电流电路的接通与断开,是一种自动控制电气元件,如图 2-3 所示。其电气符号如图 2-4 所示。时间继电器接入较低电压或较小电流的电路中,从其接收到控制信号的时刻起,经过设定的准确时间延时后,继电器触点才会动作。时间继电器主要用于延时启动、保护以及开闭环控制电路等场合。

图 2-3　时间继电器

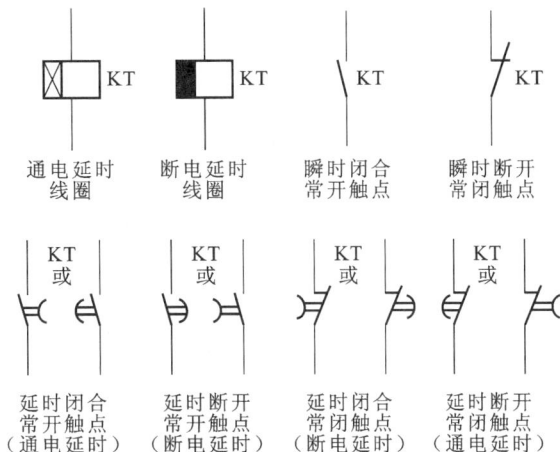

图 2-4　时间继电器电气符号

时间继电器分为通电延时型时间继电器和断电延时型时间继电器。通电延时型时间继电器在线圈通电一定时间后常开触点闭合,常闭触点断开。断电延时型时间继电器在线圈通电后常开触点立即闭合,常闭触点立即断开;在线圈断电一定时间后常开触点断开,常闭触点闭合。通电延时型和断电延时型时间继电器的组成元件相同,区别在于电磁机构反转 180°安装。

任务实施　智能低压电气设备识别和装调

◆ 任务实施要求

正确识别和装调低压断路器、继电器和时间继电器等智能低压电气设备。

1　识别和装调低压断路器

步骤 1　识别低压断路器

在选择西门子低压断路器产品时,确定型号是关键。因为低压断路器产品的型号决定了其主要参数,一般无须再次确认电流等其他技术参数。

步骤 2　安装前低压断路器检查内容

安装西门子低压断路器前,请先检查电流调节旋钮、手动测试旋钮、辅助触头安装孔、开关旋转手柄和产品型号。根据实际需求,精准调整电流调节旋钮至额定电流。用一字螺丝刀插入相应孔内,从右往左挑动手动测试钮即可实现复位。旋转开关旋转手柄,可开启或关闭断路器。西门子低压断路器如图 2-5 所示。

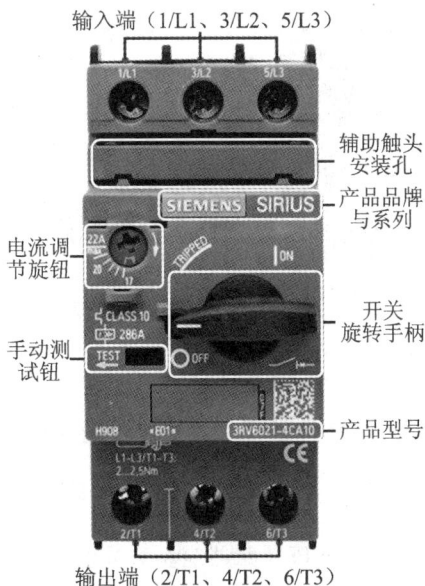

输入端(1/L1、3/L2、5/L3)

辅助触头安装孔

产品品牌与系列

电流调节旋钮

手动测试钮

开关旋转手柄

产品型号

输出端(2/T1、4/T2、6/T3)

图 2-5　西门子低压断路器

步骤 3 安装低压断路器及其辅助触头

低压断路器辅助触头的安装方式分为正面安装和侧面安装两种,可根据具体需求、产品特性和安装环境选择。选择正面安装时,在安装前需先用一字螺丝刀撬开塑料条,再插入辅助触头,如图 2-6 所示。选择侧面安装时,将辅助触头侧装机构直接插入低压断路器,随后通过蓝色按钮检测辅助触头是否已与低压断路器相连,如图 2-7 所示。

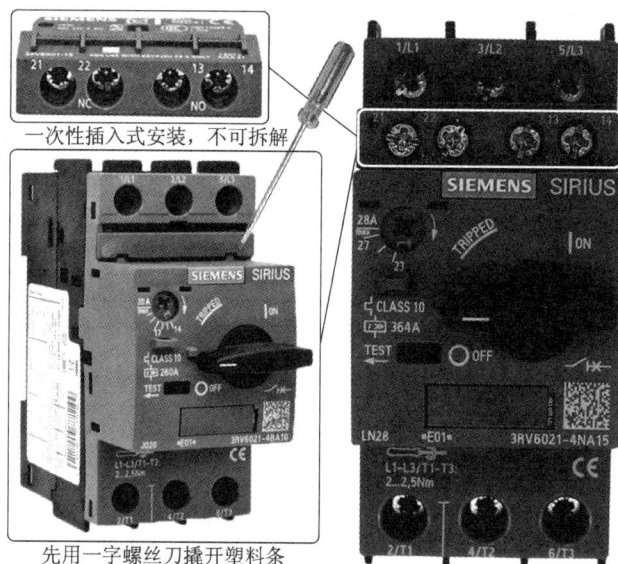

图 2-6 正面安装低压断路器辅助触头

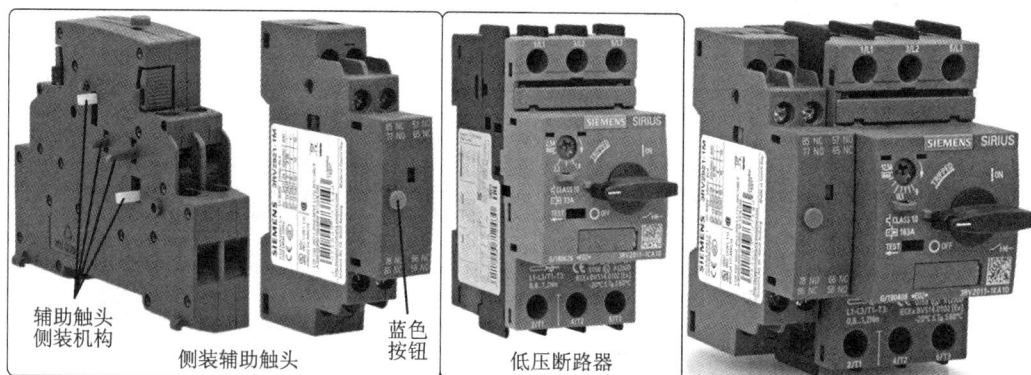

图 2-7 侧面安装低压断路器辅助触头

如图 2-8 所示,低压断路器一般直接安装在 35 mm 标准导轨上。安装后要检查低压断路器是否稳定可靠,确保没有松动现象。

步骤 4 安装低压断路器注意事项

(1)低压断路器应垂直安装,电源线应接在上端,负载接在下端。

(2)低压断路器用作电源总开关或电动机的控制开关时,在电源进线侧必须加装刀开关或熔断器等设备,以形成明显的断开点。

图 2-8　安装 35 mm 标准导轨(低压断路器背面)

(3) 使用低压断路器前,应将脱扣器工作面上的防锈油脂擦净,以免影响其正常工作。同时应定期检修低压断路器,清除积尘,并为操作机构添加润滑剂。

(4) 各脱扣器的动作值调整完成后,不得随意变动,并应定期检查各脱扣器的动作值是否符合要求。

(5) 安装低压断路器时应保证电气间隙和爬电距离符合相关标准。

2　识别和装调继电器

步骤 1　识别继电器

西门子继电器的产品订货号决定其主要参数,因此购买时一般无须再次确认技术参数。西门子 ER 系列小型继电器型号说明如图 2-9 所示,其中:ER 为继电器主型号;3E 表示触点极数为 3 组,额定触点容量为 5 A;L 表示带有 LED 指示灯;D 表示带有浪涌抑制功能;D24 表示额定线圈电压为直流 24 V。

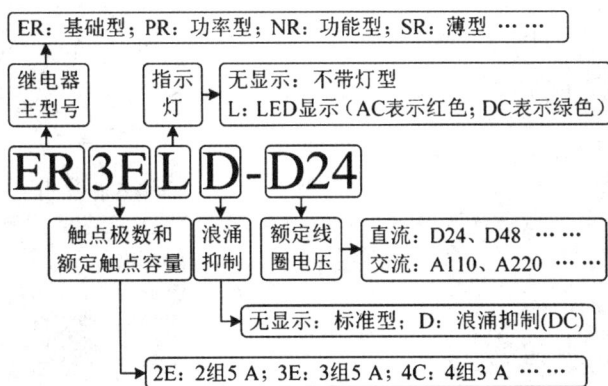

图 2-9　西门子 ER 系列小型继电器型号说明

步骤 2　安装继电器

如图 2-10 所示,继电器通常由继电器本体和继电器底座组合而成。继电器底座可快速安装在标准导轨上,并能将线圈和触点引出到底座的快速连接柱上,便于使用和接线。若继电器

本体损坏,可直接从底座上拔出并更换,从而节省维修时间。

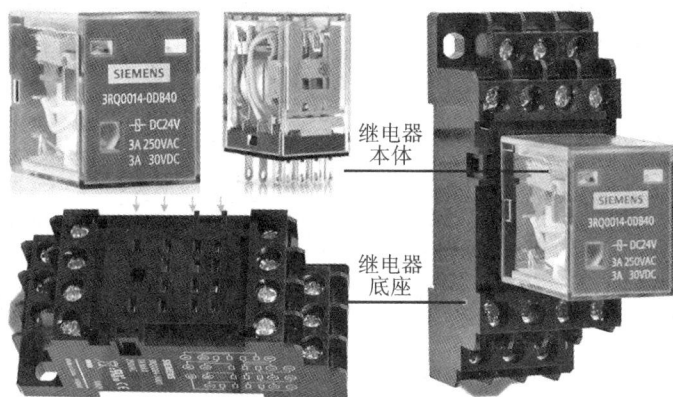

图 2-10 "即插即用"继电器的安装

步骤 3 继电器通电检测

继电器在使用时可能出现接线图不清楚等情况,此时需要借助数字式万用表或模拟指针式万用表来检测继电器的常开和常闭触头及线圈。

3 识别和装调时间继电器

步骤 1 识别时间继电器

西门子 3RP 系列多功能时间继电器如图 2-11 所示。其铭牌包括产品品牌、产品系列、产品订货号、继电器得电 LED 灯、继电器动作 LED 灯、时间范围选择开关、动作时间调整开关、内部接线、功能选择开关、功能选择/时间调整及 Y/△转换触头接线及内部接线等技术参数。

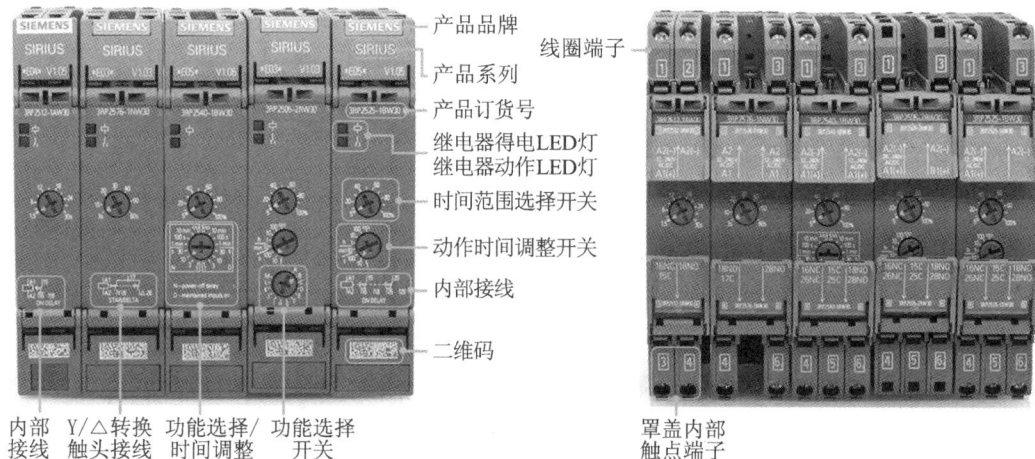

图 2-11 西门子 3RP 系列多功能时间继电器

西门子时间继电器的产品订货号决定了其主要参数,所以购买时一般无须再次确认技术参数。例如,西门子时间继电器产品订货号 3RP2505-1AW30 的含义如图 2-12 所示。西门子 3RP 系列多功能时间继电器的多功能标识字符说明见表 2-1。

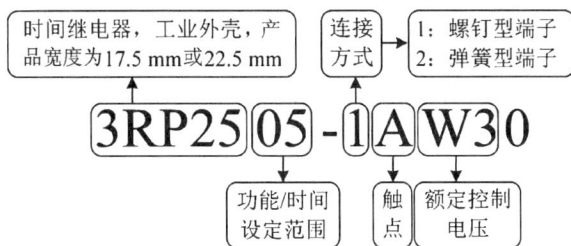

图 2-12 西门子时间继电器产品订货号 3RP2505-1AW30 的含义

表 2-1 西门子 3RP 系列多功能时间继电器的多功能标识字符说明

功能标识字符	说明(1NO+1CO 或 2CO)	说明(2CO+(1CO+1CO)+Y/△)
A	通电延时	带瞬时触点的通电延时
B	带辅助电压的断电延时	带辅助电压和瞬动触点的断电延时
C	带辅助电压的通电延时与断电延时	带辅助电压和瞬动触点的通电延时与断电延时
D	闪烁、间隔启动	带瞬动触点的闪烁、间隔启动
E	短时接通	带瞬动触点的短时接通
F	带辅助电压的短时分断(辅助电压失电时触发)	带辅助电压和瞬动触点的短时分断(辅助电压失电时触发)
G	带辅助电压的短时接通	带辅助电压和瞬动触点的短时接通
H	带辅助电压的辅助通电延时、断电瞬时	带辅助电压和瞬动触点的辅助通电延时、断电瞬时
I	带辅助电压的辅助通电延时	带辅助电压和瞬动触点的辅助通电延时
J	闪烁、脉冲启动	带瞬动触点的闪烁、脉冲启动
K	脉冲延时(固定脉冲 1 s+可调脉冲延时)	带瞬动触点的脉冲延时(固定脉冲 1 s+可调脉冲延时)
L	带辅助电压的脉冲延时(固定脉冲 1 s+可调脉冲延时)	带辅助电压和瞬动触点的脉冲延时(固定脉冲 1 s+可调脉冲延时)
M	带辅助电压的短时分断(辅助电压得电时触发)	带辅助电压和瞬动触点短时分断(辅助电压得电时触发)

西门子 3RP 系列多功能时间继电器包括以下产品:

多功能通电延时继电器 3RP2505-2RW30,供电电压为 24~240 V AC/DC,2 开 2 闭;

多功能通电延时继电器 3RP2512-1AW30,供电电压为 24~240 V AC/DC,1 开 1 闭;

多功能通电延时继电器 3RP2525-1BW30,供电电压为 24~240 V AC/DC,2 开 2 闭;

多功能断电延时继电器 3RP2540-1BW30,供电电压为 24~240 V AC/DC,2 开 2 闭;

Y/△转换多功能时间继电器 3RP2576-1NW30,供电电压为 24~240 V AC/DC,1 开 1 闭。

步骤 2 装调时间继电器

西门子 3RP 系列多功能时间继电器都支持标准 35 mm 导轨安装和螺栓固定式安装。时间继电器的 LED 灯包括"继电器得电"和"继电器动作"两种状态,一般地,继电器线圈先得电,经过设定的时间延迟后,继电器触头才会动作。

拓展知识　漏电保护开关识别与装调

当线路或设备出现短路故障、漏电故障、绝缘破坏时,漏电保护开关会立即切断电源,以确保设备和线路安全。尤其是主电路发生漏电($\geqslant 30$ mA)时,它会根据检测漏电流的判断结果断开主电路。漏电保护开关如图 2-13 所示。

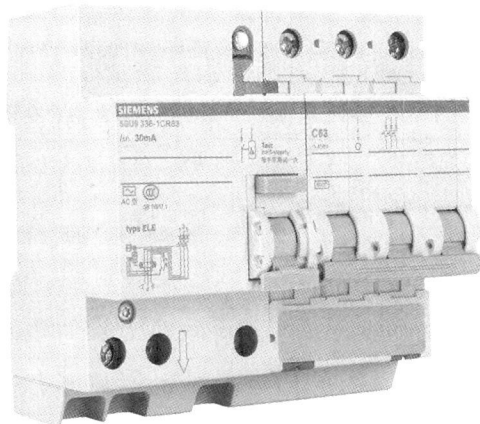

图 2-13　漏电保护开关

步骤 1　识别漏电保护开关

漏电保护开关的铭牌通常包括产品品牌、产品订货号、漏电流动作值、测试按钮、CCC 认证与执行标准、漏电保护接线图、脱口特性 C 与额定电压、接线指示、缺项保护和分断能力等技术参数。西门子漏电保护开关的产品订货号决定了其主要参数,所以购买西门子漏电保护开关时只需提供产品订货号,一般无须再次确认其他技术参数。西门子漏电保护开关如图 2-14 所示。

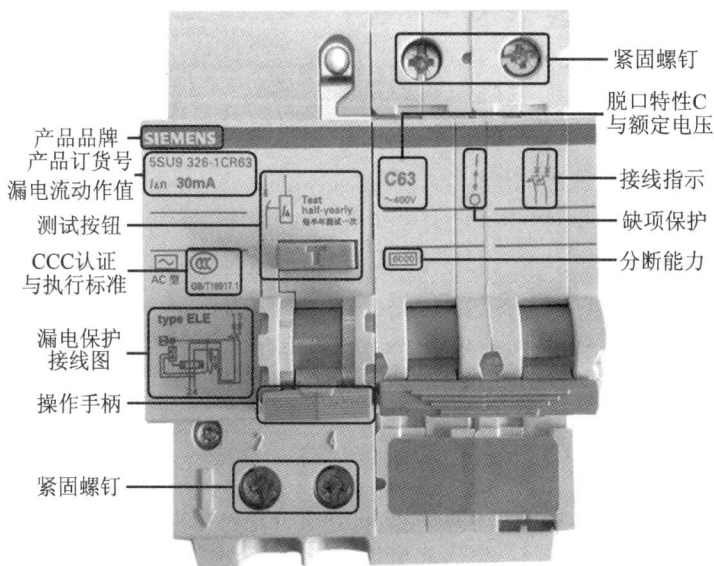

图 2-14　西门子漏电保护开关

步骤 2　装调漏电保护开关注意事项

（1）每 6 个月需要按一次漏电保护开关的测试按钮，以测试设备是否正常。

（2）在安装 1P＋N 断路器或漏电保护开关时，必须根据零线和火线的标记安装，否则安装后设备无法正常工作。

（3）2P 漏电保护开关掉闸后，应先合上左侧主开关，再合上右侧开关。

（4）1P 漏电保护开关只保护并切断火线，不保护也不切断零线。

（5）1P＋N 漏电保护开关保护并切断火线，同时切断零线。

（6）2P 漏电保护开关同时保护并切断火线和零线，更加安全可靠。

任务 2　智能传感检测技术

智能传感
检测技术

任 务 导 入

智能传感器一般由敏感元件、转换元件、变换电路和辅助电源 4 部分组成。敏感元件直接感受被测量，并输出与被测量有确定关系的物理量信号；转换元件将敏感元件输出的物理量信号转换为电信号；变换电路负责对转换元件输出的电信号进行放大和调制；通常，转换元件和变换电路还需要辅助电源供电。本任务主要介绍实际工程中常见的激光位移传感器、色标传感器、光纤放大器、光电传感器、磁性开关等传感器，包括其规格参数、电气接线和参数调试等内容。

知识平台　智能传感器简介

1　激光位移传感器

激光位移传感器种类繁多，广泛应用于检测物体的弯曲度、变形度、平整度、斜度、位移、厚度、振幅、高度、距离及直径等。不同品牌和型号的激光位移传感器在测量中心距离、测量范围和重复精度方面存在差异，如图 2-15 所示。

HG-C 系列激光位移传感器的规格参数如表 2-2 所示。HG-C1050 的测量范围为距传感器（50±15）mm，即 HG-C1050 能测量距传感器 35～65 mm 的范围。同理，HG-C1030 能测量距传感器 25～35 mm 的范围；HG-C1100 能测量距传感器 70～130 mm 的范围；HG-C1200 能测量距传感器 120～280 mm 的范围；HG-C1400 能测量距传感器 200～600 mm 的范围。在常规模式下，数字指示灯能显示当前物体与传感器测量中心的距离值，也可将当前测量值以 0～5 V 电压形式输出为模拟量。

测量中心距离：400 mm
测量范围：±200 mm
重复精度：400 μm（距离200～400 mm）或800 μm（距离400～600 mm）

测量中心距离：200 mm
测量范围：±80 mm
重复精度：200 μm

测量中心距离：100 mm
测量范围：±35 mm
重复精度：100 μm

测量中心距离：50 mm
测量范围：±15 mm
重复精度：30 μm

测量中心距离：30 mm
测量范围：±5 mm
重复精度：10 μm

FSD22-30 FSD22-50 FSD22-100 FSD22-200 FSD22-400

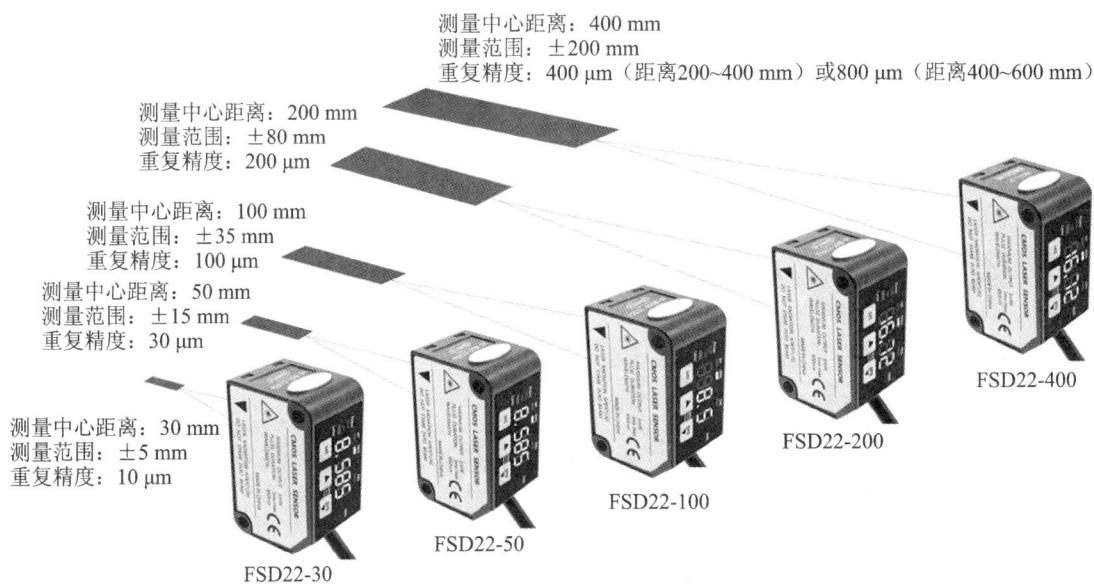

图 2-15　激光位移传感器

表 2-2　HG-C 系列激光位移传感器的规格参数

测量中心距离		30 mm 型	50 mm 型	100 mm 型	200 mm 型	400 mm 型
型号	NPN 输出	HG-C1030	HG-C1050	HG-C1100	HG-C1200	HG-C1400
	PNP 输出	HG-C1030-P	HG-C1050-P	HG-C1100-P	HG-C1200-P	HG-C1400-P
测量中心距离/mm		30	50	100	200	400
测量范围/mm		±5	±15	±30	±80	±200
重复精度/μm		10	30	70	200	300(200～400 mm) 800(400～600 mm)
直线性(满量程,F.S.)		±0.1%	±0.1%	±0.1%	±0.3%	±0.2%(200～400 mm) ±0.3%(400～600 mm)

2　色标传感器

色标传感器是一种用于辨别颜色和检测色标位置的检测装置,常与设备配套使用,可以实现自动定位、定长、辨色、分切、纠偏、计数等功能。它广泛应用于检测特定色标或物体上的斑点,能够检测到背景颜色灰度值的细小差别,与标签和背景的颜色组合无关。

3LED 色标传感器 LX-101 和 LX-111 如图 2-16 所示。3LED 色标传感器 LX-101(-P)主要用于检测色块、线条等色标。色标传感器 LX-101(-P)的规格参数见表 2-3。

图 2-16　色标传感器 LX-101 和 LX-111

表 2-3　色标传感器 LX-101(-P)的规格参数

参数		电缆型色标传感器	连接器型色标传感器
型号	NPN 输出	LX-101(0 V 低电平有效)	LX-101-Z(0 V 低电平有效)
	PNP 输出	LX-101-P(24 V 高电平有效)	LX-101-P-Z(24 V 高电平有效)
检测距离/mm		10±3	10±3
光点尺寸/(mm×mm)		1×5(设定距离 10 mm)	1×5(设定距离 10 mm)
电源电压(DC)/V		12～24(±10%);脉动峰-峰值(P-P)在 10%以下	12～24(±10%);脉动峰-峰值(P-P)在 10%以下
反应时间/ms		色标模式<45;彩色模式<150	色标模式<45;彩色模式<150
灵敏度设定方法		色标模式下,2 点教导/全自动教导;彩色模式下,1 点教导	
输出 1 动作		色标模式:入光时 ON/非入光时 ON(教导自动设定) 彩色模式:一致时 ON/不一致时 ON(教导时设定)	
输出 2 动作		输出 1 的反转工作	
输出短路保护		设备自动复位	

3　光纤放大器

光纤放大器是一种将信号直接放大的全光放大器。E3X-NA11 光纤放大器如图 2-17 所示。E3X-NA 光纤放大器的基本特性如表 2-4 所示。

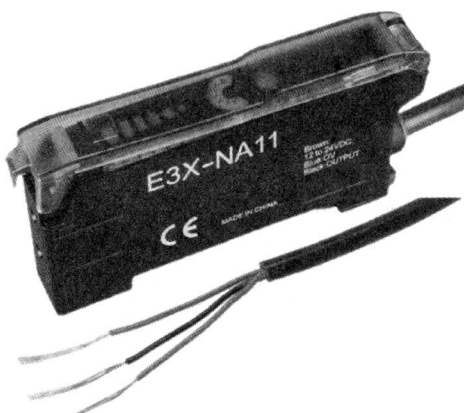

图 2-17　E3X-NA11 光纤放大器

表 2-4　E3X-NA 光纤放大器的基本特性

类型	光量条显示和旋钮设定		
	通用型 E3X-NA	高速检测型 E3X-NA/F	耐水型 E3X-NA/V
光源(发光波长/nm)	红色 4 元素发光二极管(625)		红色发光二极管(680)
电源电压(DC)/V	12～24(±10%)		
功耗/电流消耗	功耗<960 mW;电流消耗<40 mA		
控制输出	开路集电极输出型;负载电源电压<26.4 V;负载电流<50 mA		
响应时间/μs	动作<200、复位<200	动作<200、复位<300	动作<200、复位<200
灵敏度调整	8 转动全回转旋钮(带指示器)		
保护回路	电源逆接保护、输出短路保护		
定时器功能	无定时器,带有 OFF 延时定时器;开关切换时定时器时间固定为 40 ms		
防干扰	最多 5 台(光同步式)×2	无	最多 5 台(光同步式)×2
环境照度/lx	受光面照度:白炽灯 10000 以下;太阳光 20000 以下		
连接台数	最多 16 台(环境温度因连接台数而异)		
环境温度/℃	工作:连接 1～3 台时－25～＋55;连接 4～11 台时－25～＋50;连接 12～16 台时－25～＋45 保存:－30～＋70(无结冰、无结霜)		
环境湿度(相对湿度,RH)	工作和保存:35%～85%(无结霜)		

　　在使用光纤放大器检测微小异物时,如果检测距离不足或受到其他环境因素影响,可通过调节灵敏度来提高检测准确率。具体操作为:顺时针旋转调节旋钮可提高灵敏度,逆时针旋转则降低灵敏度。

4　光电传感器

光电传感器是一种以光电器件作为转换元件且具有开关量输出的位置传感器。它利用被测物体对红外光束的遮挡或反射来检测物体。

目前,市场上光电传感器品牌众多,包括欧姆龙(OMRON)、视兵、申美盛、彪帅、优奴、森林鸟、佳美艺、奥托尼克斯(AUTONICS)和铭霆等。例如,欧姆龙 E3 系列光电传感器如图 2-18 所示。E3 系列部分型号的光电传感器的规格参数如表 2-5 所示。

（a）E3ZG-D81　（b）E3ZG-D82　（c）E3ZG-R81　（d）E3ZG-T81

图 2-18　欧姆龙 E3 系列光电传感器

表 2-5　E3 系列部分型号的光电传感器的规格参数

参数特性	NPN 型(低电平型)				PNP 型(高电平型)		
型号	E3Z-D61/ E3ZG-D61	E3Z-D62/ E3ZG-D62	E3Z-R61/ E3ZG-R61	E3Z-T61/ E3ZG-T61	E3Z-D81/ E3ZG-D81	E3Z-R81/ E3ZG-R81	E3Z-T81/ E3ZG-T81
检测距离/cm	3～20/ 3～10	5～50/ 5～100	30～200/ 30～400	30～400/ 30～1500	3～20/ 3～10	30～200/ 30～400	30～400/ 30～1500
检测方式	漫反射型		反射型	对射型	漫反射型	反射型	对射型
动作状态	常开、常闭可切换(L:常开;D:常闭)				常开、常闭可切换(L:常开;D:常闭)		
电源电压(DC)/V	12～24;直流 3 线(棕色:正极;蓝色:负极;黑色:信号线)						
电路保护	反接保护、断路保护、浪涌保护				反接保护、断路保护、浪涌保护		
调灵敏度	尾部调位器调节				尾部调位器调节		
检测距离	标准检测距离 1 mm 以上,非全透明物体				标准检测距离 1 mm 以上,非全透明物体		

任务实施　智能传感器识别和装调

◆ 任务实施要求

正确识别和装调激光位移传感器、色标传感器、光纤放大器和光电传感器等智能传感器。

1　识别和装调激光位移传感器

激光位移传感器的接线端用不同颜色标识,一般包括棕色或褐色、蓝色、粉色、黑色和灰色。其导线材料应具有防水、防油、耐磨、耐弯和导电性能好等特点,以适应不同的工业现场环境。

步骤 1　识别 FSD 激光位移传感器的接线

如图 2-19 所示,FSD(满量程偏移)激光位移传感器共有 5 根导线,导线的颜色分别是棕色、蓝色、粉色、黑色和灰色。

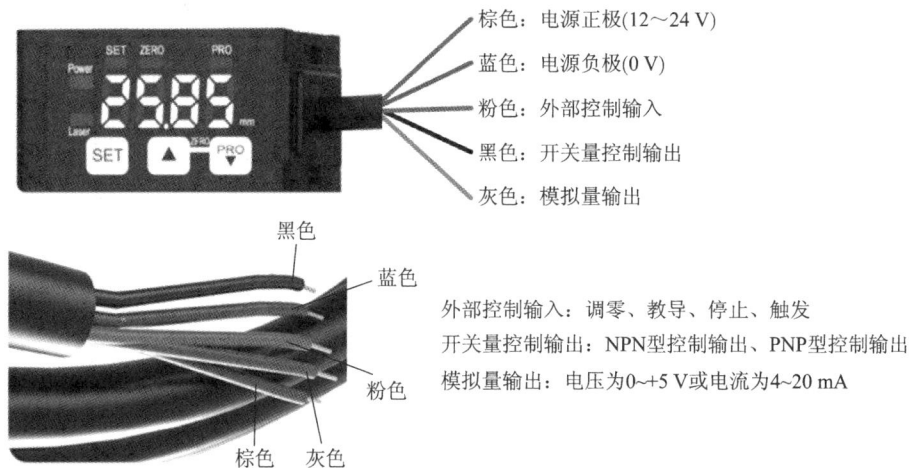

图 2-19　激光位移传感器 FSD 接线

图 2-19 中,棕色线连接电源正极(12～24 V),蓝色线连接电源负极(0 V),粉色线连接外部控制输入线,黑色线连接开关量控制信号输出线,灰色线连接模拟量信号输出线。外部控制输入可实现调零、教导、停止和触发等功能;开关量控制输出分为 NPN 型控制输出和 PNP 型控制输出;模拟量输出分为电压输出和电流输出,可根据实际需求选择其中一种。

步骤 2　识别 HG-C 激光位移传感器的接线

HG-C 激光位移传感器是一种微型激光位移传感器,其输出分为 NPN 型输出和 PNP 型输出,如图 2-20 所示。当输出为 NPN 型时,负载应连接到电源正极(褐色)和开关量控制输出(黑色),外部输入应连接到外部控制输入(粉色)和电源负极(蓝色)。当输出为 PNP 型时,负载应连接到开关量控制输出(黑色)和电源负极(蓝色);外部输入应连接到电源正极(褐色)和外部控制输入(粉色)。

步骤 3　识别激光位移传感器的操作面板

HG-C 激光位移传感器的操作面板包括 TEACH、UP 和 DOWN 3 个操作键,激光放射指

（a）NPN型输出

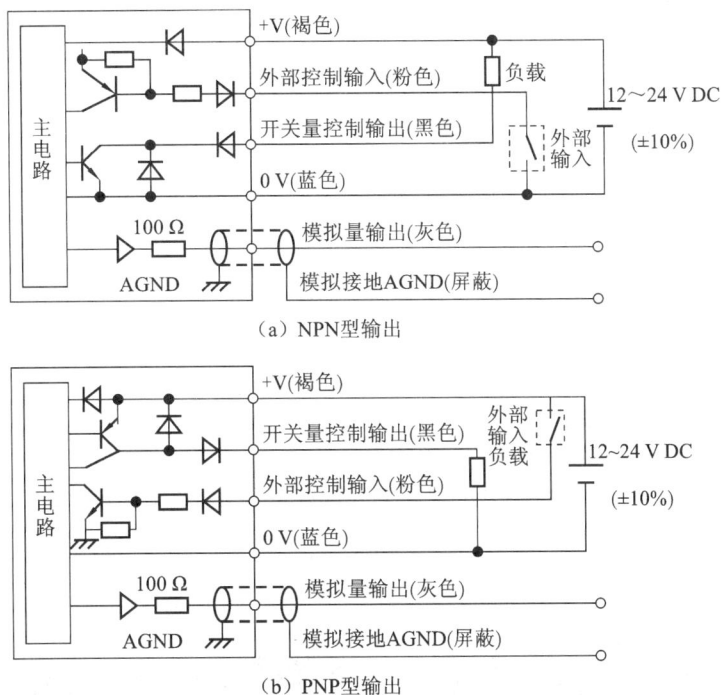

（b）PNP型输出

图 2-20　HG-C 激光位移传感器的输出

示灯、输出动作指示灯、教导指示灯、调零指示灯、PRO 指示灯和数字指示灯 6 个状态显示灯，如图 2-21(a)所示。FSD22 激光位移传感器的操作面板包括 set、▲、pro▼ 3 个操作键，电源指示灯、激光放射指示灯、SET 指示灯、调零指示灯、PRO 指示灯和数字指示灯 6 个状态显示灯，如图 2-21(b)所示。

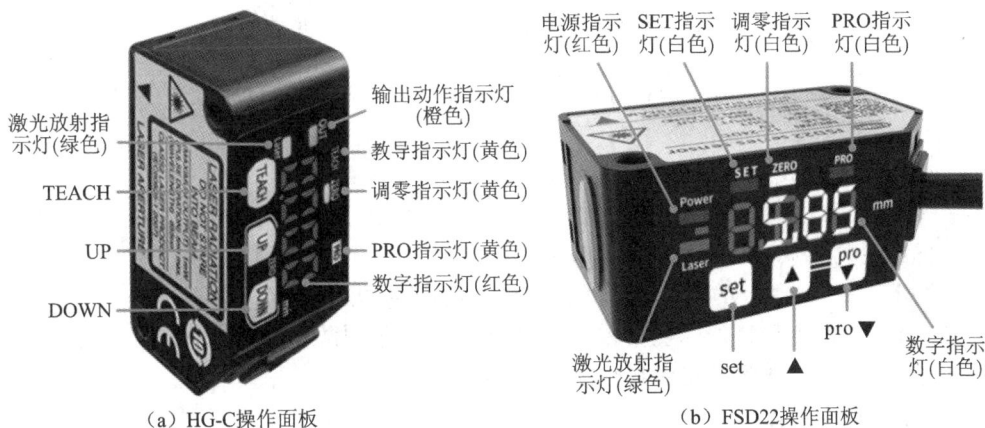

（a）HG-C操作面板

（b）FSD22操作面板

图 2-21　激光位移传感器的操作面板

步骤 4　HG-C 激光位移传感器的调零设置

HG-C 激光位移传感器的调零功能用于将其测量值强制置零。设置时，同时按下 DOWN 和 UP 操作键 3 s，待当前显示值为 0 时，调零完成。若需解除调零并返回普通模式，可同时按

下 DOWN 和 UP 操作键 6 s。

2 装调色标传感器

步骤 1 安装色标传感器的注意事项

（1）必须根据物体的运行方向来确定传感器的安装方向。

（2）检测有光泽的物体时，应将传感器与被检测物体相对，并将传感器倾斜 $10°\sim15°$ 安装。这是因为有光泽的物体正反射成分较多，容易导致检测不稳定。在这种情况下，适当倾斜传感器光轴即可减少正反射光，从而提高检测的稳定性。

（3）安装传感器支架时，紧固扭矩应在 $0.8\ \text{N}\cdot\text{m}$ 以下。

步骤 2 简易色标传感器的颜色标定

简易色标传感器 LX-111(PNP 输出)是 LX-101(PNP 输出)的简易型号，不带数字显示功能，通过对不同颜色的检测来实现颜色标定。简易色标传感器 LX-111 的面板及其设定如图 2-22 所示。

工作状态 ON OFF
指示灯

光源对准待检测颜色，　光源离开待检测颜色，
按下ON按钮　　　　　　按下OFF按钮

图 2-22 简易色标传感器 LX-111 的面板及其设定

例如，当有红色和白色两种物料时，简易色标传感器 LX-111 的颜色标定方法有以下两种。

方法 1：白色为背景色，红色为录入色。

（1）把白色物料放入色标传感器 LX-111 的检测区域内。

（2）按下 LX-111 的 ON 按钮，待色标传感器的工作状态指示灯闪烁后，移开白色物料。

（3）把红色物料放入色标传感器 LX-111 的检测区域内。

（4）按下 LX-111 的 OFF 按钮，待色标传感器的工作状态指示灯熄灭，标定完成。

也就是说，当白色物料处于色标传感器检测范围内时，工作状态指示灯亮；而当红色物料处于检测范围内时，工作状态指示灯熄灭。

方法 2：红色为背景色，白色为录入色。

（1）把红色物料放入色标传感器 LX-111 检测区域内。

（2）按下 LX-111 的 ON 按钮，待色标传感器的工作状态指示灯闪烁后，移开红色物料。

（3）把白色物料放入色标传感器 LX-111 的检测区域内。

（4）按下 LX-111 的 OFF 按钮，待色标传感器的工作状态指示灯熄灭，标定完成。

也就是说，当红色物料处于色标传感器检测范围内时，工作状态指示灯亮；而当白色物料处于检测范围内时，工作状态指示灯熄灭。

步骤 3 色标传感器的模式选择

LX-101带有数字显示功能,可进行参数微调,灵敏度相对更高。数显色标传感器LX-101的面板上有6个模式显示灯、4位数字显示灯、1个操作显示灯、1个MODE/CANCEL选择按钮、1个ON/SELECT选择按钮、1个OFF/ENTER选择按钮,如图2-23所示。LX-101的4位数字显示灯(红色)用于显示入光量和不同设定值。

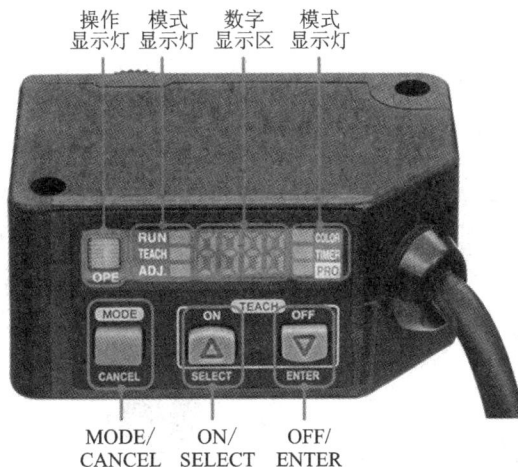

图 2-23 数显色标传感器 LX-101 的面板

LX-101通过MODE/CANCEL选择按钮、ON/SELECT选择按钮和OFF/ENTER选择按钮设定参数。MODE/CANCEL选择按钮:在PRO模式下用于取消设定(CANCEL)。ON/SELECT选择按钮:在MODE模式下用于ON操作;在PRO模式下用于SELECT选择操作。OFF/ENTER选择按钮:在MODE模式下用于OFF操作;在PRO模式下用于ENTER确认操作。

步骤 4 色标传感器教导模式操作

LED数显色标传感器LX-101的两点教导如图2-24所示。

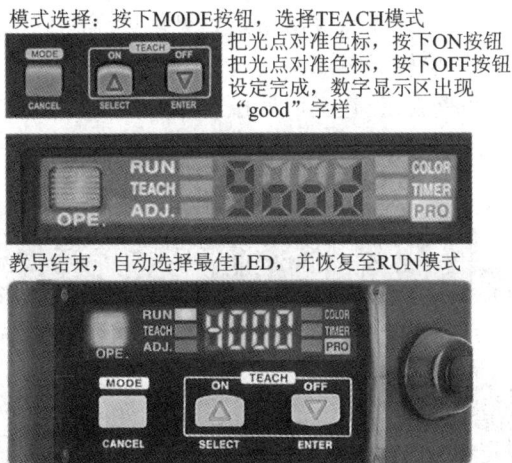

图 2-24 LED 数显色标传感器 LX-101 的两点教导

（1）按下 MODE 按钮，选择 TEACH 模式。

（2）先把光点对准色标，按下 ON 按钮；再把光点对准底色，按下 OFF 按钮。设定完成后，数字显示区显示"good"字样。

（3）教导结束，色标传感器自动选择最佳 LED，并恢复至 RUN 模式。

3　装调光纤放大器

步骤 1　安装光纤放大器

以光纤放大器 E3X-NA11 为例，采用单触锁定方式安装，如图 2-25 所示。

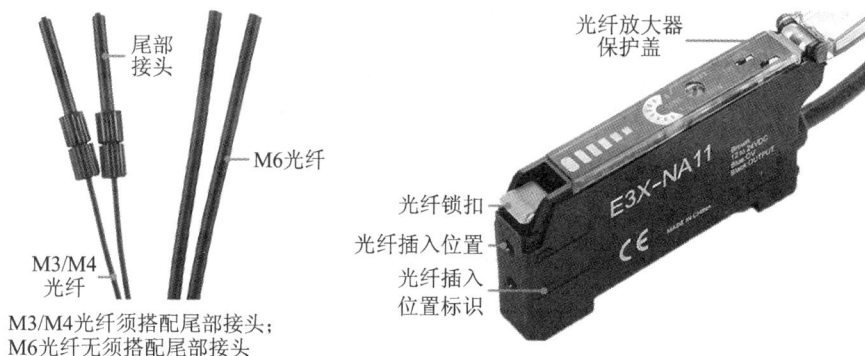

图 2-25　光纤放大器 E3X-NA11 的安装

光纤放大器 E3X-NA11 的安装步骤如下：

（1）将光纤锁扣抬起，从光纤插入位置处插入光纤，光纤须完全插入，插入距离约为 11 mm。注意，若光纤未完全插入，会导致检测有效距离过短。

（2）向下压紧光纤锁扣，盖好光纤放大器保护盖。

（3）根据需要，为不同线径的光纤搭配相应的尾部接头。

步骤 2　操作光纤放大器的面板

光纤放大器 E3X-NA11 的面板及其说明如图 2-26 所示。当输出指示灯亮起时，表示有信号输出；若指示灯亮起 3 个以上，则表示输出稳定。灵敏度调节方法如下：顺时针旋转灵敏度调整旋钮，灵敏度增大；逆时针旋转灵敏度调整旋钮，灵敏度减小。在光纤与被检测物体的位置固定后，缓慢旋转灵敏度调整旋钮，直至信号指示灯亮起 4 个以上，即可完成调节。

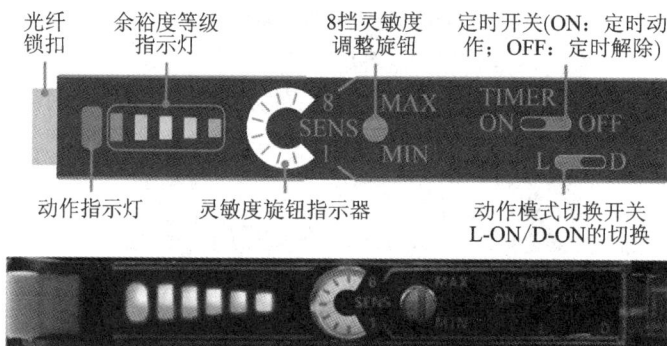

图 2-26　光纤放大器 E3X-NA11 的面板及其说明

4　装调光电传感器

步骤 1　安装与使用光电传感器的注意事项

（1）对于不同材料的物体，光电传感器的检测距离不同。

（2）检测距离会因物体的大小、颜色及表面凹凸状况而变化，建议将传感器安装在检测距离的 90% 以内。

（3）定期清理检测面的污物，以免影响感应灵敏度和检测距离。

（4）在强磁场环境中，应使用屏蔽导线。

步骤 2　光电传感器接线

如图 2-27 所示，以光电传感器 E3Z-D61 为例，它共有褐色、蓝色和黑色 3 根导线。褐色导线连接电源正极（12～24 V），蓝色导线连接电源负极（0 V），黑色导线连接开关量控制信号输出线。一般地，当物料处于检测范围内时，动作指示灯（橙色）和稳定指示灯（绿色）均亮起；当物料不在检测范围内时，动作指示灯（橙色）熄灭，而稳定指示灯（绿色）亮起。此外，可通过动作切换旋钮调整动作指示灯的亮灭状态，通过灵敏度调整旋钮调节检测距离和灵敏度。

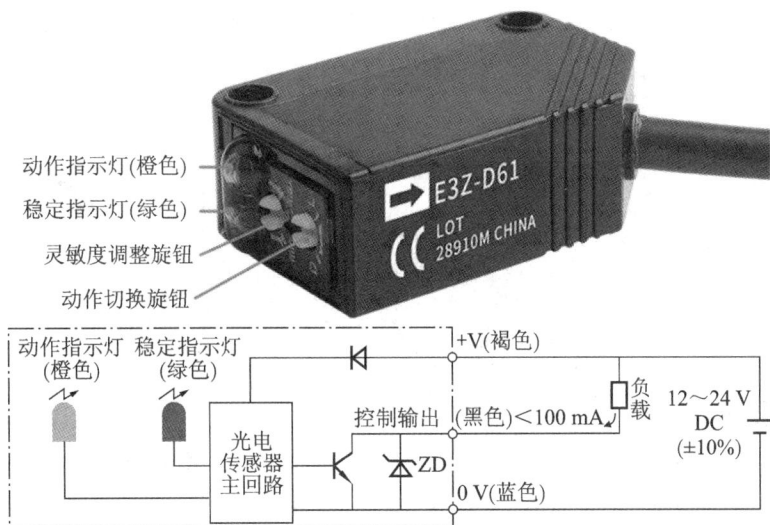

图 2-27　光电传感器接线图

拓展知识　磁性开关简介与装调

磁性开关即磁性传感器，是一种利用磁场信号进行控制的线路开关器件。磁性开关常与 PLC、继电器或其他控制设备配合使用，用于传输信号。

目前，常见的磁性开关主要有亚德客品牌的 AirTAC 系列，如图 2-28 所示。该系列的 CMS 和 DMS 磁性开关均有 E、G、H、J 共 4 种截面形状，型号分别为 CMSE、CMSG、CMSH、CMSJ、DMSE、DMSG、DMSH、DMSJ；该系列的 EMS 磁性开关则包含 EMSG、EMSH 两种型号。AirTAC 系列磁性开关的产品订货号含义如图 2-29 所示。

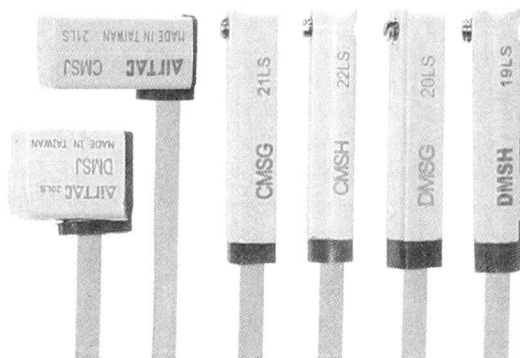

图 2-28 亚德客磁性开关

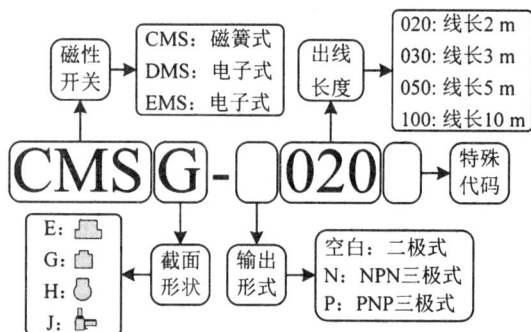

图 2-29 AirTAC 系列磁性开关的产品订货号含义

步骤 1 装调磁性开关

磁性开关(磁性传感器)有 3 种安装方式:直接安装在气缸槽内、配合支架安装(见图 2-30(a))以及配合绑带安装(见图 2-30(b))。安装磁性开关前,需要先确定型号,不同型号的磁性开关必须与相应的气缸、气缸支架及绑带匹配使用。对于标准气缸,应搭配拉杆型气缸安装磁性开关;对于圆形气缸等迷你气缸,应搭配磁性开关绑带进行安装。

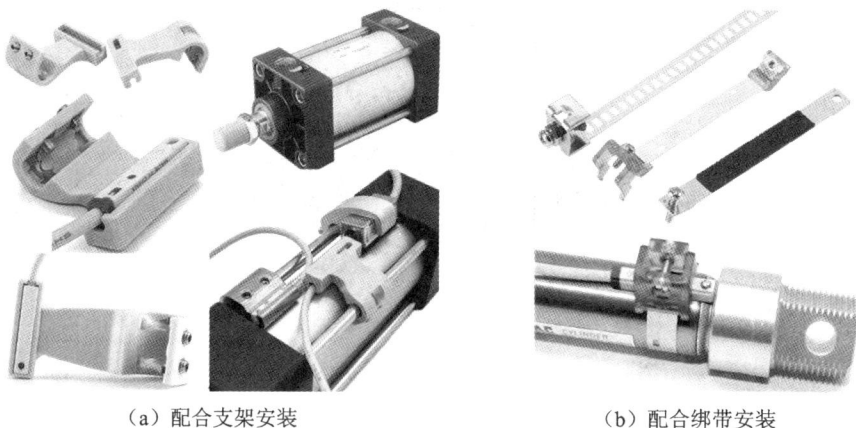

(a) 配合支架安装 (b) 配合绑带安装

图 2-30 磁性开关的安装方式

步骤 2 安装和使用磁性开关的注意事项

(1) 磁性开关属于敏感元件,极易损坏,操作时要注意安全。严禁将磁性开关直接短接电源,尤其是两线型磁性开关。

(2) 两线型磁性开关本身电阻很小,直接接电源会导致短路,进而烧毁磁性开关,甚至烧熔触点。接线时需注意极性正确,接反可能导致信号灯不亮。三线型磁性开关在使用时接线必须正确,否则极易被烧毁。

(3) 磁性开关不可直接连接到电机、大容量电磁阀等大型感性元件。这些元件在电路导通或断开瞬间会产生大量浪涌电流,可能导致磁性开关烧毁。使用磁性开关时,应确保电流和电压稳定,避免干扰。

（4）磁性开关不可应用于海水、化学物质或水分较多的环境,否则其树脂材料的感应头可能会膨胀或开裂。在搬运、运输和使用过程中,应避免磁性开关遭受冲击或拉扯,防止机械损伤。

（5）磁性开关不可应用于水滴飞溅或浸入式场合。

任务 3　智能变频控制技术

智能变频控制技术

任 务 导 入

智能变频控制技术涉及众多品牌,不同品牌变频器的内部功能框图和主回路基本相同,以保证相应的正常运行功能。但是,不同品牌变频器的控制回路和控制方式根据使用场合的功能需求而有所不同。变频器的控制回路包括电流保护电路、电压保护电路、过热保护电路、驱动电路、稳压电源、控制端子、接口电路、操作面板、CPU 等。

知识平台　智能变频器控制技术

1　变频器的安装方式与注意事项

变频器的安装方式有墙挂式安装和控制柜内安装两种形式。墙挂式安装是指将变频器用螺栓垂直安装在坚固物体上的方式。

墙挂式安装变频器时,变频器的文字键盘应朝向正面,且不能上下颠倒或平放安装。由于变频器运行过程中会产生热量,必须保持冷却风通风顺畅,因此变频器周围需留有一定空间,一般情况下,上下距离应大于 10 cm,左右距离应大于 5 cm。

控制柜内安装变频器时,排风扇的安装位置应正确,应尽可能安装在变频器上方的柜顶,而不是控制柜的底部,如图 2-31 所示。如果在控制柜内安装多台变频器,竖向安装会影响上部变频器的散热,因此变频器应横向安装,避免竖向安装。变频器最好安装在控制柜的中部或下部,且需垂直安装。其正上方和正下方应避免安装可能阻挡进风或出风的大部件。变频器四周与控制柜顶部、底部,以及隔板或其他部件的距离应不小于 300 mm,如图 2-32 中的 H_1、H_2 所示。

控制柜内安装变频器时,还需注意以下通风、防尘和维护要求:安装变频器的控制柜应密封,并通过专门设计的进风口和出风口进行通风散热。控制柜顶部应设置出风口、防风网和防护盖;底部应设置底板、进线孔、进风口和防尘网。控制柜的风道设计应合理,确保排风顺畅,不易积尘。控制柜内的轴流风机风口需安装防尘网,并在运行时向外抽风。同时,应定期对控制柜进行维护,及时清理内部和外部的粉尘、絮毛等杂物。特别是在多金属粉尘、煤粉、絮状物等多粉尘场所使用变频器时,采取正确、合理的防尘措施是保证变频器正常工作的必要条件。

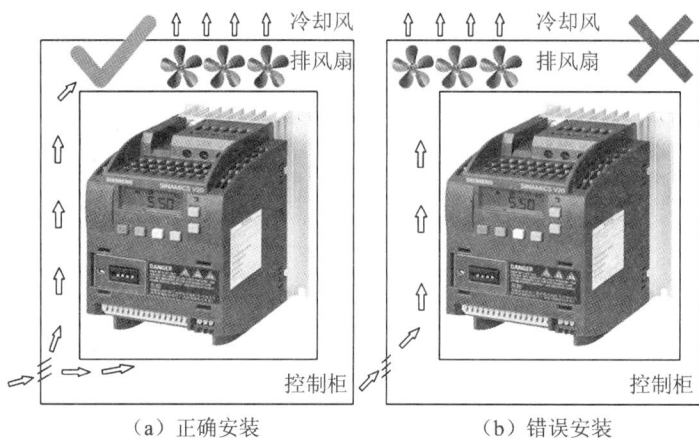

（a）正确安装 （b）错误安装

图 2-31 控制柜内变频器的正确与错误安装方式

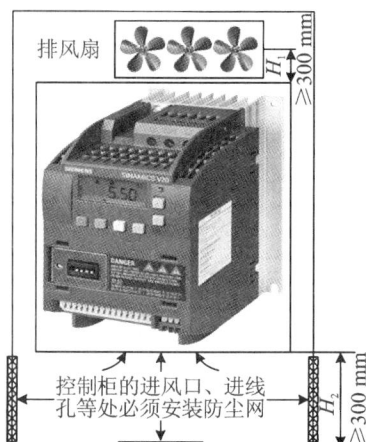

控制柜的进风口、进线孔等处必须安装防尘网

图 2-32 变频器安装间距 H_1、H_2

2 变频器操作面板

根据不同的现场使用场合和电机铭牌参数，变频器 SINAMICS V20 可选择内置式和外置式两种操作面板，用于显示、访问、修改、设置和调试相关的控制及运行参数，如图 2-33 所示。

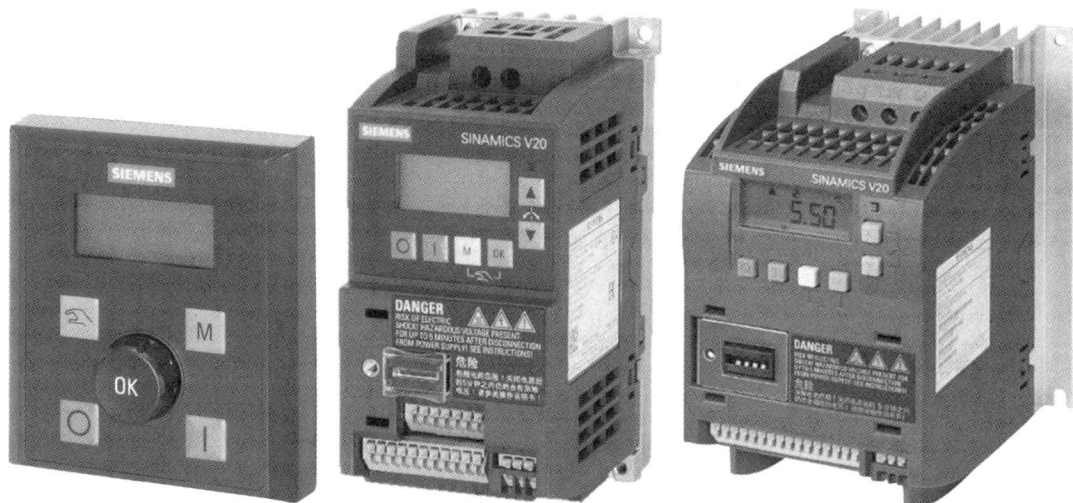

图 2-33 SINAMICS V20 的操作面板

如图 2-34 所示，SINAMICS V20 的操作面板通过显示菜单呈现输出频率、输出电压、输出电流、直流母线电压及频率设定值等重要参数；通过设置菜单访问电机数据、连接宏、应用宏和常用参数，以快速调试变频器；通过参数菜单访问所有可用的变频器参数。

采用基本操作面板（BOP）调试变频器 SINAMICS V20 的基本流程如图 2-35 所示。

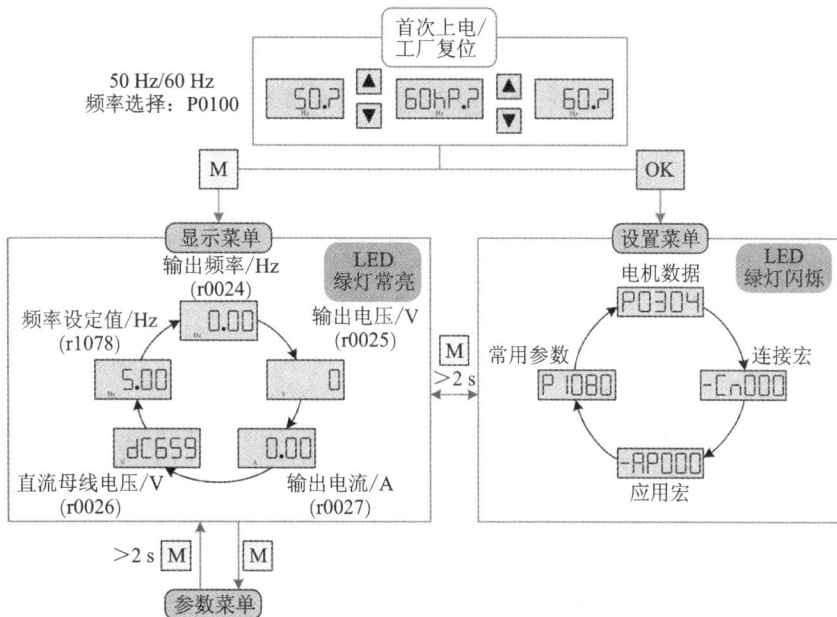

图 2-34 SINAMICS V20 的操作面板菜单

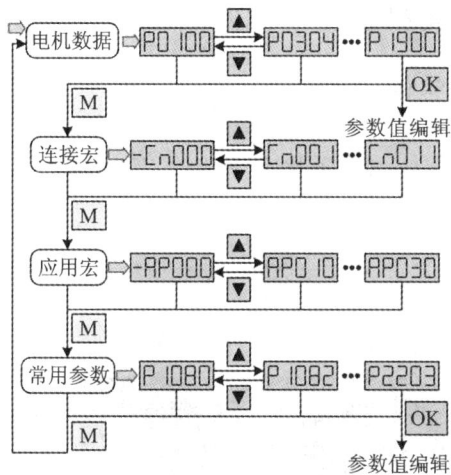

图 2-35 BOP 基本调试流程

任务实施 变频器调试与参数设置

任务实施 1 变频器调试

◆ 任务实施要求

采用基本操作面板(BOP)调试变频器 SINAMICS V20,并根据电机铭牌参数设置变频器的电机参数。

步骤 1 设置电机数据（P 参数）

点击软键 M 进入电机数据菜单，通过软键减少键▼或增加键▲找到相应电机数据参数（如 P0100），修改参数值后点击软键 OK 确认。

步骤 2 设置连接宏（Cn 参数）

点击软键 M 进入连接宏菜单，通过软键减少键▼或增加键▲键找到相应连接宏参数（如 −Cn001），待出现相应参数后点击软键 OK 确认。

步骤 3 设置应用宏（AP 参数）

点击软键 M 进入应用宏菜单，通过软键减少键▼或增加键▲找到相应应用参数（如 −AP021），待出现相应参数后点击软键 OK 确认。

步骤 4 设置常用参数

点击软键 M 进入常用参数菜单，通过软键减少键▼或增加键▲找到相应常用参数（如 P1080），修改参数值后点击软键 OK 确认。

步骤 5 设置变频器电机参数

步骤 5.1 设置额定电压

长按（超过 2 s，后同）M 进入设置菜单，按上键▲切换至参数 P0304，如图 2-36（a）所示；短按（不超过 2 s，后同）OK 进入参数设置状态，用上下键（▲▼）将参数值修改为 220，短按 OK 确认。

步骤 5.2 设置额定电流

长按 M 进入设置菜单，按上键▲切换至参数 P0305，如图 2-36（b）所示；短按 OK 进入参数设置状态，用上下键将参数值修改为 0.08（电流值精确到 0.01），短按 OK 确认。

（a）额定电压

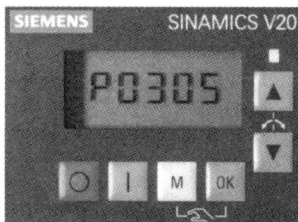
（b）额定电流

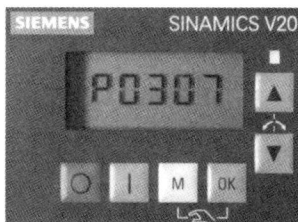
（c）额定功率

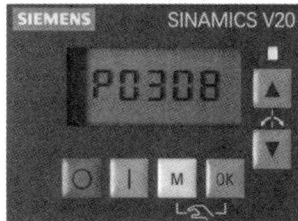
（d）额定功率因数

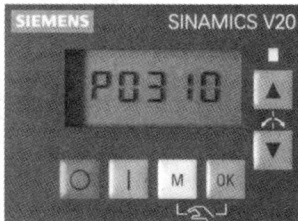
（e）额定频率

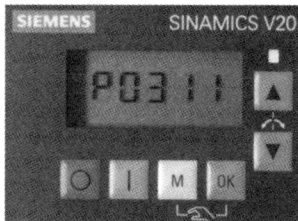
（f）额定转速

图 2-36 SINAMICS V20 电机参数设置

步骤 5.3　设置额定功率

长按 M 进入设置菜单,按上键▲切换至参数 P0307,如图 2-36(c)所示;短按 OK 进入参数设置状态,用上下键将参数值修改为 0.01(功率值精确到 0.01),短按 OK 确认。

步骤 5.4　设置额定功率因素

长按 M 进入设置菜单,按上键▲切换至参数 P0308,如图 2-36(d)所示;短按 OK 进入参数设置状态,用上下键将参数值修改为 0.96,短按 OK 确认。

步骤 5.5　设置额定频率

长按 M 进入设置菜单,按上键▲切换至参数 P0310,如图 2-36(e)所示;短按 OK 进入参数设置状态,用上下键将参数值修改为 50,短按 OK 确认。

步骤 5.6　设置额定转速

长按 M 进入设置菜单,按上键▲切换至参数 P0311,如图 2-36(f)所示;短按 OK 进入参数设置状态,用上下键将参数值修改为 1200,短按 OK 确认。

任务实施 2　变频器 V20 恢复出厂设置

◆ **任务实施要求**

对变频器 V20 进行恢复出厂设置,以满足主件供料站运行需求。

步骤 1　设置用户访问级别参数

设置用户访问级别参数 P0003＝1。

步骤 2　设置调试参数

设置调试参数 P0010＝30。

步骤 3　设置工厂复位参数

设置工厂复位参数 P0970＝21。设置参数 P0970 后,变频器会先显示"88888"字样,随后显示"P0970",P0970 及 P0010 自动复位至初始值 0。

步骤 4　选择频率

点击 M 进入 50/60 Hz 频率选择菜单,通过上键▼或下键▲找到相应具体参数"50 Hz(中国)",在 2 s 秒内点击 OK,即可完成频率选择并可继续设置其他选项。若在 2 s 秒内点击 M,可返回显示菜单,如图 2-34 所示。

步骤 5　设置连接宏参数 Cn

选择连接宏参数 Cn003,待显示屏上出现"－Cn003"后点击 OK 确认,如图 2-37(a)所示。此时,该参数用于固定转速。具体操作步骤如下:长按 M 进入设置菜单,首先显示电机参数菜单,再短按 M 切换至连接宏 Cn000(系统默认);短按 OK,进入设置模式,用上键▼或下键▲将参数修改为 Cn003,再短按 OK 确认。

步骤 6 设置应用宏参数 AP

选择应用宏参数 AP030,待显示屏上出现"-AP030"后点击 OK 确认,如图 2-37(b)所示。此时,该参数用于传送带控制。具体操作步骤如下:长按 M 进入设置菜单,首先显示电机参数菜单,再短按 M 切换至应用宏 AP000(系统默认);短按 OK,进入设置模式,用上键▼或下键▲将参数修改为 AP030,再短按 OK 确认。

步骤 7 设置运行频率

设置运行频率参数 P1080＝50 Hz,如图 2-37(c)所示。具体操作步骤如下:设置完应用宏参数后,短按 M 进入常用参数设置,用上键▼或下键▲切换至 P1080 参数;短按 OK,进入设置模式,用上键▼或下键▲键将参数修改为 50 Hz,短按 OK,完成设置。

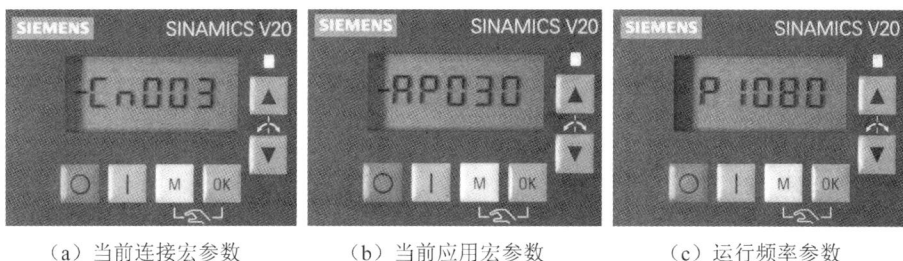

（a）当前连接宏参数 （b）当前应用宏参数 （c）运行频率参数

图 2-37 变频器 V20 参数设置

步骤 8 电机手动运行与反转测试

1) 电机手动运行测试

同时按下 M 和 OK,切换到手动模式(显示屏上出现手动图标)。按下启动键,电机以默认最小频率运行;按上键▲可增大频率,按下键▼可减小频率;按下停止键,电机结束运行。

2) 电机反转测试

在手动模式下,同时按住上键和下键,切换至反转模式(显示屏上出现反转图标)。按下启动键,电机运行;按下停止键,电机结束运行。

拓展知识 基本操作面板快速调试参数

在 SINAMICS V20 基本操作面板(BOP)的快速调试过程中,需设置以下频率参数:最小电机频率、最大电机频率、斜坡上升时间、斜坡下降时间、正向点动频率、点动斜坡上升时间、点动斜坡下降时间、固定频率设定值、固定 PID 频率设定值等,见表 2-6。

表 2-6 SINAMICS V20 基本操作面板(BOP)快速调试频率参数

参数	访问级别	说明	文本菜单	参数	访问级别	说明	文本菜单
P1080[0]	1	最小电机频率	MIN F	P1001[0]	2	固定频率设定值 1	FIX F1
P1082[0]	1	最大电机频率	MAX F	P1002[0]	2	固定频率设定值 2	FIX F2

续表

参数	访问级别	说明	文本菜单	参数	访问级别	说明	文本菜单
P1120[0]	1	斜坡上升时间	RMP UP	P1003[0]	2	固定频率设定值 3	FIX F3
P1121[0]	1	斜坡下降时间	RMP DN	P2201[0]	2	固定 PID 频率设定值 1	PID F1
P1058[0]	2	正向点动频率	JOG P	P2202[0]	2	固定 PID 频率设定值 2	PID F2
P1080[0]	2	点动斜坡上升时间	JOG UP	P2203[0]	2	固定 PID 频率设定值 3	PID F3
P1060[0]	2	点动斜坡下降时间	JOG DN				

同时,在快速调试过程中,还需根据电机铭牌参数设置以下常用电机参数:50 Hz/60 Hz 频率选择、额定电压、额定电流、额定功率、额定功率因数、额定效率、额定频率、额定转速、选择电机数据识别等,见表 2-7。

表 2-7　SINAMICS V20 基本操作面板(BOP)快速调试常用电机参数

参数	级别	说明
P0100	1	50 Hz/60 Hz 频率选择:0—欧洲(kW)50 Hz(缺省值);1—北美(hp)60 Hz;2—北美(kW)60 Hz
P0304[0]	1	电机额定电压(V):输入的电机铭牌数据必须与电机接线一致
P0305[0]	1	电机额定电流(A):输入的电机铭牌数据必须与电机接线一致
P0307[0]	1	电机额定功率(kW/hp):P0100=0 或 2,电机功率单位为 kW;P0100=1,电机功率单位为 hp
P0308[0]	1	电机额定功率因数($\cos \varphi$):仅当 P0100=0 或 2 时可见
P0309[0]	1	电机额定效率 η(%):仅当 P0100=1 时可见;P0100=0 时内部计算其值
P0310[0]	1	电机额定频率(Hz)
P0311[0]	1	电机额定转速(r/min)
P1900[0]	2	选择电机数据识别:0—禁止;2—静止时识别所有参数

注:表中 hp 为功率单位,1 hp 约为 745.7 W。

任务 4　智能伺服驱动技术

智能伺服
驱动技术

任务导入

物体的位置、方位、状态等输出被控量能够跟随输入目标或给定值任意变化的自动控制装置或系统称伺服驱动系统。伺服驱动系统根据控制命令的要求,对功率进行放大、变换与调控等处理,从而实现对驱动装置输出的转矩、速度和位置的灵活控制。

知识平台　伺服驱动系统简介

1　步进伺服驱动系统

步进伺服驱动系统是一种将一定频率(f)、数量(N)和方向的进给脉冲转换为电平信号的控制系统,通过控制步进电机各相定子绕组的通断电,实现工作台的位移、进给速度和运动方向的精确控制。

1）步进电机(电脉冲电机)

步进电机是通过输入脉冲的数量、频率及顺序来控制电机角位移、速度及方向的伺服电机,是一种电脉冲电机。因其结构简单、价格低、工作可靠且易于控制,步进电机被广泛应用于精度要求不高的开环伺服驱动系统。

步进电机绕组每次通断电使转子转动的角度称为步距角,用 α 表示,即步进电机每输入一个脉冲信号,电机转子转过的理论角度值为 α。步距角与定子绕组相数、转子齿数和通电方式有关,其计算式为

$$\alpha = \frac{360^\circ}{mzk}$$

式中:z 为转子齿数;m 为定子绕组相数;k 为通电方式系数,单 m 相 m 拍或双 m 相 m 拍时 $k=1$,m 相 $2m$ 拍时 $k=2$。

步进电机绕组的每次通断电操作称为一拍。每拍中仅有一相绕组通电而其余绕组断电的通电方式称单相通电方式;每拍中仅有两相绕组通电而其余绕组断电的通电方式称双相通电方式;各拍中依次交替出现单相和双相绕组通电而其余绕组断电的通电方式称单双相通电方式。以三相步进电机为例,其通电方式有三相单三拍(通电顺序依次 A→B→C→A→…或 C→B→A→C→…)、三相六拍(通电顺序依次为 A→AB→B→BC→C→CA→A→…或 C→CB→B→BA→A→AC→C→…)、三相双三拍(通电顺序依次为 AB→BC→CA→AB→…或 CB→BA→AC→CB→…)等。

综上所述,对于三相步进电机,无论采用何种通电方式,其定子绕组通电状态每改变一次,转子转动一个步距角。改变定子绕组通电顺序,转子旋转方向随之改变。通电状态变化的频率越快,电机的转速也越高。

步距角是步进电机的重要指标之一,其值一般很小,如 3°/1.5°、1.5°/0.75°、0.72°/0.36°等。

2）步进驱动器

步进驱动器在接收到上位控制器(如 PC 或 PLC)发出的一个脉冲信号后,会驱动步进电机按设定方向旋转一个步距角。通过控制脉冲个数,可以精确控制电机的角位移,从而达到准确定位的目的;同时,通过控制脉冲频率,可以调节电机转动的速度和加速度,进而实现调速和定位控制。

步进驱动器具有安装简单、调试方便、振动噪声低、运行平稳、高速稳定性好等特点,并具备过压保护、欠压保护、过流保护等功能。目前,步进驱动器已融入数字处理技术、变电流技术和变频技术等先进控制技术,广泛适用于各种自动化设备和仪器的运动控制领域,如自动化装配设备、数控机床、电子加工与检测设备、半导体封装设备、激光切割与焊接设备、激光照排设备、包装机械、螺丝机、雕刻机、打标机、切割机等。

2　伺服驱动系统

伺服驱动系统通过位置、速度和力矩 3 种方式对伺服电机进行精确控制,实现高精度传动系统定位。伺服驱动系统的结构分类很多。其中,SINAMICS V90 伺服驱动系统包括伺服驱动器、交流伺服电机及配套电缆,如图 2-38 所示。驱动模块总是与功率相匹配的伺服电机配套使用,其中伺服电机分为带抱闸的伺服电机和不带抱闸的伺服电机。

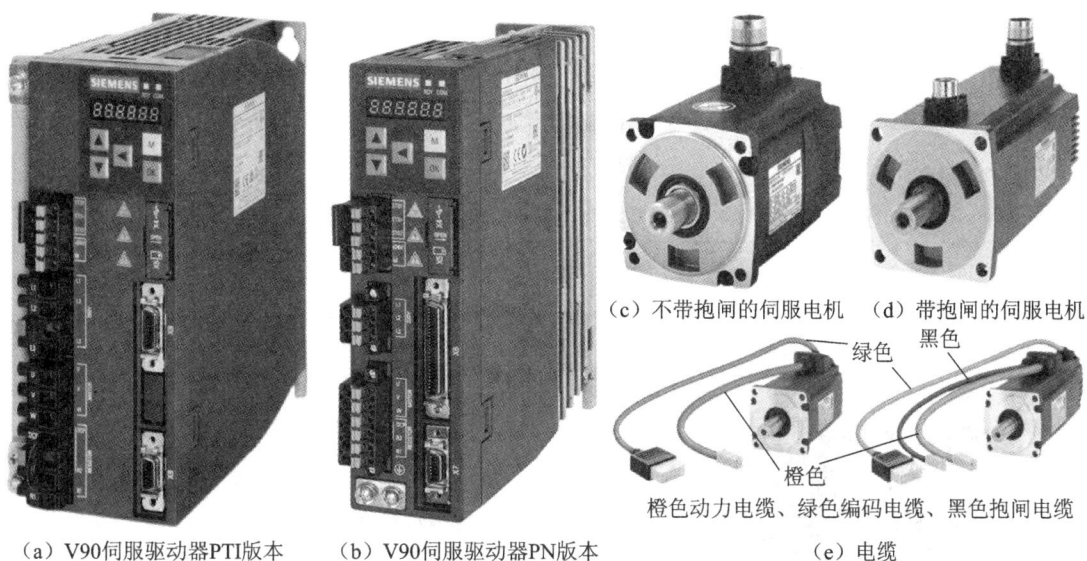

（c）不带抱闸的伺服电机　（d）带抱闸的伺服电机

（a）V90伺服驱动器PTI版本　（b）V90伺服驱动器PN版本

橙色动力电缆、绿色编码电缆、黑色抱闸电缆

（e）电缆

图 2-38　SINAMICS V90 伺服驱动系统组成

SINAMICS V90 伺服驱动系统的技术特点如下。

（1）集成了 PTI、PROFINET、USS、MODBUS RTU 多种上位连接方式,可以实现外部脉冲位置控制(PTI)、快速外部脉冲位置控制(Fast PTI)、内部设定值位置控制(IPos)、速度控制(S)、扭矩控制(T)共 5 种控制模式。

（2）全功率驱动内置制动电阻,并集成了安全扭矩停止(STO)功能。

（3）电压 400 V 型驱动器集成了抱闸继电器,不需要外部继电器。

SINAMICS V90 伺服驱动器的脉冲序列版本(也称为 PTI 版本)集成了脉冲、模拟量、USS/MODBUS 功能,可实现内部定位块功能,同时具备脉冲位置控制、速度控制、力矩控制模式;PROFINET 通信版本(也称为 PN 版本)则集成了 PROFINET 接口,可通过 PROFdrive 协议与数控系统、PLC 等上位控制器进行通信。

PTI 版本和 PN 版本的控制/状态接口不同,PTI 版本采用 50 芯设定值接口,而 PN 版本采用 20 芯 I/O 接口。PTI 版本和 PN 版本的通信接口也不同,PTI 版本采用 RS485 接口,而 PN 版本采用 RJ45 连接器。

SINAMICS V90 伺服驱动器采用微型 SD 卡,用于拷贝参数和固件升级。SD 卡槽分为两种:标准 SD 卡槽,用于 400 V 的 SINAMICS V90 伺服驱动器;微型 SD 卡槽,用于 200 V 的 SINAMICS V90 驱动器。

任务实施　伺服驱动系统装调

任务实施 1　步进伺服驱动系统装调

◆ 任务实施要求

对步进伺服驱动系统进行接线、调试与参数设置。

此处仅介绍步进驱动器 DM430、M415B 和 M420B 的电气接线与参数功能设定。步进驱动器 M415B、M420B 采用共阳极控制接口，适用于 4 线、6 线或 8 线的两相步进电机。步进驱动器 M415B 的信号与功能说明如表 2-8 所示。

表 2-8　步进驱动器 M415B 的信号与功能说明

步进驱动器 M415B	信号	功能说明
	PWR	信号指示
	PUL	脉冲信号：接收上升沿时旋转 1 个步距角
	DIR	方向信号：改变电机转向
	ENA	使能信号：禁止/允许驱动器工作
	VCC	光耦驱动电源
	SW1～SW3	拨码开关 SW1、SW2 和 SW3，用于工作电流设定
	SW4～SW6	拨码开关 SW4～SW6，用于微步细分设定
	GND	直流电源地
	+V	直流电源正极
	A+、A−	电机 A 相+、−
	B+、B−	电机 B 相+、−

步进驱动器 DM430 采用差分式接口电路，支持差分信号、共阴极和共阳极等控制接口，内置高速光电耦合器，可接收集电极开路和 PNP 输出电路的信号，如图 2-39 所示。

DM430 与控制器的电气控制接线包括共阳极（低电平有效）、共阴极（高电平有效）和差分信号 3 种接法，如图 2-40 所示。驱动器与上位控制器的连接电缆最好选择带屏蔽的电缆，屏蔽层应连接至标准地或上位控制器接地端。输入脉冲兼容 3.5～24 V TTL（晶体管-晶体管逻辑）电平，使用 PLC 控制时无须串接电阻，便于操作。根据驱动器的输出电流，应选择合适直径的电源线和电机动力线，横截面积一般大于 1 mm²。

在调整步进驱动器 DM430 的工作电流和微步细分设定值时，应先断电，再调整侧面的 SW1～SW8 拨码开关（DIP）。工作电流由侧面的 SW1～SW4 拨码开关根据工作电流设定表设定；细分设置由侧面的 SW5～SW8 拨码开关根据微步细分设定表设定。例如，当驱动器的工作峰值电流为 3.0 A 时，SW1、SW2、SW3 和 SW4 应依次设置为 ON、OFF、OFF、ON（具体设置可参考表 2-9）。

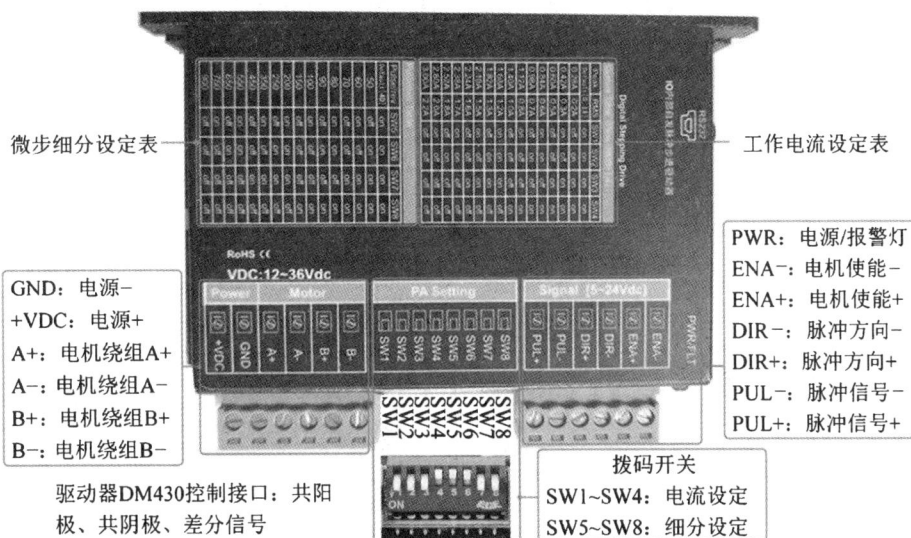

图 2-39　步进驱动器 DM430 的信号与功能说明

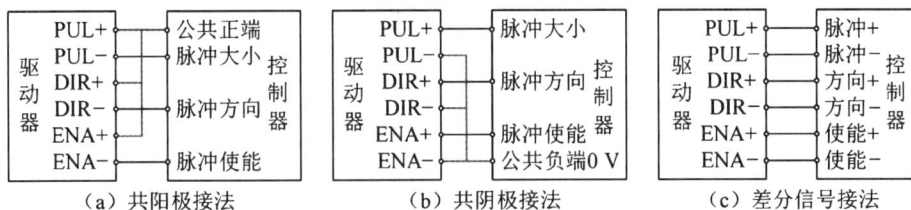

图 2-40　步进驱动器 DM430 与控制器的 3 种电气接线方法

表 2-9　步进驱动器 DM430 工作电流设定表

峰值电流/A	SW1	SW2	SW3	SW4	峰值电流/A	SW1	SW2	SW3	SW4
4.5	ON	ON	ON	ON	2.5	ON	ON	ON	OFF
4.2	OFF	ON	ON	ON	2.3	OFF	ON	ON	OFF
4.0	ON	OFF	ON	ON	2.0	ON	OFF	ON	OFF
3.8	OFF	OFF	ON	ON	1.8	OFF	OFF	ON	OFF
3.5	ON	ON	OFF	ON	1.5	ON	ON	OFF	OFF
3.2	OFF	ON	OFF	ON	1.3	OFF	ON	OFF	OFF
3.0	ON	OFF	OFF	ON	1.1	ON	OFF	OFF	OFF
2.8	OFF	OFF	OFF	ON	1.0	OFF	OFF	OFF	OFF

　　当驱动器的细分数为 1000 时,控制器向驱动器发送 1000 个脉冲,电机转动 1 圈(360°);发送 10000 个脉冲,电机转动 10 圈(3600°)。此时,SW5~SW8 应依次设置为 ON、ON、ON、OFF(具体设置可参考表 2-10)。

表 2-10　步进驱动器 DM430 微步细分设定表

细分数	SW5	SW6	SW7	SW8	细分数	SW5	SW6	SW7	SW8
200	ON	ON	ON	ON	1000	ON	ON	ON	OFF
400	OFF	ON	ON	ON	2000	OFF	ON	ON	OFF
800	ON	OFF	ON	ON	4000	ON	OFF	ON	OFF
1600	OFF	OFF	ON	ON	5000	OFF	OFF	ON	OFF
3200	ON	ON	OFF	ON	8000	ON	ON	OFF	OFF
6400	OFF	ON	OFF	ON	10000	OFF	ON	OFF	OFF
12800	ON	OFF	OFF	ON	20000	ON	OFF	OFF	OFF
25600	OFF	OFF	OFF	ON	25000	OFF	OFF	OFF	OFF

任务实施 2　伺服驱动系统装调

◆ 任务实施要求

正确安装、接线和调试伺服驱动系统,完成伺服驱动系统参数设置等。

步骤 1　伺服驱动系统接线

SINAMICS V90 伺服驱动器包括主电源接口、电机动力接口、控制/状态接口、脉冲输入/编码器输出、模拟量输入/输出、24 V 电源/STO、编码器电缆连接接口、制动电阻连接接口、电机抱闸电缆接口(可选)及 RS485 接口,如图 2-41 所示。SINAMICS V90 伺服驱动器的信号与功能说明见表 2-11。

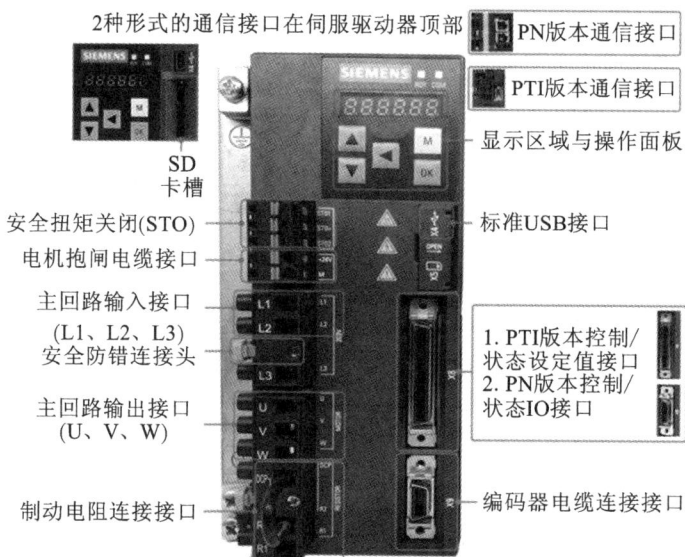

图 2-41　SINAMICS V90 伺服驱动器接线信号接口

表 2-11　SINAMICS V90 伺服驱动器的信号与功能说明

信号	功能说明	
电源相位(L1、L2、L3)	主回路输入,与电源 L1、L2、L3 连接	
电机相位(U、V、W、PE)	主回路输出,与伺服电机动力电缆 U、V、W 和 PE 连接	
电机抱闸电缆接口 (+24 V、M)	与电机抱闸电缆连接,不要外部继电器	
制动电阻连接接口 (DCP、R1、R2)	若内部制动电阻不够,则先断开 DCP 和 R2,后在 DCP 和 R1 间连接外部制动电阻	
状态显示(RDY、COM)	RDY—驱动就绪/报警指示灯;COM—通信状态指示灯	
显示区域与操作面板	6 位数字(每位 7 段 LED)显示、5 个操作软键,方便整定	
控制/状态接口	PTI 版本控制/状态设定值接口(50 芯):脉冲输入、编码器仿真输出、数字量输入/输出(DI/DO)、模拟量输入/输出(AI/AO)	PN 版本控制/状态 IO 接口(20 芯):数字量输入/输出(DI/DO)
通信接口	PTI 版本通信接口:1 个 RS485 接口,通过 MODBUS RTU/USS 与 PLC 通信	PN 版本通信接口:2 个 RJ45 连接器,用于与 PLC 进行 PROFINET 通信

SINAMICS V90 伺服驱动器控制/状态接口 X8 接线时,数字量输入支持 PNP 和 NPN 两种接线方式;数字量输出 1～3 仅支持 NPN 接线方式;而数字量输出 4～6 可支持 NPN 和 PNP 两种接线方式。其信号与功能见附表 A.1,数字量输出接口默认参数及其含义见附表 A.2。PTI 版本支持 24 V 单端脉冲输入和 5 V 高速差分脉冲输入(RS485)两个脉冲输入通道。脉冲输出通道(PTO)支持 5 V 高速差分信号(A+/A−、B+/B−、Z+/Z−)和集电极开路(零脉冲)。

步骤 2　JOG 模式初始调试

SINAMICS V90 伺服驱动器的 JOG 模式初始调试流程如图 2-42 所示。在进行 JOG 模式初始调试前,必须连接主电源电缆、24 V DC 电源电缆、电机动力电缆、编码器电缆及抱闸电缆,同时还要检查以下项目:

(1) 设备或电缆是否损坏?

(2) 电机速度和转动方向是否正确?

(3) 连接电缆的压力、负载或拉力是否较大或超限?

(4) 连接电缆是否紧靠锋利边缘?

(5) 电源输入是否在允许范围内?

(6) 所有端子是否正确固定连接?

(7) 所有系统组件是否接地良好?

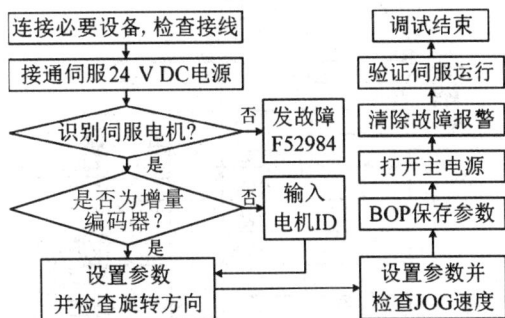

图 2-42　JOG 模式初始调试流程

步骤 3　控制模式选择参数设置

SINAMICS V90 伺服驱动器通过设置参数 P29003 选择 PTI、IPos、S、T 和 Fast PTI 基本控制模式;通过设置参数 P29003 与 DI10 端的电平敏感信号 C-MODE 选择复合控制模式,并实现两种基本控制模式之间的切换。控制模式选择的参数 P29003 具体设置见表 2-12。

表 2-12　SINAMICS V90 伺服驱动器控制模式选择

参数	基本控制模式		复合控制模式		
	设定值	控制模式	设定值	C-MODE＝0	C-MODE＝1
P29003	0	外部脉冲位置控制模式（PTI）	4	PTI	S
	1	内部设定值位置控制模式（IPos）	5	IPos	S
	2	速度控制模式（S）	6	PTI	T
	3	扭矩控制模式（T）	7	IPos	T
	9	快速外部脉冲位置控制模式（Fast PTI）	8	S	T

在通过参数 P29003 变换控制模式时，若出现故障代码 F52904，则必须先保存参数，然后将伺服驱动器重新上电以应用相关配置。

SINAMINCS V90 伺服驱动器的调试与其版本、电气接线、控制模式密切相关。版本不同、电气接线不同、控制模式不同，则调试参数设置也有所不同。限于篇幅，接下来仅介绍外部脉冲位置控制模式的标准出厂接线与对应参数设置。

步骤 4　PTI 的标准出厂接线

外部脉冲位置控制模式通过在脉冲输入通道采用 5 V 差分或 24 V 单端信号进行高精度定位。如图 2-43 所示，SINAMINCS V90 伺服驱动器 PTI 的标准出厂接线包括 5 V 高速差分

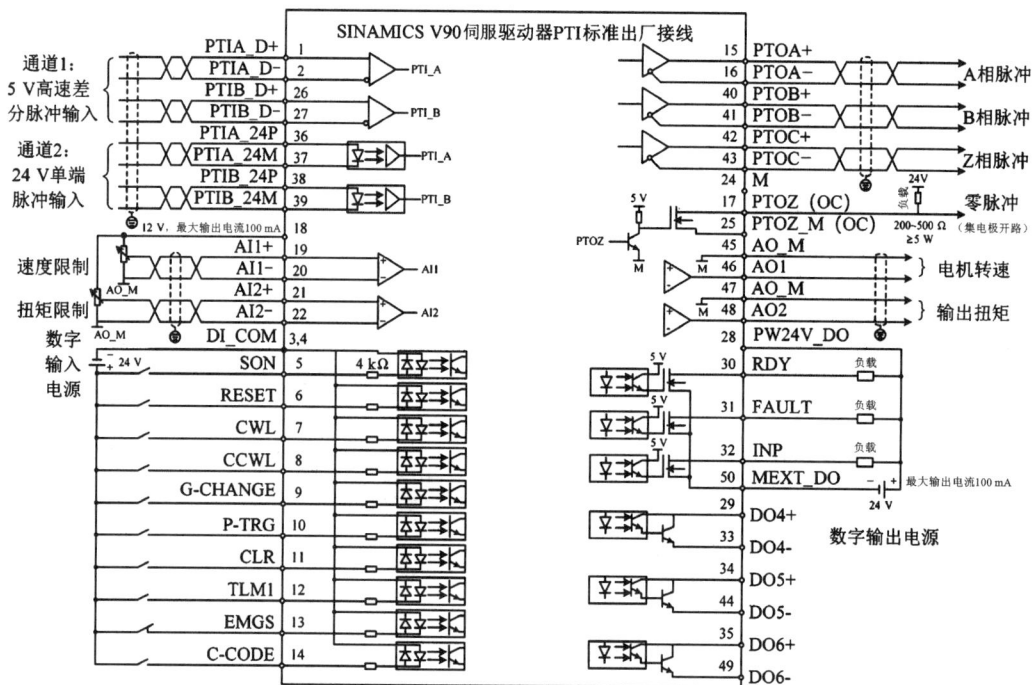

图 2-43　PTI 控制标准出厂接线

脉冲输入通道 1、24 V 单端脉冲输入通道 2、速度限制模拟输入通道 AI1、扭矩限制模拟输入通道 AI2、数字量输入通道 DI、数字量输出通道 DO、速度限制模拟输出通道 AO1、扭矩限制模拟输出通道 AO2、脉冲输出通道 PTO(含 A 相、B 相、C 相和零脉冲)和数字量输出通道 DO。引脚 24 的 M 表示 PTI 和 PTI_D 参考地,应连接至上位机的参考地。引脚 17 的 PTOZ 表示 SINAMIACS V90 供电 24 V 电源。数字量输入/输出(DI/DO)支持 PNP 和 NPN 类型。

SINAMICS V90 伺服驱动器 PTI 与 S7-1200 控制器 CPU 1214C DC/DC/DC 的电气接线如图 2-44 所示。

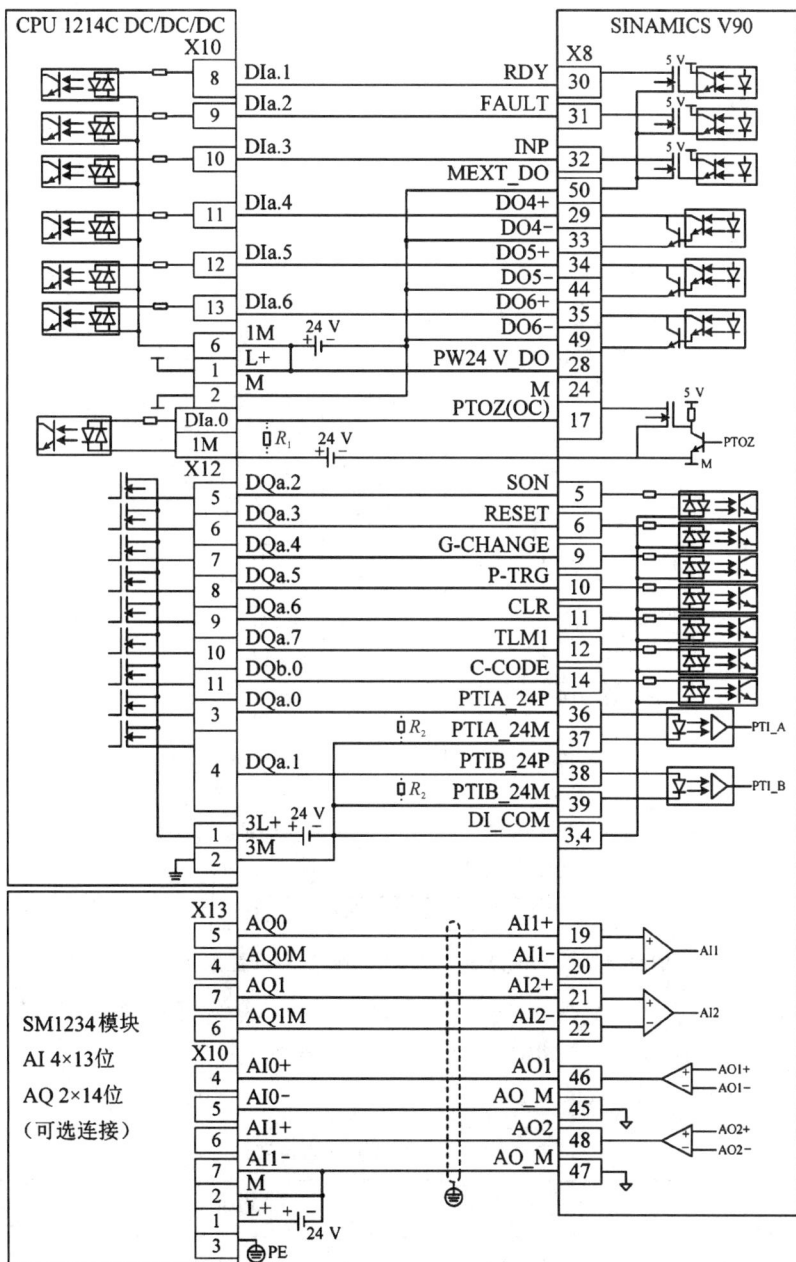

图 2-44　SINAMICS V90 伺服驱动器 PTI 与 S7-1200 控制器 CPU 的电气接线

使用安全扭矩关闭(STO)功能和连接 STO 接口前,必须拔下接口上的短接片。只有在搜索零位速度超过 300 r/min 时才需要电阻器 R_1;只有 PTI 输入频率超过 100 kHz 时才需要电阻器 R_2。S7-1200 控制器向 SINAMICS V90 发出使能、报警、超行程、增益切换、脉冲允许/禁止、清除和选择扭矩限制等外部脉冲位置控制信号;SINAMICS V90 接收到输入信号后,驱动伺服系统执行相应动作,并将状态反馈给控制器。

> 注意:SINAMICS V90 伺服驱动器的不同控制模式均可选连接 SM1234 模块。

步骤 5　PTI 调试流程与参数设置

SINAMICS V90 伺服驱动器的系统调试包括 PTI 调试、IPos 调试、S 调试、T 调试和 Fast PTI 调试共 5 种。其中,PTI 调试流程如图 2-45 所示。

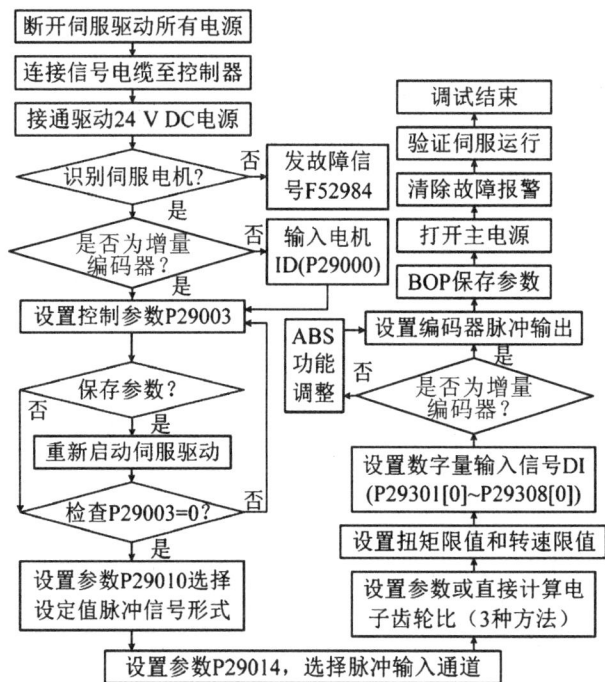

图 2-45　伺服驱动器 SINAMICS V90 的外部脉冲位置控制 PTI 调试流程

在 PTI 调试过程中,首先确定控制模式参数 P29003 设定值等于 0,然后设置参数 P29010、P29011、P29012、P29013 和 P29014,最后通过参数 P29301[0]～P29308[0]分配数字量输入信号 DI1～DI8。PTI 调试的参数设置见表 2-13。

表 2-13　PTI 调试的参数设置

参数	设定值	功能说明
P29003	0	外部脉冲位置控制模式(PTI)

续表

参数	设定值	功能说明
P29010	0	脉冲＋方向,正逻辑(默认值)
	1	AB 相,正逻辑
	2	脉冲＋方向,负逻辑
	3	AB 相,负逻辑
P29014	0	5 V 高速差分脉冲输入(RS485)
	1	24 V 单端脉冲输入(默认值)
P29011	—	设定值脉冲数/转
P29012	—	电子齿轮比分子,共 4 个,分别为 P29012[0]、P29012[1]、P29012[2]、P29012[3]
P29013	—	电子齿轮比分母

8 个数字量输入信号 DI 依次对应伺服驱动使能、复位报警、顺时针超行程限制(正限位)、逆时针超行程限制(负限位)、增益参数集间增益切换、脉冲允许/禁止、清除位置控制剩余脉冲和选择扭矩限制。数字量输入接口 DI 默认参数设置见附表 A.3;数字量输入接口 DI 默认参数及其含义见附表 A.4。

拓展知识　步进伺服驱动系统重要参数

1　步进电机错齿条件

步进电机的转子齿数很多,定子磁极上带有小齿,采用反应式结构,转子齿距与定子齿距相同。转子齿数应根据步距角的要求初步确定,但确切的转子齿数须满足错齿条件,即每个定子磁极下的转子齿数不能为正整数,而应错开转子齿距的 $1/m$(其中 m 为相数)。例如:已知步进电机的定子有 3 对磁极,转子有 40 个齿,则转子齿距角为 $360°/40＝9°$,定子每相磁极有 5 个齿,其齿距角也为 $9°$,故错齿条件为 $9°/3＝3°$。

2　步进电机通电方式与通电顺序

已知步进电机采用三相六拍通电方式,如图 2-46 所示。当 P1 口的某一位(如 P1.×)输出为 1 时,步进电机相应的绕组通电;输出为 0 时,则相应绕组失电。PA1 口的高 4 位值始终为 0。X 向和 Z 向步进电机绕组的通电顺序如表 2-14 所示。

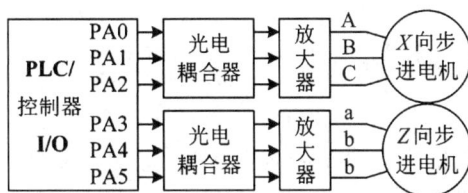

图 2-46　步进电机通电方式

表 2-14　X 向和 Z 向步进电机绕组的通电顺序

节拍	C	B	A	存储单元		方向	节拍	c	b	a	存储单元		方向
	PA2	PA1	PA0	地址	内容			PA5	PA4	PA3	地址	内容	
1	0	0	1	2A00H	01H	正转↕反转	1	0	0	1	2A10H	08H	正转↕反转
2	0	1	1	2A01H	03H		2	0	1	1	2A11H	18H	
3	0	1	0	2A02H	02H		3	0	1	0	2A12H	10H	
4	1	1	0	2A03H	06H		4	1	1	0	2A13H	30H	
5	1	0	0	2A04H	04H		5	1	0	0	2A14H	20H	
6	1	0	1	2A05H	05H		6	1	0	1	2A15H	28H	

3　细分驱动技术

已知某台电机出厂时的固有步距角为 $3.6°/1.8°$（整步工作时为 $3.6°$、半步工作时为 $1.8°$），机床丝杠导程 $L=5$ mm，该电机为直联电机。若要求脉冲当量 0.0025 mm/p（其中 p 表示脉冲），则根据脉冲当量公式计算可得所需的步距角为 $0.18°$，这远远小于电机的固有步距角。即使驱动器工作在半步状态，控制系统每发出一个步进脉冲，步进电机仍需转动 $1.8°$，电机的固有步距角远大于实际所需的步距角。

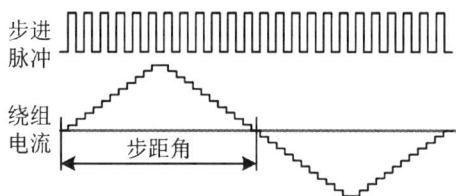

图 2-47　细分驱动技术

工程上采用细分驱动技术来解决电机固有步距角过大的问题。若绕组电流波形不再是一个近似方波，而是被分成 n 个阶梯的近似阶梯波，则电流每上升或下降一个阶梯时，转子转动一小步。当转子按照这一规律转过 n 个小步时，实际相当于转过一个完整的步距角。这种将一个步距角分成 n 个小步的驱动方法称为细分驱动，如图 2-47 所示，其中 n 称为细分数。步进电机通过细分驱动后，步距角会变小。例如，当驱动器工作在 10 细分状态时，其步距角仅为"电机固有步距角"的 1/10。也就是说，当驱动器工作在不细分的半步状态时，控制系统每发出一个步进脉冲，电机转动一个步距角即 $1.8°$；而当驱动器工作在 10 细分状态时，控制系统每发出一个步进脉冲，电机转动的步距角为固有步距角除以细分数，即 $0.18°$。由此可见，电机的固有步距角不一定是电机实际工作时的真正步距角，真正的步距角与驱动器的细分设置密切相关。

> **注意**：细分功能完全由驱动器通过精确控制电机的相电流来实现，与电机本身无关。

细分驱动技术不仅消除了步进电机固有的低频振荡特性，而且提高了电机的输出转矩与分辨率。如果步进电机需要在共振区工作（如加工圆弧时），采用细分驱动器是较为理想的选择。

任务 5　智能现场控制技术

智能现场
控制技术

任 务 导 入

顺序控制流程是一种将复杂任务或工作过程分解成若干工序(或状态),同时反映出工序(或状态)的转换条件和方向的控制方法。顺序控制流程具备工艺流程图的直观性,能够分解和综合复杂的控制逻辑关系,是一种典型的智能现场控制技术。顺序功能图(GRAFCET)是一种图形化的自动控制系统描述语言,广泛用于描述自动化控制系统的运作流程,如智能产线的顺序控制流程,具有设计简单、标准规范和通用性强等优点。

知识平台　顺序功能图基本认知

顺序功能图将一个复杂的顺序控制过程分解为若干个状态,每个状态具有不同的动作,状态与状态之间由转换条件分隔,互不影响。当相邻两状态之间的条件得到满足时就实现转移,即前面的动作结束而下一个状态开始。顺序功能图表达了顺序控制流程的意图。绘制顺序控制流程图和顺序功能图的步骤如下。

1) 分析系统,分离状态/步并编号

认真分析系统的控制要求,将系统工作过程分解成若干个连续阶段,每个阶段即为一个状态(状态也称为步)。状态数量要适当。画出顺序控制流程图,再将图中的状态用状态继电器 Step 表示。给每个 Step 编号,同一支路尽量使用相连的编号,但不得重复使用。

2) 找各状态/步所需执行的任务

列出每一个状态完成的操作或驱动的负载,用指令来实现。

3) 找出各状态/步之间的转换条件

状态/步之间由转换条件来分隔和连接。转换条件用触点和电路块表示。转换条件的设定应符合状态分离的要求,应该既是上一个状态的结束信号又是下一个状态的开始信号。常见的转换条件包括行程开关、传感器、定时器、计数器等信号。

顺序功能图主要由 4 部分组成:①状态/步,表示系统顺序工作的状态,是 GRAFCET 语言的基本元素。②有向连线,表示状态/步之间的路径走向,将状态/步连接到转换条件,并将转换条件连接到下一个状态/步。③转换条件,指出状态/步之间活动的可能进展,用布尔表达式表示,是与转换条件相关的语言元素。④事件或动作,表示输出变量所进行的活动。

顺序功能图分为简单顺序功能图、选择分支顺序功能图和并行分支顺序功能图。简单顺序功能图由一系列相继成为活动步的状态或步组成,每步后面有且仅有一个转换条件,每个转换条件后只有单个状态或步。选择分支顺序功能图通常包含两个及两个以上分支的顺序控制流程,而且同一时刻只能允许一个分支执行。并行分支顺序功能图通常包含两个及两个以上

分支的顺序控制流程,而且同一时刻允许两个及两个以上分支同时执行和停止。

1　选择分支顺序功能图的绘制原则

选择分支顺序功能图的绘制原则:在分支处,先集中处理分支状态,后进行驱动处理,再依次进行转换处理;在汇合处,先进行各自驱动处理,再集中进行汇合状态处理。选择分支顺序功能图的分支处与汇合处的转换条件绘制如图 2-48 所示。

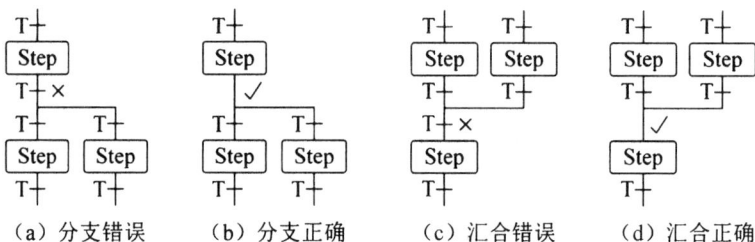

图 2-48　选择分支顺序功能图分支处与汇合处的转换条件绘制

2　并行分支顺序功能图的绘制原则

并行分支顺序功能图的绘制原则:在分支处,先集中设置转换条件,再处理并行驱动;在汇合处,先进行各自驱动处理,汇合后再集中处理转换条件。并行分支顺序功能图的分支处与汇合处的转换条件绘制如图 2-49 所示。

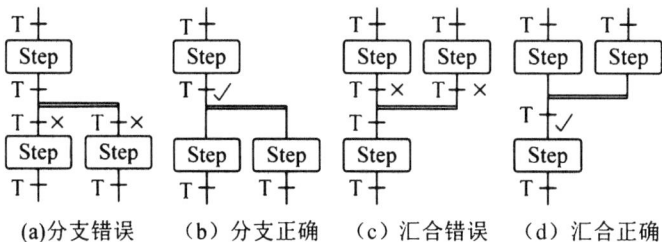

图 2-49　并行分支顺序功能图分支处与汇合处的转换条件绘制

> **注意**:并行分支的汇合数量与具体控制器的技术参数有关,最多实现的分支汇合数需参考控制器的技术规格。

3　复杂分支顺序功能图的绘制原则

复杂顺序控制流程通常由多流程控制组成,常常是简单顺序控制流程、选择分支顺序控制流程和并行分支顺序控制流程的组合。常见的组合形式如下。

1)选择分支＋选择分支顺序功能图

第一个选择分支汇合后立即连接第二个选择分支顺序控制流程。绘制顺序功能图时必须

在第一个选择分支汇合后和第二个选择分支前插入虚拟状态,以便编程,如图 2-50 所示。

2) 选择分支＋并行分支顺序功能图

第一个选择分支汇合后立即连接第二个并行分支顺序控制流程。绘制顺序功能图时必须在第一个选择分支汇合后和第二个并行分支前插入虚拟状态和转换条件,以便编程,如图 2-51 所示。

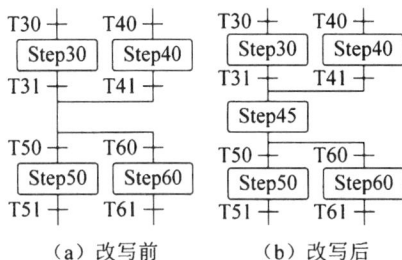

（a）改写前　　　（b）改写后

图 2-50　选择分支＋选择分支顺序功能图

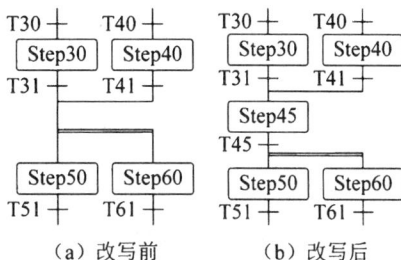

（a）改写前　　　（b）改写后

图 2-51　选择分支＋并行分支顺序功能图

3) 并行分支＋选择分支顺序功能图

第一个并行分支汇合后立即连接第二个选择分支顺序控制流程。绘制顺序功能图时必须在第一个并行分支汇合后和第二个并行选择前插入虚拟状态和转换条件,以便编程,如图 2-52 所示。

4) 并行分支＋并行分支顺序功能图

第一个并行分支汇合后立即连接第二个并行分支顺序控制流程。绘制顺序功能图时必须在第一个并行分支汇合后和第二个并行分支前插入虚拟状态,以便编程,如图 2-53 所示。

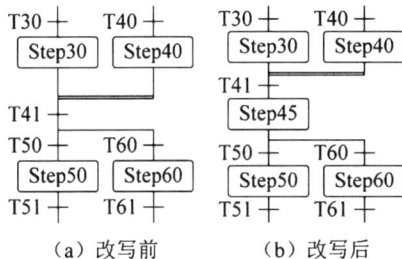

（a）改写前　　　（b）改写后

图 2-52　并行分支＋选择分支顺序功能图

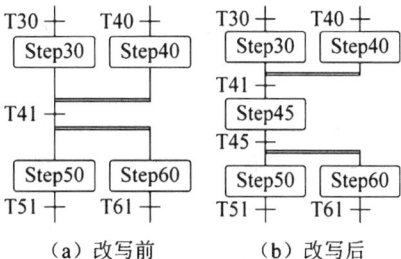

（a）改写前　　　（b）改写后

图 2-53　并行分支＋并行分支顺序功能图

任务实施　顺序功能图绘制

1　简单顺序功能图绘制

◆ 任务实施要求

当按下启动按钮时,绿灯亮 20 s 后自动熄灭,黄灯亮 3 s 后自动熄灭,红灯亮 10 s 后自动熄灭,然后周而复始,反复循环,直至按下停止按钮。红绿黄三色灯的循环显示与时序如图 2-54 所示。

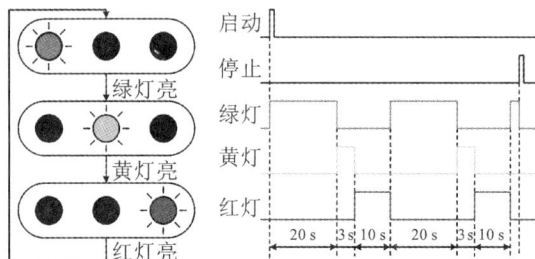

图 2-54 红绿黄三色灯的循环显示与时序

根据任务要求的顺序控制流程和控制要求,绘制红绿黄三色灯循环显示的顺序控制流程图和顺序功能图,如图 2-55 所示。

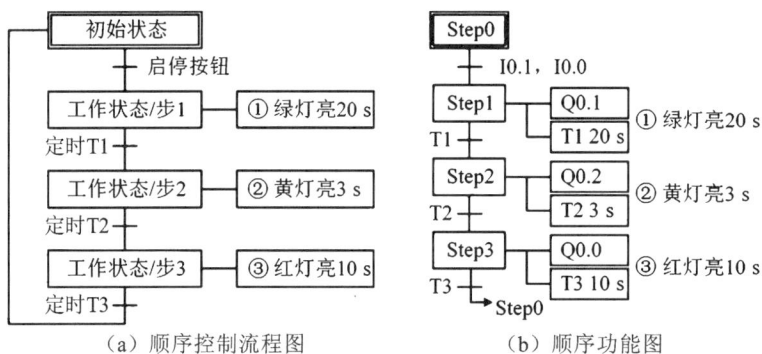

（a）顺序控制流程图　　　　（b）顺序功能图

图 2-55 红绿黄三色灯循环显示的顺序控制流程图和顺序功能图

顺序功能图包括初始状态 Step0、绿灯运行状态 Step1、黄灯运行状态 Step2、红灯运行状态 Step3。Step1 对应输出为 Q0.1,动作为绿灯亮 20 s;Step2 对应输出为 Q0.2,动作为黄灯亮 3 s;Step3 对应输出为 Q0.0,动作为红灯亮 10 s。转换条件包括启动按钮 I0.1 和停止按钮 I0.0,以及定时 T1=20 s、定时 T2=3 s 和定时 T3=10 s。

2　并行分支顺序功能图绘制

◈ 任务实施要求

按下启动按钮,十字路口交通灯南北方向红灯一直亮 50 s,与此同时,东西方向依次是绿灯亮 42 s、绿灯闪烁 3 次(3 s)和黄灯亮 5 s。随后,东西方向的红灯一直亮 30 s,与此同时,南北方向依次是绿灯亮 22 s、绿灯闪烁 3 次(3 s)和黄灯亮 5 s。如此循环。按下停止按钮时,所有指示灯全部熄灭。十字路口交通灯时序图如图 2-56 所示。

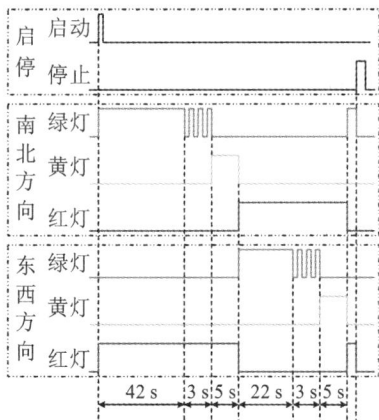

图 2-56 十字路口交通灯时序图

根据控制要求可知,十字路口交通灯控制属于典型

的并行分支顺序控制流程。在同一时刻,南北方向交通灯工作时,东西方向交通灯不工作;南北方向交通灯不工作时,东西方向交通灯工作。南北方向交通灯包括 4 个状态:绿灯(Q0.1)亮、绿灯(Q0.1)闪烁、黄灯(Q0.2)亮和红灯(Q0.0)亮。东西方向交通灯也包括 4 个状态:绿灯(Q0.4)亮、绿灯(Q0.4)闪烁、黄灯(Q0.5)亮和红灯(Q0.3)亮。十字路口交通灯并行分支顺序控制流程图如图 2-57 所示,对应的并行分支顺序功能图如图 2-58 所示。根据控制要求可知,绿灯闪烁由绿灯亮和绿灯灭两个状态交替组成,循环 3 次,循环完成后进入黄灯亮状态。

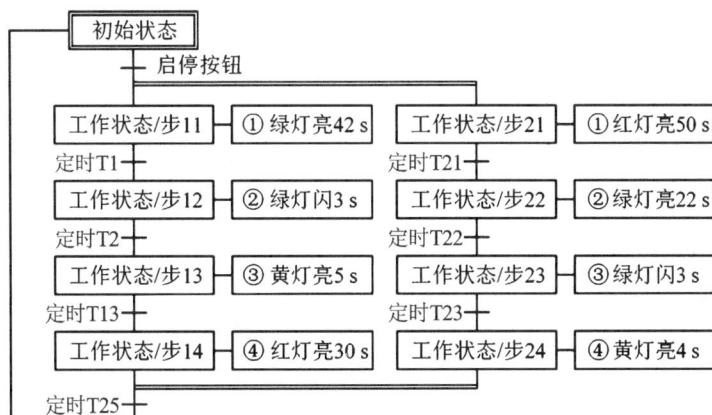

图 2-57　十字路口交通灯并行分支顺序控制流程图

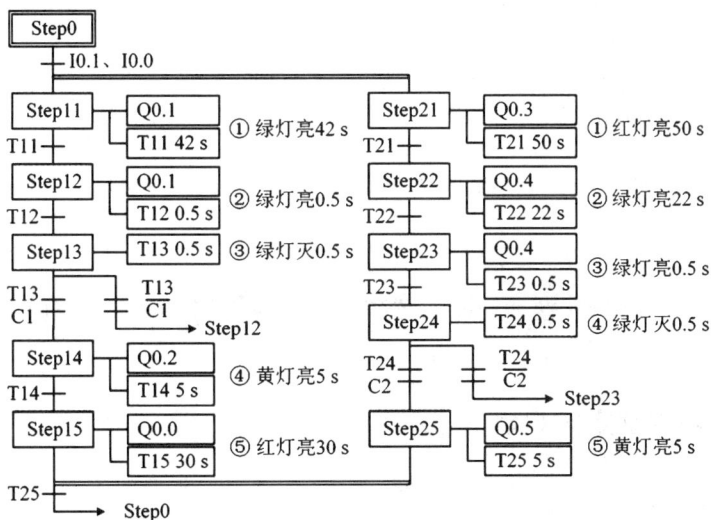

图 2-58　十字路口交通灯并行分支顺序功能图

3　复杂顺序功能图绘制

◈ 任务实施要求

将十字路口交通灯顺序功能图分解成两个并行分支顺序功能图。

第一个并行分支顺序功能图表示南北方向交通灯处于绿灯和黄灯运行状态,而此时东西方向交通灯仅有红灯亮起;第二个并行分支顺序功能图表示东西方向交通灯处于绿灯和黄灯运行状态,而此时南北方向交通灯仅有红灯亮起。十字路口交通灯复杂顺序控制流程图如图 2-59 所示,对应的顺序功能图如图 2-60 所示。

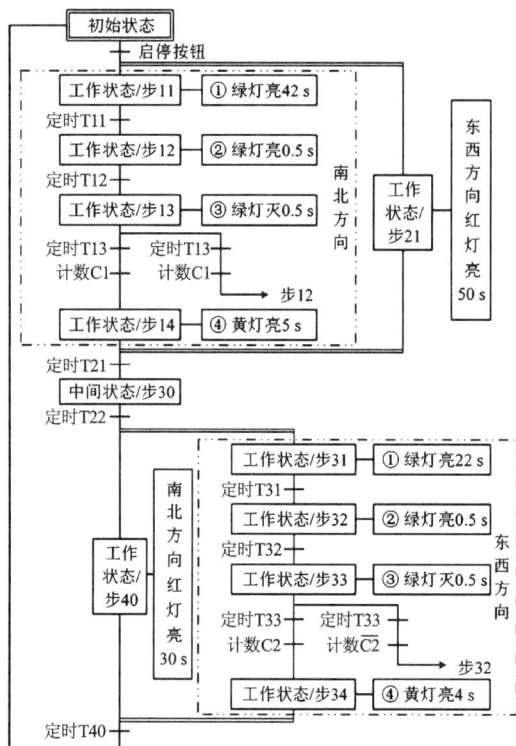

图 2-59 十字路口交通灯复杂顺序控制流程图

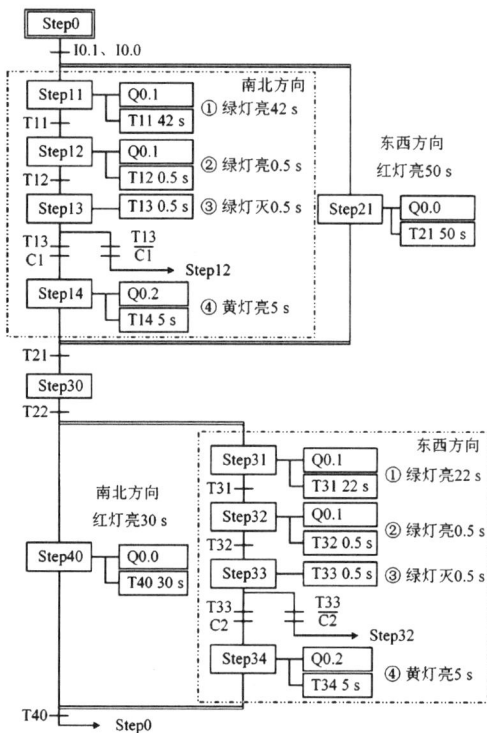

图 2-60 十字路口交通灯复杂顺序功能图

拓展知识 智能现场控制编程

1 智能现场控制定时编程

◆ 任务实施要求

试用两种不同的定时器设置闪烁电路。按下启动按钮后,绿灯开始闪烁,亮 3 s、灭 3 s,如此循环,直至按下停止按钮。

采用两个脉冲生成定时器 IEC_Timer_1 和 IEC_Timer_2,将其输出(Q)信号连接至绿灯(Q0.1)。按下启动按钮,IEC_Timer_2 生成 3 s 脉冲,接通绿灯(Q0.1);3 s 后,IEC_Timer_1 切断绿灯(Q0.1),随后 IEC_Timer_2 再次启动。如此循环,直至按下停止按钮。其程序如图 2-61 所示。

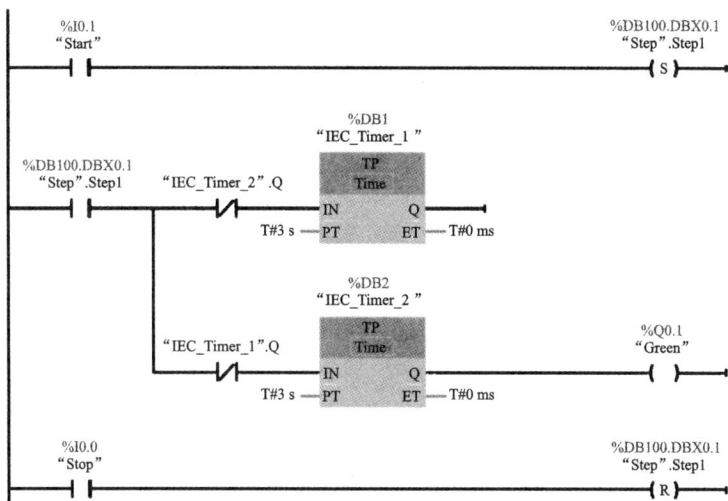

图 2-61   智能现场控制定时程序

2   智能现场控制计数编程

◆ 任务实施要求

传送带电机(KM1)由启动按钮(I0.1)和停止按钮(I0.0)控制,产品检测信号(PH)连接至输入 I0.2,传送带电机输出为 Q0.1,机械手动作输出为 Q0.2。当传送带运行时,产品检测器在工件通过后产生检测信号,每检测到 5 个产品,机械手动作 1 次,并延时 2 s 后切断机械手电磁铁,然后重新开始下一次计数。

使用加计数器(CTU)实现产品检测;以机械手动作时间和传送带运行的上升沿作为复位(R)的控制条件;以 PH 作为加计数器的计数输入条件;使用启保停电路控制传送带电机。其程序如图 2-62 所示。

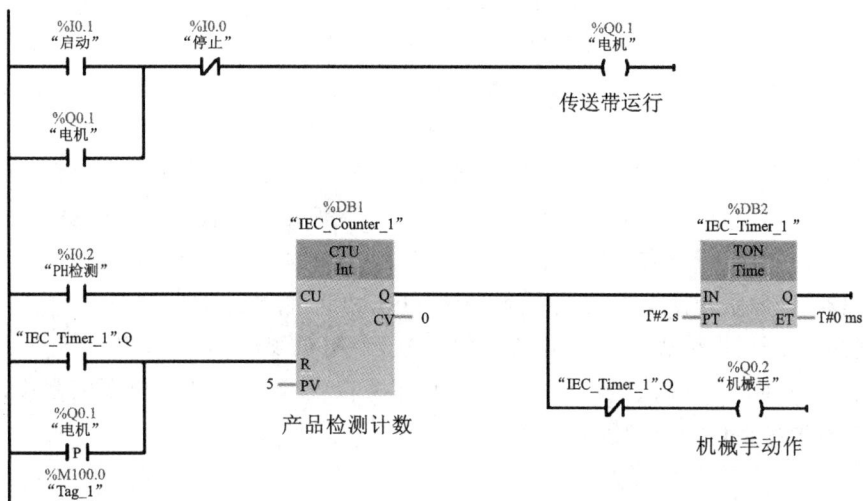

图 2-62   智能现场控制计数程序

任务6 智能工业网络技术

智能工业
网络技术

任 务 导 入

工业网络是应用于工业领域的计算机网络,是计算机技术、网络技术、信息技术和控制技术等在工业领域实现管理和控制的有机统一。它将企业生产现场的信号检测、传输、处理、存储、计算和控制等智能设备或智能系统连接起来,实现现场内部资源共享、信息管理、过程控制及决策,并能访问外部资源。

知识平台 智能工业网络技术基本认知

智能工业网络中,节点地址用于标识节点位置。因采用 TCP/IP 协议,节点地址也称为 IP 地址。IP 地址由 32 位二进制数组成,在 Internet 中是唯一的。IP 地址采用点分十进制方法表示,即将 32 位分成 4 段,每段 8 位(范围为 0～255),再按段转换为十进制数。例如,点分十进制的 IP 地址 192.168.1.59 对应的 4 段 8 位二进制地址为 11000000.10101000.00000001.00111011。

子网掩码(SM)用于指定 IP 地址的网络部分和主机部分,由 32 位二进制数组成,并按照点分十进制方法书写。子网掩码通常由前面连续的 24 个 1(网络位)和后面连续的 8 个 0(主机位)组成,如点分十进制的子网掩码地址 255.255.255.0 对应的 4 段 8 位二进制地址为 11111111.11111111.11111111.00000000。通过子网掩码可以把一个网络划分成多个子网,从而提高 IP 地址的使用效率,减少 IP 资源浪费。

同一网络网段的 IP 地址可以通过对 IP 地址和子网掩码网络位的运算获取。例如,IP 地址 192.168.1.59 与子网掩码 255.255.255.0 的网络网段为 192.168.1.0。同一网络网段内的主机可以通过交换机直接通信;不同网络网段之间的主机无法直接通信,需通过路由器设置后才能通信。

智能工业以太网采用 TCP/IP 协议,遵循 IEEE802.3 标准,把现场自动控制系统连接到企业内部网络和外部网络,实现远程数据交换和数据共享等功能。智能工业网络通常由连接部件、通信媒体、以太网通信接口(如 PROFINET 模块 CP 1542、以太网模块 CP 1543、工业以太网通信处理器)等网络器件组成。例如,西门子 SIMATIC 智能工业网络采用 SCALANCE 交换机、中继器、光纤交换模块(OSM)作为连接部件,采用双绞线(TP)电缆、光纤、无线等通信媒体,通过 PROFIBUS 接口、PROFINET 接口、工业以太网接口、工业以太网模块、工业以太网通信处理器等将现场智能设备连接起来。

任务实施　智能工业网络参数配置

◆ 任务实施要求

使用 PRONETA 智能产线中的网络交换机 SCANANCE XB208 分配 IP 地址；IP 地址设置成功后，通过网页访问网络交换机 XB208；使用 PRONETA 软件将 XB208 恢复为出厂设置。

作为一款典型的网关型交换机，SCANANCE XB208 具有 8 个 10/100 Mbit/s 端口，采用轻量级、工业兼容的塑料外壳，节省空间。XB208 支持 PROFINET 和以太网/IP 协议（可选择切换），适用于实时通信。

复位（Reset）按钮位于 XB208 的后侧，用于将设备恢复至出厂设置。Reset 按钮为短行程按钮，仅有一个轻压点，只需要用 2.5 N 的力按压。为避免损坏该按钮，请轻轻将其按下。

XB208 的 LED 指示灯包括故障指示灯（F）和端口指示灯（P）。故障指示灯用于显示设备故障状态，具体含义如表 2-15 所示。

表 2-15　故障指示灯的含义

LED 颜色	LED 状态	含义
—	灭	设备已关闭
绿色	亮	设备未检测到问题
红色	亮	设备已检测到问题或所连接的电源电压过低

端口指示灯用于显示端口状态。XB208 的每个 RJ-45 端口均有绿色和黄色两个 LED 指示灯。绿色 LED 显示链路状态，亮起时表示存在网络链路，熄灭时表示不存在网络链路；黄色 LED 显示数据接收状态，闪烁时表示端口正在接收数据，熄灭时表示端口未接收数据。每个 SC/ST 端口都配有一个 LED，绿色表示网络链路已存在且端口接收到数据，熄灭时表示网络链路不存在。

步骤 1　硬件复位网关型交换机 XB208

轻轻按下 Reset 按钮约 12 s。9 s 后，故障指示灯将闪烁 3 s。若在约 12 s 后松开 Reset 按钮，设备将重新启动并恢复出厂设置；若在约 12 s 前松开 Reset 按钮，设备将取消恢复出厂设置（复位）操作。

步骤 2　分配 XB208 的 IP 地址和子网掩码

在 PRONETA 软件的主界面中选择"更改 PRONETA 设置"，如图 2-63 所示。

选择"网络适配器"，再选择 PC 机的实际网卡，本机网卡为"以太网 2 Intel（R）Ethernet Connection（11）1219-LM"，如图 2-64 所示。

返回 PRONETA 软件主界面，选择"网络分析"。点击刷新，选中设备 XB200（XB208 属于 XB200 系列中的一个典型型号，点击软件中的"XB-200"后，实际选中的交换机就是 XB208，

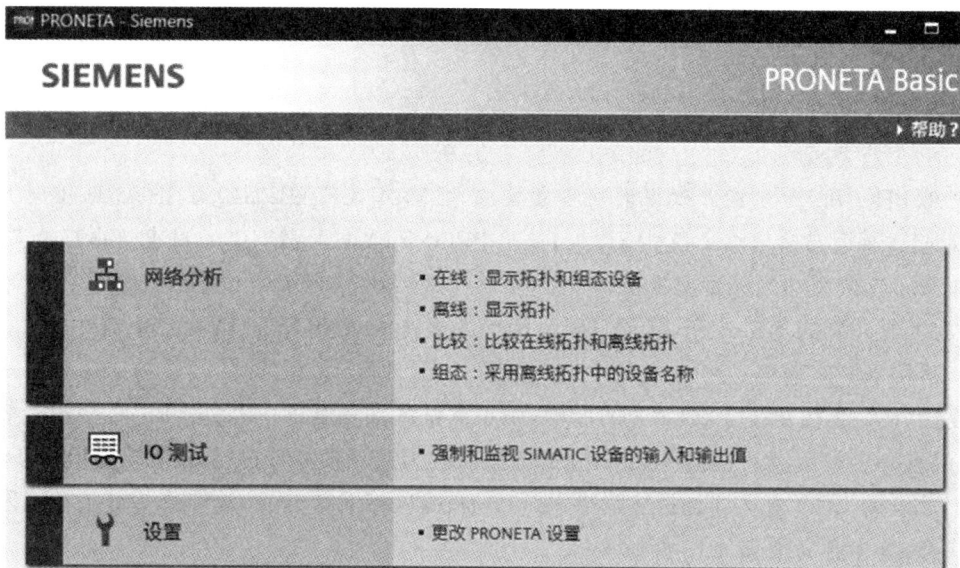

图 2-63　更改 PRONETA 设置

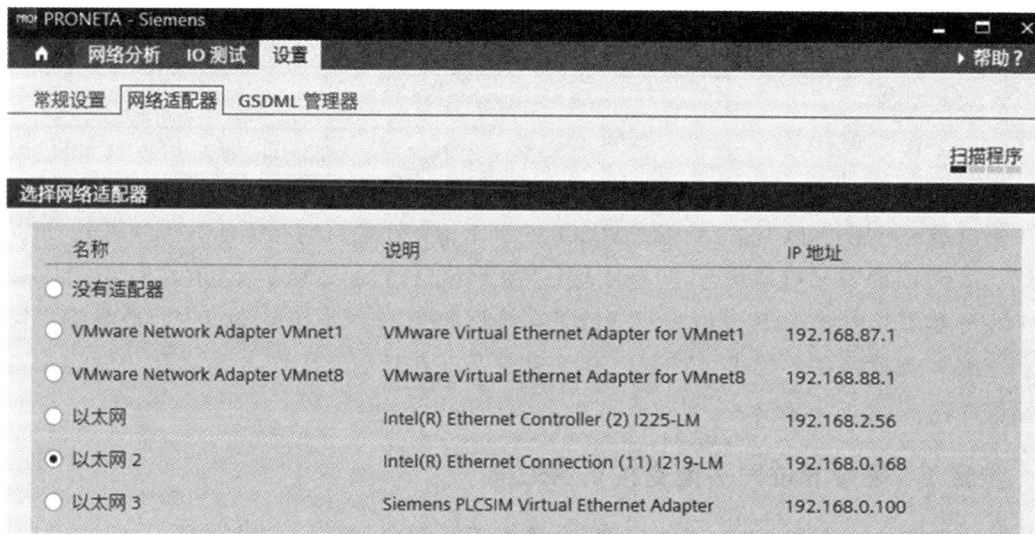

图 2-64　选择本机网卡

全书同），点击鼠标右键，在弹出的菜单中选择"设置网络参数"，如图 2-65 所示。

选择"静态 IP 组态"，将 XB208 的 IP 地址设置为"192.168.0.120"，子网掩码设置为"255.255.255.0"，点击"设置"，如图 2-66 所示。

再次点击刷新，可看到 XB208 的 IP 地址已经设置成 192.168.0.120，如图 2-67 所示。

步骤 3　使用浏览器访问网络交换机 XB208

打开浏览器，输入网址 192.168.0.120；输入用户名"admin"和密码"admin"，首次登录时会提示更改密码，完成更改后即可访问 XB208，如图 2-68 所示。

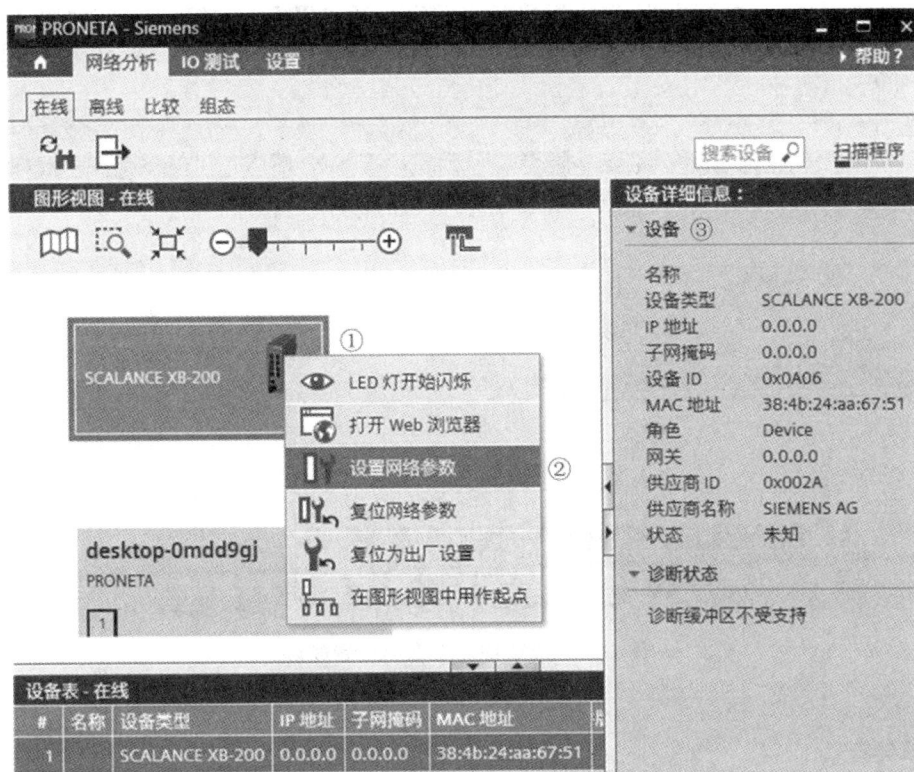

图 2-65 设置网络参数

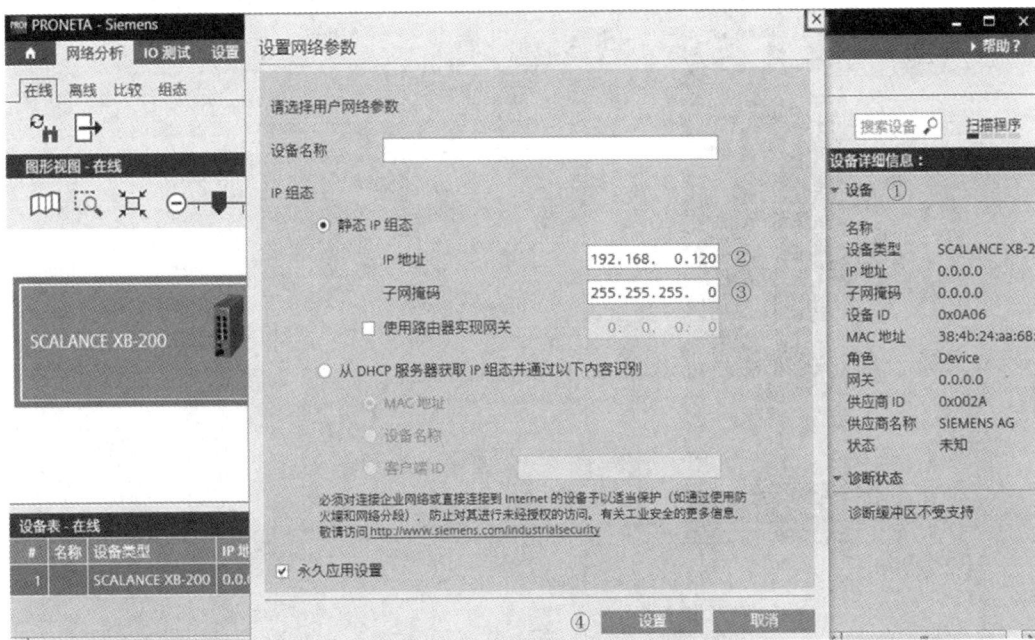

图 2-66 设置 IP 地址和子网掩码

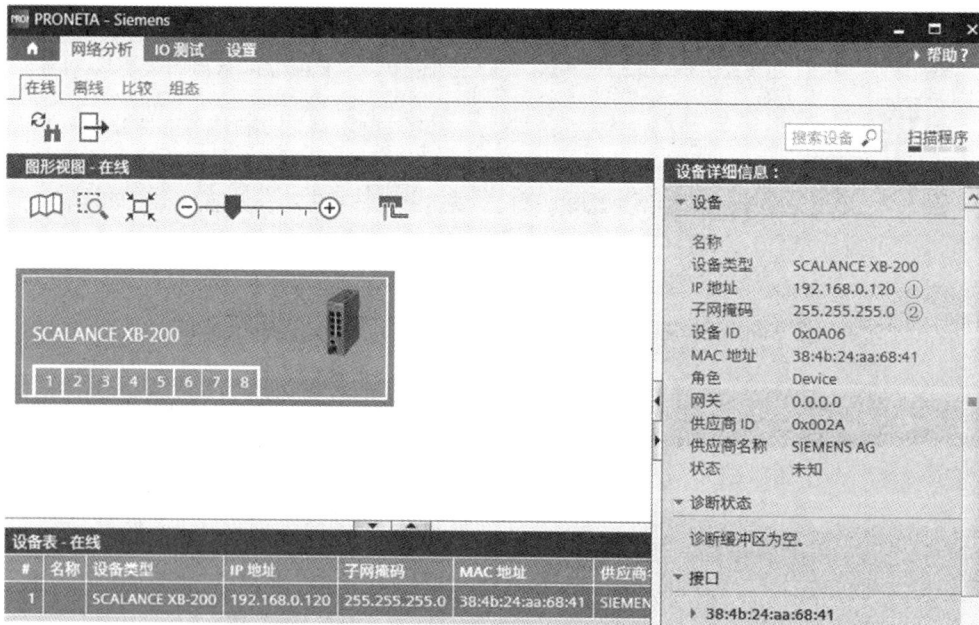

图 2-67　查看 IP 地址是否设置成功

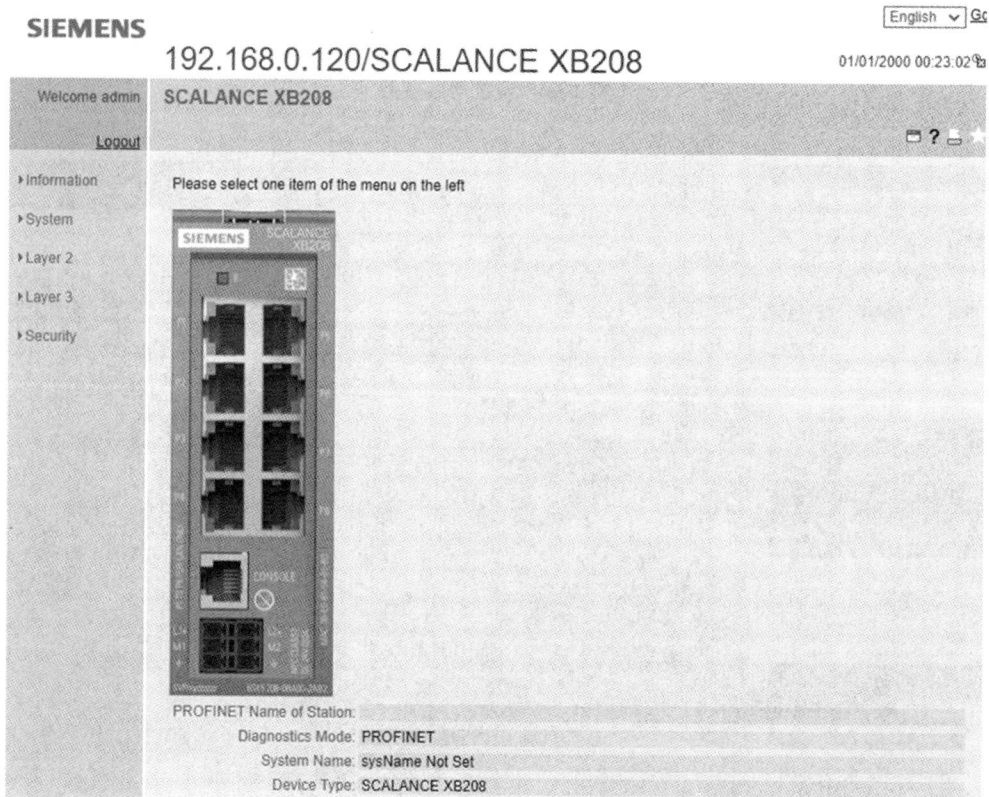

图 2-68　使用浏览器访问 XB208

步骤 4　使用 PRONETA 软件复位网络交换机 XB208

点击刷新,选中设备 XB208 后,单击鼠标右键,在弹出的菜单中选择"复位网络参数",如图 2-69 所示。

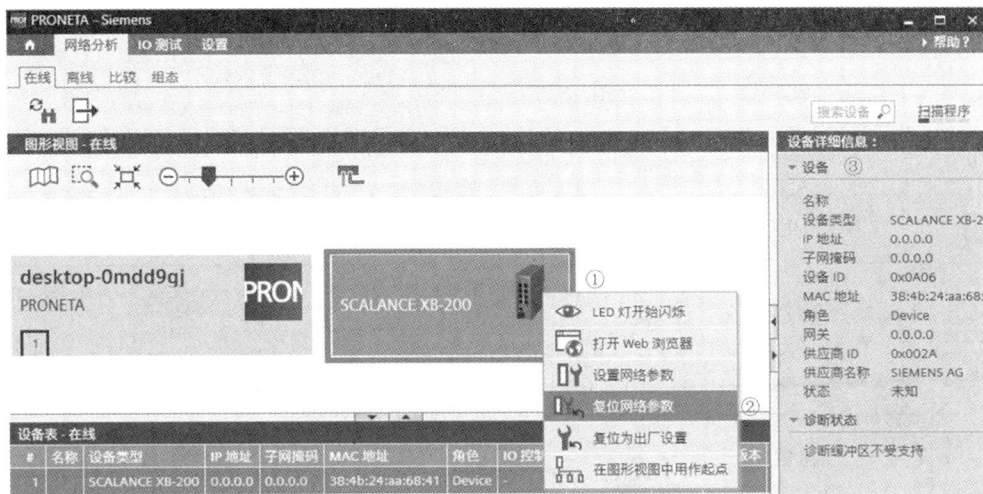

图 2-69　复位网络参数

拓展知识　智能工业网络软件基本认知

智能工业网络软件 PRONETA 是一款用于分析和组态 PROFINET 网络的工具,可提供 I/O 测试功能,能够便捷地检查和记录工厂接线情况。

PRONETA 涵盖拓扑概况和 I/O 测试等功能。拓扑概况以设备列表的形式导出,可自动扫描 PROFINET 网络并显示所有连接的设备。PRONETA 还可命名组件、执行其他组态任务,并将参考系统与实际配置进行比较。I/O 测试通过读写输入和输出,快速测试组件的接线和模块组态,确保组件与其传感器和执行器之间已经正确连接。PRONETA 可以创建测试配置文件模块并保存测试记录以便将测试结果存档。所有任务甚至可以在 CPU 与网络建立连接之前完成,不需要 PRONETA 软件之外的工程组态工具和专用硬件,故 PRONETA 可在项目早期便捷快速地完成对工厂组态的检查。

工业网络软件 PRONETA 界面有网络分析、I/O 测试和设置 3 个功能选项卡。网络分析功能帮助用户快速了解 PROFINET 网络中的安装设备、连接方式及网络参数;I/O 测试功能无须对 CPU 编程即可检查 I/O 设备的接线,并以快速、准确且简单的方式生成测试结果;设置功能用于调整 PRONETA 的操作细节。

1　网络分析

PRONETA 的网络分析功能帮助用户快速了解 PROFINET 网络中安装的设备及其互连方式。网络分析可以在线显示拓扑和组态设备,也可以离线显示网络拓扑。用户可以比较在线拓扑和离线拓扑,并在离线拓扑中组态设备名称。网络分析最常用的是在线模式,可以比较不同的网络并手动或自动组态设备。此外,网络分析还允许用户查看和更改设备的各种网络参数,如 IP 地址、设备名称等。网络分析功能涉及的图标及其名称和功能说明见表 2-16。

表 2-16　网络分析功能涉及的图标及其名称和功能说明

图标	名称	功能说明
	刷新	对网络扫描执行立即更新
	导出拓扑	将拓扑导出到磁盘
	显示拓扑概览	在"在线视图"中切换拓扑概况
	缩放选择	可使用此工具在"图形视图"中绘制一个矩形;释放鼠标后,视图会以缩放形式显示矩形区域
	画面大小缩放	将视图缩放到所有网络设备都完全显示在视图内的大小
	缩放条	可向左或向右拖动滑块或单击"－""＋"以缩放网络 还可将鼠标置于视图上并使用鼠标滚轮来放大和缩小图形视图
	显示物理连接类型	不同的颜色表示不同的传输介质
	闪烁 LED	将物理设备上的 LED 设置为闪烁状态以便于识别
	启动 I/O 测试	立即对所选设备启用 I/O 测试
	打开 Web 浏览器	打开 PC 的网络浏览器,并建立到设备的 Web 服务器的连接
	开始(停止)闪烁名称/ IP 地址重复的 LED	与"闪烁 LED"功能类似,但使与所选设备名称或 IP 地址相同的所有设备的 LED 闪烁
	设置网络参数	单击此图标将打开一个窗口,用户可在其中设置所选设备的各种网络参数
	复位网络参数	恢复设备 IP 地址和设备名称至出厂设置。若从"设备表"中选择该命令,则可同时复位多个选定的设备
	编辑其他数据	单击此图标将打开一个窗口,用户可在其中输入有关设备标识和维护(I&M)的数据,如安装位置与日期等
	用作图形视图的起点	重绘左上角包含选定设备的图形视图

2　设置

设置选项卡下有常规设置、网络适配器和 GSDML 管理器 3 个子选项卡。常规设置用于设置与网络扫描和可视化相关的各种参数;网络适配器用于更改 PRONETA 所使用的网络适配器;GSDML 管理器用于显示包含 PROFINET IO 设备特性和功能的相关信息的 GSDML 文件。

1）常规设置

常规设置包含在线拓扑、网络扫描程序和语言选择 3 个子菜单。在线拓扑用于自动分配临时 IP 地址和设备名称；网络扫描程序用于设置扫描程序速度、扫描过程最大负载，提供附加信息、读出数据等；语言选择用于设置用户界面语言。

（1）在线拓扑。

对于在网络扫描期间发现的所有设备，自动分配有效的 IP 地址和设备名称。设备将从"子网网络 IP 地址"定义的子网中获取 IP 地址，并接收相应字段的子网掩码。关闭相应设备时，IP 地址和设备名称将丢失。

（2）网络扫描程序。

勾选"自动扫描网络（扫描程序持续运行）"时，扫描装置将被激活，物理网络持续更新。但这也可能导致更高的通信负载，甚至影响网络上时间关键型通信的性能。用户可以通过扫描装置状态指示灯的快捷菜单停止扫描。

（3）语言选择。

用户可以通过下拉菜单选择英语、德语或简体中文作为用户界面语言。

2）网络适配器

网络适配器用于更改 PRONETA 所使用的网络适配器（即本机 IP 网卡）。它会显示 PC 上找到的以太网适配器列表，用户可以在此选择适用的网络适配器。

3）GSDML 管理器

GSDML 管理器包含 IO 和 General 两个加载 GSDML 文件的列表。每个具体 IO 和 General 设备涵盖 GSDML 文件、供应商、设备 ID、信息和订货号等内容。

项目 2 课外拓展知识

项目 3
智能产线程序编制

知识目标

（1）掌握智能产线主件供料站、次品分拣站、旋转工作站、方向调整站、产品组装站和产品分拣站6个工作站的智能设备硬件组态。

（2）掌握智能产线各工作站的基本功能、工艺和工作流程。

（3）掌握智能产线各工作站的简单、选择分支、并行分支和复杂顺序控制流程图。

（4）掌握智能产线各工作站的简单、选择分支、并行分支和复杂顺序功能图的绘制与编程。

（5）掌握智能产线各工作站的初始化子程序、伺服驱动子程序、顺序功能子程序和输出控制子程序等模块化结构程序的编制。

（6）掌握智能产线各工作站的 RFID 组态、RFID 读写指令与编程。

（7）掌握智能产线旋转工作站、产品组装站和产品分拣站的轴工艺对象添加、组态及运动控制指令编程。

（8）掌握智能产线次品分拣站主件高度检测与判决机制编程；掌握智能产线方向调整站 MV500 组态参数设置与编程。

技能目标

（1）正确组态智能产线6个工作站的硬件设备。

（2）正确绘制智能产线6个工作站的简单、选择分支、并行分支和复杂顺序控制流程图。

（3）正确绘制智能产线6个工作站的简单、选择分支、并行分支和复杂顺序功能图。

（4）正确编制智能产线6个工作站的初始化子程序、伺服驱动子程序、顺序功能子程序和输出控制子程序等模块化结构程序。

（5）正确组态轴工艺对象、RFID、MV500，并正确编制运动控制、RFID 和 MV500 读写程序。

（6）正确编制主件高度检测与判断机制程序和其他相关程序。

素质目标

（1）借阅图书资料或查找网络资源，查阅西门子等智能设备的新设备、新技术和新知识。

（2）借助各种媒体资源或说明书，自主学习智能产线模块化编程与参数设置。

（3）在现场编程过程中，培养专注和细致的工作作风。

（4）借助工作计划、新标准和新规范，积累智能产线编程经验，从编程案例中总结共性。

（5）学习智能产线6个工作站的模块化编程方法和技巧，培养精益求精的工匠精神。

任务 1　主件供料站编程

主件供料站编程

任务导入

智能产线由主件供料站、次品分拣站、旋转工作站、方向调整站、产品组装站和产品分拣站共 6 个工作站组成,实现供料、检测、装配、分拣和运输,完成触点开关的装配及分拣。

主件供料站由 S7-1500 控制器、HMI、变频器、搬运电机、检测传感器、限位开关、电磁阀、升降气缸和手爪气缸等设备组成。本任务介绍主件供料站的编程。

知识平台　主件供料站

任务知识 1　主件供料站工作流程

由项目 1 任务 3 可知,S7-1500 控制器由标准型 CPU 1516 模块、数字量输入模块(DI)、数字量输出模块(DQ)、模拟量输入模块(AI)和模拟量输出模块(AQ)组成,用于控制主件供料站所有可能动作的设备。主件供料站的输入输出变量如表 3-1 所示。HMI 用于向控制器发出操作命令、显示传感器状态和主件供料站设备的输出状态。变频器用于控制传送带电机的启停和运行。搬运电机用于控制输送组件在搬运初始位与搬运右侧位之间的运动。传感器用于检测不同设备的状态,以便控制器做出相应的判断和动作。例如,当检测传感器检测到主件时,PLC 会向升降气缸发出下降指令,升降气缸接收指令后执行下降动作。气压控制系统通过电磁阀控制气缸在磁性开关控制的范围内动作,例如,手爪气缸通过电磁阀控制手爪的夹紧或松开。

表 3-1　主件供料站的输入输出变量

输入变量 I								输出变量 Q			
名称	地址	类型	符号	名称	地址	类型	符号	名称	地址	类型	符号
手动/自动	I0.0	Bool	S1	搬运初始位	I0.4	Bool	B1	启动指示灯	Q0.0	Bool	L1
启动	I0.1	Bool	S2	搬运右侧位	I0.5	Bool	B2	搬运电机使能	Q0.1	Bool	K1
停止	I0.2	Bool	S3	上料点有料	I0.6	Bool	B3	搬运电机方向	Q0.2	Bool	K2
急停	I0.3	Bool	S4	升降上限位	I0.7	Bool	B4	升降气缸	Q0.3	Bool	Y1
复位	I0.4	Bool	S5	升降下限位	I1.0	Bool	B5	手爪松开	Q0.4	Bool	Y2
HMI 启动	I1.4	Bool	S6	手爪松开位	I1.1	Bool	B6	手爪夹紧	Q0.5	Bool	Y3
HMI 急停	I1.5	Bool	S7	手爪夹紧位	I1.2	Bool	B7	上料电机	Q0.6	Bool	K3

注:输入输出变量的地址不是绝对的,需要根据实际硬件的地址空间而定。

　　主件供料站的顺序控制流程如下：人工上料后，主件供料站的传送带电机启动，将主件传送至物料检测处；检测传感器检测到传送带末端有主件后，升降气缸下降至下限位；手爪在下限位夹取主件，夹紧到位后，升降气缸带动手爪和主件上升至上限位；输送组件携带主件从搬运初始位移动至搬运右侧位；主件供料站接收到次品分拣站的空闲信号后，手爪携带主件下降至下限位；手爪在下限位置松开主件，将其放置在承载台上；松开到位后，升降气缸携带手爪上升至上限位；最终，输送组件从搬运右侧位返回搬运初始位。其顺序控制流程图与顺序功能图如图 3-1 所示。

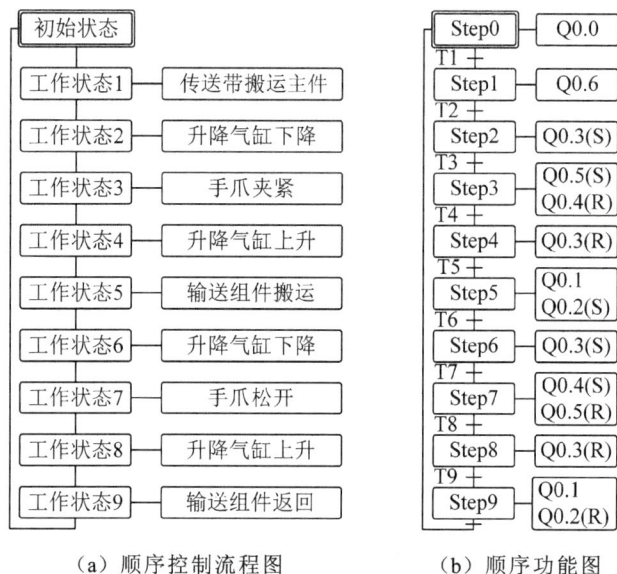

（a）顺序控制流程图　　　　　（b）顺序功能图

图 3-1　主件供料站的顺序控制流程图与顺序功能图

　　具体来说，主件供料站的顺序控制流程包括人工上料、传送带搬运主件、升降气缸下降、手爪夹紧、升降气缸上升、输送组件搬运、升降气缸下降、手爪松开、升降气缸上升和输送组件返回。相应顺序功能图含义如表 3-2 所示。

表 3-2　主件供料站顺序功能图含义

转换条件及其含义						状态名称及其含义			
名称	开始	结束	名称	开始	结束	名称	含义	名称	含义
T1	I0.0～I0.3(S1～S4)	I0.6	T6	I0.5、I1.0、I1.2	I1.0	Step1	传送带搬运主件	Step6	升降气缸下降
T2	I0.4、I0.7、I1.1	I1.0	T7	I0.5、I1.0、I1.2	I1.1	Step2	升降气缸下降	Step7	手爪松开
T3	I0.4、I1.0、I1.1	I1.2	T8	I0.5、I1.0、I1.1	I0.7	Step3	手爪夹紧	Step8	升降气缸上升
T4	I0.4、I1.0、I1.2	I0.7	T9	I0.5、I0.7、I1.1	I0.4	Step4	升降气缸上升	Step9	输送组件返回
T5	I0.4、I0.7、I1.2	I0.5				Step5	输送组件搬运		

任务知识 2　模块化结构程序设计

一般地,控制器的程序结构分为线性结构和模块化结构两类。线性结构按照顺序逐条执行用于自动化任务的所有指令,通常将所有程序指令都放入用于循环执行程序的组织块(OB)中。模块化结构则需要将复杂任务划分为与功能相对应的更小的次级任务。每个功能块为不同的次级任务提供程序段。程序调用时可执行特定任务的功能或功能块。模块化结构程序有助于标准化程序设计,方便程序的更新和修改,减少调试时间,节省成本。

智能产线的主件供料站、次品分拣站、旋转工作站、方向调整站、产品组装站和产品分拣站均采用模块化结构设计程序,按功能分初始化子程序、通信控制子程序、伺服驱动子程序、顺序功能子程序、显示控制子程序和输出控制子程序模块,如图 3-2 所示。图 3-2(a)表示主件供料站、次品分拣站、方向调整站和产品组装站 4 个工作站的模块化结构程序设计;图 3-2(b)表示旋转工作站和产品分拣站的模块化结构程序设计。智能产线的模块化结构程序功能与描述如表 3-3 所示。

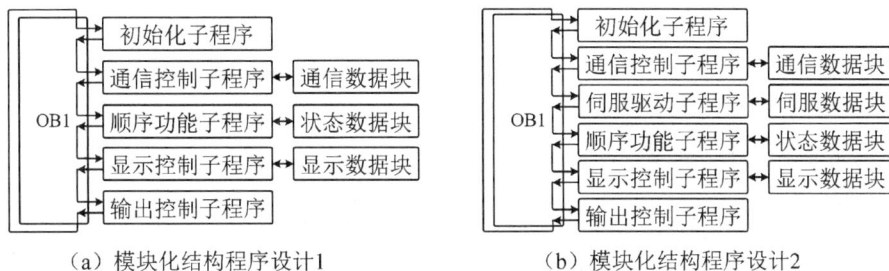

（a）模块化结构程序设计1　　　　（b）模块化结构程序设计2

图 3-2　智能产线的模块化结构程序设计

表 3-3　智能产线的模块化结构程序功能与描述

函数块名称	类型	功能	描述
Main	组织块(OB)	主程序	调用其他函数
INS	函数(FC)	初始化子程序	智能产线的系统初始化
COM	函数(FC)	通信控制子程序	与智能产线其他不同工作站的控制器通信
Motor	函数(FC)	伺服驱动子程序	控制旋转工作站或产品分拣站的伺服驱动系统
SFC	函数(FC)	顺序功能子程序	控制 6 个工作站的顺序控制流程
HMI	函数(FC)	显示控制子程序	每个工作站与 HMI 之间的显示和控制
OUT	函数(FC)	输出控制子程序	驱动 6 个工作站执行机构动作和指示灯显示
COMD	数据块(DB)	存放通信数据变量	建立并存放 6 个不同工作站的通信数据变量
Step	数据块(DB)	存放顺序功能数据变量	建立并存放顺序功能数据变量
MotorD	数据块 DB	存放伺服驱动数据变量	建立并存放伺服驱动数据变量

　　智能产线各工作站在运行前,首先判断设备是否处于初始状态。如果设备处于初始状态,则执行机构无须动作;如果设备不在初始状态,则执行机构需要动作。当执行机构(硬件设备)不在初始状态时,系统通过输入控制命令向执行机构发出动作指令;执行机构接收到控制指令后开始动作,恢复到初始状态,如图3-3(a)所示。

　　智能产线工作站的通信控制子程序主要实现以下4个功能。

　　(1)与智能产线其他工作站建立信息交互,判断并传递主件是否已达出口的信息(即本工作站出口有料和下一站入口空闲),以避免下一站输送组件不在初始位置搬运或因无主件而空跑。

　　(2)显示智能产线所有工作站的传感器状态和执行机构状态。

　　(3)允许HMI通过主件供料站向智能产线其他工作站发布控制指令,如手动、自动、复位、停止和急停等操作命令。

　　(4)允许HMI或MES向智能产线发布订单,并接收智能产线各工作站的实时运行状态监控数据。

　　编制通信控制子程序前,要先确认控制器设备与网络组态是否已完成、通信控制参数数据块是否已创建、通信控制子程序是否已创建并被主程序调用、通信方式与通信指令是否已确定、通信指令属性与连接参数是否已配置,如图3-3(b)所示。智能产线工作站的通信控制参数设置分为发送数据和接收数据两大类。通常情况下,创建通信控制参数数据块时,将通信控制参数数据放置在未优化的通信数据块中。

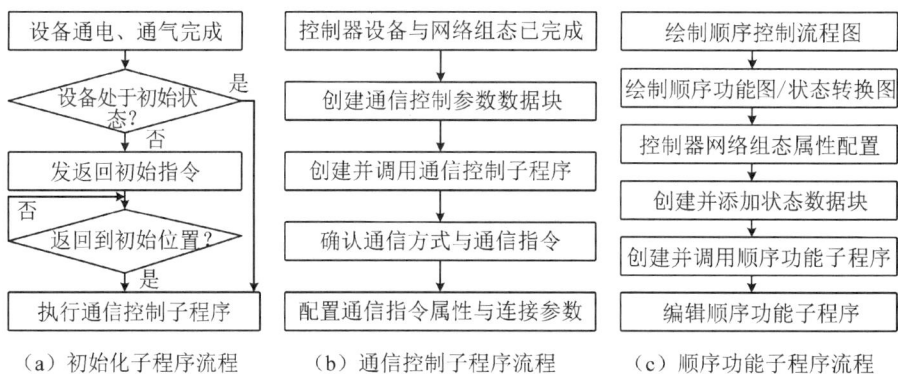

（a）初始化子程序流程　　　（b）通信控制子程序流程　　　（c）顺序功能子程序流程

图3-3　智能产线模块化子程序流程

　　不同系列的控制器之间的通信支持TCP协议、ISO-on-TCP协议和S7通信协议。S7-1500控制器可通过直连或网络(增加以太网交换机)方式与其他CPU、HMI、编程设备以及非西门子设备的PROFINET接口通信;而S7-1200控制器的PROFINET接口支持S7通信。

　　智能产线采用网络连接通信方式进行信息交互,即所有S7-1500控制器、S7-1200控制器、HMI设备的PROFINET接口均通过以太网交换机连接通信。通信编程需使用S7通信的PUT和GET功能指令。

　　在编制顺序功能子程序之前,需要确认顺序控制流程图是否已绘制、顺序功能图(状态转换图)是否已绘制、控制器网络组态属性是否已配置、状态数据块是否已创建并添加、顺序功能子程序是否已创建并被主程序调用,如图3-3(c)所示。

任务实施　主件供料站编程

任务实施 1　智能设备硬件组态与网络组态

◈ 任务实施要求

根据智能产线的智能设备控制器和人机界面的型号、订货号及版本号(见表 1-12),完成智能设备的硬件组态和网络组态。

步骤 1　智能产线标准型 S7-1500 控制器硬件组态与网络组态

在界面左侧项目树栏中双击"添加新设备",进入"添加新设备"窗口。如图 3-4 所示,选择左侧"控制器",添加设备名称"PLC_1",依次选择"控制器—SIMATIC S7-1500—CPU—CPU 1516-3 PN/DP—6ES7 516-3AP03-0AB0",然后选择版本"V3.0",点击"确定"即可完成控制器 PLC_1 的 CPU 硬件添加。

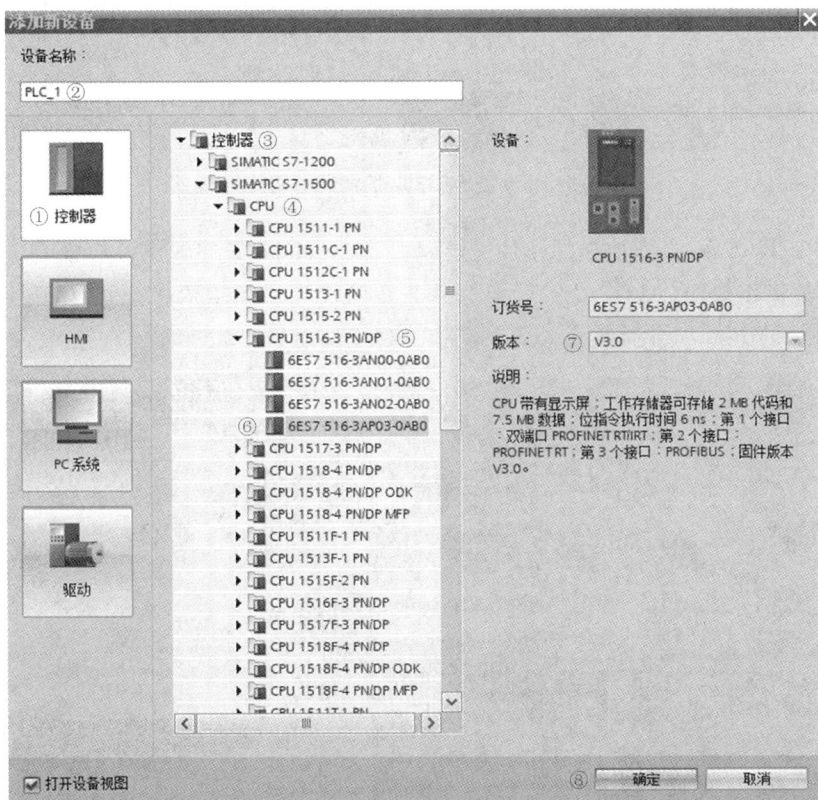

图 3-4　标准型 S7-1500 控制器的 CPU 硬件添加

设置智能产线标准型 S7-1500 控制器的网段和 IP 地址,完成网络组态,如图 3-5 所示。在网络组态属性配置中,需设置子网段、IP 地址、系统和时钟存储器、访问级别和连接机制等常规配置。

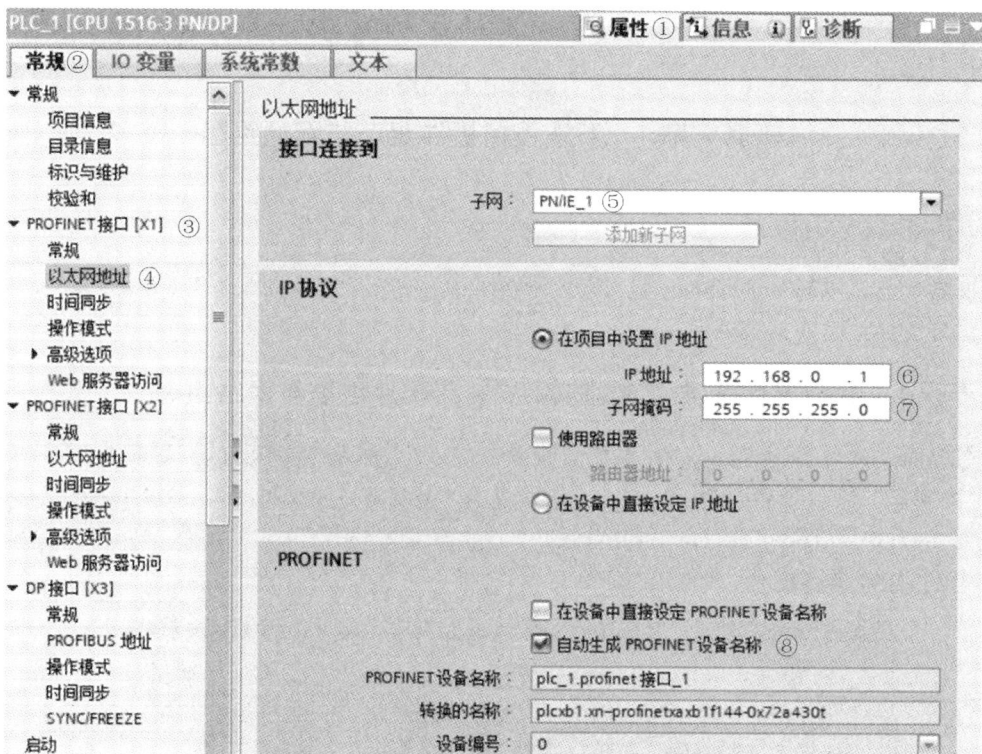

图 3-5　标准型 S7-1500 控制器的网络组态

添加 CPU 模块后,再添加电源模块、数字输入模块(DI)、数字输出模块(DQ)、模拟输入模块(AI)和模拟输出模块(AQ)5 个扩展模块。在右侧硬件目录中依次找到这 5 个模块的型号及订货号,双击将其添加至插槽 0、2、3、4、5,如图 3-6 所示。

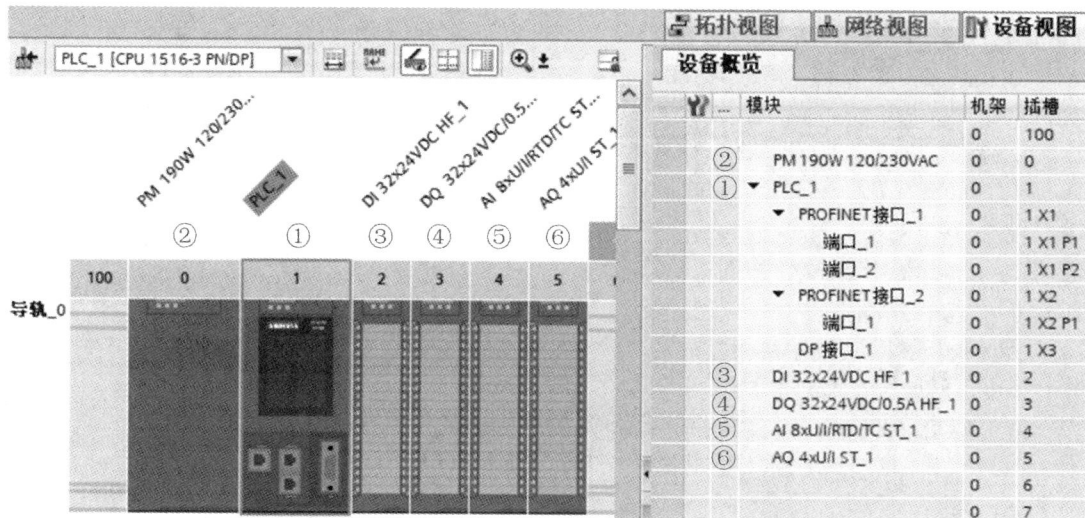

图 3-6　标准型 S7-1500 控制器的其他硬件组态

步骤 2　智能产线紧凑型 S7-1200 控制器硬件组态与网络组态

在界面左侧项目树栏中双击"添加新设备",进入"添加新设备"窗口。如图 3-7 所示,选择左侧"控制器",添加设备名称"PLC_2",依次选择"控制器—SIMATIC S7-1200—CPU—CPU 1215C DC/DC/DC—6ES7 215-1AG40-0XB0",然后选择版本"V4.5",点击"确定"即可完成控制器 PLC_2 的 CPU 硬件添加。

图 3-7　紧凑型 S7-1200 控制器的 CPU 硬件添加

添加 CPU 模块后,在右侧硬件目录中选择信号板,类型为 DI,型号为 DI 4×24 V DC,订货号为 6ES7 221-3BD30-0XB0。双击信号板将其添加至插槽 1～3,如图 3-8 所示。

同理,添加紧凑型 S7-1200 控制器,作为次品分拣站的控制器 PLC_2、旋转工作站的控制器 PLC_3、方向调整站的控制器 PLC_4、产品组装站的控制器 PLC_5 和产品分拣站的控制器 PLC_6。

> **注意:**
> (1) 信号板不是单独安装在导轨插槽上,而是安装在 S7-1200 控制器内的插槽 1～3 上,以节约空间。

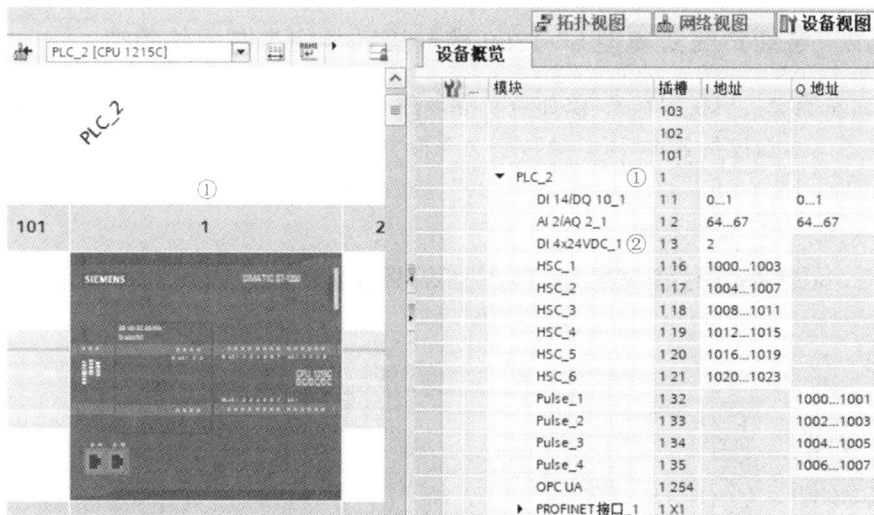

模块	插槽	I 地址	Q 地址
	103		
	102		
	101		
▼ PLC_2 ①	1		
DI 14/DQ 10_1	1 1	0…1	0…1
AI 2/AQ 2_1	1 2	64…67	64…67
DI 4x24VDC_1 ②	1 3	2	
HSC_1	1 16	1000…1003	
HSC_2	1 17	1004…1007	
HSC_3	1 18	1008…1011	
HSC_4	1 19	1012…1015	
HSC_5	1 20	1016…1019	
HSC_6	1 21	1020…1023	
Pulse_1	1 32		1000…1001
Pulse_2	1 33		1002…1003
Pulse_3	1 34		1004…1005
Pulse_4	1 35		1006…1007
OPC UA	1 254		
▶ PROFINET接口_1	1 X1		

图 3-8　紧凑型 S7-1200 控制器的信号板添加

（2）控制器 PLC_2、PLC_3、PLC_4、PLC_5 的 CPU 插槽内均装有信号板 DI；而控制器 PLC_6 的 CPU 插槽内没有信号板 DI。

（3）根据智能产线的输入输出变量与电气接线，信号板 DI 的 I 地址改为 2。

（4）智能产线所有控制器的 IP 地址必须在同一网段内，每个 IP 地址唯一且不同。

（5）博途软件 TIA 中的标准型 S7-1500 控制器 CPU 模块、电源模块（PM）、数字量输入模块（DI）、数字量输出模块（DQ）、模拟量输入模块（AI）和模拟量输出模块（AQ）的订货号与版本号要与智能产线的 S7-1500 控制器相应模块的订货号与版本号相同，否则工程师 PC 机无法向 PLC 烧写用户程序。

步骤 3　HMI 设备添加与组态

在界面左侧项目树栏中双击"添加新设备"，进入"添加新设备"窗口。如图 3-9 所示，选择左侧"HMI"，添加设备名称"HMI_1"，依次选择"SIMATIC 精简系列面板—7″显示屏—KTP700 Basic—6AV2 123-2GB03-0AX0"，然后选择版本"17.0.0.0"，点击"确定"即可完成 HMI 设备的添加。

添加 HMI 设备后，进入"HMI 设备向导"窗口，在此根据实际需要设置 PLC 连接、画面布局、报警、画面、系统画面、按钮等。如图 3-10 所示，在"HMI 设备向导"窗口中，选择"PLC 连接"，点击"浏览"，再选择"PLC_1"，点击"√"，最后点击"下一步"，即可进入"画面布局"设置。同理，按照"HMI 设备向导"窗口的提示，结合实际需求，依次完成画面布局、报警、画面、系统画面、按钮的设置，最后点击"完成"即可完成 HMI 画面的初步设置。

注意：博途软件 TIA 中的 HMI 订货号与版本号要与智能产线的 HMI 订货号与版本号相同，否则工程师 PC 机无法向实体 HMI 烧写用户程序。

图 3-9　HMI 设备添加

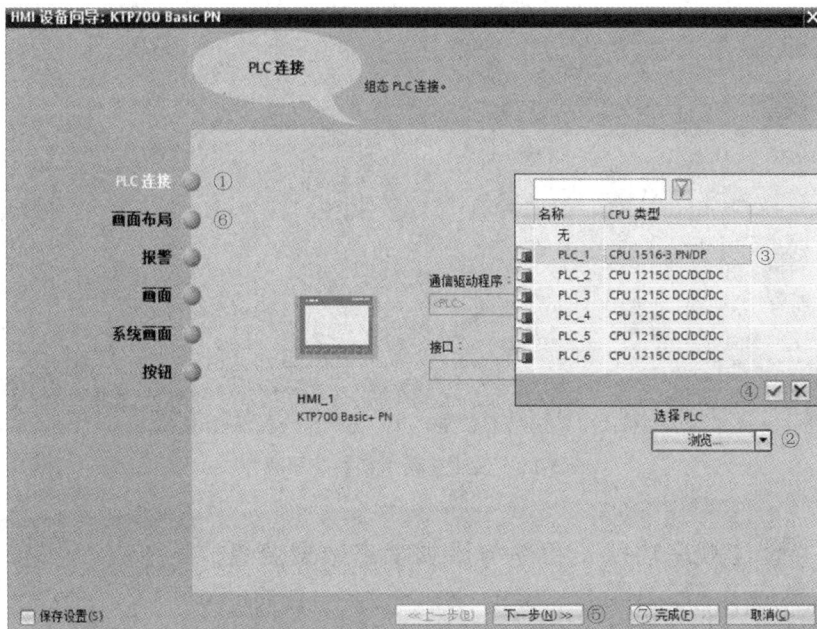

图 3-10　HMI 画面的初步设置

任务实施 2　主件供料站编程准备

◆ 任务实施要求

根据主件供料站输入输出变量和顺序功能图进行模块化编程准备。

主件供料站程序采用图 3-2(a)所示的模块化结构程序设计,按模块功能分为初始化子程序、通信控制子程序、顺序功能子程序、显示控制子程序和输出控制子程序。

步骤 1　创建并添加初始化子程序

在界面左侧项目树栏中双击"添加新块",进入"添加新块"窗口。如图 3-11 所示,选择左侧"函数",添加名称"INS1",选择"语言",设置"编号",最后点击"确定"即可创建初始化子程序 INS1。添加初始化子程序 INS1 并在主程序(Main)中调用初始化子程序。

图 3-11　创建并调用初始化子程序

步骤 2　创建顺序功能子程序与添加状态数据变量

根据主件供料站的控制要求,绘制顺序控制流程图(见图 3-1(a));根据绘制好的顺序控制流程图和输入输出变量,绘制顺序功能图(见图 3-1(b))。状态(Step)数据块一般选用非优化的数据块,因此在属性配置时需取消勾选"优化的块访问",如图 3-12 所示。如图 3-13 所示,

状态参数的数据类型为 Bool,状态参数的数量根据顺序功能图和设备实际控制需求而定,必须包括初始化状态参数(Step0)和其他顺序功能状态参数(如 Step1、Step2 等)。

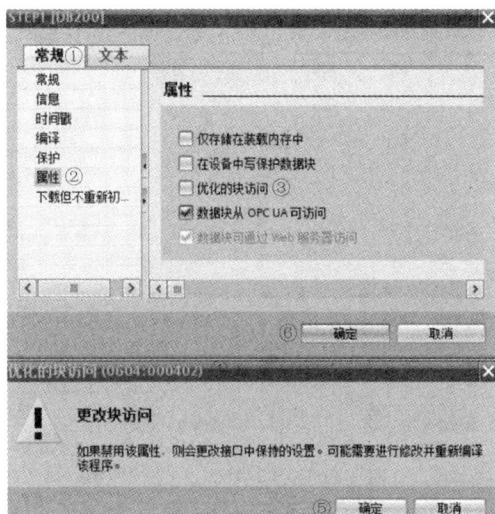

图 3-12　状态数据块的属性配置

图 3-13　主件供料站的状态参数

在界面左侧项目树栏中双击"添加新块",进入"添加新块"窗口。在窗口左侧选择"函数",添加名称"SFC1",选择"语言",设置"编号",最后点击"确定"即可创建顺序功能子程序 SFC1。在主程序(Main)中必须调用顺序功能子程序 SFC1。

步骤 3　创建并添加输出控制子程序

输出控制子程序用于接收来自初始化子程序 INS1 和顺序功能子程序 SFC1 的指令,驱动主件供料站的执行机构按控制要求动作。

在界面左侧项目树栏中双击"添加新块",进入"添加新块"窗口。在窗口左侧选择"函数",添加名称"OUT1",选择"语言",设置"编号",最后点击"确定"即可创建输出控制子程序 OUT1。在主程序(Main)中必须调用输出控制子程序 OUT1。

任务实施 3　主件供料站模块化编程

◆ 任务实施要求

根据主件供料站输入输出变量、顺序控制流程图和顺序功能图进行模块化编程。

步骤 1　编制初始化子程序

主件供料站的初始化子程序用于检查硬件设备是否处于初始位置、用户程序是否处于初始状态,以及故障排除后系统是否恢复到初始状态。硬件设备的初始状态应同时满足以下条件:输送组件处于搬运初始位、升降气缸处于上限位、手爪处于松开位。用户程序中,所有状态存储器 Step、辅助存储器 M 的初始状态应为 OFF,数据存储器 D 的值应清零。主件供料站的硬件设备初始化子程序如图 3-14 所示。

硬件设备初始化

```
    %I0.4                                                              %DB200.DBX0.0
 "搬运初始位B1"   输送组件在搬运初始位?                                "Step1".Step0
 ──┤/├──┬────────                                                      ──( )──
        │                                                              判断初始状态条件
    %I0.7 │
 "升降上限位B4"   升降气缸在上限位?
 ──┤/├──┤
        │
    %I1.1 │
 "手爪松开位
   B6 "           手爪在松开位?
 ──┤/├──┘
```

```
                                                              输送组件执行返回搬运初始位动作
 %DB200.DBX0.0      %I0.1          %I0.2          %I1.3            %I0.4           %M101.1
  "Step1".Step0    "启动S2"        "停止S3"       "复位S5"      "搬运初始位B1"    "搬运初始位置"
 ──┤ ├──────┤ ├──────┤/├──────┤/├──────┬──┤/├──────────────────────(S)──
                                                 │
        通过启动、停止、复位,发送返回初始状态指令    │        升降气缸执行上升动作
                                                 │        %I0.7           %M100.1
                                                 │     "升降上限位B4"    "升降初始位置"
                                                 ├──┤/├──────────────────( )──
                                                 │
                                                 │        机械手爪执行松开动作
                                                 │                         %M100.0
                                                 │                     "手爪初始
                                                 │        %I1.1            位置"
                                                 │     "手爪松开位B6"
                                                 └──┤/├──────────────────( )──
```

```
    %M101.1          %I0.4                        %M101.1
 "搬运初始位置"   "搬运初始位B1"                "搬运初始位置"
 ──┤ ├──────┤ ├──────────────────────────(R)──
```

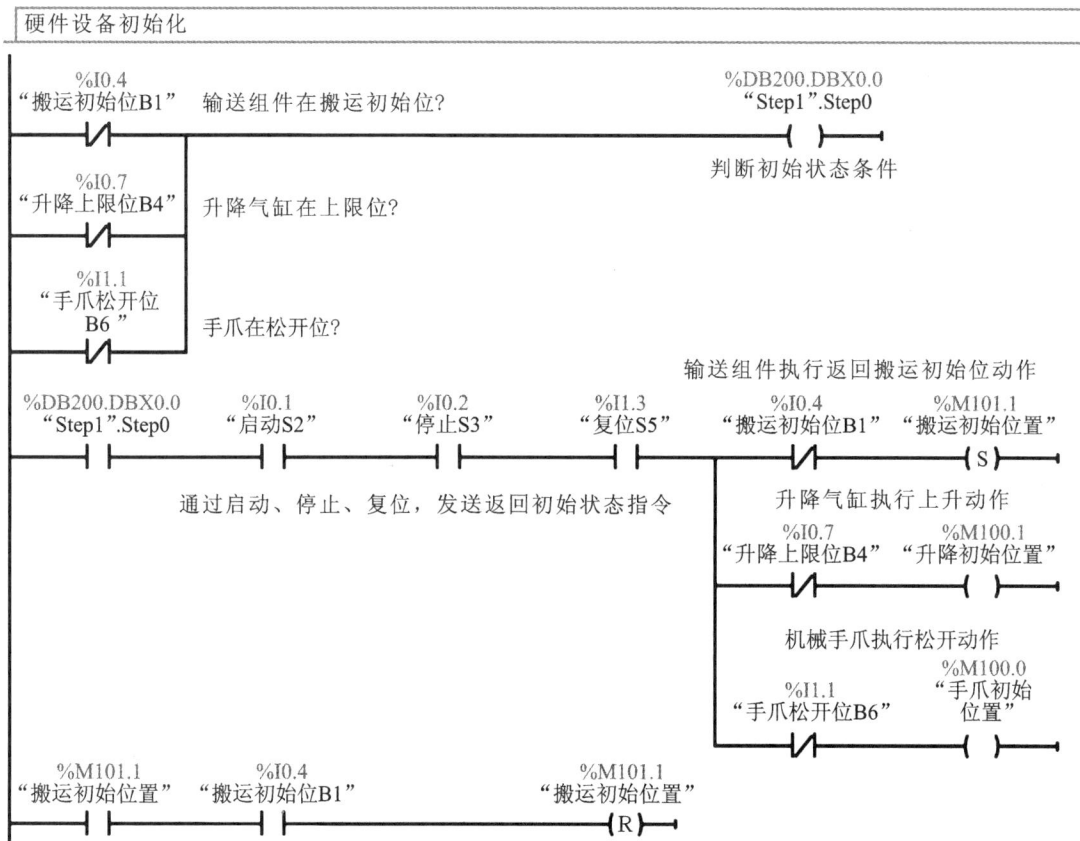

图 3-14 主件供料站的硬件设备初始化子程序

步骤 2 编制顺序功能子程序

步骤 2.1 传送带搬运主件

人工上料后,变频器启动传送带,将主件搬运至抓取点。此时,输送组件停在搬运初始位,手爪处于松开位置,升降气缸保持在上限位置。传送带将主件搬运至抓取点后停止运行。传送带搬运程序如图 3-15 所示。

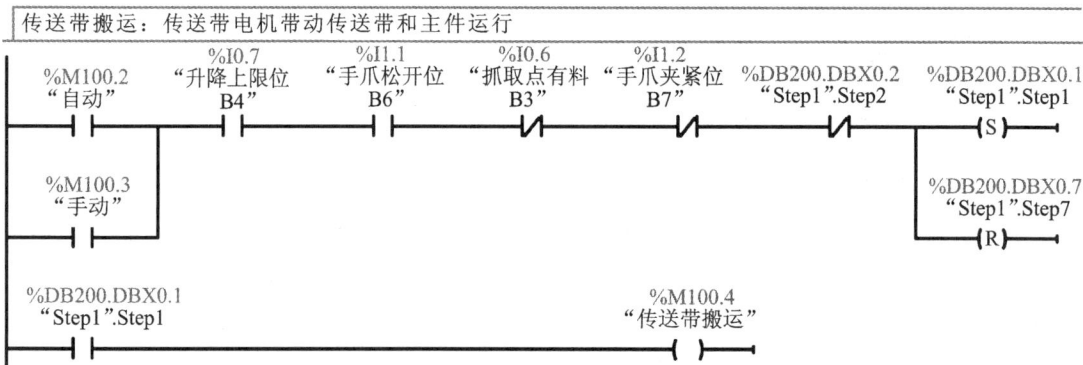

传送带搬运:传送带电机带动传送带和主件运行

```
    %M100.2      "升降上限位      "手爪松开位     "抓取点有料     "手爪夹紧位
     "自动"        B4"            B6"           B3"           B7"      %DB200.DBX0.2   %DB200.DBX0.1
              %I0.7          %I1.1          %I0.6         %I1.2      "Step1".Step2    "Step1".Step1
 ──┬──┤ ├──────┤ ├──────┤ ├──────┤/├──────┤/├──────┤/├──────────(S)──
   │
   │  %M100.3                                                      %DB200.DBX0.7
   │   "手动"                                                       "Step1".Step7
   └──┤ ├──                                                        ──(R)──
```

```
 %DB200.DBX0.1                                    %M100.4
  "Step1".Step1                                  "传送带搬运"
 ──┤ ├──────────────────────────────────( )──
```

图 3-15 主件供料站的传送带搬运程序

步骤 2.2　升降气缸下降

当抓取点检测到主件时,升降气缸开始下降,直至到达下限位置后停止。此时,传送带搬运主件的过程已经结束,需要对 Step1 进行复位,以防止主件因未能及时被抓取而停留在抓取点。由于升降气缸采用单电控制,在下一步手爪抓取主件时,可能会出现手爪尚未夹紧而气缸已上升的情况,从而导致主件在后续搬运过程中掉落。升降气缸下降程序如图 3-16 所示。

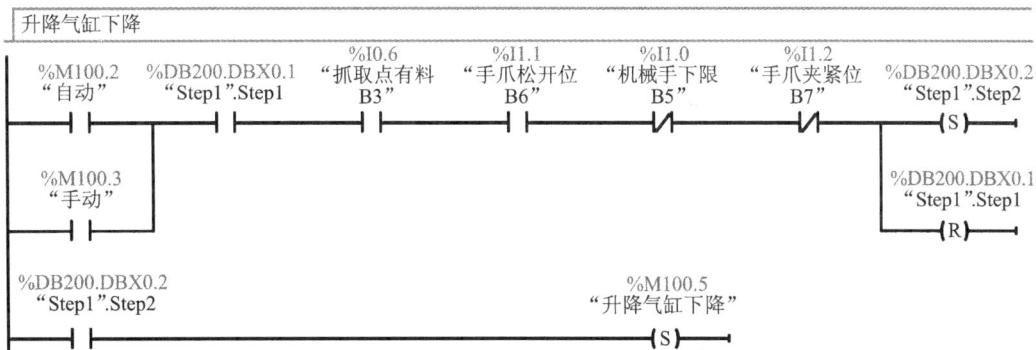

图 3-16　主件供料站的升降气缸下降程序

步骤 2.3　手爪夹紧

手爪抓取主件时,升降气缸必须停在下限位。待主件被手爪夹紧到位后,升降气缸才可携带主件上升。手爪夹紧程序如图 3-17 所示。

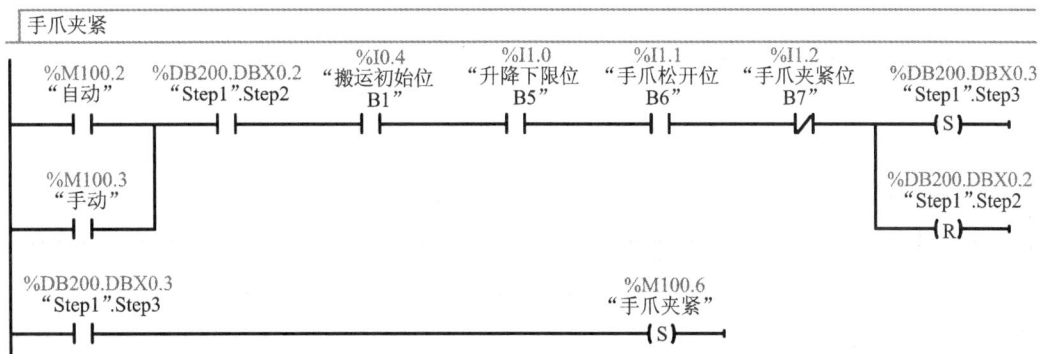

图 3-17　主件供料站的手爪夹紧程序

顺序功能子程序编程注意:

(1) PLC 的变量从 I/O 变量开始,在编程过程中,根据需要逐步添加新的中间变量。

(2) PLC 一般采用顺序控制,所以必须明确各动作的先后顺序。

(3) 编程过程中,要善于运用定时器、计数器、上升沿、下降沿等指令。

(4) 升降气缸采用单电控制,而手爪气缸采用双电控制。编程时应注意控制方式的差异,合理使用编程技巧。一般而言,单电控制可通过一个变量实现,而双电控制则需两个变量。

(5) 搬运组件返回初始位后,需要为下一次循环做好准备。因此,必须确保各设备处于初始状态,如搬运组件在搬运初始位、手爪在手爪松开位等。

（6）在顺序功能子程序的编程过程中，务必及时对已使用完毕的状态存储器、辅助存储器进行复位，以避免影响后续动作，导致拒动或误动。复位方法多样，但在实际编程中可能会出现错误，因此在调试过程中需要根据实际情况进行修正。

（7）在搬运过程中，手爪应始终保持夹紧状态，以防止主件掉落。

步骤 3　编制输出控制子程序

输出控制子程序仅显示顺序功能子程序的传送带搬运、升降气缸和手爪的输出动作，如图 3-18 所示。

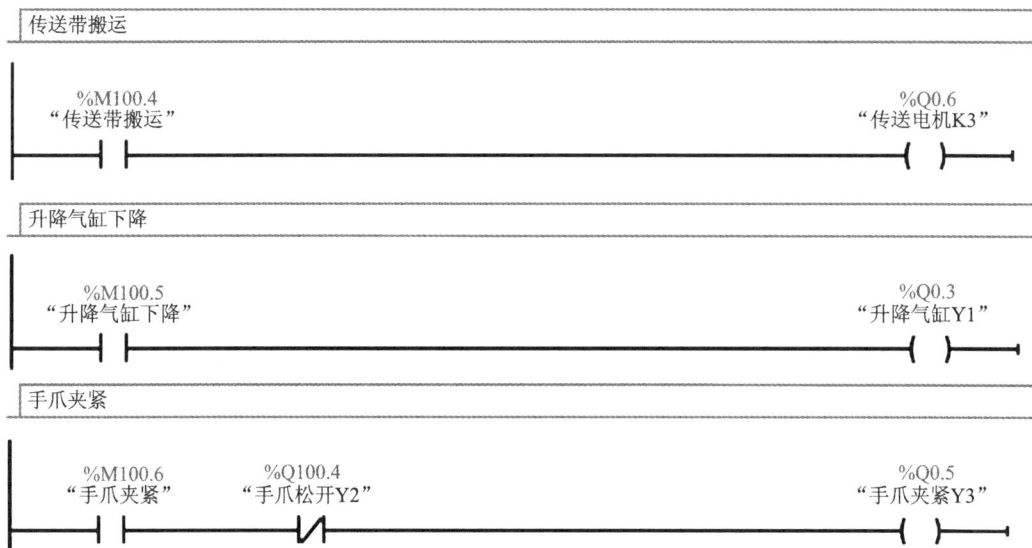

传送带搬运

```
%M100.4                                              %Q0.6
"传送带搬运"                                         "传送电机K3"
──┤├──────────────────────────────────────────────( )──
```

升降气缸下降

```
%M100.5                                              %Q0.3
"升降气缸下降"                                       "升降气缸Y1"
──┤├──────────────────────────────────────────────( )──
```

手爪夹紧

```
%M100.6          %Q100.4                             %Q0.5
"手爪夹紧"        "手爪松开Y2"                        "手爪夹紧Y3"
──┤├──────────┤/├──────────────────────────────────( )──
```

图 3-18　主件供料站的部分输出控制子程序

输出控制子程序编程注意：

（1）对于采用双电控制的气缸，应采用互锁形式，以防止气缸误动作或拒动。

（2）在使用输出指令进行编程时，应避免出现双线圈，以免系统无法识别或分辨，从而导致拒动现象。

拓展知识　调用子程序编程

◆ 任务实施要求

按下启动按钮 SB1 时，电机和风扇应立即运行；按下停止按钮 SB0 时，电机应立即停止运行,而风扇则延时 10 s 后停止,以确保电机冷却。当电机转速超过 1300 r/min 时,应立即触发报警。通过以上控制逻辑,实现电机、风扇的启停控制以及超速报警功能。

步骤 1　创建背景数据块

在项目树栏中双击"添加新块",进入"添加新块"窗口。如图 3-19 所示,在窗口左侧选择"数据块",添加名称"Motor2",设置"类型"为"IEC_TIMER",设置"编号"为"200",最后点击"确定"即可创建背景数据块 Motor2[DB200]。其编程语言为 LAD(梯形图)。

图 3-19　创建背景数据块 Motor2[DB200]

步骤 2　创建函数块和设置接口参数

在项目树栏中双击"添加新块",进入"添加新块"窗口。在窗口左侧选择"函数块",添加名称"Motor_Control",设置"类型"和"编号",最后点击"确定"即可创建函数块 Motor_Control[FB100]。其编程语言为 LAD(梯形图)。

函数块(FB)的局部变量存放在其自身的背景数据块(DB)中。局部变量包括输入(Input)、输出(Output)、输入输出(InOut)、临时数据(Temp)和静态参数(Static)。函数块的数据永久保存在其背景数据块中,执行时直接调用即可。其他函数块可访问该函数的背景数据块中的变量,但不能直接删除和修改。局部变量的设置:转速设定值应设置为静态参数(Static),而输入输出(InOut)参数则采用定时(TIMERD)相关的背景数据块。函数块的接口参数设置如下:启动、停止、定时和电机速度参数为输入参数(Input);风扇和报警参数为输出参数(Output);定时(TIMERD)和电机参数为输入输出参数(InOut),如图 3-20 所示。

图 3-20　函数块的接口参数设置

步骤 3　编制函数块的程序

图 3-21 所示的函数块梯形图程序包含启保停电路、延时断开电路和报警电路。其中,定时器的定时时间由主程序的实际参数提供。定时器的背景数据块采用 IEC_TIMER 接口参数,其类型为输入输出(InOut)。速度比较则通过无符号整数比较指令实现。

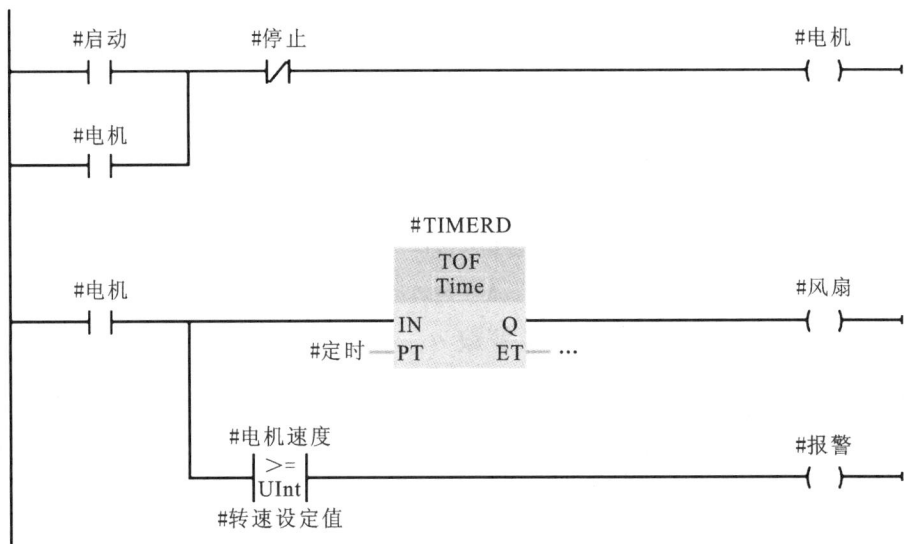

图 3-21　函数块(FB)的梯形图程序

步骤 4　调用函数块子程序

在组织块 OB1 中,函数块 FB1(即 Motor_Control)被调用了两次。调用函数块 FB1 时,需要分别输入背景数据块 DB10 和 DB20,如图 3-22 所示。

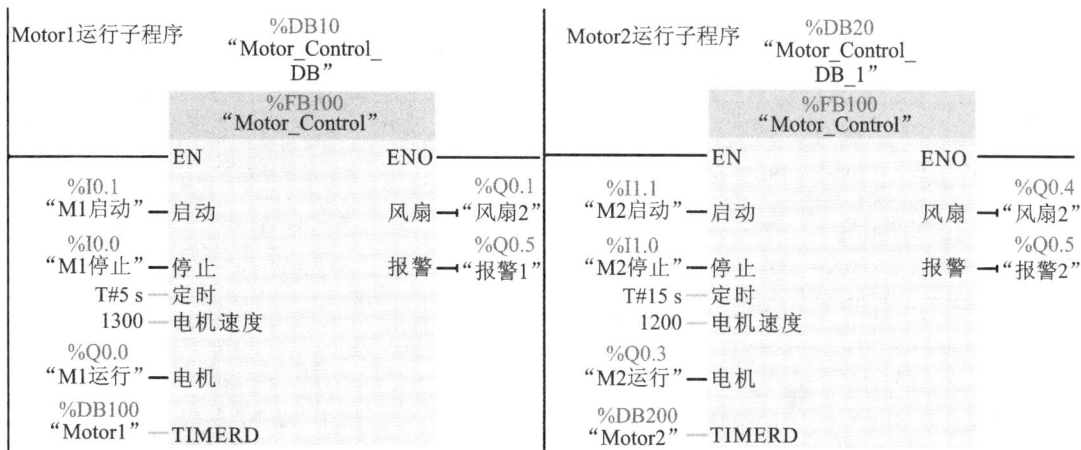

图 3-22　调用函数块子程序

任务 2　次品分拣站编程

次品分拣站编程

任 务 导 入

顺序控制中常有选择分支控制流程和并行分支控制流程两种。选择分支控制流程是指顺序控制流程包含两个或两个以上分支，但同一时刻仅允许选择其中一个分支执行。次品分拣站用于分拣合格主件与废品，通过检测主件高度判断主件是否合格，并在出站口剔除废品，其顺序控制流程属于典型的选择分支控制流程。

知 识 平 台　　次 品 分 拣 站

任务知识 1　次品分拣站工作流程

次品分拣站由 S7-1200 控制器、HMI、高度检测传感器、限位开关、电磁阀、搬运电机、推料气缸、升降气缸、废品气缸等设备组成。S7-1200 控制器控制次品分拣站的所有可能动作的设备，其输入输出变量如表 3-4 所示。HMI 向控制器发送操作命令，并显示传感器和输出设备的不同状态。搬运电机控制输送组件在搬运初始位与搬运右侧位之间的运动。传感器用于检测不同设备状态，以便控制器做出相应的判断和动作。例如，当高度检测传感器检测到主件后，激光位移传感器将检测主件高度，而 PLC 根据高度检测结果判定主件是否合格并执行相应的操作。

表 3-4　次品分拣站的输入输出变量

输入变量 I								输出变量 Q			
名称	地址	类型	符号	名称	地址	类型	符号	名称	地址	类型	符号
自动/手动	I0.0	Bool	S1	高度检测点有料	I0.7	Bool	B4	启动指示灯	Q0.0	Bool	L1
启动	I0.1	Bool	S2	废品气缸缩回位	I1.0	Bool	B5	搬运电机使能	Q0.1	Bool	K1
停止	I0.2	Bool	S3	废品气缸伸出位	I1.1	Bool	B6	搬运电机方向	Q0.2	Bool	K2
急停	I0.3	Bool	S4	升降气缸上限位	I1.2	Bool	B7	废品气缸	Q0.3	Bool	Y1
搬运初始位	I0.4	Bool	B1	升降气缸下限位	I1.3	Bool	B8	升降气缸	Q0.4	Bool	Y2
搬运右侧位	I0.5	Bool	B2	推料气缸缩回位	I1.4	Bool	B9	推料气缸伸出	Q0.5	Bool	Y3
上料点有料	I0.6	Bool	B3	推料气缸伸出位	I1.5	Bool	B10	推料气缸缩回	Q0.6	Bool	Y4
复位	I2.0	Bool	S5	红外测主件高度	IW64	Bool	B11	三色灯黄灯	Q0.7	Bool	L2
备注:输入输出变量的地址不是绝对的,需根据实际硬件地址空间而定								三色灯红灯	Q1.0	Bool	L3
								蜂鸣器	Q1.1	Bool	H1

当承载台下方的检测传感器检测到主件后,同步带驱动电机开始正转,同步带输送组件从搬运初始位向搬运右侧位移动。当高度检测点的漫反射光电开关检测到主件后,高度检测组件中的红外测高传感器对主件高度进行检测并记录结果。电机继续正转,将主件搬运至搬运右侧位,之后电机停止转动。根据主件的高度检测结果,不同设备执行以下操作:若主件不合格,废品气缸动作,将主件排出,使其掉入废料盒;若主件合格,在接收到旋转工作站空闲信号后,升降气缸带动推料气缸下降,推料气缸伸出并在完成推料动作后缩回,随后升降气缸带动推料气缸上升。最后,电机开始反转,同步带输送组件返回搬运初始位。

综上所述,如图 3-23 所示,次品分拣站的顺序控制流程根据主件是否合格分成两路:若主件合格,则依次执行升降气缸下降—推料气缸伸出—推料气缸缩回—升降气缸上升;若主件不合格,则依次执行废品气缸伸出—废品气缸缩回。最后,两选择分支汇合,输送组件返回搬运初始位。次品分拣站的顺序功能图含义见表 3-5。

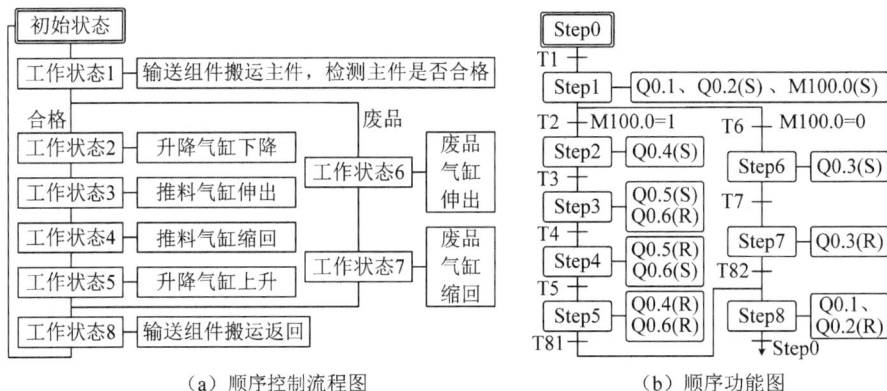

（a）顺序控制流程图　　　　（b）顺序功能图

图 3-23　次品分拣站顺序控制流程图与顺序功能图

表 3-5　次品分拣站的顺序功能图含义

转换条件及其含义						状态名称及其含义			
名称	开始	结束	名称	开始	结束	名称	含义	名称	含义
T1	I0.4	I0.5	T6	I1.0、M100.0＝1	I1.1	Step1	搬运并检测	Step5	升降气缸上升
T2	I1.2、M100.0＝1	I1.3	T7	I1.1	I1.0	Step2	升降气缸下降	Step6	废品气缸伸出
T3	I1.4	I1.5	T81	I0.5	I0.4	Step3	推料气缸伸出	Step7	废品气缸缩回
T4	I1.5	I1.4	T82	I0.5	I0.4	Step4	推料气缸缩回	Step8	搬运组件返回
T5	I1.3	I1.2	备注:转换条件仅列举了最重要的直接启动和直接停止条件						

次品分拣站的 S7-1200 控制器接收到激光位移传感器检测的主件高度值,并根据检测高度的判断机制(主件高度在一定范围内)判断主件是否合格。若主件合格,则在旋转工作站空闲时将其推入旋转工作站;若主件为废品,则直接将其推入废品存放区。次品分拣站的顺序控制流程包含合格主件与废品两个分支,且同一时刻只有一个分支在执行,属于典型的选择分支控制流程。

任务知识 2　次品分拣站检测功能指令

1　标准化指令 NORM_X

标准化指令 NORM_X 是将输入变量值 VALUE 映射到线性标尺上并对其进行标准化处理的功能指令。标准化指令与参数说明见表 3-6。

表 3-6　标准化指令 NORM_X 与参数说明

参数	声明	数据类型	说明	标准化指令 NORM_X 输入输出关系
EN	Input	Bool	使能输入	
ENO	Output	Bool	使能输出	
MIN	Input	Int、Float	取值范围下限/最小值	
VALUE	Input	Int、Float	标准化输入值	
MAX	Input	Int、Float	取值范围上限/最大值	
OUT	Output	Float	标准化结果输出	

$$OUT=\dfrac{VALUE-MIN}{MAX-MIN}$$

注意:使能输出 ENO＝0 的条件是满足以下 4 个条件之一:①EN＝0;②MIN≥MAX;③浮点数值超出了标准范围;④VALUE 为无效的算术运算结果 NaN。

2 缩放指令 SCALE_X

缩放指令 SCALE_X 用于对输入变量值 VALUE 进行缩放并将其映射到指定的范围内。缩放指令与参数说明见表 3-7。

表 3-7 缩放指令 SCALE_X 与参数说明

参数	声明	数据类型	说明	缩放指令 SCALE_X 输入输出关系
EN	Input	Bool	使能输入	
ENO	Output	Bool	使能输出	
MIN	Input	Int、Float	取值范围下限/最小值	
VALUE	Input	Int、Float	标准化输入值	
MAX	Input	Int、Float	取值范围上限/最大值	
OUT	Output	Float	标准化结果输出	

$$VALUE = \frac{OUT-MIN}{MAX-MIN}$$

> 注意:使能输出 ENO=0 条件是满足以下 5 个条件之一:①EN=0;②MIN≥MAX;③浮点数值超出了标准范围;④VALUE 为无效的算术运算结果 NaN;⑤发生溢出。

任务实施　次品分拣站编程

任务实施 1　次品分拣站高度检测编程

◆ 任务实施要求

项目 2 任务 2 已介绍激光位移传感器的接线、调零、调试和设置等基本知识。根据标准化指令、缩放指令及激光位移传感器的相关知识,进行高度检测编程。

步骤 1　检测高度标准化处理

激光位移传感器的模拟输出信号范围(0~5 V)与 PLC 接收信号范围(0~10 V)不匹配,所以,利用激光位移传感器检测到的主件高度不能直接使用,需要经过标准化处理(计算、转换、输出、判断、保存)。一般地,先将传感器输出值进行标准化(或称归一化)处理,使输出值范围转换为 0~1,再根据实际设备的测量范围进行缩放处理。

步骤 2　检测高度缩放转换

次品分拣站的检测高度以模拟信号输出,激光位移传感器的模拟输出信号范围为 0~5 V,而 PLC 接收信号范围是 0~10 V(对应数字量为 27648),因此,经过转换后的数据不应超过最大值的 50%,即 13824。根据传感器的量程,需设置缩放的上下限值。

检测高度的标准化处理与缩放转换程序如图 3-24 所示。

图 3-24 检测高度的标准化处理与缩放转换程序

任务实施 2 次品分拣站选择分支编程

◈ 任务实施要求

根据次品分拣站的输入输出变量、顺序控制流程图和顺序功能图进行模块化编程。编制顺序功能子程序,包括搬运主件、检测主件高度、选择分支以及选择分支汇合等程序。

次品分拣站的程序采用模块化结构设计程序,按功能分为初始化子程序、通信控制子程序、顺序功能子程序、显示控制子程序和输出控制子程序。其中,初始化子程序用于将次品分拣站的软硬件初始化为初始状态;顺序功能子程序用于实现合格主件和废品的分拣与搬运,并剔除废品;输出控制子程序用于驱动相关机构或设备动作。

步骤 1 编制搬运主件和检测主件高度的程序

承载台将主件搬运至高度检测处,激光位移传感器开始检测主件高度,并根据设定的合格主件判断机制(例如,高度在 36~38 mm 内的主件为合格主件,否则为废品)进行判定。搬运主件与检测主件高度的程序如图 3-25 所示。

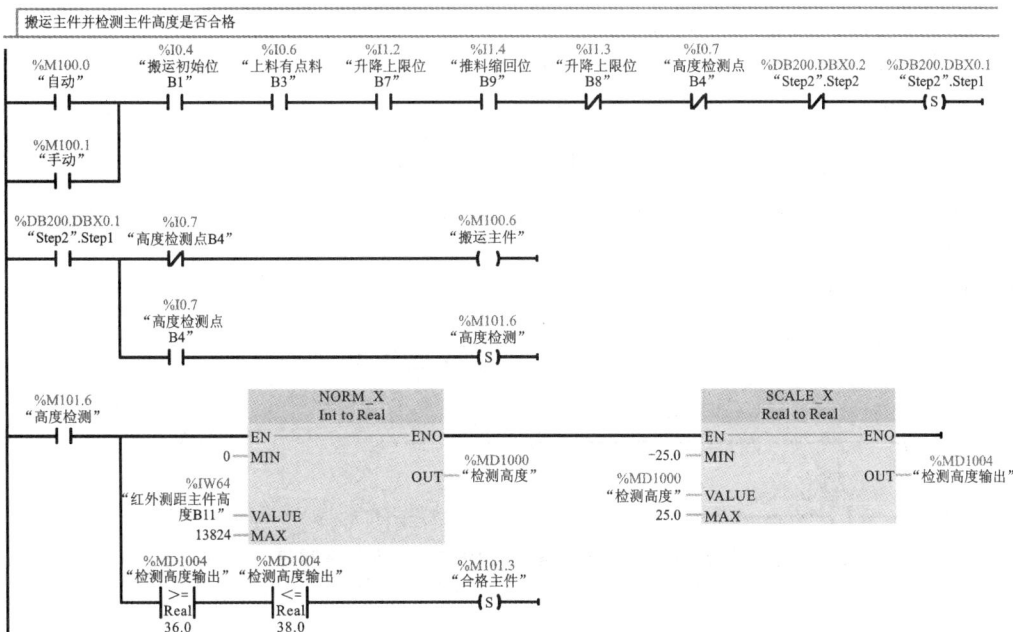

图 3-25 搬运主件和检测主件高度的程序

步骤 2　编制合格主件与废品的选择分支程序

如图 3-26 所示,选择分支 1 对应合格主件,此时升降气缸下降至下限位停止;选择分支 2 对应废品,此时废品气缸伸出至伸出位停止。

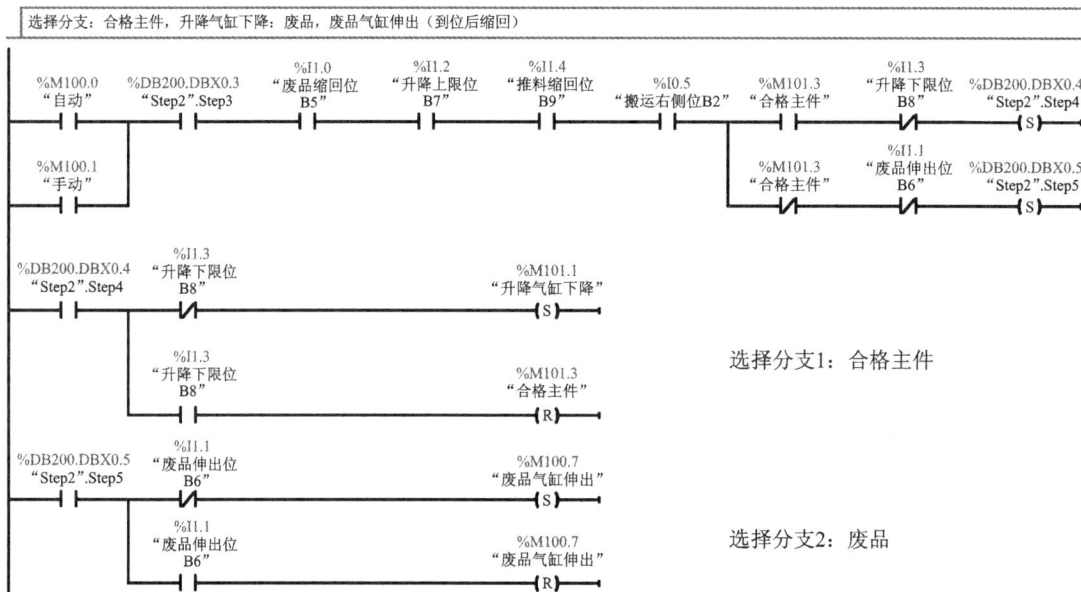

图 3-26　合格主件与废品的选择分支程序

步骤 3　编制合格主件与废品的选择分支汇合程序

当主件合格时,推料气缸缩回至缩回位停止,同时升降气缸上升至上限位停止;当主件为废品时,废品气缸缩回至缩回位停止。承载台在完成主件搬运后,开始返回搬运初始位,为下一主件搬运做准备。合格主件与废品的选择分支汇合程序如图 3-27 所示。

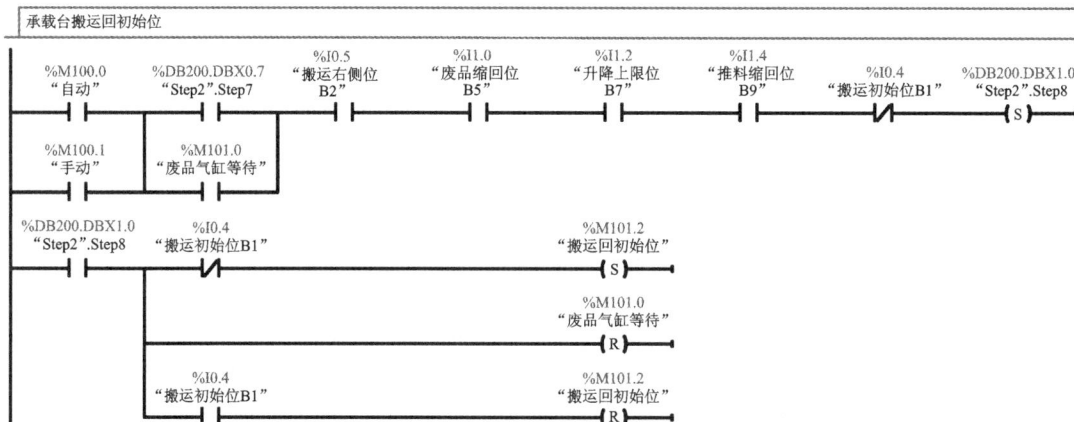

图 3-27　合格主件与废品的选择分支汇合程序

顺序功能子程序编程注意:

(1) 在选择分支顺序控制中,必须明确各选择分支的分支转换条件和分支汇合条件。

(2) 废品气缸和升降气缸采用单电控制;推料气缸采用双电控制。

(3) 在保证搬运电机使能通电的前提下,搬运电机的搬运动作与返回搬运初始位动作由电机运行方向决定。若搬运时电机运行方向为顺时针方向(置位 S 指令),则返回搬运初始位时电机运行方向为逆时针方向(复位 R 指令)。

(4) 其他编程技巧同主件供料站的顺序功能子程序编程技巧。

拓展知识　次品分拣站高度检测编程

次品分拣站的高度检测编程不仅可以通过上述任务实施 1 介绍的方法实现,还可以利用其他指令实现。下面介绍采用转换指令 CONV 和计算指令 CALCULATE 组合实现主件高度检测的编程。

1　转换指令 CONV

转换指令 CONV 用于读取参数 IN 的内容,并根据指令框中选择的数据类型对其进行转换,转换值在 OUT 处输出。转换指令 CONV 与参数说明见表 3-8。

表 3-8　转换指令 CONV 与参数说明

转换指令 CONV	参数	声明	数据类型	说明
CONV ??? to ??? — EN　　ENO — — IN　　OUT —	EN	Input	Bool	使能输入
	ENO	Output	Bool	使能输出
	IN	Input	位字符串、Int、Float、Char Wchar、BCD16、BCD32	转换值输入
	OUT	Output	位字符串、Int、Float、Char Wchar、BCD16、BCD32	转换值结果输出

注意:使能输出 ENO＝0 的条件是 EN＝0 或执行过程中发生溢出之类的错误。

2　计算指令 CALCULATE

计算指令 CALCULATE 根据所选数据类型,对 OUT 指定的表达式进行数学运算或复杂逻辑运算。计算指令 CALCULATE 与参数说明见表 3-9。指令框用于选择指令数据类型。单击指令框上方的计算器图标,可打开 OUT 指定表达式的对话框并进行编辑。在表达式中,不能指定操作数名称和操作数地址。

表 3-9　计算指令 CALCULATE 与参数说明

计算指令 CALCULATE	参数	声明	数据类型	说明
	EN	Input	Bool	使能输入
	ENO	Output	Bool	使能输出
	IN1	Input	位字符串、Int、Float	第 1 个输入变量
	IN2	Input	位字符串、Int、Float	第 2 个输入变量
	INn	Input	位字符串、Int、Float	其他输入变量
	OUT	Output	位字符串、Int、Float	计算结果输出

在利用激光位移传感器检测主件高度之前,需先通过计算表达式确定激光位移传感器检测高度与 PLC 检测高度输出之间的对应关系。但是,需要先对数据类型进行转换,确保数据类型一致后,再通过表达式进行计算,如图 3-28 所示。

图 3-28　转换指令和计算指令组合实现主件高度检测的程序

任务 3　旋转工作站编程

旋转工作站编程

任务导入

旋转工作站通过对射式光纤传感器判断合格主件是否需要旋转 90°。如果光线能够通过光纤,则需要对主件进行旋转,以确保正确的组装方向。这一过程属于典型的选择分支控制流程。

知识平台　旋转工作站

任务知识 1　旋转工作站工作流程

旋转工作站由 S7-1200 控制器、HMI、步进驱动系统、推料气缸、升降气缸、传感器、限位开关、电磁阀等设备组成。S7-1200 控制器用于控制旋转工作站所有可能动作的设备;HMI 向控制器发送操作命令,并显示传感器和输出设备的不同状态;步进驱动系统(由步进驱动器和步

进电机等组成)用于实现转盘的旋转和回零功能;传感器用于检测不同设备状态,便于控制器做出相应的判决和动作。例如,方向检测点检测到主件后,对射式光纤传感器(简称对射光纤)检测光线能否通过主件,根据检测结果,控制器判断主件放置位置是否正确以做出相应的操作。旋转工作站输入输出变量见表 3-10。

表 3-10 旋转工作站输入输出变量

输入变量 I(数据类型为 Bool)						输出变量 Q(数据类型为 Bool)		
名称	地址	符号	名称	地址	符号	名称	地址	符号
自动/手动	I0.0	S1	升降气缸上限位	I1.0	B5	启动指示灯	Q0.0	L1
启动	I0.1	S2	升降气缸下限位	I1.1	B6	步进电机脉冲	Q0.1	U1
停止	I0.2	S3	旋转气缸原位	I1.2	B7	升降气缸	Q0.2	Y1
急停	I0.3	S4	旋转气缸旋转位	I1.3	B8	旋转气缸	Q0.3	Y2
上料点有料	I0.4	B1	手爪松开位	I1.4	B9	推料气缸	Q0.4	Y3
检测点有料	I0.5	B2	复位	I1.5	S5	手爪松开	Q0.5	Y4
旋转点有料	I0.6	B3	手爪夹紧位	I2.0	B10	手爪夹紧	Q0.6	Y5
对射光纤	I0.7	B4	推料气缸缩回位	I2.1	B11	步进电机方向	Q0.7	U2
转盘原位	I2.3	B13	推料气缸伸出位	I2.2	B12			

注:输入输出地址不是绝对的,需要根据实际硬件组态的地址空间而定。

旋转工作站检测到主件后,转盘组件和主件顺时针旋转至方向检测点,对射光纤检测主件的方向并记录结果。随后,转盘组件携带主件旋转至方向旋转点,根据方向检测的结果执行不同操作:如果方向正确,则不执行方向调整操作;如果方向错误,则方向调整组件将主件旋转90°。最后,转盘组件携带主件顺时针旋转至工作站出口处停止,主件到达出料点。在接收到方向调整站空闲信号后,推料气缸动作,完成推料后,转盘返回原点。旋转工作站的顺序控制流程图如图 3-29(a)所示。

综上所述,旋转工作站的顺序控制流程根据主件放置方向是否正确分为两路。当对射光纤检测到放置方向不正确时,转盘组件携带主件旋转至方向旋转点,根据方向检测结果判定方向调整组件是否动作。如果方向错误,则依次执行以下操作:升降气缸下降,手爪夹紧,升降气缸上升,旋转气缸旋转90°,升降气缸下降,手爪松开,升降气缸上升,旋转气缸返回原位。如果方向正确,则与第一分支汇合,依次经历以下过程:转盘组件携带主件旋转至旋转出站口,推料气缸伸出,推料气缸缩回,转盘回零。

旋转工作站的控制器接收到方向检测点的对射光纤的检测结果后,根据检测光线是否通过的判断机制,确定合格主件的放置方向是否正确。如果放置方向正确,则转盘携带主件直接旋转至旋转工作站出口处;如果放置方向错误,则转盘携带主件旋转至方向旋转点处,由手爪抓取主件并调整其放置方向。旋转工作站的顺序控制流程包含放置方向正确与方向错误两个分支,且同一时刻只有一个分支在执行,属于选择分支控制流程,如图 3-29(b)所示。旋转工作站的顺序功能图含义见表 3-11。

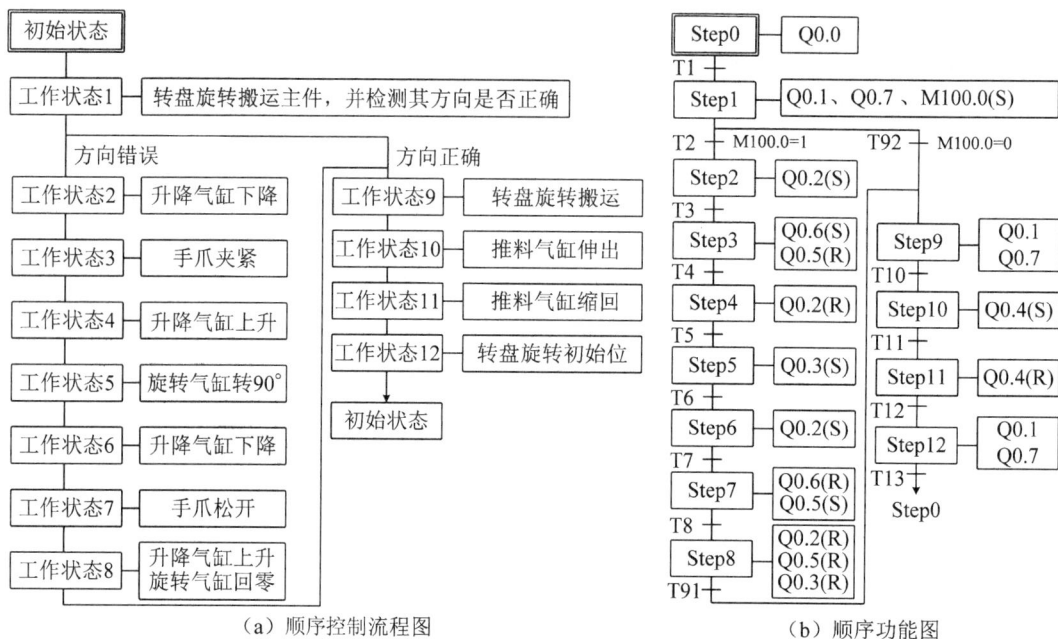

（a）顺序控制流程图　　　　　　（b）顺序功能图

图 3-29　旋转工作站顺序控制流程图与顺序功能图

表 3-11　旋转工作站顺序功能图含义

转换条件及其含义						状态名称及其含义			
名称	开始	结束	名称	开始	结束	名称	含义	名称	含义
T1	I0.4	I0.6	T8	I1.3	I1.2	Step0	初始化状态	Step7	手爪松开
T2	I1.0	I1.1	T91	I0.6、M100.0＝1	I2.1	Step1	转盘旋转并检测	Step8	升降气缸上升
T3	I1.4	I2.0	T92	I0.6、M100.0＝0	I2.1	Step2	升降气缸下降	Step8	旋转气缸回零
T4	I1.1	I1.0	T10	I2.1	I2.2	Step3	手爪夹紧	Step9	转盘旋转
T5	I1.2	I1.3	T11	I2.2	I2.1	Step4	升降气缸上升	Step10	推料气缸伸出
T6	I1.0	I1.1	T12	I2.1	I2.3	Step5	旋转气缸旋转	Step11	推料气缸缩回
T7	I2.0	I1.4	T13	I2.1	I0.4	Step6	升降气缸下降	Step12	转盘旋转回零
T8	I1.1	I1.0	备注:转换条件仅列举了最重要的直接启动和直接停止条件							

任务知识 2　运动控制指令

运动控制指令通过相关工艺数据块和 CPU 的专用 PTO（脉冲序列输出）功能来控制轴的运动，这些指令可以从 TIA Portal 的指令库中工艺类的运动控制指令中获取。所有运动控制指令均与工艺对象相关，因此使用前必须先组态好相应的工艺对象。

运动控制指令能够在工艺对象上执行所需的运动控制功能，包括使能指令、复位指令、回原点指令、停止指令、绝对移动指令、相对移动指令、指定速度移动指令、点动移动指令等 12 个功能指令。在 TIA Portal 中执行"菜单指令—工艺—运动控制—Motion Control"操作,即可显示所有运动控制指令。

1　使能指令 MC_Power

使能指令用于启动或禁用轴。轴在运动之前必须先使能。当 Enable 为高电平时,启用轴;当 Enable 为低电平时,禁用轴,终止所有已激活的命令并停止轴。

使用使能指令编程时需要生成相应的背景数据块。使能指令 MC_Power 与参数说明如表 3-12 所示。

表 3-12　使能指令 MC_Power 与参数说明

使能指令 MC_Power	参数	声明	数据类型	默认值	说明
MC_Power — EN　ENO — — Axis　Status — — Enable　Error — — StartMode — StopMode	Axis	Input	TO_Axis	—	已组态好的轴工艺对象
	Enable	Input	Bool	FALSE	0—启用轴;1—停止并禁用轴
	StartMode	Input	Int	1	0—启用位置不受控的定位轴; 1—启用位置受控(PTO 等)的定位轴
	StopMode	Input	Int	0	0—紧急停止;1—立即停止; 2—带有加速度变化率控制的紧急停止
	Status	Output	Bool	FALSE	轴的使能状态:FALSE—禁用轴; TRUE—轴已启用
	Error	Output	Bool	FALSE	MC_Power 或相关工艺对象错误

2　复位指令 MC_Reset

复位指令用于确认故障和重启工艺对象,即复位所有运动控制错误,确认所有可确认的运动控制错误。使用复位指令之前,必须先消除所有已确认的未决组态错误原因,例如启动/停止速度超出规定范围。

使用复位指令编程时需要生成相应的背景数据块。复位指令 MC_Reset 与参数说明如表 3-13 所示。

表 3-13　复位指令 MC_Reset 与参数说明

复位指令 MC_Reset	参数	声明	数据类型	默认值	说明
MC_Reset — EN　ENO — — Axis　Done — — Execute　Error —	EN	Input	—	—	使能输入
	Axis	Input	TO_Axis	???	已组态好的轴工艺对象
	Execute	Input	Bool	FALSE	上升沿时启动命令
	ENO	Output	—	—	使能输出
	Done	Output	Bool	FALSE	故障错误已确认,复位完成
	Error	Output	Bool	FALSE	执行命令期间出错

3 回原点指令 MC_Home

回原点指令用于使轴归位,并设置参考点匹配轴坐标与实际物理驱动器位置。对于轴的绝对定位,必须先执行回原点操作。

使用回原点指令编程时需要生成相应的背景数据块。回原点指令 MC_Home 与参数说明如表 3-14 所示。其中,Mode 用于指定回原点模式:值为 0 表示直接绝对回原点;值为 1 表示直接相对回原点;值为 2 表示被动回原点;值为 3 表示主动回原点;值为 6 表示绝对编码器相对调节;值为 7 表示绝对编码器绝对调节。

表 3-14　回原点指令 MC_Home 与参数说明

回原点指令 MC_Home	参数	声明	数据类型	默认值	说明
	EN	Input	—	—	使能输入
	Axis	Input	TO_Axis	???	已组态好的轴工艺对象
	Execute	Input	Bool	FALSE	上升沿时启动命令
MC_Home — EN　　ENO — — Axis　　Done — — Execute　Error — — Position — Mode	Position	Input	Real	0.0	Mode＝0、2 和 3 时,回原点完成后,其值表示轴的绝对位置 Mode＝1 时,其值为当前轴位置修正值
	Mode	Input	Int	0	回原点模式,值为 0、1、2、3、6 或 7
	ENO	Output	——	——	使能输出
	Done	Output	Bool	FALSE	命令执行完成
	Error	Output	Bool	FALSE	执行命令期间出错

4 停止指令 MC_Halt

停止指令用于停止所有运动并将轴切换到停止状态。使用停止指令前必须先启用轴。使用停止指令编程时需要生成相应的背景数据块。停止指令 MC_Halt 与参数说明如表 3-15 所示。

表 3-15　停止指令 MC_Halt 与参数说明

停止指令 MC_Halt	参数	声明	数据类型	默认值	说明
	EN	Input	—	—	使能输入
MC_Halt — EN　　ENO — — Axis　　Done — — Execute　Error —	Axis	Input	TO_Axis	???	已组态好的轴工艺对象
	Execute	Input	Bool	FALSE	上升沿时启动命令
	ENO	Output	—	—	使能输出
	Done	Output	Bool	FALSE	命令执行完成,轴已停止
	Error	Output	Bool	FALSE	执行命令期间出错

5 绝对移动指令 MC_MoveAbsolute

绝对移动指令用于启动轴向绝对位置的定位运动。使用绝对移动指令时,需先建立参考点,并根据坐标自动确定运动方向。绝对移动指令 MC_MoveAbsolute 与参数说明如表 3-16 所示。

表 3-16 绝对移动指令 MC_MoveAbsolute 与参数说明

绝对移动指令 MC_MoveAbsolute	参数	声明	数据类型	默认值	说明
MC_MoveAbsolute — EN　　ENO — — Axis　　Done — — Execute　　Error — — Position — Velocity	EN	Input	—	—	使能输入
	Axis	Input	TO_Axis	???	已组态好的轴工艺对象
	Execute	Input	Bool	FALSE	上升沿时启动命令
	Position	Input	Real	0.0	轴的绝对目标位置
	Velocity	Input	Real	10.0	轴的绝对运动速度
	ENO	Output	—	—	使能输出
	Done	Output	Bool	FALSE	命令执行完成,轴已达绝对目标位置
	Error	Output	Bool	FALSE	执行命令期间出错

6 相对移动指令 MC_MoveRelative

相对移动指令用于启动轴向相对位置的定位运动。使用相对移动指令时无须建立参考点,只需定义运动距离、方向和速度即可。相对移动指令 MC_MoveRelative 与参数说明如表 3-17 所示。

表 3-17 相对移动指令 MC_MoveRelative 与参数说明

相对移动指令 MC_MoveRelative	参数	声明	数据类型	默认值	说明
MC_MoveRelative — EN　　ENO — — Axis　　Done — — Execute　　Error — — Distance — Velocity	EN	Input	—	—	使能输入
	Axis	Input	TO_Axis	???	已组态好的轴工艺对象
	Execute	Input	Bool	FALSE	上升沿时启动命令
	Distance	Input	Real	0.0	轴的相对目标位置
	Velocity	Input	Real	10.0	轴的相对运动速度
	ENO	Output	—	—	使能输出
	Done	Output	Bool	FALSE	命令执行完成,轴已达相对目标位置
	Error	Output	Bool	FALSE	执行命令期间出错

7 设定速度移动指令 MC_MoveVelocity

设定速度移动指令用于使轴按预先指定的速度(Velocity)运行。设定速度移动指令 MC_MoveVelocity 与参数说明如表 3-18 所示。

表 3-18　设定速度移动指令 MC_MoveVelocity 与参数说明

设定速度移动指令 MC_MoveVelocity	参数	声明	数据类型	默认值	说明
MC_MoveVelocity — EN　　　ENO — — Axis　InVelocity — — Execute　Error — — Velocity — Current	EN	Input	—	—	使能输入
	Axis	Input	TO_Axis	???	已组态好的轴工艺对象
	Execute	Input	Bool	FALSE	上升沿时启动命令
	Velocity	Input	Real	10.0	指定速度
	Current	Input	Bool	FALSE	保持当前速度
	ENO	Output	—	—	使能输出
	InVelocity	Output	Bool	FALSE	命令执行完成,轴已达指定速度
	Error	Output	Bool	FALSE	执行命令期间出错

8 点动移动指令 MC_MoveJog

点动移动指令用于在点动模式下以指定速度持续移动轴。点动移动指令 MC_MoveJog 与参数说明如表 3-19 所示。

表 3-19　点动移动指令 MC_MoveJog 与参数说明

点动移动指令 MC_MoveJog	参数	声明	数据类型	默认值	说明
MC_MoveJog — EN　　　ENO — — Axis　InVelocity — — JogForward　Error — — JogBackward — Velocity	EN	Input	—	—	使能输入
	Axis	Input	TO_Axis	???	已组态好的轴工艺对象
	JogForword	Input	Bool	FALSE	正向移动/转动
	JogBackward	Input	Bool	FALSE	反向移动/转动
	Velocity	Input	Real	10.0	点动模式指定速度
	ENO	Output	—	—	使能输出
	InVelocity	Output	Bool	FALSE	达到参数 Velocity 指定的速度
	Error	Output	Bool	FALSE	执行命令期间出错

任务知识 3　轴工艺对象组态参数

S7-1200 控制器通过对工艺对象进行硬件接口、机械特性、位置定义、动态特性等方面的组态,来实现对工艺对象的控制。组态参数分为基本参数和扩展参数两大类。基本参数分为常规组态和驱动器设置。常规组态用于设置轴名称、选择驱动器类型和测量单位。驱动器设置涉及脉冲发生器、信号类型、脉冲输出、激活方向输出和方向输出等硬件接口任务参数。扩展参数则细分为机械、位置限制、动态和回原点 4 类,如表 3-20 所示。

表 3-20 工艺对象组态扩展参数及其说明

扩展参数		说明
机械	电机每转的脉冲数	电机每旋转一周需接收的脉冲数,根据实际步进电机驱动器设定值设置
	电机每转的负载位移	电机每旋转一周时机械装置移动的距离,根据实际步进电机驱动器设定值设置
	所允许的旋转方向	电机所允许的旋转方向,包括双向、正方向和负方向
	反向信号	勾选此参数,PLC 正向控制电机时电机实际上反向旋转
位置限制	启用硬限位开关	勾选此参数,激活硬件限位功能,采用连接至控制器输入点的实际传感器
	启用软限位开关	勾选此参数,激活软件限位功能
	硬件上/下限位开关输入	设置硬件上/下限位开关输入点,S7-1200 控制器本体或信号板的 DI 点
	选择电平	设置硬件上/下限位开关输入点的有效电平
	软限位开关上/下限位置	设置软件上/下限位开关输入位置点,用距离、脉冲或角度表示
动态	速度限制的单位	设置最大转速、启动/停止速度参数的显示单位,根据基本参数测量单位选择
	最大转速	设定电机的最大转速,由 PTO 输出最大频率和电机允许最大速度共同限定
	启动/停止速度	根据电机的启动/停止速度设置启动/停止速度
	加速度	根据电机和实际控制要求设置加速度
	减速度	根据电机和实际控制要求设置减速度
	加速时间	根据电机和实际控制要求设置加速时间。若已设置加速度,则系统不再设置此参数
	减速时间	根据电机和实际控制要求设置减速时间。若已设置减速度,则系统不再设置此参数
	激活加速限制	激活加速限制,可降低加速运行期间施加在机械上的应力
	滤波时间	若系统先设置了加速度,则此处不再设置此参数
回原点	输入归位开关	设置原点(归位)开关的 DI 输入点
	选择电平	选择原点开关的有效电平
	允许硬限位开关处自动反转	勾选此参数,轴可自动调头,向另一方向(通常是预先设定的方向)寻找原点
	接近/回原点方向	寻找原点开关的起始方向
	接近速度	寻找原点开关的起始速度
	回原点速度	最终接近原点开关的速度
	原点位置偏移量	设定一个偏移距离,轴在距机械原点该距离处停止,并记为原点位置值
	原点位置	设置原点位置值

机械参数主要用于设置轴的运动特性,包括电机的旋转方向、电机转一圈所需的脉冲数,以及电机转一圈时负载移动的距离。

位置限制参数用于设置软件/硬件限位开关,以确保轴在有效范围内运行;发生超限(无论是软件限位还是硬件限位)故障时,停止轴运行并报警。通常,软件限位值小于硬件限位值,且硬件限位位置应在工作台的机械范围内。

动态参数可进一步分为动态常规参数和动态急停参数。动态常规参数用于设置电机的转速单位、转速最小值、转速最大值、加速度和减速度。改变转速最小值和转速最大值会影响加速度和减速度,但不改变加速时间和减速时间。动态急停参数用于设置紧急减速度和急停减速时间。急停减速时间指从最大转速急停至启动/停止速度所需要的时间。动态急停参数反映了故障处理能力和效率。

回原点的方式有主动回原点和被动回原点两种,通常采用主动回原点。主动回原点指运动机构通过执行主动搜索命令至原点开关后停在原点开关附近,并将此位置作为系统的参考原点。主动回原点的参数包括输入归位开关、选择电平、接近/回原点方向、允许硬限位开关处自动反转、接近速度、回原点速度、原点位置偏移量和原点位置。激活允许硬限位开关处自动反转参数后,轴若在碰到参考点前先碰到限位开关,则会按组态好的减速曲线停止并开始反转;若没有激活此参数,则轴碰到限位开关后会发出错误信息并紧急停止。接近/回原点方向参数用于选择主动回原点时轴首先向哪个方向运动。原点位置偏移量参数用于设置实际原点位置与理想/希望原点位置的差值,以解决机械安装位置冲突等实际工程问题。在实际工程中,由于理想原点位置无法安装原点行程开关,只能在非原点位置安装原点行程开关,从而导致原点位置偏移。原点位置用于存放系统保持原点位置值的变量名称。

任务实施　旋转工作站编程

任务实施 1　轴工艺对象组态

◆ 任务实施要求

根据伺服驱动系统和 S7-1200 控制器的脉冲发生器,进行轴工艺对象组态。

S7-1200 控制器作为运动控制的核心设备,具备高速脉冲输入/输出、工艺对象设置和运动控制等功能,通过软硬件模块实现运动控制。运动控制系统是智能产线装调的核心关键环节,通常由控制器、驱动器、执行机构和反馈电路组成。项目 2 任务 4 已经介绍了伺服驱动系统的基本特性、工作原理、步距角、通电方式、工作电流、电气接线、细分驱动、细分设置、参数调试及操作等基本知识。

在进行轴工艺对象组态前,必须确保伺服驱动系统的电气接线、细分驱动及设置、参数调试已完成且正确。S7-1200 控制器将脉冲输出和脉冲方向信号传输给步进驱动器,步进驱动器接收并处理这些信号后驱动步进电机,从而按控制要求以预设的速度、位移和方向将转盘旋转至指定位置。也就是说,S7-1200 控制器的脉冲输出为驱动器提供脉冲数,而脉冲方向则控制步进驱动器的方向,即步进电机的旋转方向。

步骤 1　脉冲发生器 PTO 配置

脉冲发生器 PTO 由 S7-1200 控制器的 4 个高速脉冲输出信号 PTO/PWM 提供。旋转工作站通过 CPU 的输出 Q0.1 和输出 Q0.7 控制步进驱动器,其中 Q0.1 控制步进驱动器的脉冲数,Q0.7 控制步进驱动器的方向。旋转工作站的脉冲发生器 PTO 配置如图 3-30 所示。

步骤 1.1　常规配置

选择并进入 S7-1200 控制器的"属性"窗口,找到"常规"选项卡下的"脉冲发生器(PTO/PWM)",选择"PTO1/PWM1",在右侧"常规"栏中进行配置,最后勾选"启用该脉冲发生器"。

步骤 1.2　参数分配配置

在"参数分配"栏中,信号类型可选择 PTO 输出或 PWM 输出以进行配置,此处选择"PTO(脉冲 A 和方向 B)"。

步骤 1.3　硬件输出配置

在"硬件输出"栏中,脉冲输出选择"Q0.1",勾选"启用方向输出",脉冲的方向输出选择"Q0.7",最后点击"确定"完成配置。

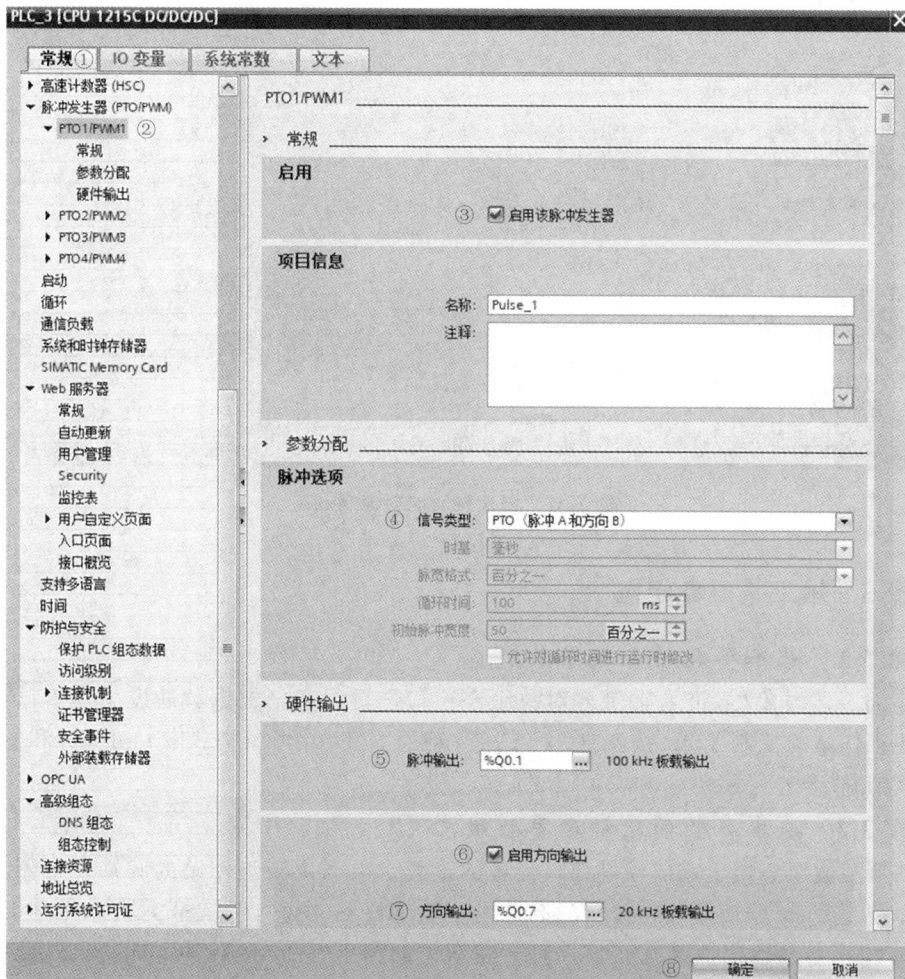

图 3-30　旋转工作站的脉冲发生器 PTO 配置

步骤 2　创建轴工艺对象

完成脉冲发生器 PTO 配置后,开始创建轴工艺对象。在项目树中找到设备 PLC_3,在下拉菜单中找到"工艺对象",双击"新增对象",进入"新增对象"窗口。如图 3-31 所示,选择左侧"运动控制",定义名称"Axis3",在"Motion Control"中选择"TO_PositioningAxis",再选择"手动",确认编号,最后点击"确定"即可创建轴工艺对象 Axis3。

图 3-31　创建轴工艺对象 Axis3

步骤 3　轴工艺对象组态

步骤 3.1　基本参数的常规参数组态

创建轴工艺对象后,进入轴工艺对象组态窗口进行组态。根据脉冲发生器 PTO 配置结果和旋转工作站的控制要求,按图 3-32 选择驱动器"PTO(Pulse Train Output)"和测量单位"°",最后点击"确定"。

步骤 3.2　基本参数的驱动器参数组态

驱动器参数组态用于完成硬件接口任务的设置。根据旋转工作站的脉冲发生器 PTO 配置和实际控制要求,驱动器硬件接口的脉冲发生器选择"Pulse_1",信号类型选择"PTO(脉冲 A 与方向 B)",脉冲输出选择"Q0.1",勾选"激活方向输出"以启用脉冲方向,且脉冲的方向输出选择"Q0.7",如图 3-33 所示。

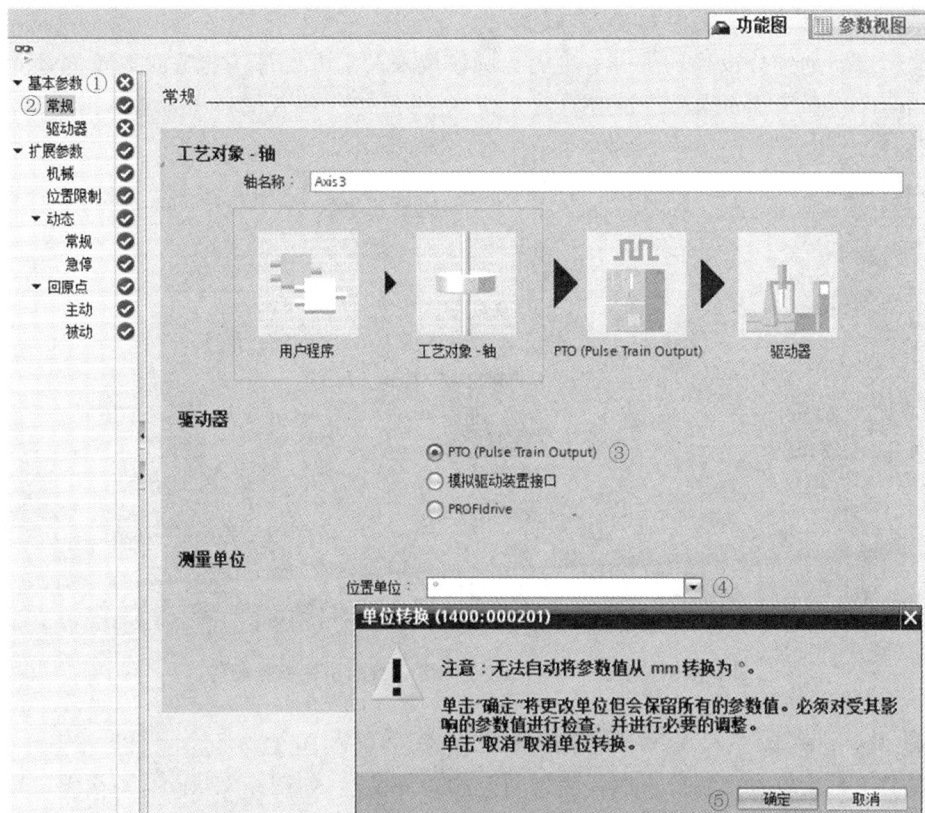

图 3-32　轴工艺对象 Axis3 基本参数的常规参数组态

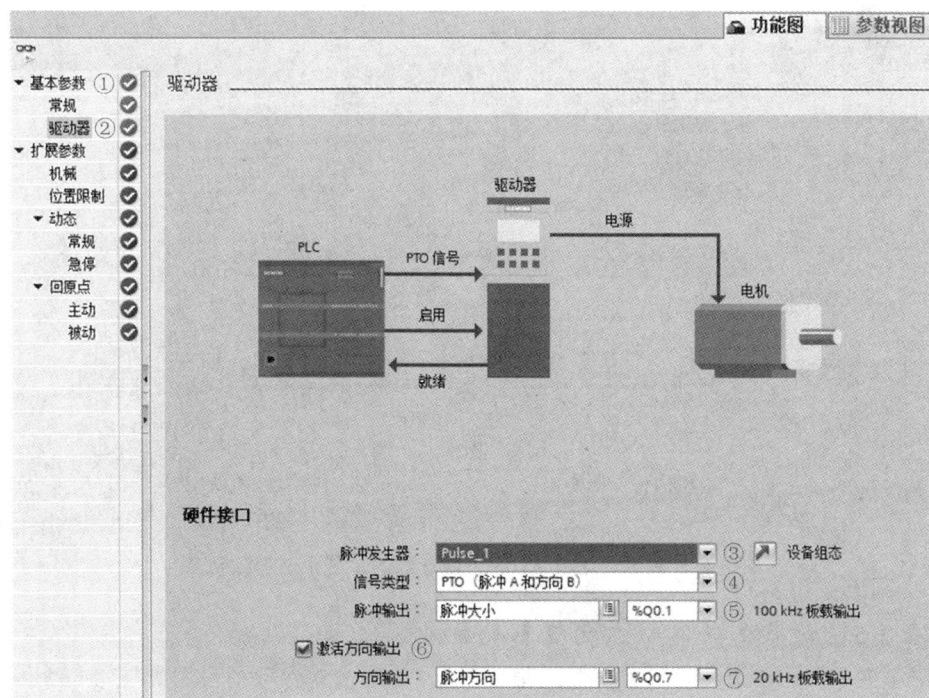

图 3-33　轴工艺对象 Axis3 基本参数的驱动器参数组态

步骤 3.3 扩展参数的机械参数组态

根据驱动器的细分设置和步进电机的铭牌参数来设置电机每转的脉冲数和负载位移。如图 3-34 所示,电机每转的脉冲数设置为"4000",电机每转的负载位移设置为"4.0",不勾选"反向信号"。

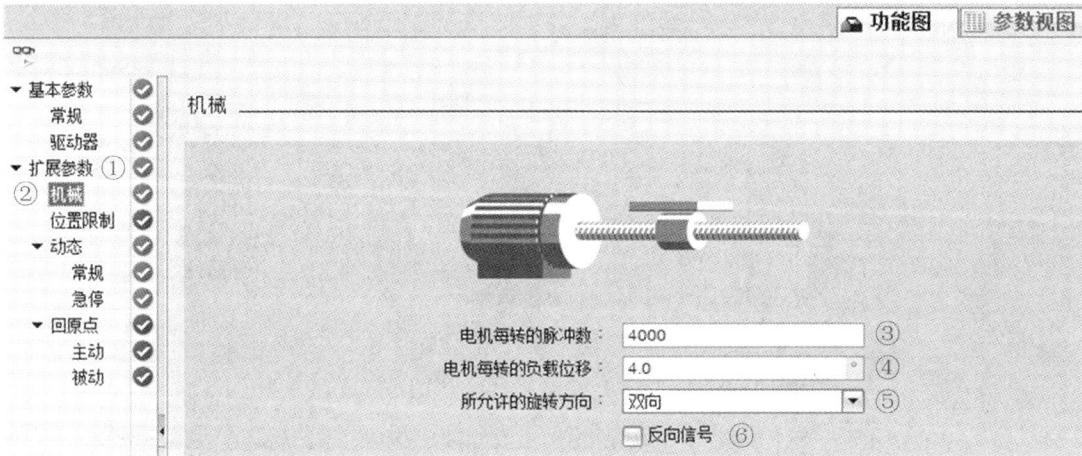

图 3-34 轴工艺对象 Axis3 扩展参数的机械参数组态

步骤 3.4 扩展参数的位置限制参数组态

旋转工作站无位置限制要求即可实现转盘的整周旋转,如图 3-35 所示,不设置位置限制。

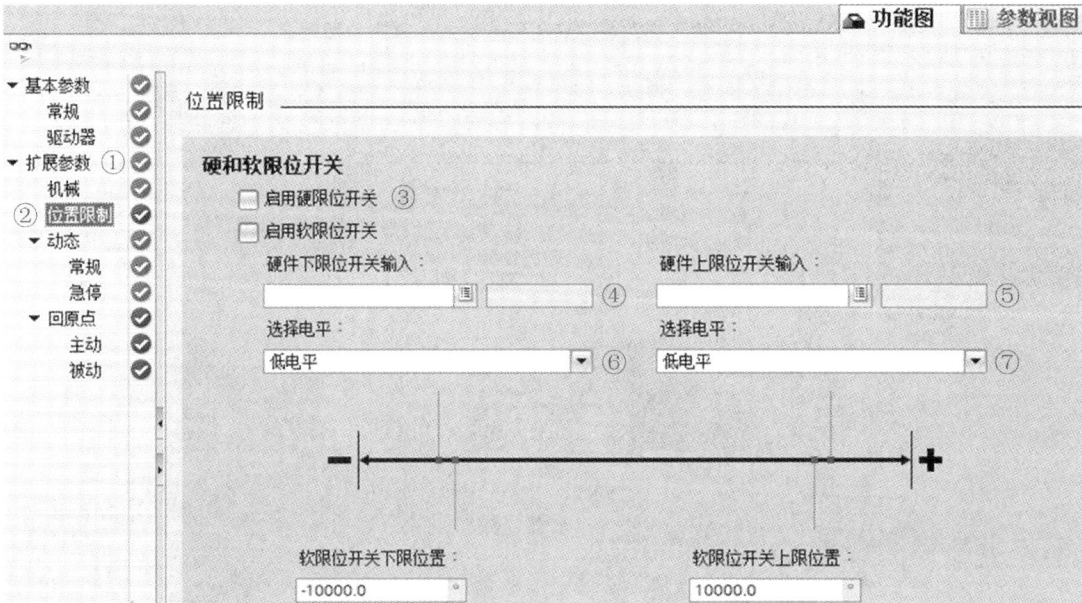

图 3-35 轴工艺对象 Axis3 扩展参数的位置限制参数组态

步骤 3.5 扩展参数的动态常规参数组态

根据步进电机的铭牌参数和驱动器的细分设置,动态常规参数的设置如图 3-36 所示:速度限值的单位为"°/s",最大转速为"100.0",启动/停止速度为"5.0",加速度和减速度均为"19.0"(或者加速时间和减速时间均为"5.0")。

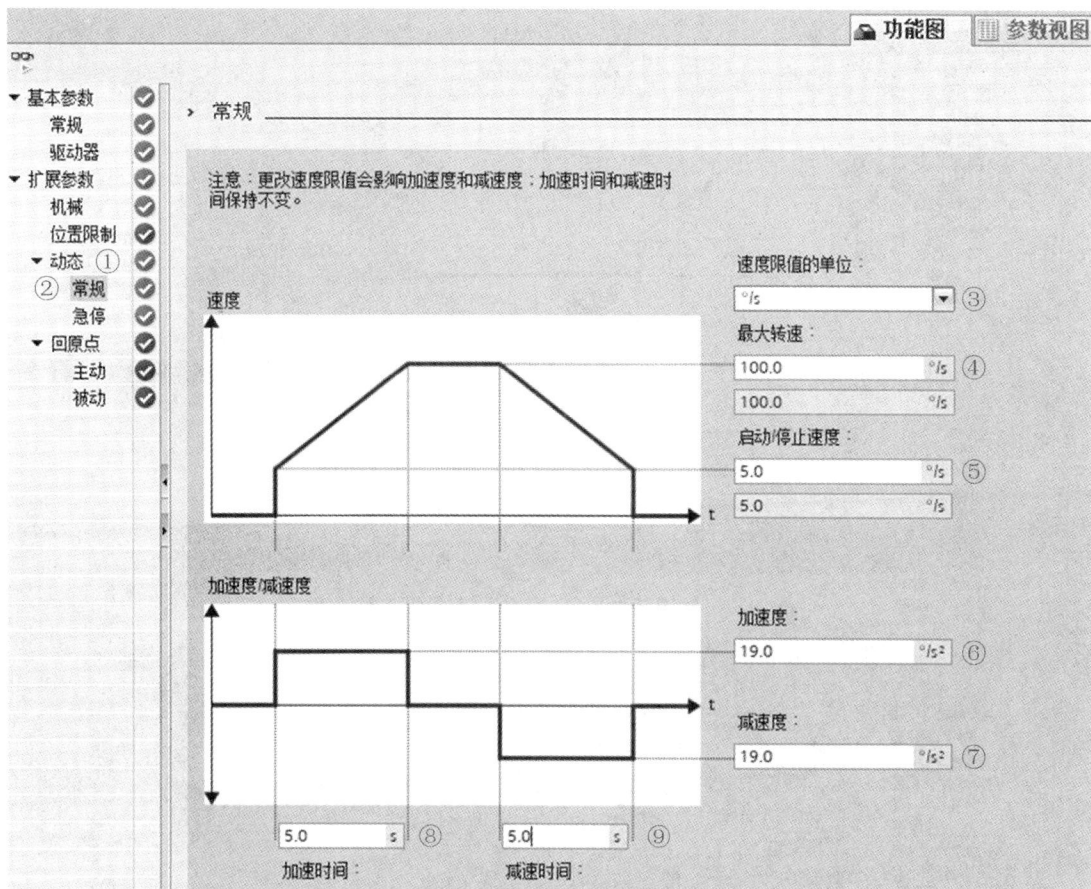

图 3-36　轴工艺对象 Axis3 扩展参数的动态常规参数组态

步骤 3.6　扩展参数的动态急停参数组态

急停参数只能设置急停减速时间或紧急减速度。如图 3-37 所示:急停减速时间设置为"2.0";紧急减速度由系统自动计算,为"47.5"。最大转速和启动/停止速度已在动态常规参数中完成设置。

步骤 3.7　扩展参数的回原点组态

旋转工作站回原点方式选择"主动",如图 3-38 所示。输入归位开关选择"转盘原点",选择电平为"低电平",接近/回原点方向选择"负方向",归位开关一侧选择"上侧",不勾选"允许硬限位开关处自动反转",接近速度设置为"50.0",回原点速度设置为"5.0",原点位置偏移量设置为"0.0",原点位置选择"'MC_Home'.Position"。

注意:

(1)选择电平的低电平对应 PLC 常闭触点,高电平对应 PLC 常开触点。

(2)若要勾选"允许硬限位开关处自动反转"功能,必须先进行位置限制参数组态。

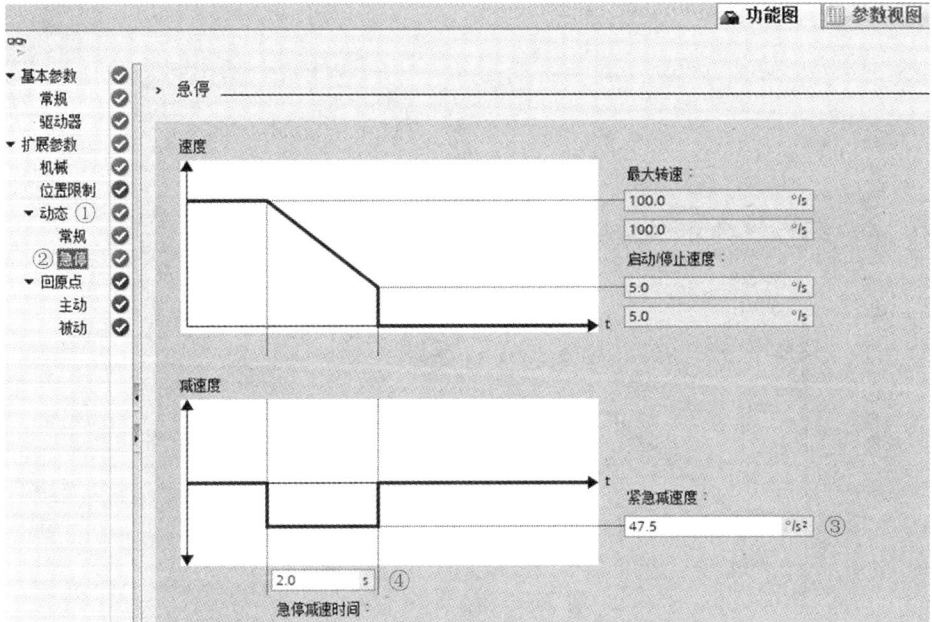

图 3-37　轴工艺对象 Axis3 的动态急停参数组态

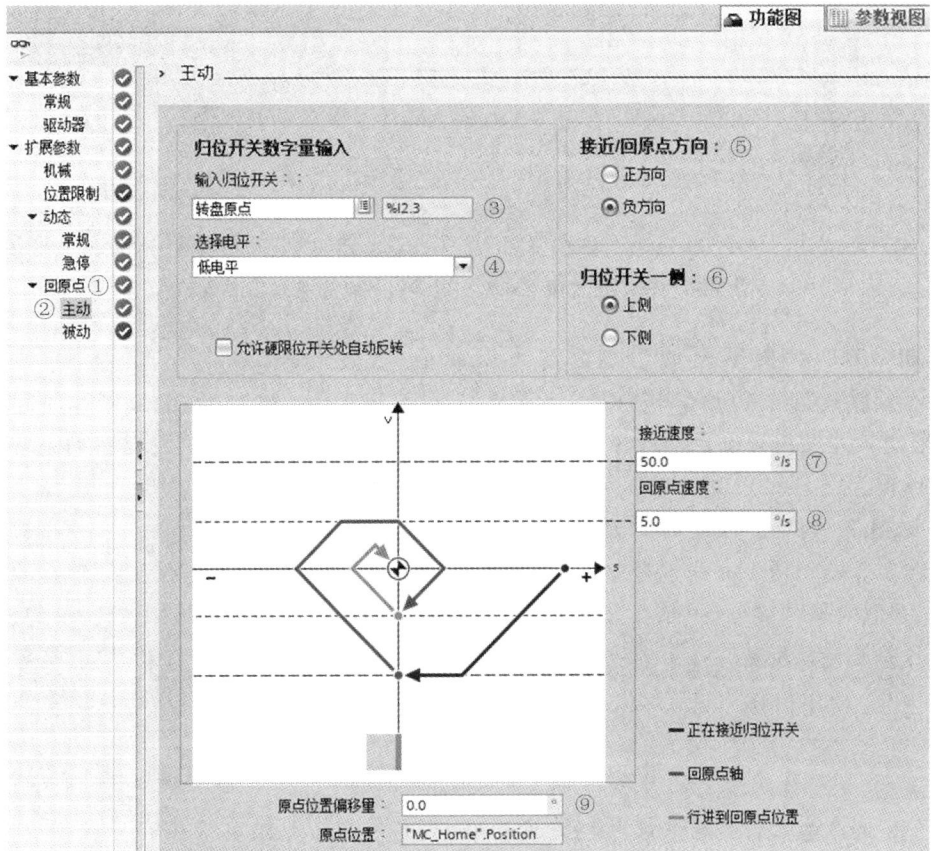

图 3-38　轴工艺对象 Axis3 的回原点主动组态

任务实施 2 轴工艺对象运动控制编程

◆ 任务实施要求

采用运动控制指令对转盘旋转进行运动控制编程。

步骤 1 设置轴工艺对象运动控制变量

旋转工作站可通过连接其他工作站的远程控制按钮,结合表 3-21 所示的运动控制变量来控制转盘旋转;也可以通过 HMI 设置控制按钮,结合表 3-21 所示的运动控制变量,向旋转工作站发送启动、停止、急停、复位、手动和自动等操作指令,从而控制转盘旋转。

表 3-21 控制转盘的轴工艺对象运动控制变量

名称	声明	数据类型	偏移量	名称	声明	数据类型	偏移量
急停	Input	Bool	0.0	复位完成	Output	Bool	1.1
复位	Input	Bool	0.1	运行完成	Output	Bool	1.2
停止	Input	Bool	0.2	回零完成	Output	Bool	1.3
启动	Input	Bool	0.3	停止完成	Output	Bool	1.4
手动	Input	Bool	0.4	实际位移	Output	Real	14.0
自动	Input	Bool	0.5	相对速度	InOut	Real	2.0
正转	Input	Bool	0.6	点动速度	InOut	Real	6.0
反转	Input	Bool	0.7	目标位移	InOut	Real	10.0

> 注意:
> (1) 编制伺服驱动子程序前,确保轴工艺对象 Axis3 已完成组态,并已获得脉冲输出 Q0.1 和脉冲方向 Q0.7。
> (2) 编制伺服驱动子程序前,必须在主程序 Main[OB1]中调用伺服驱动子程序。
> (3) 轴工艺对象运动控制变量应设置在非优化块的数据块中,以便通过偏移量修正变量。

步骤 2 轴工艺对象运动控制编程

采用使能指令 MC_Power 启用旋转工作站的旋转转盘,采用复位指令 MC_Reset 复位转盘所有可确认的故障并重启转盘,如图 3-39 所示。

采用轴主动回原点指令 MC_Home 控制转盘回原点(也称为回零),采用停止指令 MC_Halt 停止转盘,如图 3-40 所示。

采用点动指令 MC_MoveJog 和相对运动指令 MC_MoveRelative 控制转盘旋转运动,并显示当前轴所处的运行位置,如图 3-41 所示。其中,点动指令通常用于检查伺服电机能否正常运行;相对运动指令用于控制旋转转盘的运行,旋转的实际位置可以实时显示在人机界面上。

系统使能：启用轴Axis3，准备就绪

%I0.3
"急停S4"

%DB300.DBX0.0
"MD3".急停

确认错误并复位轴Axis3

%DB10
"MC_Power_DB"

MC_Power

%I1.5
"复位S5"

%DB300.DBX0.1
"MD3".复位

EN ENO

Status — false

Error — false

%DB3000
"Axis3" — Axis

%DB300.DBX0.0
"MD3".急停 — Enable

1 — StartMode

0 — StopMode

%DB20
"MC_Reset_DB"

MC_Reset

EN ENO

%DB3000
"Axis3" — Axis

Done — "MD3".复位完成
%DB300.DBX0.7

%DB300.DBX0.1
"MD3".复位 — Execute

Error — false

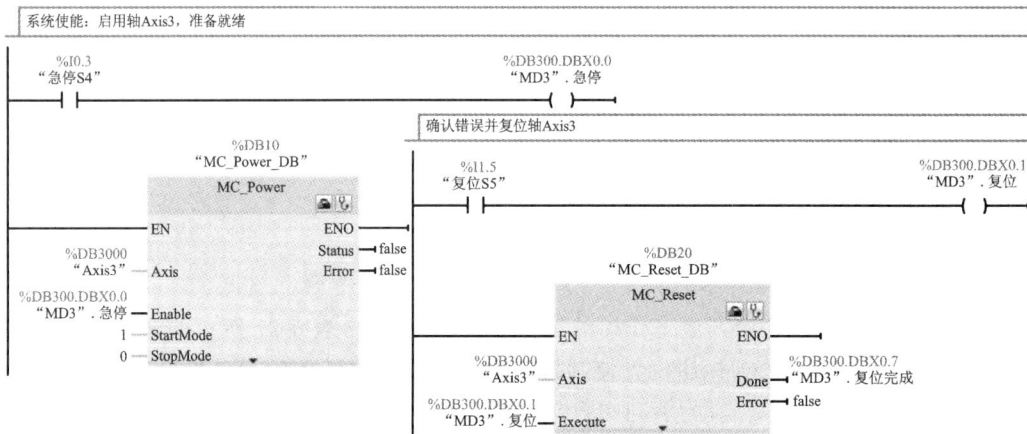

图 3-39 转盘启用与故障复位的程序

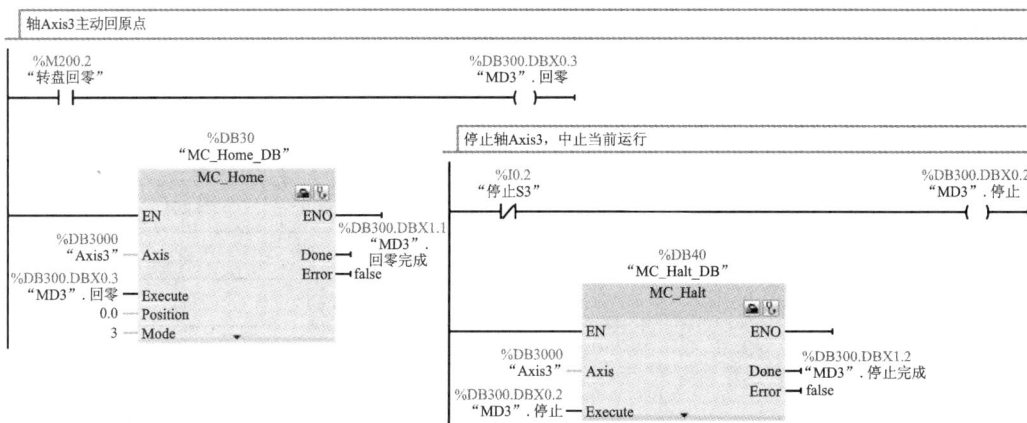

轴Axis3主动回原点

%M200.2
"转盘回零"

%DB300.DBX0.3
"MD3".回零

%DB30
"MC_Home_DB"

MC_Home

停止轴Axis3，中止当前运行

%I0.2
"停止S3"

%DB300.DBX0.2
"MD3".停止

EN ENO

%DB3000
"Axis3" — Axis

Done — %DB300.DBX1.1
"MD3".回零完成

Error — false

%DB300.DBX0.3
"MD3".回零 — Execute

0.0 — Position

3 — Mode

%DB40
"MC_Halt_DB"

MC_Halt

EN ENO

%DB3000
"Axis3" — Axis

Done — "MD3".停止完成
%DB300.DBX1.2

%DB300.DBX0.2
"MD3".停止 — Execute

Error — false

图 3-40 轴主动回原点和停止轴的程序

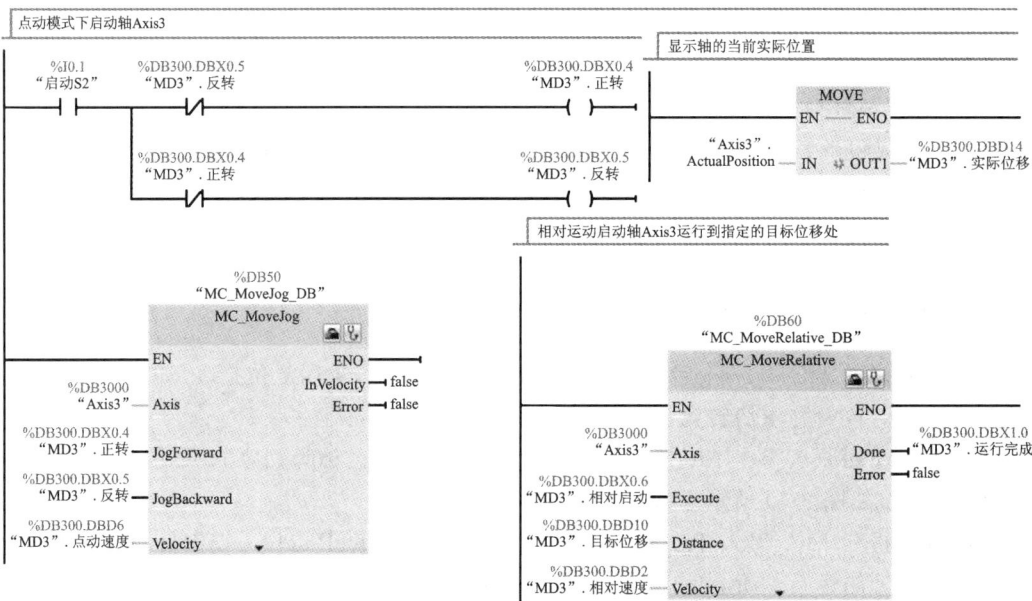

点动模式下启动轴Axis3

%I0.1
"启动S2"

%DB300.DBX0.5
"MD3".反转

%DB300.DBX0.4
"MD3".正转

显示轴的当前实际位置

MOVE

EN ENO

%DB300.DBX0.4
"MD3".正转

%DB300.DBX0.5
"MD3".反转

"Axis3".
ActualPosition — IN ✣ OUT1 — %DB300.DBD14
"MD3".实际位移

相对运动启动轴Axis3运行到指定的目标位移处

%DB50
"MC_MoveJog_DB"

MC_MoveJog

%DB60
"MC_MoveRelative_DB"

MC_MoveRelative

EN ENO

InVelocity — false

Error — false

%DB3000
"Axis3" — Axis

%DB300.DBX0.4
"MD3".正转 — JogForward

%DB300.DBX0.5
"MD3".反转 — JogBackward

%DB300.DBD6
"MD3".点动速度 — Velocity

EN ENO

%DB3000
"Axis3" — Axis

Done — %DB300.DBX1.0
"MD3".运行完成

Error — false

%DB300.DBX0.6
"MD3".相对启动 — Execute

%DB300.DBD10
"MD3".目标位移 — Distance

%DB300.DBD2
"MD3".相对速度 — Velocity

图 3-41 点动模式、相对运动和显示当前轴位置的程序

任务实施 3　旋转工作站模块化编程

◆ 任务实施要求

根据旋转工作站的输入输出变量、顺序控制流程图、顺序功能图、轴工艺对象组态和运动控制编程,编制旋转工作站的旋转控制程序。

旋转工作站程序采用模块化结构设计程序,按功能分为初始化子程序、通信控制子程序、伺服驱动子程序、顺序功能子程序、显示控制子程序和输出控制子程序 6 个模块程序。初始化子程序用于对设备进行初始状态设置;通信控制子程序用于实现旋转工作站与方向调整站、次品分拣站的信息交互;伺服驱动子程序能控制伺服驱动系统运动,实现旋转转盘的旋转功能;顺序功能子程序用于实现旋转工作站的方向初步调整与搬运功能;显示控制与输出控制子程序则用于显示次品分拣站的状态,并向次品分拣站发布控制指令,驱动设备动作。

> **注意:**
> (1) 转盘旋转通过步进驱动器控制。在编制伺服驱动子程序之前,应先完成轴工艺对象的组态。
> (2) 编制顺序功能子程序前,必须确保伺服驱动子程序已经编制完成。
> (3) 编制顺序功能子程序前,必须在主程序中调用顺序功能子程序。

步骤 1　编制转盘旋转和检测主件放置方向的程序

旋转工作站接收到次品分拣站传送过来的主件后,转盘携带主件旋转至方向检测点处,对射光纤检测主件放置方向是否正确并保存检测结果,如图 3-42 所示。

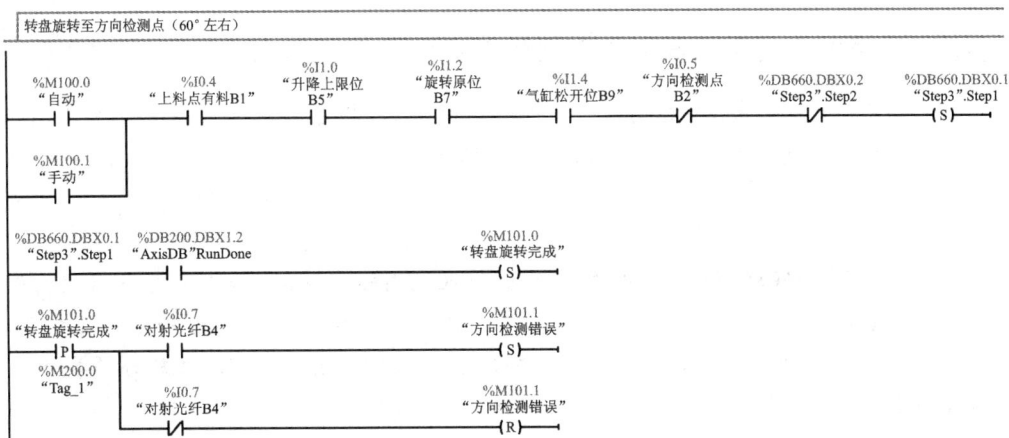

图 3-42　转盘旋转和检测主件放置方向的程序

步骤 2　编制转盘旋转至方向旋转点的程序

旋转工作站的转盘携带主件从方向检测点旋转至方向旋转点,如图 3-43 所示。

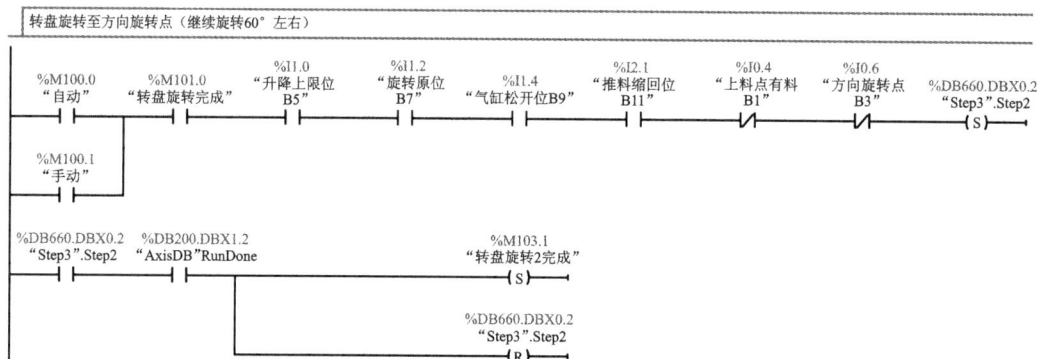

图 3-43　转盘旋转至方向旋转点的程序

步骤 3　编制方向正确与方向错误的选择分支程序

根据对射光纤检测的主件放置方向选择执行分支,如图 3-44 所示。

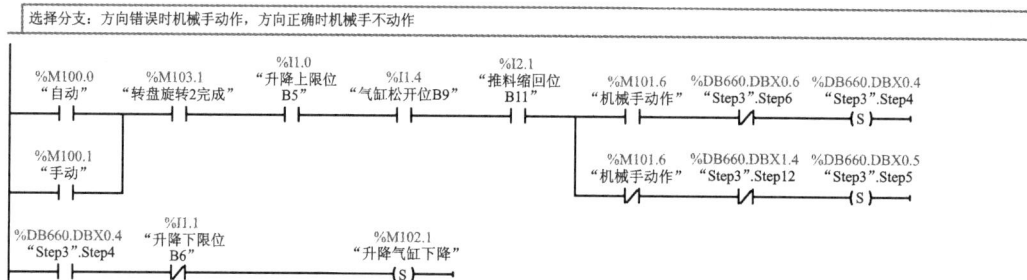

图 3-44　选择分支程序

若检测结果为方向错误,则方向调整组件的升降气缸 C1 下降至下限位置,为夹取主件做准备;若检测结果为方向正确,则转盘携带主件继续旋转。

步骤 4　编制方向正确与方向错误的选择分支汇合程序

若为方向错误选择分支,在方向调整组件动作完成后,与方向正确选择分支汇合,然后转盘携带主件旋转至旋转工作站出站口,如图 3-45 所示。

> **注意:**
>
> (1) 在实际工程的编程过程中,很容易出现双线圈输出问题,如为节约存储空间而减少中间变量或执行机构误动作就可能导致双线圈问题。如图 3-45 中的相对启动指令,实际上在图 3-42 和图 3-43 所示程序中也需要使用,但由于双线圈问题,只能合并在图 3-45 所示程序中。
>
> (2) 在编程过程中,应及时对已使用过的状态变量和中间变量进行复位。例如,在方向错误处理完成后,Step4 应在机械手下降到位后复位,以避免对后续程序运行产生影响。
>
> (3) 转盘旋转至出站口并将主件推送至方向调整站后,需要执行回零操作,为下一次输送主件做好准备。

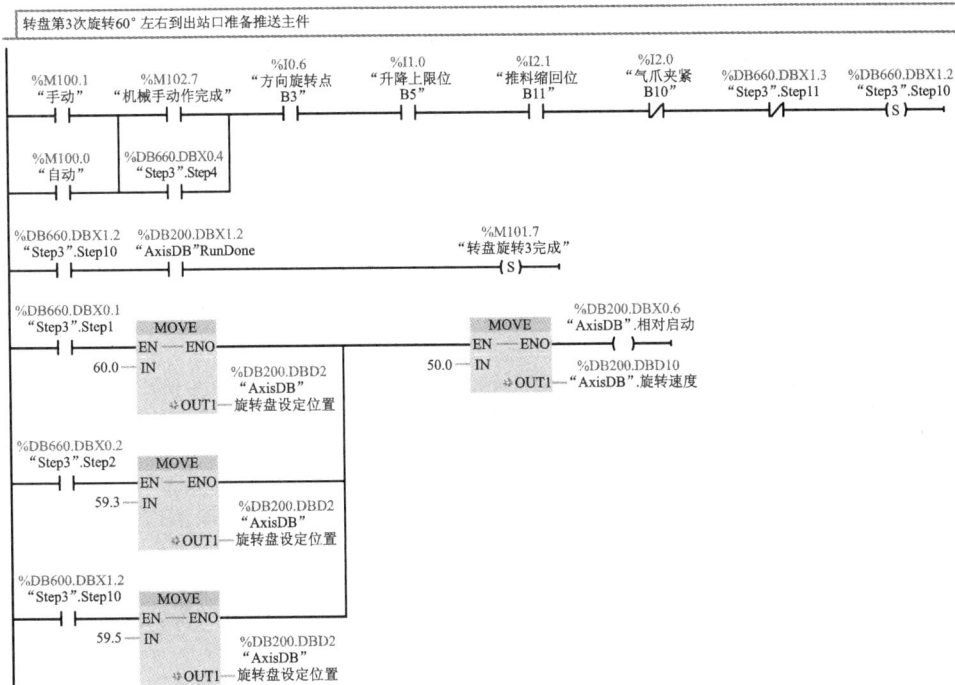

图 3-45   选择分支汇合程序

拓展知识   轴的回原点模式与调试

使用轴控制面板进行回原点调试。在项目树中选择"工艺对象",选中已定义的轴,再选择"调试"选项即可进入轴调试界面。在轴调试界面,点击"激活"按钮,在弹出的激活对话框中点击"确定"即可。单击轴控制面板中的"启用"按钮,激活轴控制面板的命令和状态信息,方可进行轴回原点调试。在"命令"下拉列表中选择"回原点"选项,并设置参考点位置以及加速度和减速度。此时,若点击"回原点",轴将按照已组态的方式返回原点;若点击"设置回原点位置",则可将轴的当前实际位置设置为原点,同时将实际位置值清零。

在进行回原点操作之前,必须确保轴工艺对象已正确组态且轴已启用。模式参数 Mode 的具体含义见表 3-22。在直接绝对回原点模式和绝对编码器绝对调节模式中,参数 Position 用于设置当前轴位置;在直接相对回原点模式和绝对编码器相对调节模式中,参数 Position 用于设置当前轴位置的偏移值;在被动回原点模式和主动回原点模式中,参数 Position 用于设置回原点后新的轴位置。

表 3-22   Mode 参数的具体含义

Mode	名称	参数 Position	注意事项
0	直接绝对回原点	当前轴位置	(1) 其他运动控制指令均无法中止 MC_Home 指令; (2) MC_Home 指令不会中止任何已激活的运动控制指令;
1	直接相对回原点	当前轴位置的偏移值	(3) 按新的回原点位置(参数 Position)完成回原点操作后,可继续执行与位置相关的运动指令

续表

Mode	名称	参数 Position	注意事项
2	被动回原点	新的轴位置（回原点后）	（1）MC_Home 指令不会执行任何回原点运动； （2）根据轴的组态要求，在检测到回原点开关时，轴将自动执行回原点操作； （3）若〈轴名称〉.StatusBits.HomingDone＝TRUE，则此状态位在附加的被动回原点操作期间保持置位
3	主动回原点	新的轴位置（回原点后）	（1）根据轴的组态，自动执行回原点操作； （2）MC_Home、MC_MoveAbsolute、MC_MoveRelative、MC_Halt、MC_MoveJog、MC_MoveVelocity 和 MC_CommandTable 指令均可中止 MC_Home 指令；反之，MC_Home 指令也可中止上述已激活的运动控制指令
6	绝对编码器相对调节	当前轴位置的偏移值	（1）其他运动控制指令均无法中止 MC_Home 指令； （2）仅适用于带模拟驱动接口的驱动器和 PROFIdrive 驱动器； （3）计算出的绝对值偏移量将持久性地保存在 CPU 内（〈轴名称〉.StatusSensor.AbsEncoderOffset）
7	绝对编码器绝对调节	当前轴位置	

注意：

（1）当使用 PROFIdrive 或模拟驱动装置时，Mode＝0 或 Mode＝1 的设置无效。

（2）Mode＝0、1 或 2 时，启动过程中不会激活 MC_CommandTable 指令。

任务 4 方向调整站编程

方向调整站编程

任务导入

方向调整站通过检测主件上是否有金属部件（金属面）来判断主件是否需要调整方向，从而实现组装方向的调整与主件搬运（如果检测到金属部件，则需要进行方向调整）。这一过程属于典型的选择分支控制流程。

知识平台 方向调整站

任务知识 1 方向调整站工作流程

方向调整站由 S7-1200 控制器、HMI、光学阅读器、搬运电机、推料气缸、升降气缸、旋转气缸、金属检测传感器和电磁阀等设备组成。S7-1200 控制器通过输入条件和程序控制方向调整站的所有可能动作的设备，其输入输出变量如表 3-23 所示。

表 3-23 方向调整站的输入输出变量

输入变量 I(数据类型为 Bool)						输出变量 Q(数据类型为 Bool)		
名称	地址	符号	名称	地址	符号	名称	地址	符号
自动/手动	I0.0	S1	1♯升降气缸上限位	I1.0	B5	启动指示灯	Q0.0	L1
启动	I0.1	S2	1♯升降气缸下限位	I1.1	B6	搬运电机	Q0.1	K1
停止	I0.2	S3	旋转气缸原位	I1.2	B7	1♯升降气缸	Q0.2	Y1
急停	I0.3	S4	旋转气缸旋转位	I1.3	B8	旋转气缸	Q0.3	Y2
上料点有料	I0.4	B1	手爪夹紧位	I1.4	B9	2♯升降气缸	Q0.4	Y3
金属检测点	I0.5	B2	手爪松开位	I1.5	B10	推料气缸	Q0.5	Y4
旋转点有料	I0.6	B3	推料气缸缩回位	I2.0	B11	手爪松开	Q0.6	Y5
出料点有料	I0.7	B4	推料气缸伸出位	I2.1	B12	手爪夹紧	Q0.7	Y6
复位	I2.2	S5	2♯升降气缸下限	I2.3	B13			

注:输入输出地址不是绝对的,需要根据实际硬件组态的地址空间而定。

HMI 用于向控制器发送操作命令,并显示传感器和输出设备的不同状态。传感器用于检测不同设备的状态,以便控制器做出相应的判断和动作。例如,在金属检测点,金属检测传感器(一种电感式接近开关)用于检测主件上是否有金属部件。控制器根据金属检测结果判断主件的放置位置是否正确,并据此执行不同的操作控制。搬运电机用于控制输送组件在上料点和出料点之间的运动。

主件由旋转工作站的推料气缸推送至同步带上的上料点检测传感器处。当上料点检测传感器检测到主件时,同步带开始搬运主件。在金属检测点检测主件上是否有金属部件,并记录检测结果。主件被搬运至方向旋转点时,方向调整组件根据金属检测结果对主件执行不同操作:如果检测结果为无金属,则不对主件进行方向调整操作;如果检测结果为有金属,则将主件旋转 180°。之后,同步带继续搬运主件至出料点。当出料点检测传感器检测到主件时,2♯升降气缸带动推料气缸下降。在接收到产品组装站空闲信号后,推料气缸动作。完成推料后,2♯升降气缸带动推料气缸上升。

如图 3-46 所示,方向调整站的顺序控制流程如下:当上料点检测到主件时,同步带开始搬运主件。在搬运过程中,金属检测传感器检测主件上是否有金属部件。如果检测到金属,则记录方向错误结果。如果方向错误,主件搬运至旋转点停止,随后 1♯升降气缸下降,手爪夹紧,1♯升降气缸上升,旋转气缸旋转 180°,1♯升降气缸下降,手爪松开,1♯升降气缸上升,旋转气缸再次反向旋转 180°。如果方向正确,则与方向错误的主件在旋转点汇合后,2♯升降气缸下降,推料气缸伸出,推料气缸缩回,2♯升降气缸上升。方向调整站顺序功能图含义如表 3-24 所示。

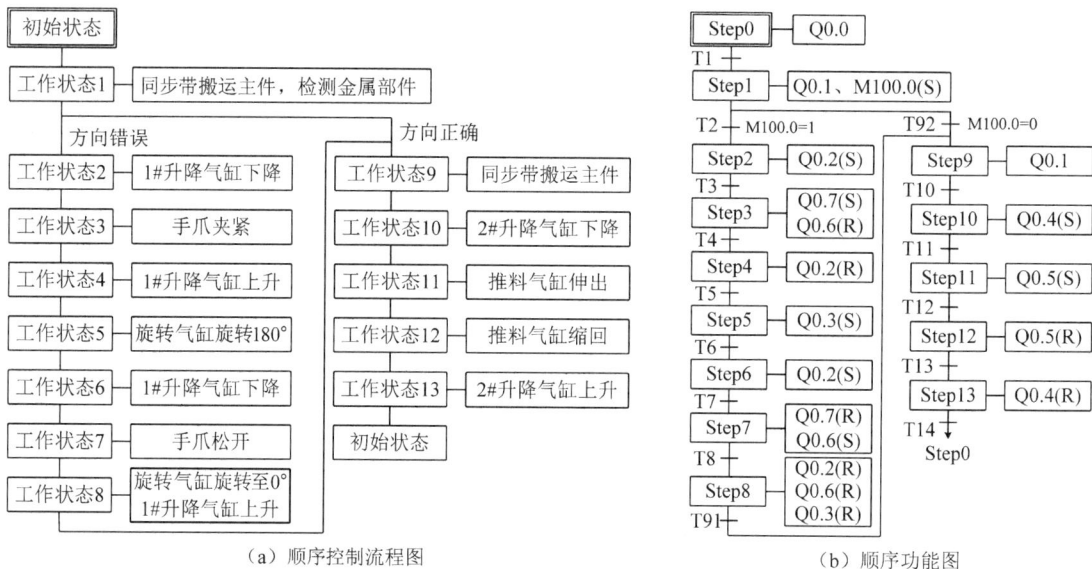

（a）顺序控制流程图

初始状态
工作状态1 — 同步带搬运主件，检测金属部件
方向错误　／　方向正确

工作状态2 — 1#升降气缸下降
工作状态3 — 手爪夹紧
工作状态4 — 1#升降气缸上升
工作状态5 — 旋转气缸旋转180°
工作状态6 — 1#升降气缸下降
工作状态7 — 手爪松开
工作状态8 — 旋转气缸旋转至0° 1#升降气缸上升

工作状态9 — 同步带搬运主件
工作状态10 — 2#升降气缸下降
工作状态11 — 推料气缸伸出
工作状态12 — 推料气缸缩回
工作状态13 — 2#升降气缸上升
初始状态

（b）顺序功能图

Step0 — Q0.0
T1
Step1 — Q0.1, M100.0(S)
T2 M100.0=1　　T92 M100.0=0
Step2 — Q0.2(S)　　Step9 — Q0.1
T3　　T10
Step3 — Q0.7(S) Q0.6(R)　　Step10 — Q0.4(S)
T4　　T11
Step4 — Q0.2(R)　　Step11 — Q0.5(S)
T5　　T12
Step5 — Q0.3(S)　　Step12 — Q0.5(R)
T6　　T13
Step6 — Q0.2(S)　　Step13 — Q0.4(R)
T7　　T14
Step7 — Q0.7(R) Q0.6(S)　　Step0
T8
Step8 — Q0.2(R) Q0.6(R) Q0.3(R)
T91

图 3-46　方向调整站顺序控制流程图与顺序功能图

表 3-24　方向调整站顺序功能图含义

转换条件及其含义						状态名称及其含义			
名称	开始	结束	名称	开始	结束	名称	含义	名称	含义
T1	I0.4	I0.6	T8	I1.3	I1.2	Step1	搬运并检测	Step8	1#升降气缸上升
T2	I1.0	I1.1	T91	M100.0、I0.6	I0.7	Step2	升降气缸下降	Step8	旋转气缸回零
T3	I1.4	I1.5	T92	M100.0、I0.6	I0.7	Step3	手爪夹紧	Step9	搬运主件
T4	I1.1	I1.0	T10	I0.7	I2.3	Step4	升降气缸上升	Step10	2#升降气缸下降
T5	I1.2	I1.3	T11	I2.0	I2.1	Step5	旋转气缸旋转	Step11	推料气缸伸出
T6	I1.0	I1.1	T12	I2.1	I2.0	Step6	升降气缸下降	Step12	推料气缸缩回
T7	I1.5	I1.4	T13	I2.3	—	Step7	手爪松开	Step13	2#升降气缸上升
T8	I1.1	I1.0	T14	备注:转换条件仅列举了最重要的直接启动和直接停止条件					

任务知识2　读写功能指令

智能产线采用 RFID 系统对工作站的运行状态进行监控,并采用光学阅读器获取方向调整站主件的放置方向。RFID 系统由 RFID 阅读器、电子标签和应用软件系统组成,用于控制、检测和跟踪目标。光学阅读器通过 CCD 相机或 COMS 相机获取用于控制、检测和跟踪目标的信号。

西门子识别系统 SIMATIC Ident 包括基本块、状态块、标签块、高级块、复位块 5 部分。其中基本块由 Read、Write、Read_MV、Set_MV_Program、Reset_Reader 共 5 个功能指令组成。

1　读取指令 Read 与写入指令 Write

读取指令 Read 用于从发送应答器中读取用户数据，并将其输入"IDENT_DATA"缓冲区中。写入指令 Write 用于将"IDENT_DATA"缓冲区中的用户数据写入发送应答器。该用户数据的物理地址和长度分别通过"ADDR_TAG"和"LEN_DATA"参数进行传送。使用"EPCID_UID"和"LEN_ID"可选参数，可以对特定的发送应答器进行特殊访问。当使用 RF61xR 或 RF68xR 阅读器时，读取指令 Read 从数据存储器组中读取数据，而写入指令 Write 则将数据写入数据存储器组中。读取指令 Read 和写入指令 Write 如图 3-47 所示，相应的参数及其说明见表 3-25。

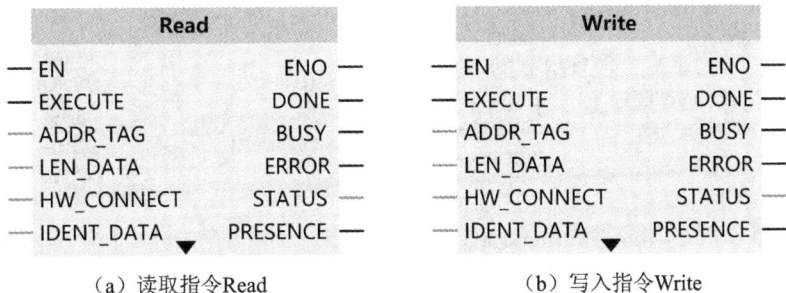

Read		Write	
— EN	ENO —	— EN	ENO —
— EXECUTE	DONE —	— EXECUTE	DONE —
— ADDR_TAG	BUSY —	— ADDR_TAG	BUSY —
— LEN_DATA	ERROR —	— LEN_DATA	ERROR —
— HW_CONNECT	STATUS —	— HW_CONNECT	STATUS —
— IDENT_DATA ▼	PRESENCE —	— IDENT_DATA ▼	PRESENCE —

（a）读取指令 Read　　　　　　　　　　（b）写入指令 Write

图 3-47　读取指令 Read 和写入指令 Write

表 3-25　读取指令 Read 和写入指令 Write 的参数及其说明

参数	声明	数据类型	默认值	说明
EXECUTE	Input	Bool	FALSE	上升沿启动 Read 或 Write 指令
ADDR_TAG	Input	Dword	DW♯16♯0	启动写入或读取的发送应答器所在的物理地址
LEN_DATA	Input	Word	W♯16♯0	待写入或读取数据的长度
LEN_ID	Input	Byte	B♯16♯0	EPC-ID/UID 的长度（可选）
EPCID_UID	Input	Array[1...62] of Byte	0x00	缓冲区最多 62 个字节 EPC-ID、8 个字节 UID 或 4 个字节的句柄 ID（可选）
HW_CONNECT	In/Out	TO_IDENT	—	Ident 设备的"TO_Ident"工艺对象
		IID_HW_CONNECT	—	"IID_HW_CONNECT"类型的全局参数，用于通道/阅读器寻址和块同步
IDENT_DATA	In/Out	ANY/VARIANT	0x00	包含待写入或读取数据的数据缓冲区
DONE	Output	Bool	FALSE	作业执行完成，完成时该参数置位
BUSY	Output	Bool	FALSE	正在执行作业
ERROR	Output	Bool	FALSE	执行作业出错，作业结束并提醒
STATUS	Output	DWORD	FALSE	ERROR 置位时，显示错误代码
PRESENCE	Output	Bool	FALSE	此位指示存在发送应答器

2 读取光学阅读器指令 Read_MV

Read_MV 指令用于读取光学阅读器 MV 的结果,必须通过读取块指令来读取已组态的信息。

Read_MV 指令的待读取数据长度由块根据已创建的接收缓冲区的长度自动计算得出。读取结果的实际长度通过"LEN_DATA"输出参数返回。数据将保存在"IDENT_DATA"数据缓冲区中。若缓冲区过小,将出现错误消息"0xE7FE0400",此时预期的长度会在"LEN_DATA"中输出。读取光学阅读器指令 Read_MV 如图 3-48(a)所示,该指令的参数及其说明见表 3-26。

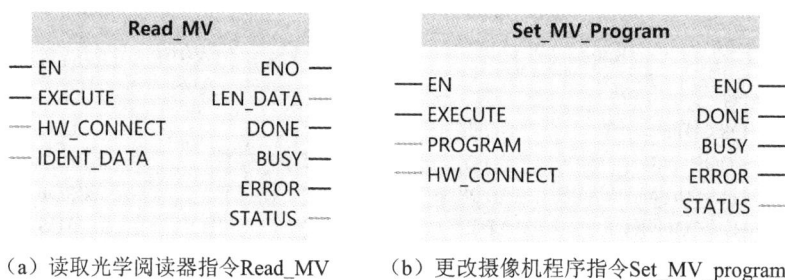

```
        Read_MV                        Set_MV_Program
— EN              ENO —          — EN              ENO —
— EXECUTE    LEN_DATA —          — EXECUTE        DONE —
— HW_CONNECT     DONE —          — PROGRAM        BUSY —
— IDENT_DATA     BUSY —          — HW_CONNECT    ERROR —
                ERROR —                          STATUS —
               STATUS —
```

(a)读取光学阅读器指令 Read_MV   (b)更改摄像机程序指令 Set_MV_program

图 3-48 Read_MV 和 Set_MV_Program 指令

表 3-26 读取光学阅读器指令 Read_MV 的参数及其说明

参数	声明	数据类型	默认值	说明
EXECUTE	Input	Bool	FALSE	上升沿启动 Read_MV 指令
LEN_DATA	Output	Word	W♯16♯0	读取结果的长度＝2 字节代码长度＋读取代码
DONE	Output	Bool	FALSE	作业执行完成,完成时该参数置位
BUSY	Output	Bool	FALSE	正在执行作业
ERROR	Output	Bool	FALSE	执行作业出错,作业结束并提醒
STATUS	Output	Dword	FALSE	ERROR 置位时,显示错误代码
HW_CONNECT	In/Out	TO_IDENT	—	Ident 设备的"TO_Ident"工艺对象
		IID_HW_CONNECT	—	"IID_HW_CONNECT"类型的全局参数,用于通道/阅读器寻址和块同步。
IDENT_DATA	In/Out	Any/Variant	0x00	读取结果,读取代码长度位于字节 0 和 1 之间

3 更改摄像机程序指令 Set_MV_Program

更改摄像机程序指令 Set_MV_Program 用于更改摄像机中的程序,所需程序编号通过"PROGRAM"参数传送。更改摄像机程序指令 Set_MV_Program 如图 3-48(b)所示,该指令的参数及其说明见表 3-27。

表 3-27　更改摄像机程序指令 Set_MV_Program 的参数及其说明

参数	声明	数据类型	默认值	说明
EXECUTE	Input	Bool	FALSE	上升沿启动 Set_MV_Program 指令
PROGRAM	Input	Byte	B♯16♯1	程序编号,其值范围为 0x01～0x0F
DONE	Output	Bool	FALSE	作业执行完成,完成时该参数置位
BUSY	Output	Bool	FALSE	正在执行作业
ERROR	Output	Bool	FALSE	执行作业出错,作业结束并提醒
STATUS	Output	Dword	FALSE	ERROR 置位时,显示错误代码
HW_CONNECT	In/Out	TO_IDENT	—	Ident 设备的"TO_Ident"工艺对象
		IID_HW_CONNECT	—	"IID_HW_CONNECT"类型的全局参数,用于通道/阅读器寻址和块同步

任务知识 3　读写复位指令

读写复位指令包括读码器复位指令 Reset_Reader、通用复位 Ident 系统指令 Reset_Univ、复位 MOBY_D 系统指令 Reset_MOBY_D、复位 MOBY_U 系统指令 Reset_MOBY_U、复位光学识别系统指令 Reset_MV、复位 RF290R 系统指令 Reset_RF200、复位 RF380R 系统指令 Reset_RF300 和复位 RF600R 系统指令 Reset_RF600。

1　读码器复位指令 Reset_Reader

读码器复位指令 Reset_Reader 可复位西门子 RFID 系统中所有类型的读码器以及光学读码器。Reset_Reader 指令中不含任何设备特定参数,通过 EXECUTE 参数执行复位操作。

使用 SIMATIC Ident 工艺对象时,可用 Reset_Reader 指令复位 S7-1200/1500 的所有 Ident 设备。未使用工艺对象时,可用 Reset_Reader 指令复位设备 SIMATIC RF120C 和 SIMATIC RF61xR/RF68xR。Reset_Reader 指令如图 3-49(a)所示,该指令的参数及其说明见表 3-26。

2　复位块中的复位指令

当未创建和组态 SIMATIC Ident 工艺对象时,复位光学识别系统 MV400/MV500 或通信模块 RF170C、RF180C、RF18xC 和 ASM456 时,必须使用复位块中的复位指令。复位块中的复位指令包括 Reset_Univ(见图 3-49(b))、Reset_MV(见图 3-49(c))、Reset_MOBY_D(见图 3-49(d))、Reset_MOBY_U、Reset_RF200(见图 3-49(e))、Reset_RF300(见图 3-49(f))和 Reset_RF600 指令。

Reset_Univ 用于复位所有 Ident 系统,为通用复位指令。Reset_MV 用于复位光学识别系统的摄像机;Reset_MOBY_D 用于复位 MOBY_D 系统;Reset_MOBY_U 用于复位 MOBY_U 系统;Reset_RF200 仅适用于复位 RF290R 系统;Reset_RF300 仅适用于复位 RF380R 系统;Reset_RF600 仅适用于复位 RF600R 系统。

另外,如果通信模块 RF120C 在设备组态中已设置"通过 FB 分配的参数/光学阅读器",也可使用复位块中的复位指令进行复位。

(a) Reset_Reader   (b) Reset_Univ   (c) Reset_MV

(d) Reset_MOBY_D   (e) Reset_RF200   (f) Reset_RF300

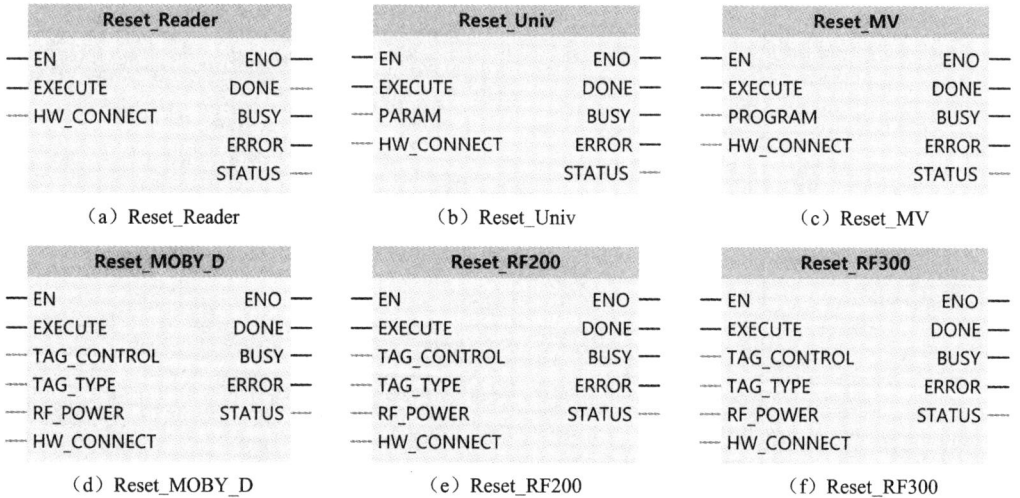

图 3-49 西门子 SIMATIC 的部分读写复位指令

复位块中的复位指令通过激活 EXECUTE 参数来执行复位命令,通过 HW_CONNECT 参数进行通道/阅读器寻址和块同步。RF 输出功率 RF_POWER 的范围因固件版本不同而不同,使用复位指令时需根据具体固件版本选择。西门子 SIMATIC 读写复位指令的参数及其说明如表 3-28 所示。

表 3-28 西门子 SIMATIC 读写复位指令的参数及其说明

	参数	声明	数据类型	默认值	说明
公用参数	EXECUTE	Input	Bool	FALSE	上升沿启动 Reset 系列复位指令
	DONE	Output	Bool	FALSE	作业执行完成,完成时该参数置位
	BUSY	Output	Bool	FALSE	正在执行作业
	ERROR	Output	Bool	FALSE	执行作业出错,作业结束并提醒
	STATUS	Output	Dword	FALSE	ERROR 参数置位时,显示错误代码
	HW_CONNECT	InOut	TO_IDENT	—	Ident 设备的"TO_Ident"工艺对象
			IID_HW_CONNECT	—	"IID_HW_CONNECT"类型全局参数,用于通道/阅读器寻址和块同步
MOBY 或 RF	TAG_CONTROL	Input	Bool	—	存在性检查
	TAG_TYPE	Input	Byte	—	发送应答器类型
	RF_POWER	Input	Byte	—	RF 输出功率,增量为 0.25 W
MV	PROGRAM	Input	Byte	0x00	程序选择 B#16#0:在未选择程序或诊断情况下进行复位会出错; B#16#1~B#16#0F:启动程序编号,带程序选择复位(固件版本高于 V5.1)

参数	声明	数据类型	默认值	说明
Univ	PARAM	Input	Array[1...16] of Byte	0x00	复位帧数据(如有必要,此处的特殊设置数据应由支持部门提供)

注:(1)存在性检查 TAG_CONTROL:Reset_MOBY_U 默认值为 TRUE;Reset_RF200 默认值为 0x01;Reset_RF300 默认值为 0x01;关的对应值为 0x00,开的对应值为 0x01,存在的对应值为 0x04(天线已关闭,仅在发送 Read 或 Write 指令时天线才会打开)。

(2)发送应答器类型 TAG_TYPE:Reset_MOBY_U 默认值为 0x01(每个 ISO 发送应答器);Reset_RF200 默认值为 0x01(每个 ISO 发送应答器);0x03 意味着 MDS D3xx 优化;Reset_RF300 默认值为 0x00(RF300 发送应答器);0x01 意味着每个 ISO 发送应答器。

(3)RF 输出功率 RF_Power:Reset_MOBY_D 的输出功率范围为 0.5~10 W,默认值为 0x00,值范围为 0x02~0x28;Reset_RF200 的输出功率范围为 0.5~5 W,默认值为 0x04,值范围为 0x02~0x14;Reset_RF300 的输出功率范围为 0.5~2 W,默认值为 0x00,值范围为 0x02~0x08。

任务实施　方向调整站编程

方向调整站使用 MV540 识别主件的正反面,以确定后续应执行的动作。MV540 属于典型的机器视觉系统。在配置 MV540 之前,应检查 Java 运行环境 JRE 是否已安装、西门子环网管理工具 PST(primary setup tool)是否已安装和 MV540 授权文件是否已安装。配置完成后,可通过 360 浏览器的 IE 模式启动 MV540 的网页访问初始界面。用户可借助 WBM(基于 Web 的管理技术)对 MV540 进行组态、设置和调试。

任务实施 1　机器视觉系统设置与调试

◆ **任务实施要求**

根据 MV540 用户界面导向对其进行设置与调试。

步骤 1　启动 MV540 用户界面

打开 360 浏览器的 IE 模式,在地址栏输入地址"192.168.0.20",然后点击"Enter"进入 MV540 的用户界面。注意:地址栏的地址必须预先设置,确保其与 PC 本地连接 IP 地址在同一子网。

步骤 2　MV540 的 WEB 界面设置

点击界面左侧"程序",选择程序 📋,依次选择图像采集 📷—图像处理 ✛(包括增加定位 ⊕、删除定位 🗑 或者二维码识别功能 🔲)—输出结果 ◎,然后在程序名处填写程序名称,如图 3-50 所示。

步骤 3　MV540 的图像采集处理

如图 3-51 所示,把需要采集的物品图像调到图像窗口中,调节识别范围(见图像窗口中的

图 3-50　MV540 的 WEB 界面设置

红色框范围）。可使用"光源"和"焦点"按钮自动调节光照亮度和对焦，也可在下方的"图像"栏中进行手动调节。调节完成后，点击"下一步"。

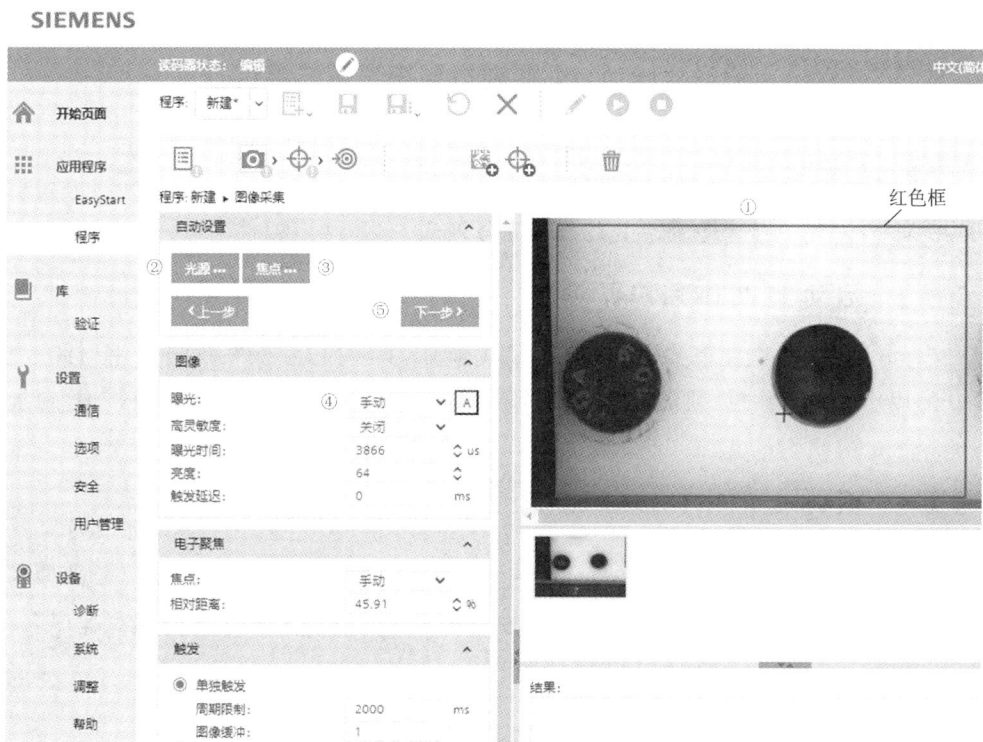

图 3-51　识别范围调节

如图 3-52 所示,先调整需要定位图像的区域(见图像窗口中的蓝色框区域),接着在"定位器灯"一栏中选择"对象 ROI",此时右侧图像窗口中将出现绿色框,调节绿色框框住我们需要识别的物体图像,随后点击左侧的"创建",再调节其他参数。

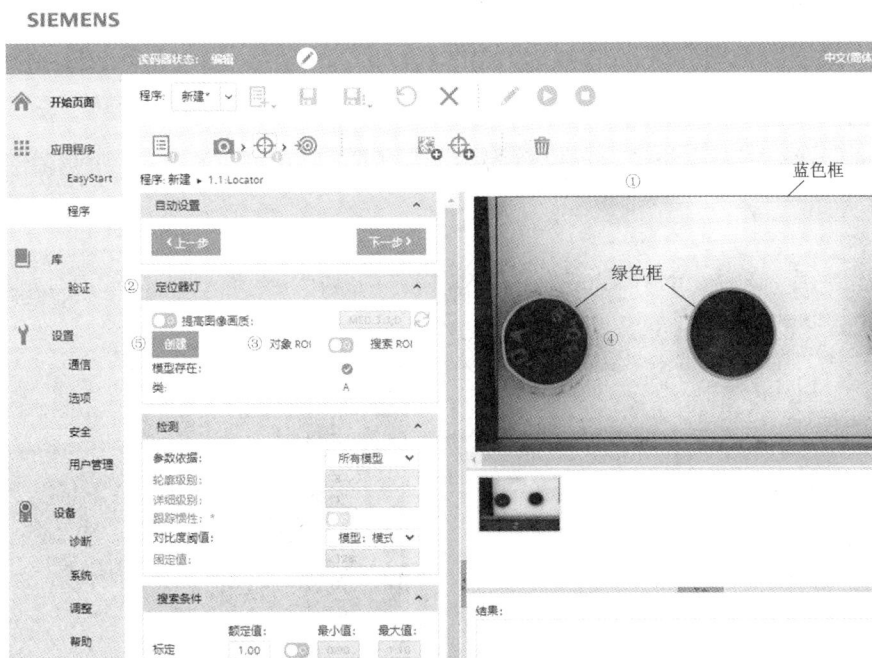

图 3-52　创建对象 ROI

步骤 4　MV540 的图像参数调整

在"搜索条件"对话框中,旋转角度最小值为 $-5°$、最大值为 $5°$,识别速度选择"10(慢速)",识别最小模型百分比为"50%",识别必需特征为"30%",定位速度选择"5(中速)",如图 3-53 所示。

图 3-53　MV540 的图像参数调整

步骤 5　MV540 的图像输出结果

在输出结果页面,可设置输出的信息。如图 3-54 所示,程序格式文本选择"％Qs",表示输出比对结果的状态值,1 表示不合格,2 表示合格,3 表示很好。点击保存,选择程序号为"1"。

图 3-54　MV540 的图像输出结果

步骤 6　MV540 的通信设置

如图 3-55 所示,在"以太网"通信方式中,"IP 模式"选择"PROFINET(Ident 配置文件)","设备名称/主机名称"确保与 PLC 组态名称一致。重启 MV540 后,重新进入连接界面,选择集成选项,将触发源、文本、结果、控制和保存源程序均改成图 3-55 所示选项。进入处理界面后,点击"启动"。

> **注意**:在 WBM 起始界面,检查欢迎屏幕中的阅读器修订级别、固件版本、设备名称/主机名称和接口网络信息是否与 MV540 实际设备一致。

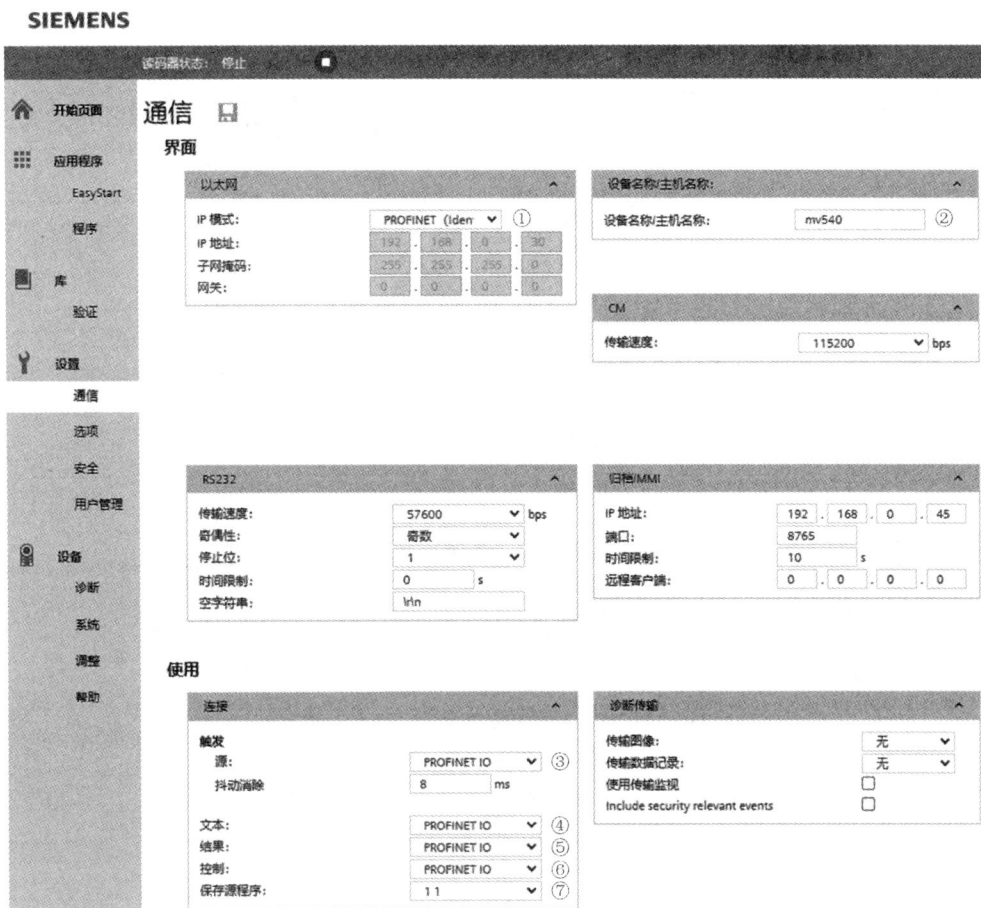

图 3-55　MV540 的通信设置

任务实施 2　光学识别系统组态与编程

◆ 任务实施要求

完成 MV540 的配置后,使用 S7-1200 控制器读写 MV540。根据读写指令和读写复位指令,完成光学识别系统的组态与编程。

步骤 1　MV500 硬件与网络组态

步骤 1.1　添加光学识别系统硬件设备

在 Portal 软件项目中,依次选择"硬件目录—检测与监视—Ident 系统—SIMATIC 光学识别系统—MV500—6GT2 002-0JE50",添加光学识别系统 MV500。

步骤 1.2　分配 IP 地址与填写设备名称

依次选择"属性—常规—PROFINET 接口[X1]—以太网地址",子网选择"PN/IE_1",IP 协议中 IP 地址设置为"192.168.0.20",子网掩码为"255.255.255.0",取消勾选"自动生成

PROFINET 设备名称",PROFINET 设备名称填写"MV540",设备编号选择"2",如图 3-56 所示,完成 IP 地址分配和设备名称填写。

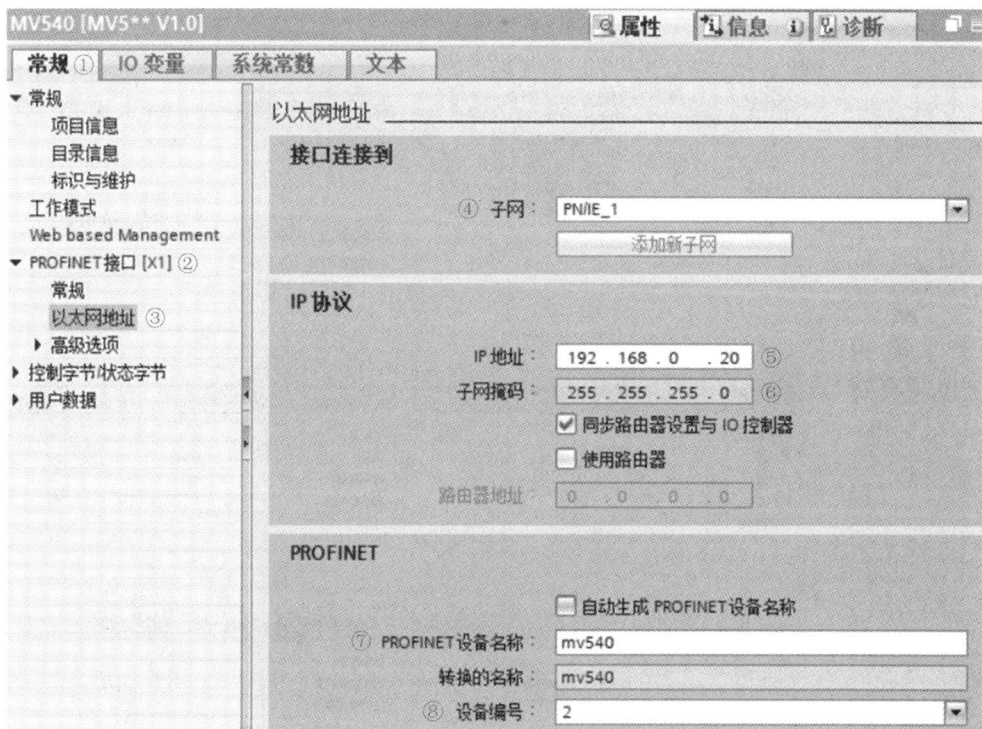

图 3-56 分配 IP 地址与填写设备名称

步骤 1.3 分配 IO 控制器(主站)

用鼠标右键单击设备 MV540 下方的"未分配",选择"分配给新 IO 控制器",打开"选择 IO 控制器"窗口,如图 3-57 所示,勾选"PLC_4.PROFINET 接口_1",点击"确定",即可完成 IO 控制器分配。此时,MV500 硬件组态与网络组态已完成,如图 3-58 所示。

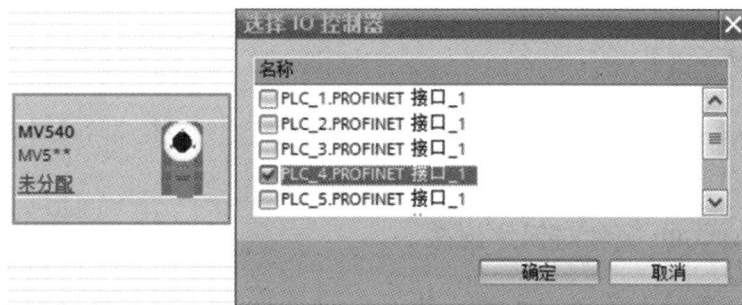

图 3-57 分配 IO 控制器

步骤 2 添加工艺对象 MV540

在项目树中选择"工艺对象",双击"新增对象",进入图 3-59 所示的"新增对象"窗口,添加工艺对象 MV540。在该窗口中,单击左侧的"SIMATIC Ident",在"名称"栏输入工艺对象名

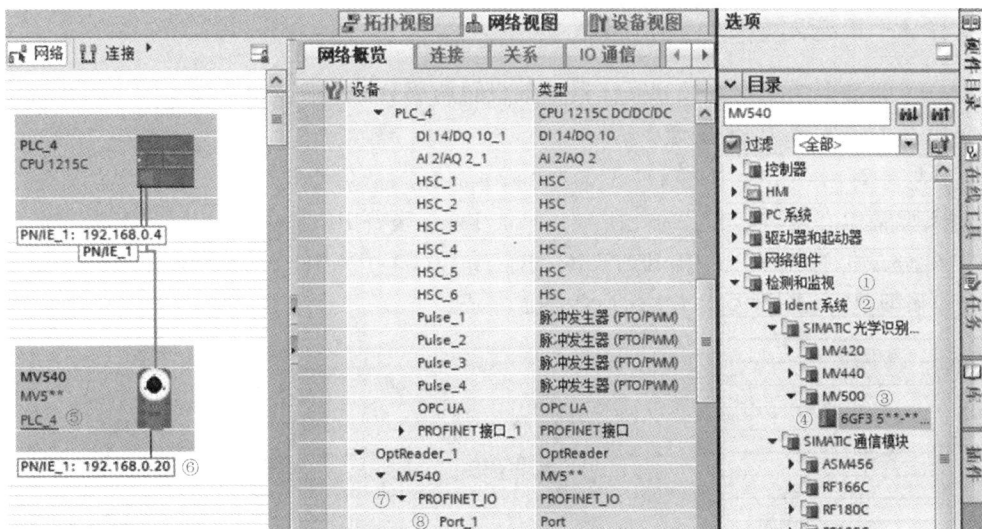

图 3-58   MV500 硬件组态与网络组态

称"MV540"，接着在"SIMATIC Ident"文件夹下选择"TO_Ident"，版本选择"V1.1"，再选择"手动"，将"编号"设置为"500"。最后单击"确定"，即可添加工艺对象 MV540，并进入 MV540 组态窗口准备组态。

图 3-59   添加工艺对象 MV540

步骤 3 工艺对象 MV540 组态

MV540 组态分为基本参数和阅读器参数设置两部分。

步骤 3.1 基本参数设置

在工艺对象 MV540 组态窗口,先选择"基本参数",然后点击"Ident 设备"输入框右侧的"...",进入设备组态窗口,如图 3-60 所示。添加 Ident 设备 PLC_4[CPU 1215C DC/DC/DC],依次选择"分布式 I/O—PROFINENT IO-System(100):PN/IE_1—MV500[MV ** V1.0]",确认名称和类型后,点击"☑",Ident 设备添加完成。

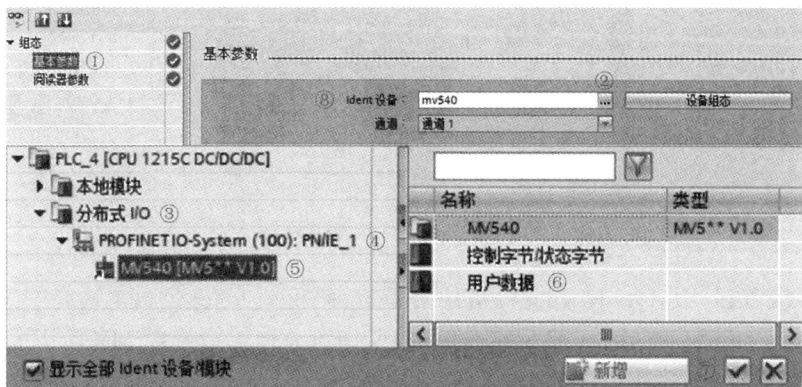

图 3-60 MV540 的基本参数设置

步骤 3.2 阅读器参数设置

在工艺对象 MV540 组态窗口,先选择"阅读器参数",进入阅读器参数设置页面。点击"通过复位选择程序"输入框右侧的"▼",在下拉列表中选择"程序 1",如图 3-61 所示,与 MV540 的通信设置一致,以确保后续调试工作顺利进行。

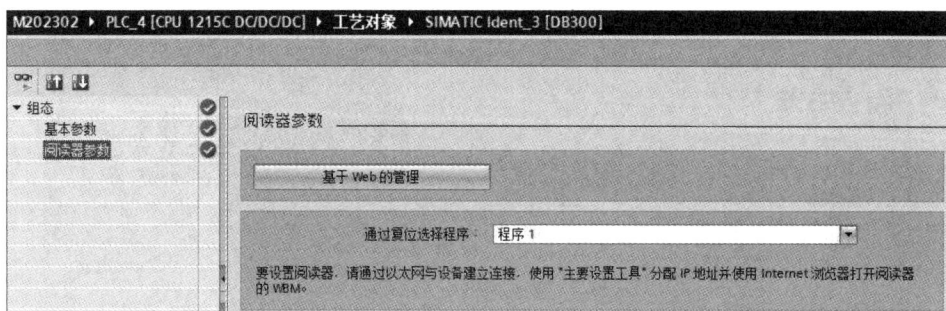

图 3-61 MV540 的阅读器参数设置

步骤 4 添加数据块 MV540_DATA

在项目树中选择"PLC_4[CPU 1215C DC/DC/DC]",双击"添加新块",进入"添加新块"窗口,如图 3-62 所示。单击左侧的"数据块",在"名称"栏中输入数据块名称"MV540_DATA","类型"选择"全局 DB",再选择"手动",并将"编号"设置为"600",最后单击"确定",即可添加数据块 MV540_DATA。

图 3-62　添加数据块 MV540_DATA

步骤 5　设置数据块 MV540_DATA 的变量

MV540 仅读取 CCD 摄像机获取到的数据，读取完及时复位参数，以避免后续数据的传送。数据类型选择“Array [1...16] of Byte”，如图 3-63 所示。数据长度根据读取和写入的实际情况确定。

MV540_DATA

	名称	数据类型	起始值
1	▼ Static		
2	▼ CODE	Array[1..16] of Byte	
3	CODE[1]	Byte	16#0
4	CODE[2]	Byte	16#0
5	CODE[3]	Byte	16#0
6	CODE[4]	Byte	16#0
7	CODE[5]	Byte	16#0
8	CODE[6]	Byte	16#0
9	CODE[7]	Byte	16#0
10	CODE[8]	Byte	16#0
11	CODE[9]	Byte	16#0
12	CODE[10]	Byte	16#0
13	CODE[11]	Byte	16#0
14	CODE[12]	Byte	16#0
15	CODE[13]	Byte	16#0
16	CODE[14]	Byte	16#0
17	CODE[15]	Byte	16#0
18	CODE[16]	Byte	16#0

图 3-63　数据类型

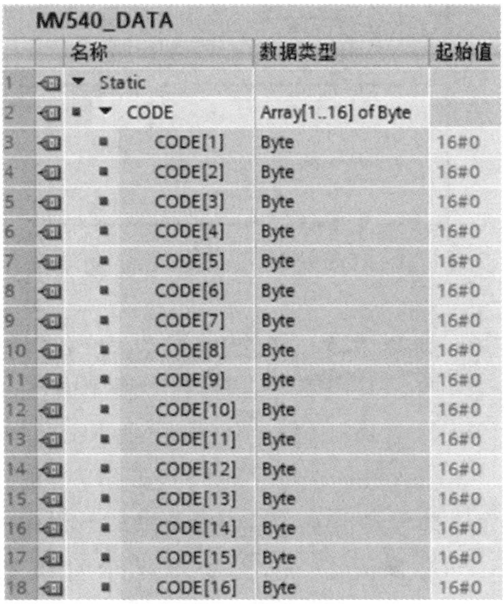

步骤 6　MV540 程序编制

步骤 6.1　添加复位指令 Reset_Reader

MV540 用于识别方向调整站的主件装配方向是否正确。在读取数据前，需要先复位 MV540。打开 MV540C[FC20]子程序，依次点击“程序段 1 梯形图—指令—选件包—SIMATIC Ident”，在展开的文件夹中找到 Reset_Reader 指令并双击，进入“调用选项”窗口，如图 3-64 所示。选择“单个实例”，输入数据块的名称“Reset_Reader_DB”，再选择“手动”，并将编号设置为“10”，最后点击“确定”，即可将 Reset_Reader 指令添加至程序段 1。

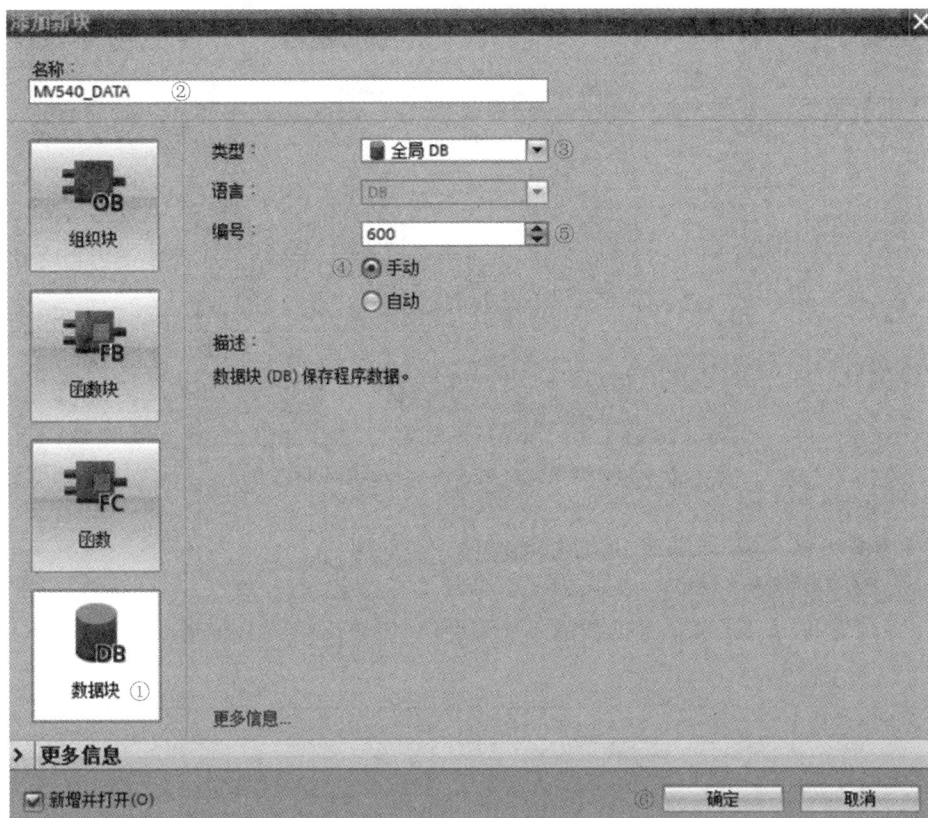

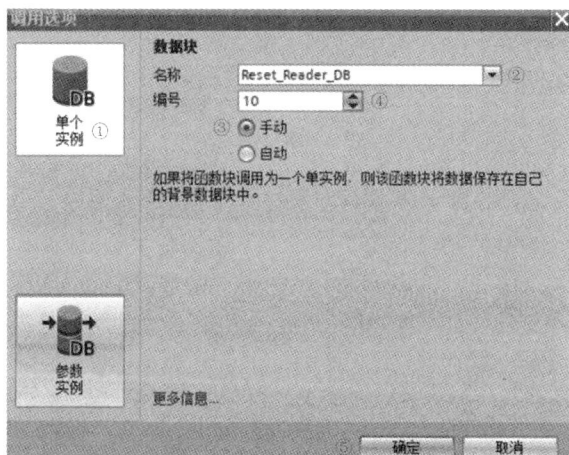

图 3-64　调用背景数据块 Reset_Reader_DB

步骤 6.2　设置复位指令 Reset_Reader 的参数

Reset_Reader 指令的 HW_CONNECT 参数选择工艺对象 MV540[DB500]。复位完成或复位未完成时每 10 Hz 在上升沿激活 EXECUTE 参数以执行复位指令。Reset_Reader 指令的程序如图 3-65 所示。

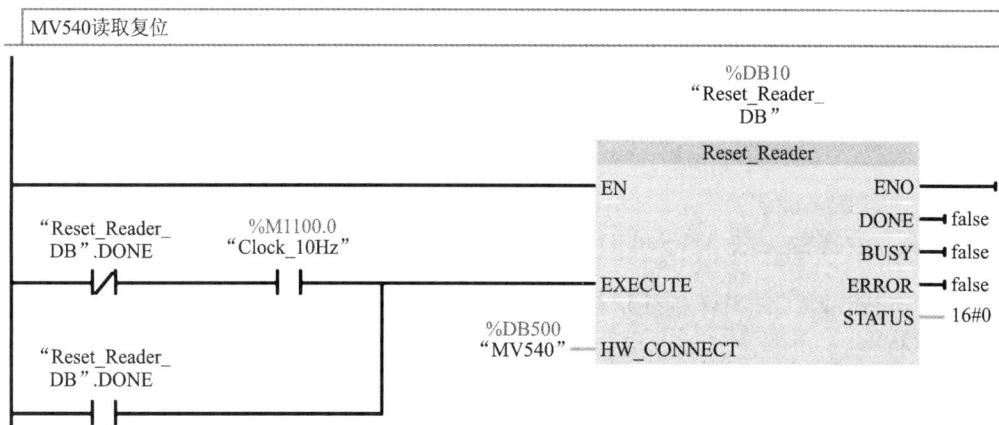

图 3-65　Reset_Reader 指令的程序

步骤 6.3　添加读取光学阅读器指令 Read_MV

同理，在 RFIDC[FC1]子程序中，依次点击"程序段 2 梯形图—指令—选件包—SIMATIC Ident"，在展开的文件夹中找到 Read_MV 指令并双击，进入"调用选项"窗口。选择"单个实例"，输入数据块的名称"Read_MV_DB"，再选择"手动"，并将编号设置为"20"，最后点击"确定"，即可将 Read_MV 指令添加至程序段 2。

步骤 6.4　设置读取光学阅读器指令 Read_MV 的参数

Read_MV 指令的 HW_CONNECT 参数选择工艺对象 MV540；读取数据缓冲区参数 IDENT_DATA 选择数据块所有变量"MV540_DATA".CODE。方向调整站的上料点有料且 MV540 摄像机检测到主件时，激活 Read_MV 指令的执行条件 EXECUTE。MV540 Read_MV 指令与激活条件 EXECUTE 的程序如图 3-66 所示。

MV540程序设置与MV540激活条件EXECUTE编程

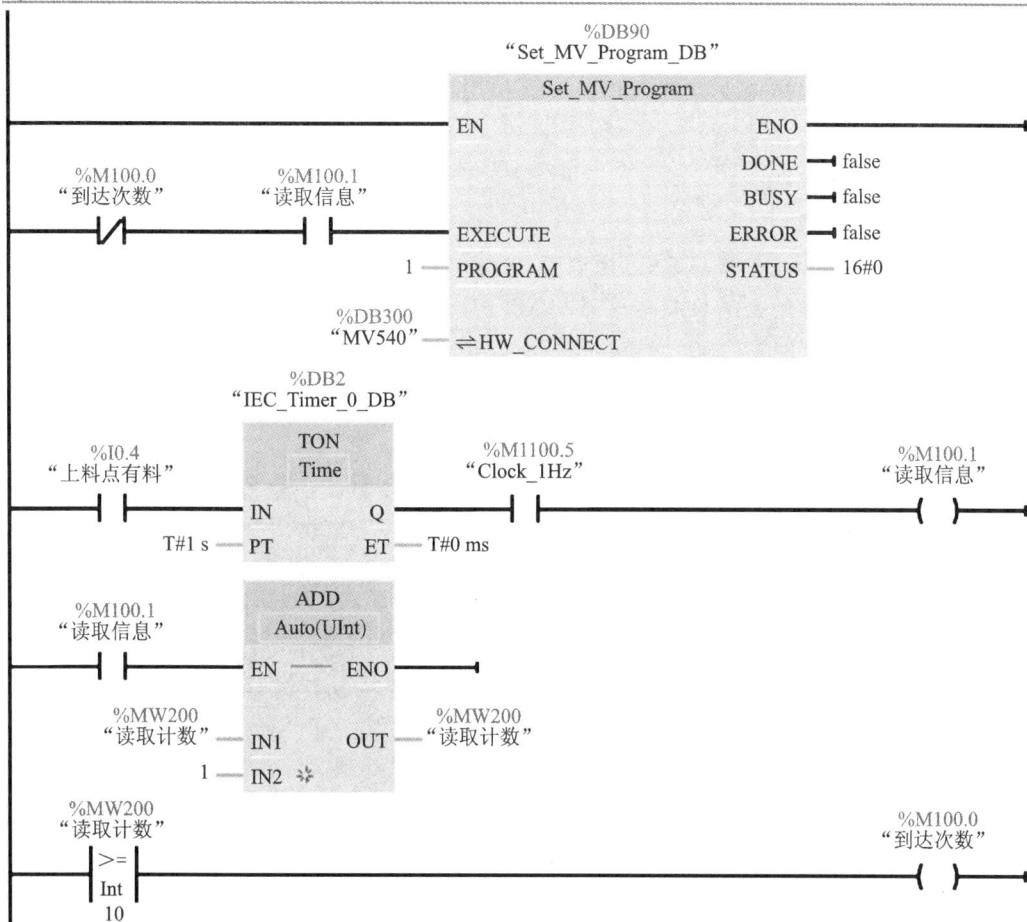

图 3-66　Read_MV 指令与激活条件 EXECUTE 的程序

任务实施 3　方向调整站模块化编程

◈ 任务实施要求

　　根据方向调整站的输入输出变量、顺序控制流程图、顺序功能图及 MV540 的设置与编程,编制选择分支顺序控制程序。

　　方向调整站的程序采用模块化结构设计程序,按功能分为初始化子程序、通信控制子程序、顺序功能子程序、显示控制子程序和输出控制子程序。初始化子程序用于实现方向调整站设备的初始化;通信控制子程序用于实现方向调整站自身及其与旋转工作站、产品组装站之间的通信;顺序功能子程序用于实现组装方向的调整与搬运功能;显示控制子程序用于显示方向调整站的状态,向方向调整站发布控制指令以驱动设备动作;输出控制子程序用于接收控制指令并驱动设备动作。

　　方向调整站的控制器接收到检测点的金属检测结果后,根据检测面是否有金属的判断机制,确定合格产品的放置方向是否正确。若放置方向正确,则同步带将产品直接搬运至方向调整站出口处;若放置方向错误,则同步带携带产品搬运至方向旋转点处,由手爪抓取产品并调整其放置方向。放置方向正确与放置方向错误两个分支在同一时刻只有一个能够执行,属于典型的选择分支控制流程。下面仅说明方向调整站的顺序功能子程序的部分编制。

编程前注意事项:
(1)编制顺序功能子程序前,在主程序 Main[OB1]中必须调用顺序功能子程序。
(2)确保检测点的金属检测传感器或 MV540 正常工作。

步骤 1　编制传送带搬运主件与金属检测的程序

在检测点处,金属检测传感器或 MV540 对主件进行检测并记录检测结果,同时同步带将主件搬运至方向旋转点,如图 3-67 所示。

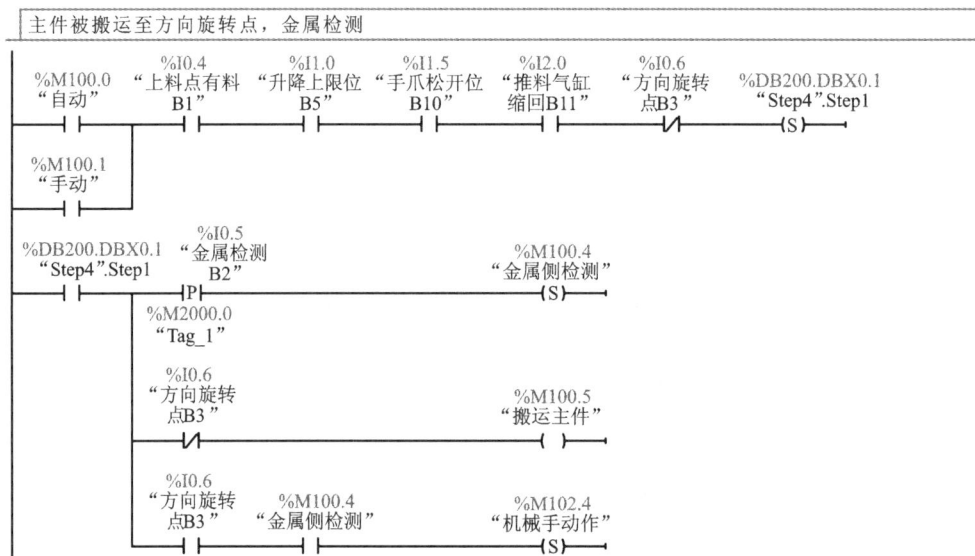

图 3-67　同步带搬运主件与金属检测程序

步骤 2　编制机械手动作和机械手不动作的选择分支程序

若检测到金属,根据检测结果,当主件到达方向旋转点后,执行方向调整组件动作分支,即执行机械手下降动作;若没有检测到金属,当主件到达方向旋转点后,执行方向调整组件不动作分支,即主件继续搬运至搬运右侧位。其程序如图 3-68 所示。

步骤 3　编制机械手动作和机械手不动作的选择分支汇合程序

机械手动作和机械手不动作的选择分支汇合程序如图 3-69 所示。

选择分支：机械手动作时，机械手下降；机械手不动作时，继续搬运主件

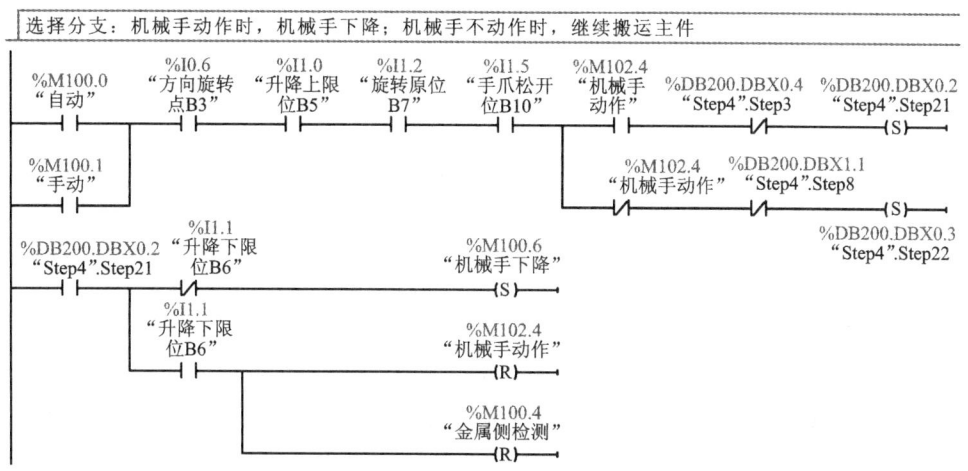

图 3-68　机械手动作与机械手不动作的选择分支程序

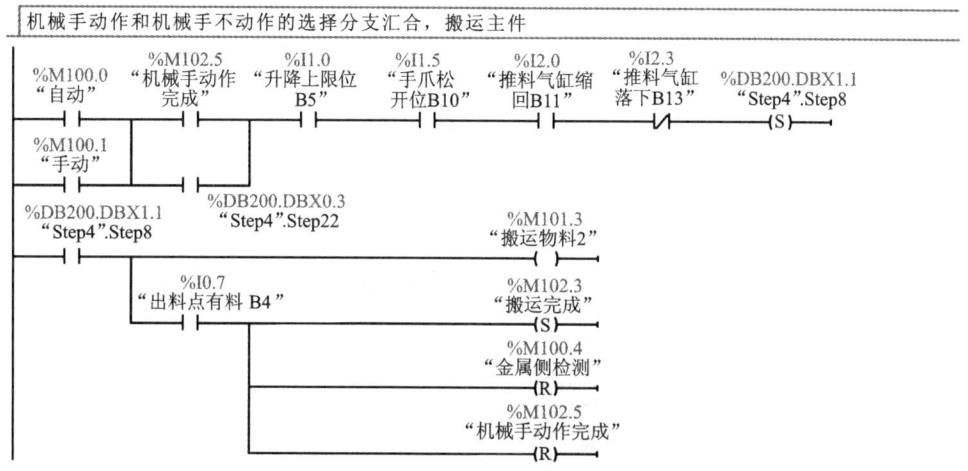

机械手动作和机械手不动作的选择分支汇合，搬运主件

图 3-69　机械手动作和机械手不动作的选择分支汇合程序

编程注意事项：

（1）编程前，应根据顺序功能图和设备实际情况，先了解设备的特点。

（2）顺序功能图含义表中的转换条件仅指出了最重要的条件，实际编程时还需根据设备的具体实际位置添加附加转换条件。

（3）编程时需特别注意转换条件的开始启动条件和结束停止条件。

（4）推料气缸、升降气缸和旋转气缸采用单电控制；手爪气缸采用双电控制。

（5）初始状态：升降气缸在上限位，旋转气缸在 0°位，手爪在松开位，推料气缸在上限位，推料气缸在缩回位。

（6）确保各站之间的信号交互信息可靠。为防止主件在进入下一站后尚未稳定时就开始运行，应适当使用定时器相关指令，等待主件稳定后再开始动作。考虑到实际空间限制，出料点可能设置在 2# 升降气缸下方，这将导致 2# 升降气缸无法正常下降。因此，需要让主件在出料点后继续运行一定距离，以便 2# 升降气缸能够顺利下降。

（7）编程时需注意动作先后顺序，避免混淆或出错。例如，只有在 2♯ 升降气缸下降之后，推料气缸才能伸出，将主件推送至产品组装站。

拓展知识　光学识别系统的用户界面

机器视觉系统通过 CMOS 或 CCD 两种图像摄取装置，将被摄取目标转换成图像信号，并传送给专用的图像处理系统，以获取被摄目标的形态信息。系统根据像素分布、亮度、颜色等信息，将其转变为数字信号。图像处理系统对这些数字信号进行各种运算，以提取目标的特征信息。最终，根据判别结果控制现场设备的动作，从而大大提高生产效率、自动化程度和信息集成度。典型的机器视觉系统一般由光源、镜头、CCD 相机或 CMOS 相机、图像处理单元、图像处理软件、监视器以及通信/输入输出单元等组成。

光学识别系统 SIMATIC MV540 属于典型的机器视觉系统。在配置读码器 MV540 之前，需要检查 Java 运行环境 JRE 是否已安装、西门子环网管理工具 PST 及其授权文件是否已安装。配置完成后，通过 360 浏览器的 IE 模式启动网页访问读码器 MV540 的初始界面，如图 3-70 所示。用户可借助 WBM 对读码器 MV540 进行组态和调试。

图 3-70　网页访问读码器 MV540 的初始界面

点击初始界面左侧的"开始页面"，进入读码器 MV540 的 WBM 起始界面，如图 3-71 所示。该起始界面由菜单项目树、状态栏和工具栏、主窗口 3 部分组成。

菜单项目树包括开始页面、应用程序、库、设置和设备 5 部分，其功能如表 3-29 所示。其中，在开始页面中可设置读码器 MV540 的 WBM 界面；应用程序由 EasyStart 和程序 2 部分组成；设置细分为通信、选项、安全和用户管理 4 部分；设备细分为诊断、系统、调整和帮助 4 部分。

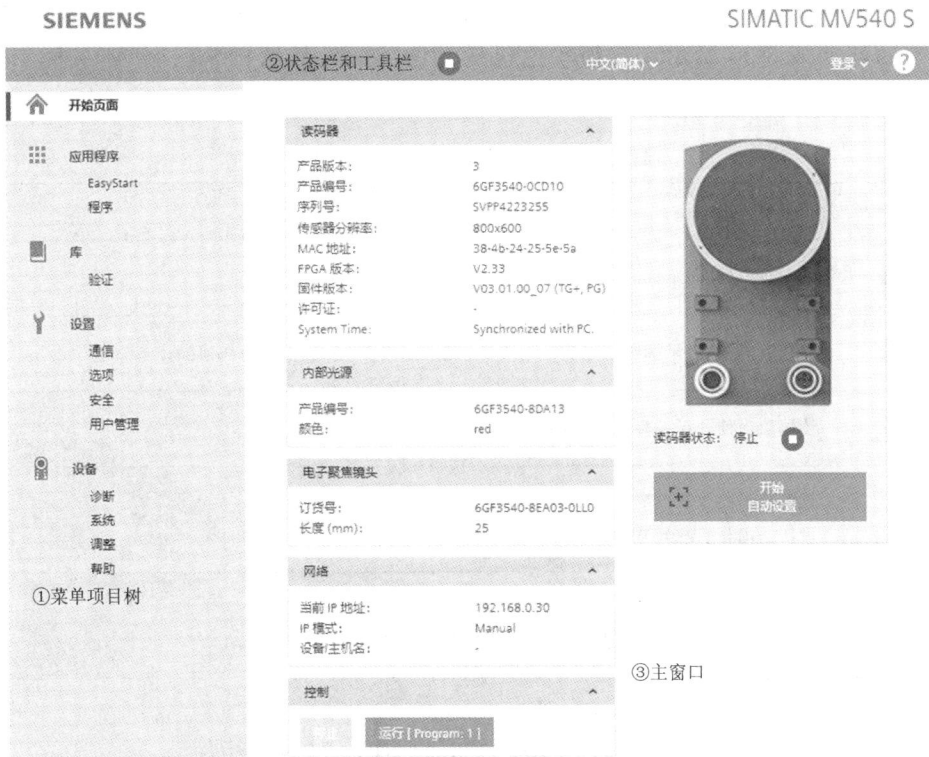

图 3-71　读码器 MV540 的 WBM 起始界面

表 3-29　读码器 MV540 的 WBM 菜单项目树功能

菜单树项目		功能
开始页面		检索设备和网络信息；启动/停止现有程序的处理模式
应用程序	EasyStart	指定和测试图像采集设置、读码器方向和处理任务；监视/控制处理 "EasyStart"表示"程序"菜单的简化视图。在此菜单中，重要控件突出显示，而很少需要的功能被隐藏
	程序	显示全部功能
库	验证	指定验证设置；校准曝光和标定
设置	通信	指定通信设置
	选项	指定常规设备设置
	安全	分配角色特定权限
	用户管理	启用/禁用用户管理；创建和删除用户配置文件；更改密码
设备	诊断	显示和备份来自读码器的诊断数据；创建包括诊断的系统图像；处理长期诊断
	系统	将读码器复位为出厂设置；保存/恢复设备组态；更新固件；保存/恢复自定义 GUI
	调整	指定 WBM 视图的设置
	帮助	有关 WBM 和设备的更多帮助；自述文件；"服务与支持"联系信息

状态栏和工具栏可显示读码器 MV540 的启动、停止、编辑、校准、调整和挂锁 6 种模式，其图标与功能如表 3-30 所示。挂锁颜色包括红色、蓝色、灰色和绿色，分别表示 4 种控制权限。

表 3-30　读码器 MV540 的 6 种模式

名称	图标	功能
启动	▶	启动读码器，表示读码器当前处于处理模式
停止	■	停止读码器，表示读码器当前不处于处理模式或生产模式，未执行任何操作
编辑	✎	读码器当前处于编辑模式，可对组态进行更改
校准	✎	读码器当前处于校准模式，可对组态进行更改。可根据国际标准计算一维和二维条码的质量
调整	⚙	读码器当前处于调整模式。可通过"READ"按钮或执行"总览—自动调整—完整程序"命令启动
挂锁	红色 🔒	在"只读"状态下无法进行任何操作。已登录用户不具有写权限，或其他 PC 的 WBM 对读码器具有控制权限
	蓝色 🔒	WBM 的用户管理处于活动状态
	灰色 🔒	DISA 处于激活状态。因某个自动化系统正在控制读码器而无法在此状态下进行操作。仅具有"接管控制"权限的用户才能从自动化系统接管读码器的控制权限
	绿色 🔒	当前登录用户已接管读码器的控制权限。在此期间连接控制器无法访问读码器

任务5　产品组装站编程

产品组装站编程

任 务 导 入

产品组装站可实现合格主件、按钮头、螺栓的装配。并行分支流程通常包含两个及两个以上分支的顺序控制流程，而且同一时刻允许两个及两个以上分支同时执行和停止。产品组装站在组装主件和螺栓时，拧螺栓和螺栓气缸伸出动作同时进行，属于典型的并行分支控制流程。

知识平台　产品组装站

任务知识 1　产品组装站工作流程

产品组装站是智能产线的第五站，由 S7-1200 控制器、HMI、伺服驱动系统、按钮头供料气缸、螺栓供料气缸、螺栓推出气缸和传感器等设备组成。该站通过输入条件和 S7-1200 控制器控制所有可能动作的设备。HMI 向控制器发送操作命令，显示传感器和输出设备的不同状态。传感器用于检测各设备的状态，以便控制器做出相应的动作。例如，当在上料点检测到主件且输送组件处于搬运初始位时，控制器才会向定位气缸发送定位动作指令。搬运气缸控制输送组件在搬运初始位与搬运右侧位之间运动。产品组装站的输入输出变量如表 3-31 所示。

表 3-31　产品组装站的输入输出变量

输入变量 I								输出变量 Q			
名称	地址	类型	符号	名称	地址	类型	符号	名称	地址	类型	符号
自动/手动	I0.0	Bool	S1	定位气缸缩回位	I0.7	Bool	B4	启动指示灯	Q0.0	Bool	L1
启动	I0.1	Bool	S2	按钮头供料气缸缩回位	I0.5	Bool	B2	拧螺栓电机使能	Q0.1	Bool	U1
停止	I0.2	Bool	S3	按钮头供料气缸伸出位	I0.6	Bool	B3	按钮头供料气缸	Q0.2	Bool	Y1
急停	I0.3	Bool	S4	定位气缸伸出位	I1.0	Bool	B5	定位气缸	Q0.3	Bool	Y2
复位	I1.5	Bool	S5	供螺栓气缸缩回位	I1.1	Bool	B6	螺栓供料气缸	Q0.4	Bool	Y3
上料点有料	I0.4	Bool	B1	供螺栓气缸伸出位	I1.2	Bool	B7	螺栓推出气缸伸出	Q0.5	Bool	Y4
搬运初始位	I2.0	Bool	B10	推螺栓气缸缩回位	I1.3	Bool	B8	推螺栓气缸缩回位	Q0.6	Bool	Y5
搬运右侧位	I2.1	Bool	B11	推螺栓气缸伸出位	I1.4	Bool	B9	搬运气缸	Q0.7	Bool	Y6

注：输入输出地址不是绝对的，需要根据实际硬件组态的地址空间而定。

当产品组装站的上料点检测到主件且处于初始位置时，定位气缸伸出以固定主件，实现主件定位。按钮头供料气缸缩回，将按钮头推入主件开孔中，随后按钮头供料气缸伸出至伸出位，完成按钮头供料。按钮头供料完成后，搬运气缸将主件搬运至搬运右侧位，完成主件搬运。螺栓从螺栓供料槽落下，螺栓供料气缸伸出，完成螺栓供料。螺栓供料完成后，拧螺栓电机开始运转，同时螺栓推出气缸伸出至伸出位，拧螺栓电机停止运行，完成主件装配。螺栓推出气缸缩回到位后，螺栓供料气缸和定位气缸缩回，松开主件。产品分拣站接收到产品组装站出口有料信息后，产品分拣站的手爪夹取主件，且当上料点检测不到主件时，搬运气缸开始缩回，带动输送组件回到初始位置。

综上所述，产品组装站顺序控制流程包括：上料点检测主件，定位气缸伸出固定主件，按钮头供料气缸缩回完成按钮头供料，按钮头供料气缸伸出，搬运气缸伸出，螺栓供料气缸伸出完成螺栓供料，螺栓推出气缸伸出并与拧螺栓电机同时运行以实现触点开关装配，螺栓推出气缸缩回，定位气缸缩回，螺栓供料气缸缩回至缩回位松开主件（等待被产品分拣站抓取），搬运气缸缩回带动输送组件回到初始位置。顺序控制流程图如图 3-72(a)所示,相应的顺序功能图如图 3-72(b)所示。顺序功能图含义见表 3-32。

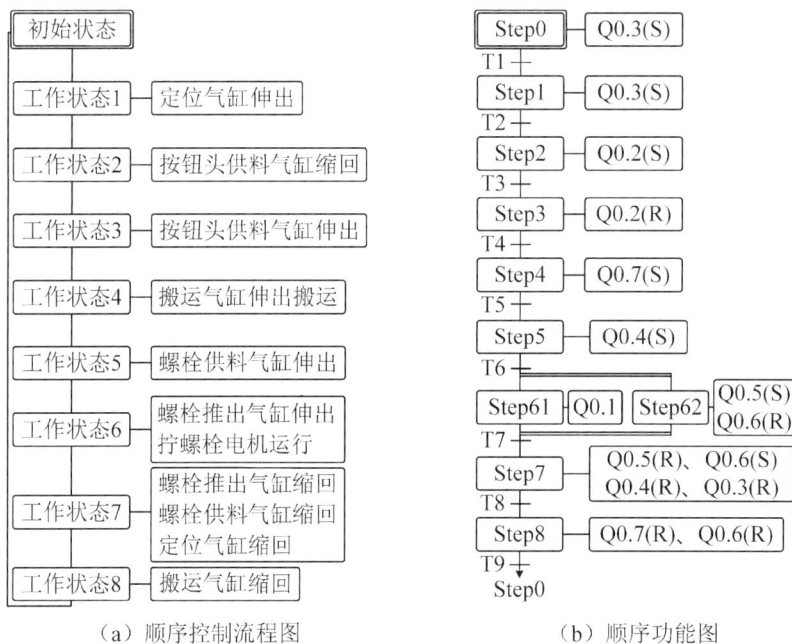

（a）顺序控制流程图　　　　　（b）顺序功能图

图 3-72　产品组装站顺序控制流程图和顺序功能图

表 3-32　产品组装站顺序功能图含义

转换条件及其含义						状态名称及其含义			
名称	开始	结束	名称	开始	结束	名称	含义	名称	含义
T1	I0.7	I1.0	T6	I1.3	I1.4	Step0	初始状态	Step61	螺栓推出气缸伸出
T2	I0.6	I0.5	T7	I1.4	I1.3	Step1	定位气缸伸出	Step62	拧螺栓
T3	I0.5	I0.6		I1.2	I1.1	Step2	按钮头供料气缸缩回	Step7	螺栓推出气缸缩回
T4	I2.0	I2.1		I1.0	I0.7	Step3	按钮头供料气缸伸出		螺栓供料气缸缩回
T5	I1.1	I1.2	T8	I2.1	I2.0	Step4	搬运气缸伸出		定位气缸缩回
备注:表中转换条件仅列出最重要启停条件						Step5	螺栓供料气缸伸出	Step8	搬运气缸缩回

任务知识 2　脉宽调制指令

脉宽调制(PWM)指令 CTRL_PWM 的作用是提供脉冲宽度,并通过可变占空比来改变脉冲宽度。脉宽调制指令 CTRL_PWM 的脉冲持续时间和循环时间可通过用户程序更改。脉宽调制指令 CTRL_PWM 及其参数说明如表 3-33 所示。

表 3-33　脉宽调制指令 CTRL_PWM 及其参数说明

脉宽调制指令 CTRL_PWM	参数	声明	数据类型	默认值	说明
	PWM	Input	HW_PWM	0	脉冲发生器的硬件 ID
CTRL_PWM — EN　　　ENO — — PWM　　BUSY — — ENABLE　STATUS —	ENABLE	Input	Bool	FALSE	0—启用脉冲输出 1—禁用脉冲输出
	BUSY	Output	Bool	FALSE	处理运行状态(空闲/忙)
	STATUS	Output	Word	16#0	0—无错误 80A1—脉冲发生器的硬件 ID 无效 80D0—指定 PWM 硬件 ID 未激活

通过用户程序可更改对话框"脉冲选项"中所设置的脉冲持续时间,并将初始脉冲持续时间的设定值写入脉冲发生器的输出字节中。其起始地址和结束地址将显示在 I/O 地址下脉冲发生器属性中。若要更改脉冲的持续时间,需将相应值写入设备组态中所指定的输出字地址中。脉冲持续时间的格式有多种,如百分之一、千分之一等。

在硬件配置中激活所指定的脉冲发生器后,在相应脉冲发生器的"脉冲选项"中,选择"允许对循环时间进行运行时修改"复选框。选择该复选框时,前 2 个字节表示脉冲持续时间,后 3～6 个字节表示脉冲循环时间。在脉冲发生器的运行过程中,可在所分配的输出存储器的结尾处更改该双字值,从而变更 PWM 信号的循环时间。

任务实施　产品组装站编程

任务实施 1　脉宽调制配置与功能编程

◆ **任务实施要求**

根据 S7-1200 控制器的脉冲发生器导向和脉宽调制指令,完成脉宽调制配置与功能编程。

产品组装站的脉冲发生器由控制器的 4 个高速脉冲输出信号 PTO/PWM 提供。产品组装站通过 CPU 的输出端 Q0.1 控制驱动器的脉冲宽度。

步骤 1　配置 PWM 属性

步骤 1.1　常规参数设置

选择并进入 S7-1200 控制器的 CPU"属性"窗口,找到"常规"选项卡下的"脉冲发生器(PTO/PWM)",选择"PTO1/PWM1",选择右侧"常规"进行配置,最后勾选"启用该脉冲发生器",如图 3-73 所示。

步骤 1.2　参数分配设置

如图 3-73 所示,选择"参数分配"对信号类型、时基、脉宽格式、循环时间和初始脉冲宽度等

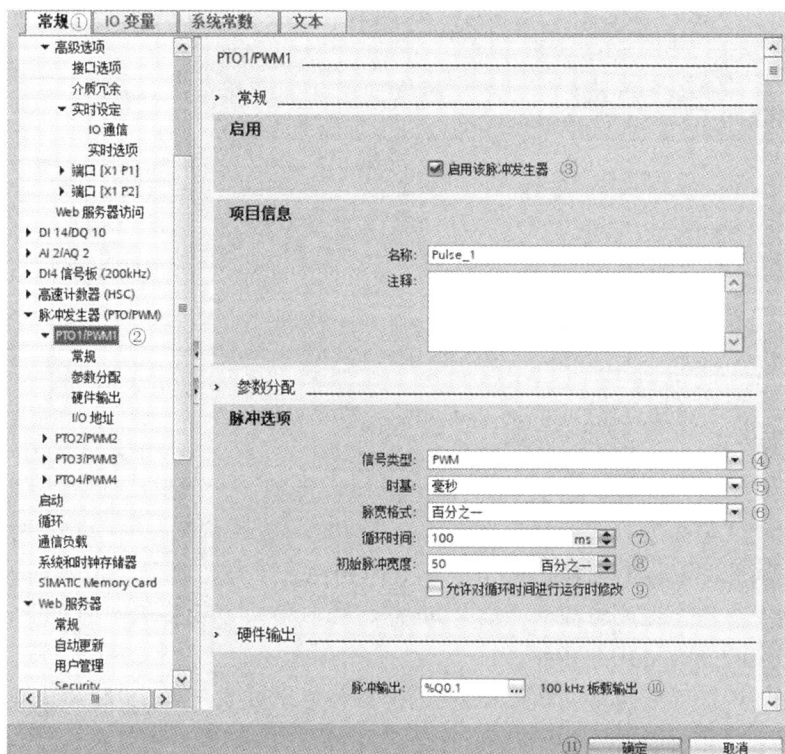

图 3-73　配置 PWM 属性

脉冲选项进行设置。信号类型用于设置脉冲输出形式；时基用于设置循环时间的单位；脉宽格式用于设置脉冲宽度的表示形式；循环时间用于设置脉冲周期；初始脉冲宽度用于设置脉冲占空比。

　　产品组装站脉冲发生器的信号类型选择"PWM"，时基选择"毫秒"，脉宽格式选择"百分之一"，循环时间选择"100 ms"；初始脉冲宽度选择"50（百分之一）"，并取消勾选"允许对循环时间进行运行时修改"。这意味着产品组装站的脉冲发生器使用 PWM 信号，相应的脉冲周期为100 ms，初始脉冲宽度为 50 ms，占空比为 50%，且不允许运行时修改循环时间。

步骤 1.3　硬件输出设置

如图 3-73 所示，在"硬件输出"中，将"脉冲输出"设置为"Q0.1"。

步骤 1.4　I/O 地址设置

选择脉冲发生器下的"I/O 地址"，进行输出地址配置，此处保持默认值即可。

步骤 2　PWM 编程

依次选择"指令—扩展指令—脉冲—CTRL_PWM"，将 CTRL_PWM 指令拖至程序段中，在自动生成的背景数据块 CTRL_PWM_DB 中，选择"手动"，将编号设置为"120"，随后点击"确定"即可将 CTRL_PWM 指令加入程序段中。

　　产品组装站的拧螺栓动作由 PWM 控制，驱动器的脉冲宽度由 Q0.1 控制。PWM 参数选择控制器中已配置好的脉冲发生器 PTO1/PWM1，系统将显示相应脉冲发生器的硬件标识符265。ENABLE 指令用于启用 PWM。其程序如图 3-74 所示。

拧螺栓

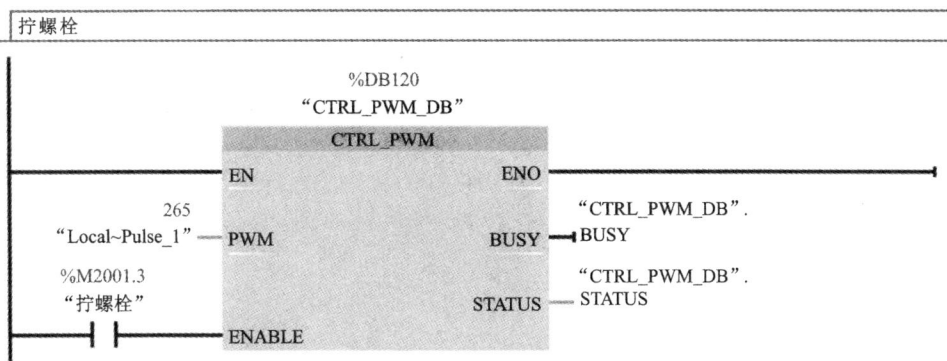

图 3-74　用 CTRL_PWM 指令实现拧螺栓动作的程序

任务实施 2　产品组装站模块化编程

◆ **任务实施要求**

　　根据产品组装站的输入输出变量、顺序控制流程图、顺序功能图及伺服驱动系统的设置与编程，编制并行分支顺序控制程序。

　　产品组装站的程序采用模块化结构设计程序，按功能分为初始化子程序、通信控制子程序、并行分支顺序功能子程序、显示控制子程序和输出控制子程序。初始化子程序用于对产品组装站的软硬件进行初始状态设置。通信控制子程序能实现产品组装站与方向调整站、产品分拣站之间的通信。并行分支顺序功能子程序用于实现对主件、按钮头和螺栓的组装与搬运。显示控制子程序用于显示产品组装站的状态，并向产品组装站发布控制指令以驱动设备动作。输出控制子程序用于接收控制指令并驱动设备动作。下面仅说明产品组装站的并行分支顺序功能子程序的编制。

> **编程前注意事项：**
> （1）编制并行分支顺序功能子程序前，在主程序中必须调用并行分支顺序功能子程序。
> （2）编制并行分支顺序功能子程序前，需确保 PWM 配置与程序编制已经完成。

步骤 1　编制主件装配定位程序

　　当承载台检测到主件后，产品组装站的定位气缸伸出至伸出位置，固定主件的组装位置，为按钮头和螺栓组装做好准备，如图 3-75 所示。

步骤 2　编制按钮头供料程序

　　按钮头供料气缸缩回，为主件提供按钮头，如图 3-76 所示。

> **注意：**按钮头供料气缸的初始位置在伸出位，缩回时把按钮头推入主件孔内。

定位气缸伸出，装配定位

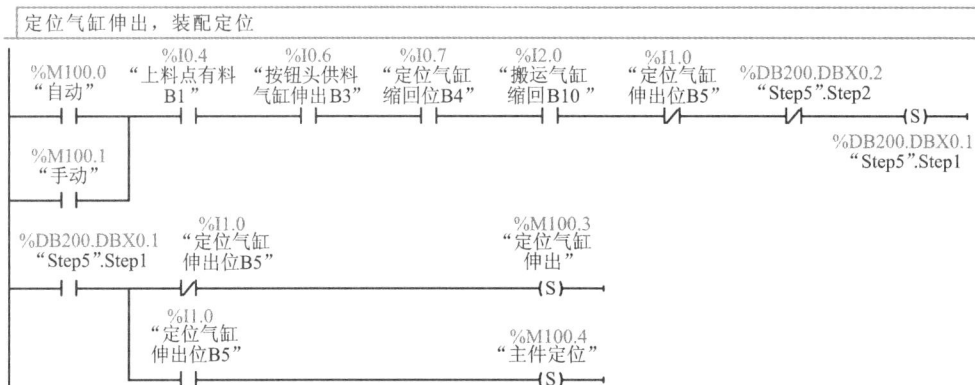

图 3-75　主件装配定位程序

按钮头供料：按钮头供料气缸缩回

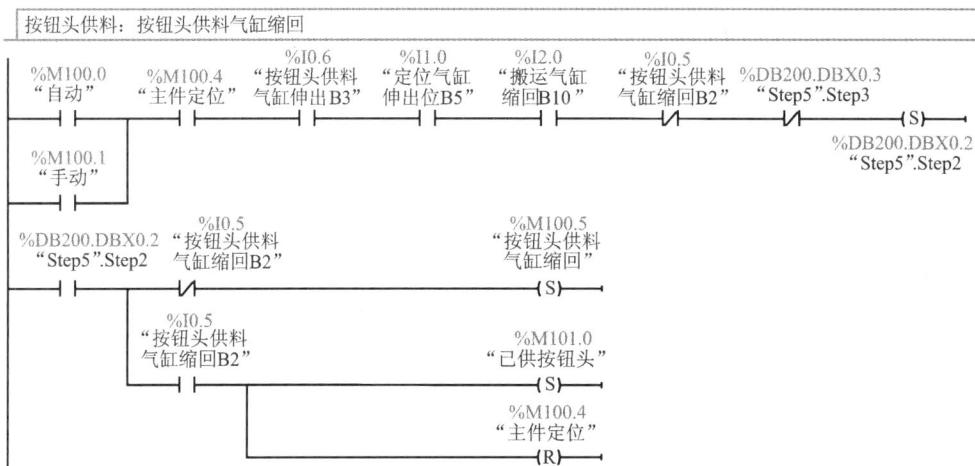

图 3-76　按钮头供料程序

步骤 3　编制组装螺栓并行分支程序

组装主件、螺栓和按钮头时，拧螺栓电机和螺栓推出气缸必须同时运行。具体而言，拧螺栓电机开始运行时螺栓推出气缸同时伸出，拧螺栓电机停止运行时螺栓推出气缸同时停止伸出，如图 3-77 所示。

> **编程注意事项：**
>
> （1）编程前，应根据顺序功能图和设备实际情况，先了解设备的特点。
>
> （2）顺序功能图含义表中的转换条件仅指出了最重要的条件，实际编程时还需根据设备的具体位置添加附加转换条件。
>
> （3）编程时需特别注意转换条件的开始启动条件和结束停止条件。
>
> （4）定位气缸、按钮头供料气缸、搬运气缸和螺栓供料气缸采用单电控制；螺栓推出气缸采用双电控制。
>
> （5）初始状态：定位气缸在缩回位置，按钮头供料气缸在伸出位置，螺栓供料气缸在缩回位置，螺栓推出气缸在缩回位置，搬运气缸在缩回位置。

拧螺栓与螺栓推出气缸伸出

```
%M100.0      %M101.3      %I0.6         %I1.0        %I1.3         %I2.1        %I1.4          %DB200.DBX0.5
"自动"     "已供螺栓头"  "按钮头供料  "定位气缸   "螺栓推出气  "搬运气缸  "螺栓推出气      "Step5".Step5
                        气缸伸出B3"  伸出位B5"   缸缩回B8"   伸出B11"  缸伸出B9"
  ┤├─────────┤├─────────┤├──────────┤├──────────┤├──────────┤├──────────┤/├─────────────(S)

%M100.1
"手动"
  ┤├

%DB200.DBX0.5  %M101.5                                                      %M101.4
 "Step5".Step5 "螺栓气缸伸出"                                                  "拧螺栓"
  ┤├───────────┤├──(S)──────────────────────────────────────────────────────(S)

                         %DB100
                       "CTRL_PWM_DB"
                        CTRL_PWM
                   ┌──────────────────┐
                   │ EN          ENO  │
        265        │                  │
 "Local~Pulse_1"──┤ PWM        BUSY  ├──→ "CTRL_PWM_DB".BUSY
      %M101.5      │                  │
   "螺栓气缸伸出"   │           STATUS ├──→ "CTRL_PWM_DB".STATUS
  ┤├──────────────┤ ENABLE           │
                   └──────────────────┘

 %M101.5        %I1.4        %M101.6       %M101.5        %M101.4
"螺栓气缸伸出"  "螺栓推出气   "拧螺栓完成"   "螺栓气缸伸出"   "拧螺栓"
              缸伸出B9"
  ┤├───────────┤├──(S)────────(R)──────────(S)
```

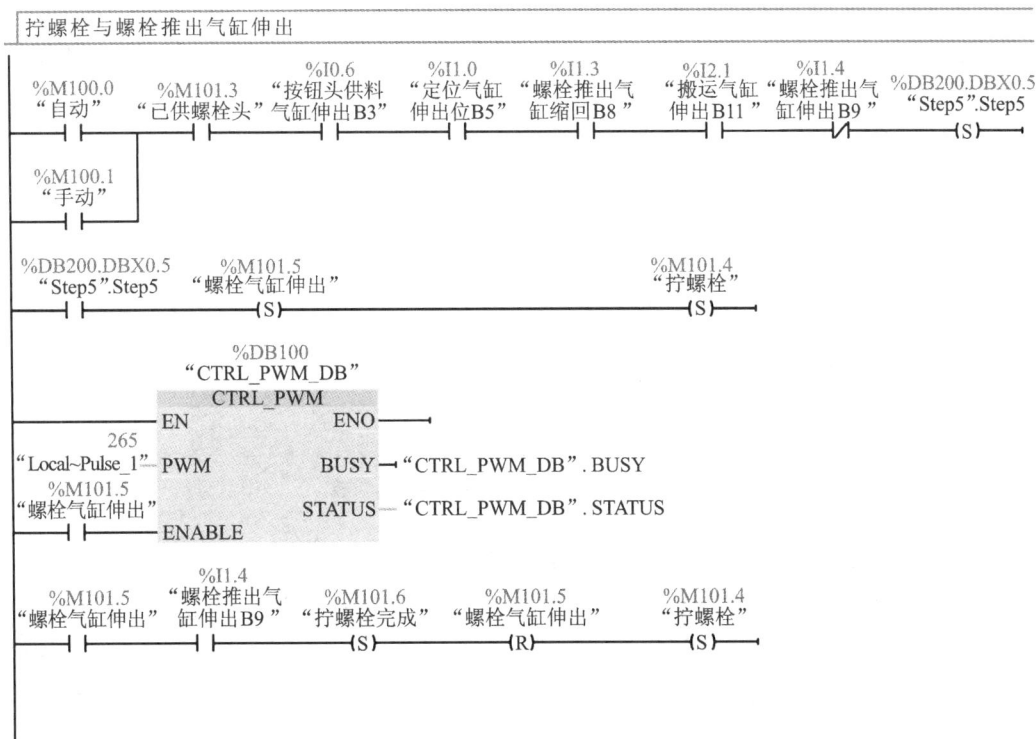

图 3-77 组装螺栓并行分支程序

（6）确保各站之间的信号交互信息可靠。为防止主件在进入下一站后尚未稳定时就开始运行，应适当使用定时器相关指令，等待主件被下一站取走后上升到一定高度时承载台再开始动作，避免承载台与主件发生干涉。

（7）编程时需注意动作先后顺序和并行动作顺序，避免混淆或出错。例如，主件被产品分拣站的手爪取走并上升到一定高度后，搬运气缸上的承载台才能缩回至搬运初始位。

拓展知识　RFID系统组态

智能产线的RFID系统用于控制、检测和跟踪主件，由3个通信模块RF186CI和6个阅读器RFID组成。相邻工作站的RFID共用一个通信模块。通信模块安装在次品分拣站、方向调整站和产品分拣站。每个工作站安装一个阅读器RFID。

步骤 1　RFID硬件与网络组态

步骤 1.1　添加通信模块

在硬件目录中依次执行"检测和监视—Ident系统—SIMATIC通信模块—RF186CI—6GT2 002-0JE50"，添加通信模块RF186CI。

步骤 1.2 分配 IO 控制器（主站）

用鼠标右键单击 RF186CI 下方的"未分配"，在弹出的菜单中选择"分配给新 IO 控制器"，接着在"选择 IO 控制器"窗口中勾选"PLC_1.PROFINET 接口_1"，最后点击"确定"，如图 3-78 所示，为 RFID 分配 IO 控制器 PLC_1。

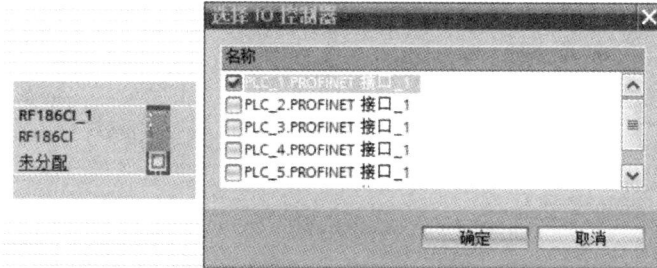

图 3-78 分配 RFID 系统的 IO 控制器

步骤 1.3 分配 IP 地址与填写设备名称

依次选择"属性—常规—PROFINET 接口[X1]—以太网地址"，子网选择"PN/IE_1"；在 IP 协议中，先选择"在项目中设置 IP 地址"，然后将 IP 地址设置为"192.168.0.21"，子网掩码为"255.255.255.0"；取消勾选"自动生成 PROFINET 设备名称"，PROFINET 设备名称填写"rf186ci_1"，设备编号选择"1"，如图 3-79 所示。

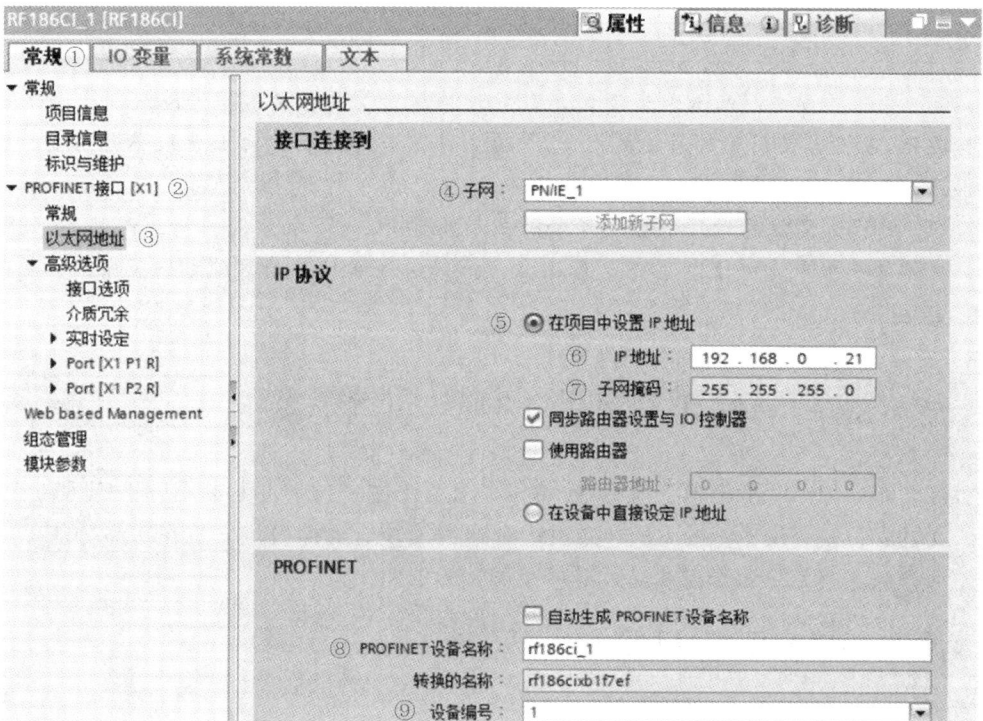

图 3-79 分配 IP 地址与填写设备名称

通信模块 RF186CI 硬件组态与网络组态完成后如图 3-80 所示。

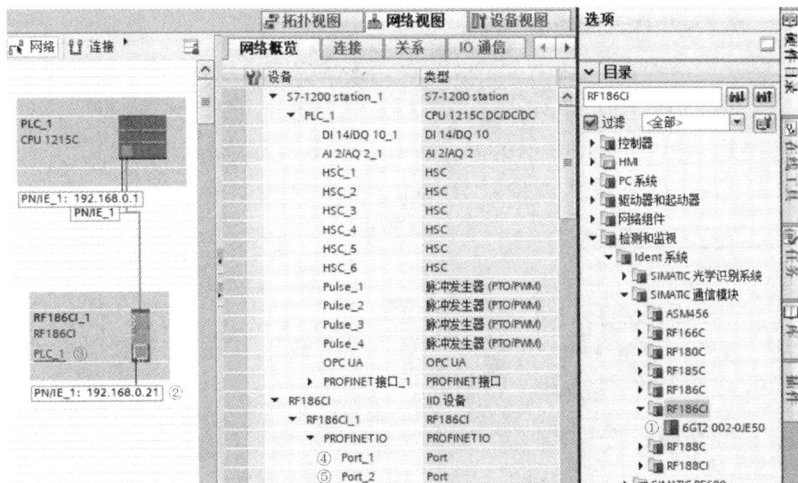

图 3-80　通信模块 RF186CI 硬件组态与网络组态完成

步骤 2　RFID 工艺对象添加与组态

步骤 2.1　添加工艺对象 RFID1 与 RFID2

在项目树中选择"工艺对象",双击"新增对象",进入"新增对象"窗口。如图 3-81 所示,选择左侧的"SIMATIC Ident",在"名称"栏中输入工艺对象名称"RFID1",接着在"SIMATIC Ident"文件夹下选择"TO_Ident",版本选择"V1.1",然后选择"手动"并将编号设置为"100",最后单击"确定",即可添加工艺对象 RFID1,并进入阅读器 RFID1 组态窗口准备组态。用同样的方法添加工艺对象 RFID2。

图 3-81　添加工艺对象 RFID1

步骤 2.2　基本参数的 Ident 设备设置

在阅读器 RFID1 的组态窗口中,先选择"基本参数",然后点击"Ident 设备"输入框右侧的"...",进入设备组态窗口,添加 Ident 设备"PLC_1[CPU 125C DC/DC/DC]",依次选择"分布式 I/O—PROFINENT IO-System(100):PN/IE_1—RF186CI_1[RF186CI]—阅读器_1",最后点击"☑",如图 3-82 所示,完成阅读器 RFID1 的 Ident 设备的添加。

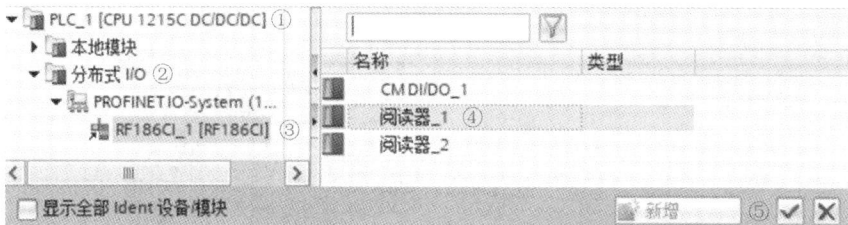

图 3-82　添加 RFID1 的 Ident 设备

步骤 2.3　基本参数设置

在阅读器 RFID1 的组态窗口中,选择"组态—基本参数",开始设置基本参数。Ident 设备选择"RF186CI_1.阅读器_1",通道选择"通道 1",接着点击"阅读器参数分配"输入框右侧的"▼",在下拉列表中选择"常规阅读器",如图 3-83 所示,完成基本参数设置。

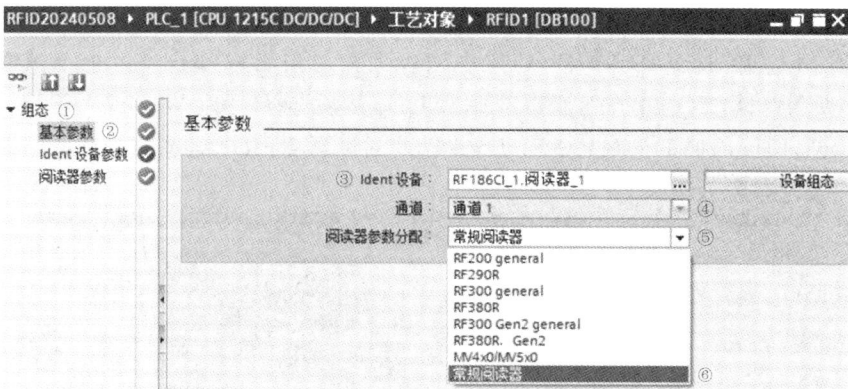

图 3-83　阅读器 RFID1 的基本参数设置

按照同样的方法,完成阅读器 RFID2 的组态。

阅读器 RFID1 和阅读器 RFID2 的添加和组态完成。可在 RFID 系统设备视图中查看和检查 RFID 系统是否组态完毕,如图 3-84 所示。

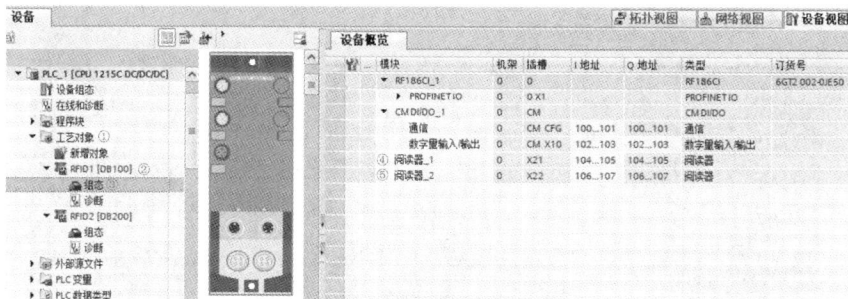

图 3-84　RFID 系统设备视图

任务 6 产品分拣站编程

任务导入

产品分拣站通过颜色检测来判断合格产品的放置位置,根据产品的不同颜色,将其放入不同的通道以实现分拣,这一过程属于选择分支控制流程。

知识平台 产品分拣站

产品分拣站由 S7-1200 控制器、HMI、伺服驱动系统、升降气缸(凸轮机构)、颜色检测传感器、搬运电机、接近开关和电磁阀等设备组成。S7-1200 控制器根据输入条件和程序控制产品分拣站所有可能动作的设备,其输入输出变量如表 3-34 所示。HMI 向控制器发送操作命令,并显示传感器和输出设备的不同状态。传感器检测各设备的状态,以便控制器做出相应的判断和动作。例如,颜色检测传感器检测产品的颜色,控制器根据颜色检测结果判断产品应放置在哪个滑道上,并执行相应的操作控制。搬运电机用于控制输送组件在初始位置与 1♯、2♯ 搬运通道位置之间运动。

表 3-34 产品分拣站的输入输出变量

输入变量 I(数据类型为 Bool)						输出变量 Q(数据类型为 Bool)		
名称	地址	符号	名称	地址	符号	名称	地址	符号
自动/手动	I0.0	S1	搬运初始位	I0.7	B2	启动指示灯	Q0.0	L1
启动	I0.1	S2	1♯搬运通道位	I1.0	B3	凸轮升降脉冲	Q0.1	U1
停止	I0.2	S3	2♯搬运通道位	I1.1	B4	凸轮升降方向	Q0.2	U2
急停	I0.3	S4	颜色检测点	I1.2	B5	搬运电机使能	Q0.3	K1
凸轮升降原点	I0.4	B1	手爪松开位	I1.3	B6	搬运电机方向	Q0.4	K2
凸轮升降上限	I0.5	B8	手爪夹紧位	I1.4	B7	手爪松开	Q0.5	Y1
凸轮升降下限	I0.6	B9	复位	I1.5	S5	手爪夹紧	Q0.6	Y2

注:输入输出地址不是绝对的,需要根据实际硬件组态的地址空间而定。

产品分拣站接收到产品组装站组装完成的信号后,凸轮机构带动手爪下降并夹取产品。成功夹取产品后,凸轮机构带动手爪上升。上升到位后,丝杠输送组件将产品搬运至颜色检测位置,检测产品颜色并记录结果。若检测到红色产品,则凸轮机构将产品搬运至 1♯ 搬运通道位的滑道上方,凸轮机构下降至下限位置;若检测到白色产品,则凸轮机构将产品搬运至 2♯

搬运通道位的滑道上方,凸轮机构下降至下限位置。凸轮机构在下限位置时手爪松开,将不同颜色的产品放入相应滑道(如红色产品放入1♯搬运通道位滑道,白色产品放入2♯搬运通道位滑道)。手爪松开到位后,凸轮机构上升至目标位置(初始位置可设置在凸轮原点或凸轮上限位置),搬运电机启动并反转,带动丝杠输送组件回到搬运初始位。

产品分拣站顺序控制流程:凸轮机构下降,手爪夹紧,凸轮机构上升,输送组件搬运产品(在颜色检测位置检测产品颜色并记录结果,根据颜色判断搬运停止位置),凸轮机构下降,手爪松开,凸轮机构上升,输送组件返回至搬运初始位。顺序控制流程图如图3-85(a)所示。产品分拣站的顺序控制流程包含白色产品搬运通道与红色产品搬运通道两个分支,且同一时刻只有一个分支在执行,属于典型的选择分支控制流程。相应的顺序功能图如图3-85(b)所示,顺序功能图含义如表3-35所示。

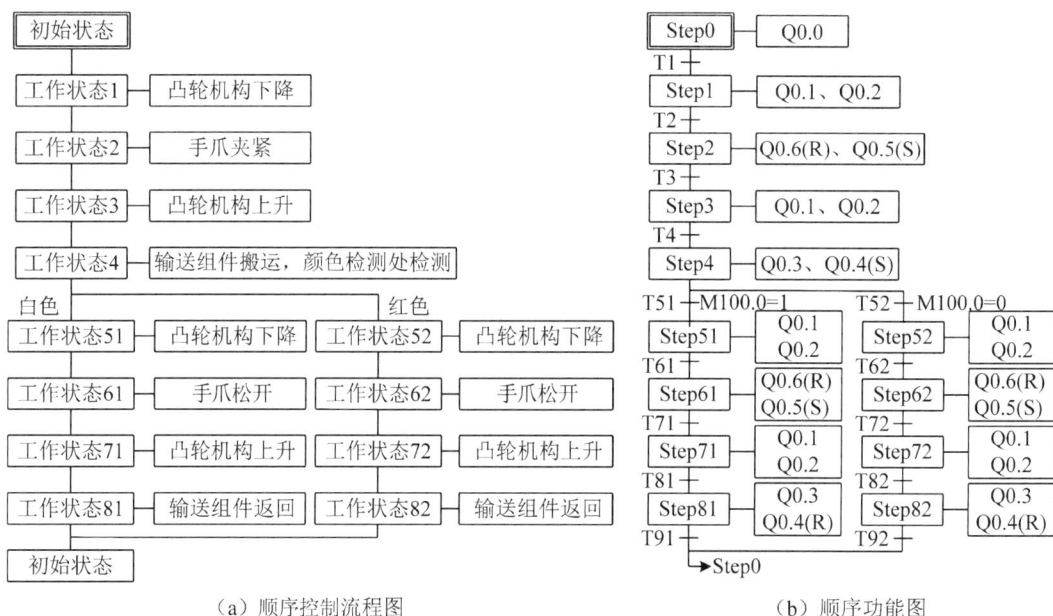

(a)顺序控制流程图 (b)顺序功能图

图 3-85 产品分拣站顺序控制流程图与顺序功能图

表 3-35 产品分拣站顺序功能图含义

转换条件及其含义						状态名称及其含义			
名称	开始	结束	名称	开始	结束	名称	含义	名称	含义
T1	I0.5	I0.6	T71	I0.6	I0.5	Step1	凸轮机构下降	Step71	凸轮机构上升
T2	I1.3	I1.4	T81	I1.0	I0.7	Step2	手爪夹紧	Step81	搬运返回
T3	I0.6	I0.5	T52	I0.5	I0.6	Step3	凸轮机构上升	Step52	凸轮机构下降
T4	I0.7	I1.0 或 I1.1	T62	I1.4	I1.3	Step4	搬运并检测	Step62	手爪松开
T51	I0.5	I0.6	T72	I0.6	I0.5	Step51	凸轮机构下降	Step72	凸轮机构上升
T61	I1.4	I1.3	T82	I1.1	I0.7	Step61	手爪松开	Step82	搬运返回

注:表中仅列举最重要的启动转换和停止转换条件,应用时要根据实际位置添加附加转换条件。

任务实施　产品分拣站编程

任务实施 1　凸轮工艺对象组态

◈ 任务实施要求

根据 S7-1200 控制器工艺对象组态窗口的指引,完成凸轮工艺对象的组态。

产品分拣站的凸轮由步进驱动器控制,在对凸轮工艺对象进行组态之前,需要完成轴工艺对象的设置并进行轴工艺对象组态。结合运动控制指令,实现凸轮的启动、停止、复位、回零、点动移动、相对移动、绝对移动和自动寻找参考点等功能。

步骤 1　脉冲发生器配置

S7-1200 控制器的脉冲发生器 PTO 通过控制产品分拣站的步进驱动器,实现对凸轮的控制,如图 3-86 所示,其中,Q0.1 控制脉冲输出,Q0.2 控制脉冲方向输出。

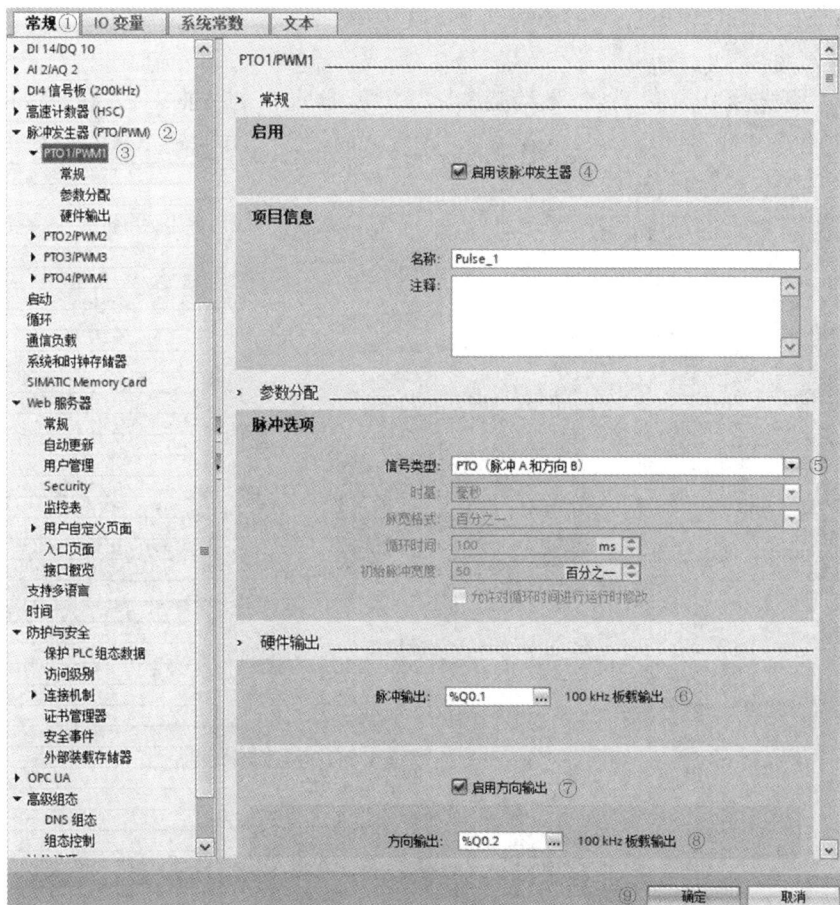

图 3-86　脉冲发生器配置

（1）常规配置：打开 S7-1200 控制器的 CPU"属性"窗口，在"常规"选项卡下选择"脉冲发生器（PTO/PWM）—PTO1/PWM1"，接着在右侧选择"常规"进行常规配置，勾选"启用该脉冲发生器"。

（2）参数分配：选择"参数分配"，信号类型选择"PTO（脉冲 A 和方向 B）"。

（3）硬件输出配置：选择"硬件输出"，脉冲输出选择"Q0.1"，勾选"启用方向输出"，脉冲的方向输出选择"Q0.2"。

步骤 2　创建轴工艺对象 Axis6

脉冲发生器配置完成后，创建控制凸轮的轴工艺对象 Axis6。

在项目树中找到设备"PLC_6"，在项目树下拉菜单中找到"工艺对象"，双击"新增对象"，进入"新增对象"窗口。定义轴名称为"Axis6"，选择"运动控制—Motion Control—TO_PositioningAxis"，接着选择"手动"，并将编号设置为"1000"，最后点击"确定"即可创建轴工艺对象 Axis6。

步骤 3　轴工艺对象 Axis6 基本参数组态

在轴工艺对象组态窗口中完成基本参数组态。

1）常规组态

将轴名称设置为"Axis6"，驱动器选择"PTO"，测量单位选择"°"。

2）驱动器组态

脉冲发生器选择"Pulse_1"，信号类型选择"PTO（脉冲 A 与方向 B）"，脉冲输出选择凸轮升降脉冲即"脉冲大小"和"Q0.1"，接着勾选"激活方向输出"，方向输出选择凸轮升降方向即"脉冲方向"和"Q0.2"，如图 3-87 所示。

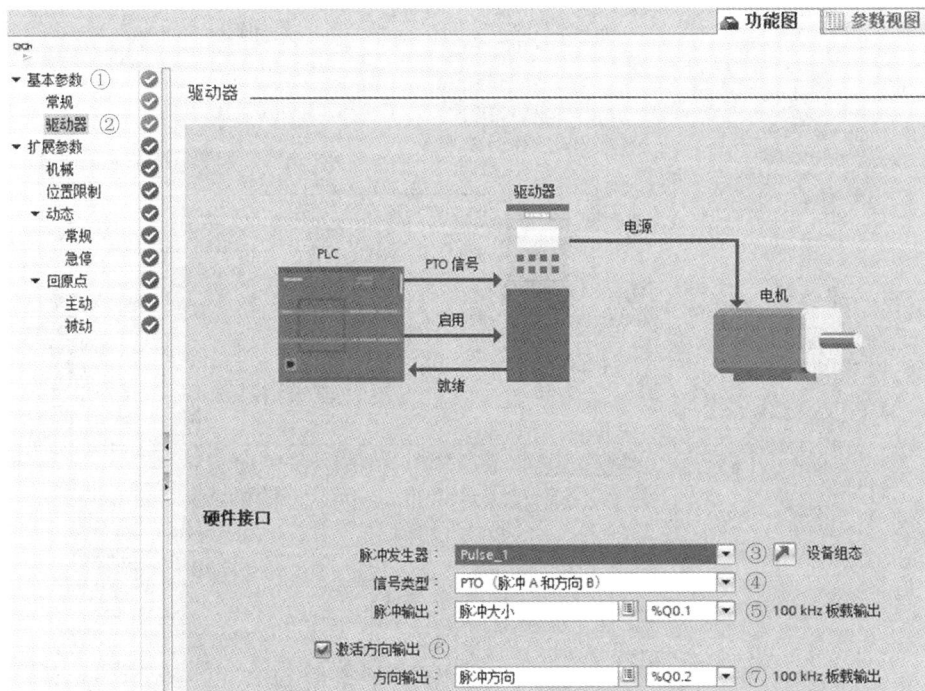

图 3-87　驱动器组态

步骤 4　轴工艺对象 Axis6 扩展参数组态

1) 机械组态

在机械组态窗口中,根据驱动器细分设置和电机铭牌参数,将电机每转的脉冲数设置为"4000",将电机每转的负载位移设置为"36.0",将所允许的旋转方向设置为"双向",如图3-88所示。

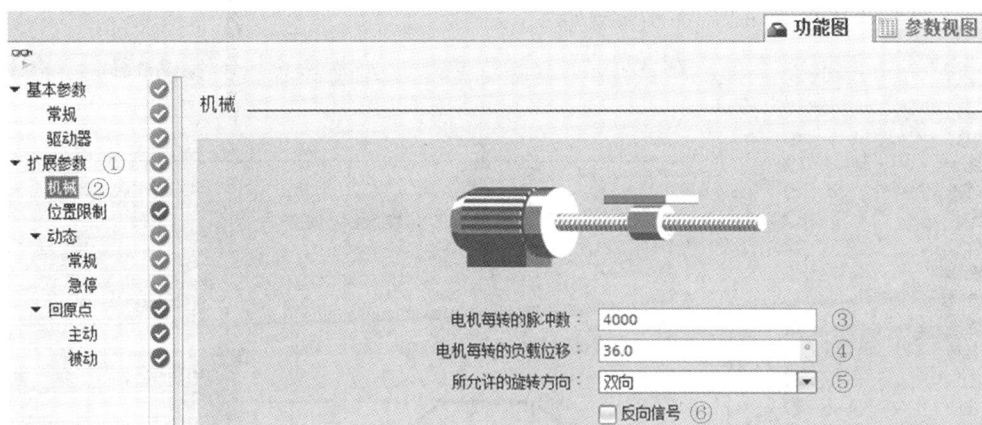

图 3-88　机械组态

2) 位置限制组态

根据凸轮升降范围确定软硬限位开关范围。在扩展参数的位置限制组态窗口中,勾选"启用硬限位开关",硬件下限位开关输入选择"凸轮下限",硬件上限位开关输入选择"凸轮上限",硬件下限位开关选择电平和硬件上限位开关选择电平均选择"低电平",如图3-89所示。

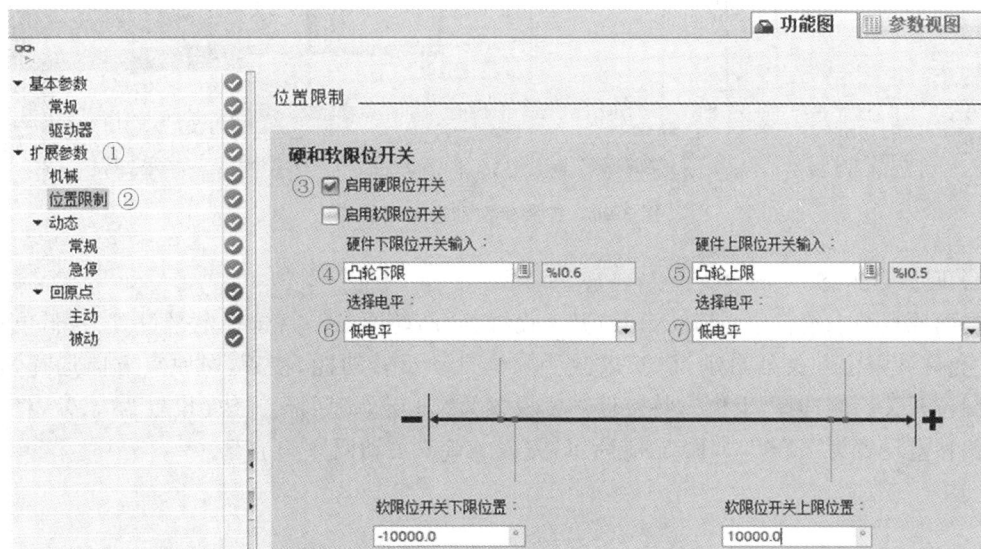

图 3-89　位置限制组态

3）动态组态

首先，根据电机铭牌参数和驱动器细分设置，完成动态常规组态。在动态常规组态窗口中，速度限值的单位选择"°/s"，将最大转速设置为"200.0"，将启动/停止速度设置为"5.0"，将加速时间设置为"5.0"或将加速度设置为"39.0"，将减速时间设置为"5.0"或将减速度设置为"39.0"，如图 3-90 所示。

在动态急停组态窗口中，只需要设置急停减速时间和紧急减速度两个参数中的任意一个。将急停减速时间设置为"2.0"，完成动态组态。

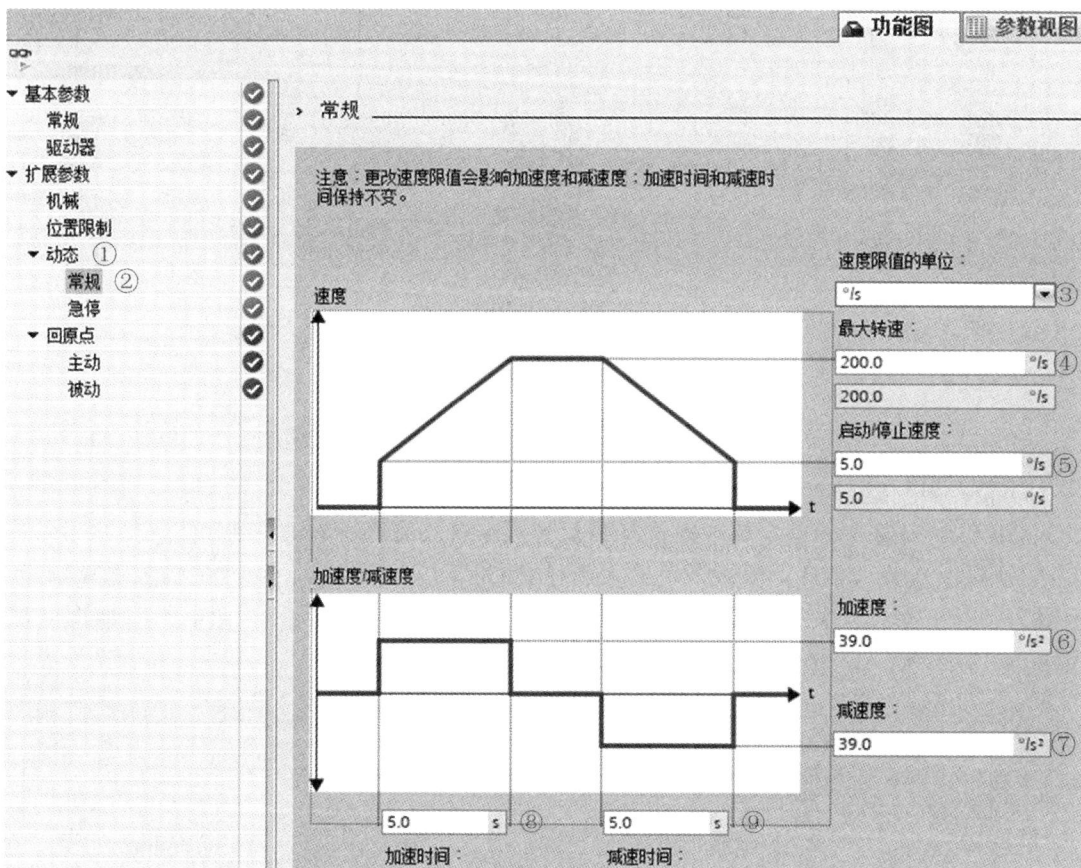

图 3-90　扩展参数动态常规组态

4）回原点组态

在回原点组态窗口中，将输入归位开关设置为"凸轮原点"，将选择电平设置为"低电平"，勾选"允许硬限位开关处自动反转"以激活限位自动反转功能，接近/回原点方向选择"正方向"，归位开关一侧选择"上侧"，将接近速度设置为"50.0"，将回原点速度设置为"5.0"，将原点位置偏移量设置为"60.0"，如图 3-91 所示，完成 Axis6 主动回原点组态。

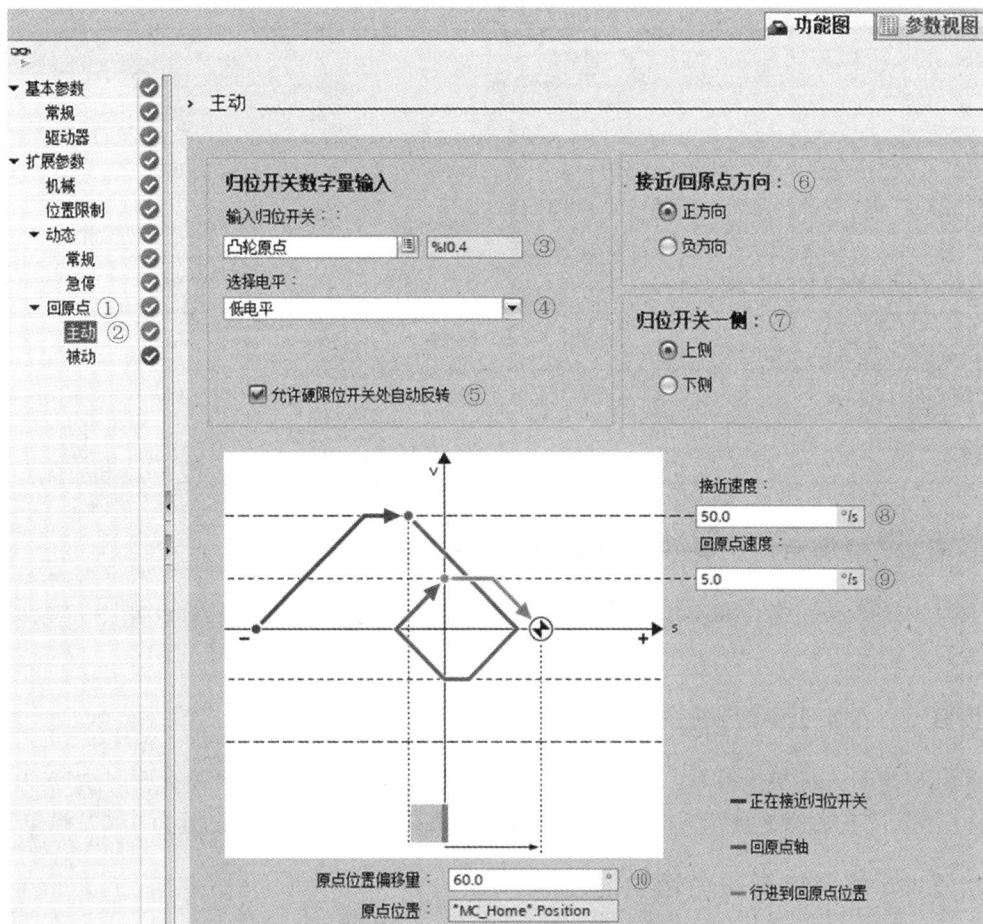

图 3-91　Axis6 主动回原点组态

任务实施 2　凸轮运动控制编程

◆ 任务实施要求

根据运动控制指令编制凸轮运动控制程序。

在编制凸轮运动控制程序前,需确保轴工艺对象 Axis6 的组态已经完成,并且已正确配置脉冲输出 Q0.1 和方向 Q0.2。在使用运动控制指令时,必须正确调用工艺对象 Axis6 [DB1000]的"Axis"参数。此外,在编写凸轮运动控制程序之前,需准备好控制凸轮的变量,并在主程序 Main[OB1]中调用凸轮运动控制程序。

步骤 1　设置凸轮的运动控制变量

产品分拣站可通过本地控制、远程控制和 HMI 等方式向凸轮发布启动、停止、急停、复位、手动和自动等操作指令,以实现凸轮的急停、复位、回零和升降。凸轮的运动控制变量如表 3-36 所示。

表 3-36　凸轮的运动控制变量

名称	声明	数据类型	偏移量	名称	声明	数据类型	偏移量
急停	Input	Bool	0.0	复位完成	Output	Bool	0.7
复位	Input	Bool	0.1	回零完成	Output	Bool	1.0
回零	Input	Bool	0.2	停止完成	Output	Bool	1.1
停止	Input	Bool	0.3	运行完成	Output	Bool	1.2
正转	Input	Bool	0.4	目标速度	Input	Real	2.0
反转	Input	Bool	0.5	目标位移	Input	Real	6.0
相对启动	Input	Bool	0.6	实际位移	Output	Real	10.0

步骤 2　编制启用凸轮和故障复位的程序

采用 MC_Power 指令和本地急停按钮激活并启用凸轮,采用 MC_Reset 指令和本地复位按钮激活并复位凸轮。

步骤 3　编制控制凸轮主动回原点和停止的程序

采用 MC_Home 指令控制凸轮主动回原点,采用 MC_Halt 指令和本地停止按钮控制凸轮停止。Mode 参数值选择"3",表示主动回原点模式;Position 参数值设置为"0.0"(浮点型)。

步骤 4　编制控制凸轮运动的程序

采用 MC_MoveJog 指令手动验证凸轮运动是否流畅,采用 MC_MoveRelative 指令实现凸轮的升降。其中:Velocity 参数分别选择"点动速度"和"相对速度",并使用本地启动按钮控制凸轮正转和反转;Excute 参数选择"相对启动";Distance 参数用于设置凸轮的目标位移。

> 注意:
> (1) 复位完成、回零完成、停止完成、运行完成这 4 个状态变量被触发时,会在一个扫描周期内被激活。在编程时,需要使用置位指令将这些状态变量的状态保存下来,并在系统运行过程中实时记录这些状态的变化。
> (2) Mode 参数值设置为"3",表示主动回原点模式,且相应的 Position 参数值表示回原点后新的轴位置。
> (3) 为便于后续通过 HMI 监控凸轮的实际位置,需使用 MOVE 指令将轴的内部实际位置提取到实际位移变量中。

任务实施 3　产品分拣站模块化编程

◆ **任务实施要求**

根据产品分拣站的输入输出变量、顺序控制流程图、顺序功能图、凸轮工艺对象组态和运动控制编程,完成选择分支顺序功能控制编程。

产品分拣站的程序采用模块化程序结构设计,按功能分为初始化子程序、通信控制子程序、凸轮运动控制子程序、选择分支顺序功能子程序、显示控制子程序和输出控制子程序 6 个子程序。初始化子程序用于对产品分拣站进行初始状态设置。凸轮运动控制子程序用于实现凸轮机构的急停、复位、回零、启停、上升和下降等功能。选择分支顺序功能子程序用于实现产品搬运、检测和分拣控制。输出控制子程序用于接收控制指令并驱动设备动作。

产品分拣站的控制器接收到颜色检测点的颜色检测结果后,根据颜色检测结果(白色或红色)的判断机制,确定合格产品的搬运通道(1♯搬运通道或 2♯搬运通道)。下面仅介绍凸轮下降、回零、搬运,以及产品分拣站选择分支顺序功能控制编程的相关内容。

> **编程前注意事项:**
>
> (1) 编制选择分支顺序功能子程序前,应确保凸轮运动控制子程序已经编制完成。
>
> (2) 编制选择分支顺序功能子程序前,必须在主程序 Main[OB1]中调用选择分支顺序功能子程序。
>
> (3) 先设置好颜色检测点的颜色检测传感器的背景颜色和录入颜色,并录入相关颜色信息,再根据判断机制来选择搬运通道。
>
> (4) 明确设备初始状态:凸轮机构在搬运初始位,手爪在上限位且处于松开位。

步骤 1　编制凸轮机构下降的程序

产品在产品组装站已完成组装,此时,产品分拣站的凸轮下降至物料抓取位,准备抓取产品,如图 3-92 所示。运行完成标志变量 RunDone 只导通一个扫描周期,需使用置位指令将其保存并实时记录。此外,凸轮运行的相对启动、目标位置和运行速度等参数应在后续编程中合理设置,以避免凸轮拒动,同时节省存储空间。

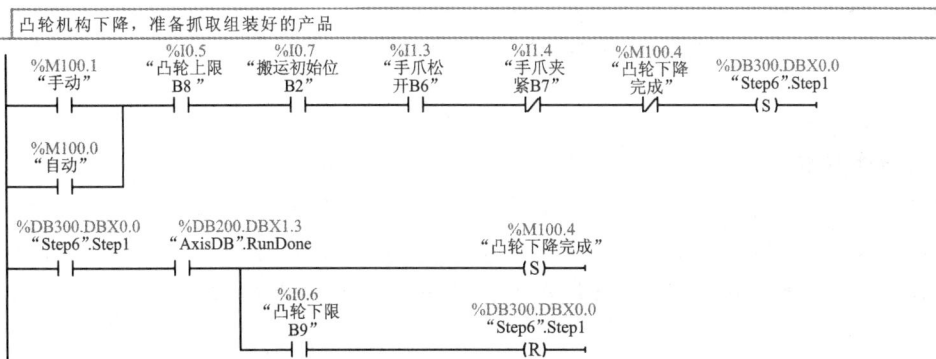

图 3-92　凸轮机构下降的程序

步骤 2　编制选择分支顺序功能控制程序

当凸轮携带产品从搬运初始位移动至搬运通道时，需在颜色检测点检测产品颜色并记录检测结果。此时，根据产品颜色检测结果选择相应的搬运分支。若产品颜色是白色，则凸轮机构将产品搬运至产品分拣站的 1# 搬运通道；若产品颜色是红色，则凸轮机构将产品搬运至产品分拣站的 2# 搬运通道。其程序如图 3-93 所示。

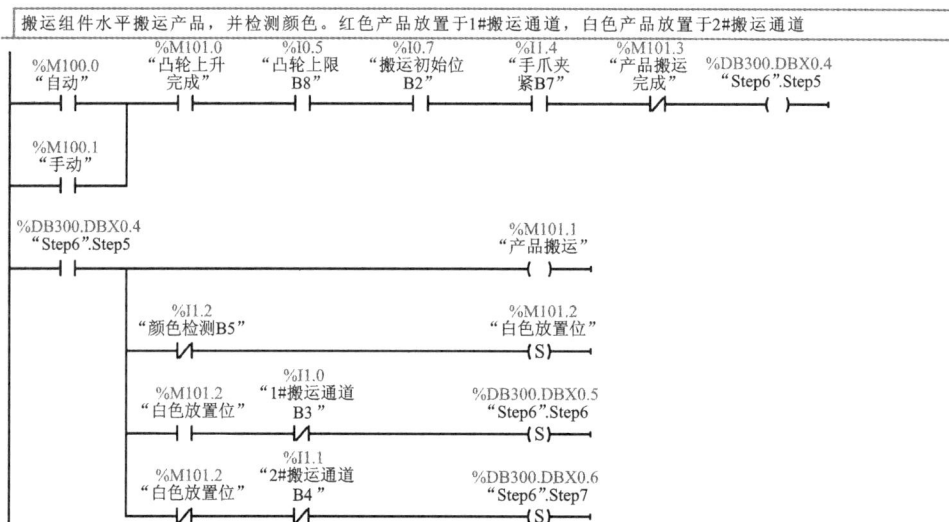

图 3-93　选择分支顺序功能控制程序

步骤 3　编制凸轮机构回原点的选择分支汇合程序

产品搬运完成后，1# 搬运分支与 2# 搬运分支汇合，凸轮下降，如图 3-94 所示。

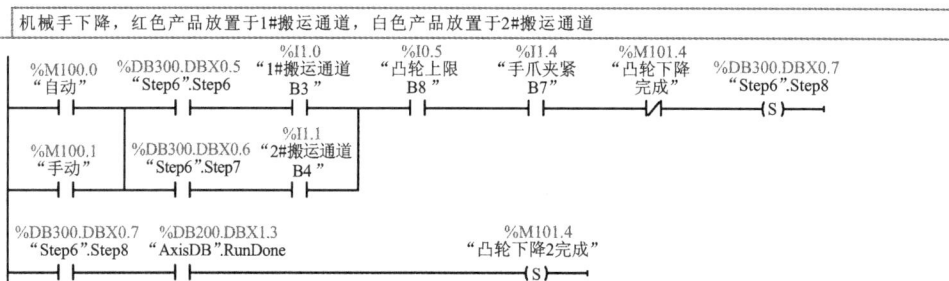

图 3-94　凸轮机构回原点的选择分支汇合程序

编程注意事项：

（1）编程时需特别注意转换条件的启动条件和停止条件，同时注意动作先后顺序。

（2）注意确保通信的可靠性，可适当采用定时器相关指令，等待产品稳定后再开始动作。

（3）设备初始状态的程序应包括判断条件、发布命令、开始初始化动作和动作结束 4 个步骤。

（4）凸轮在初始位置和右侧搬运通道位置均需执行上升和下降动作，编程时很容易出现双线圈，此时需针对双线圈变量修改和合并程序。

（5）采用置位指令获取复位完成、回零完成、停止完成、运行完成 4 个变量信号。

（6）凸轮在手爪松开产品后，需要执行回零动作，为下一次输送产品做准备。

拓展知识　RFID 系统编程

步骤 1　RFID 系统传送数据变量添加

步骤 1.1　添加 RFID 系统数据块

在项目树中选择"PLC_1[CPU 1215C DC/DC/DC]"，双击"添加新块"，进入"添加新块"窗口，如图 3-95 所示。选择左侧"数据块"，在名称栏中输入数据块名称"RFID_DATA"，类型选择"全局 DB"，接着选择"手动"，并将编号设置为"1100"，最后单击"确定"，完成数据块 RFID_DATA 的添加。

图 3-95　添加数据块 RFID_DATA

步骤 1.2　添加数据块的数据变量

选中数据块 RFID_DATA，单击鼠标右键，在"常规"选项卡下选择"属性"，进入 RFID_

DATA[DB1100]的属性设置窗口,如图 3-96 所示。在窗口中选择"属性",并取消勾选"优化的块访问"以更改优化的块访问属性,此时将弹出"优化的块访问"窗口,点击"确定"以关闭该窗口。最后,点击属性窗口中的"确定",完成数据块 RFID_DATA 的属性更改。

图 3-96 数据块 RFID_DATA 属性更改

　　RFID 系统包含两个阅读器,且每个阅读器都具有读取和写入数据两个过程,所以数据块 RFID_DATA 划分为 RFID1 读取(Read1)、RFID1 写入(Write1)、RFID2 读取(Read2)和 RFID2(Write2)写入 4 个数据变量区。此处数据类型暂时选择 Array[1...20] of Byte,具体数据类型将根据读取和写入的实际情况进行调整。激活数据块 RFID_DATA 后,点击编译按钮 完成编译,并获取图 3-97 所示的编译结果。

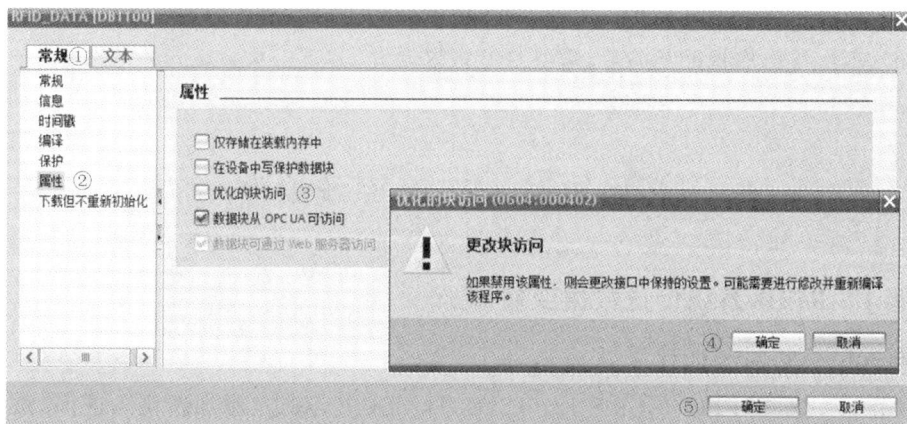

图 3-97 数据块 RFID_DATA 的数据变量与偏移量设定

步骤 2　RFID 系统程序编制

RFID 系统的两个阅读器分别对主件供料站和次品分拣站的状态信息进行读取和写入。为了避免先前读取的数据对后续数据读取产生干扰,在读取数据之前,需先对阅读器进行复位操作。

步骤 2.1　添加复位指令 Reset_Reader

打开 RFIDC［FC1］子程序,点击程序段 1 的梯形图,依次选择"指令—选件包—SIMATIC Ident",找到 Reset_Reader 指令并双击该指令,此时系统自动生成该指令的背景数据块 Reset_Reader_DB1。点击"确定"将复位指令 Reset_Reader 添加至新程序段。

步骤 2.2　设置复位指令 Reset_Reader 的参数

复位指令 Reset_Reader 的 HW_CONNECT 参数选择阅读器工艺对象 RFID1;变量"复位 RFID1"上升沿激活 EXECUTE 参数,执行 Reset_Reader 指令。阅读器 RFID1 复位指令 Reset_Reader 的程序如图 3-98 所示。

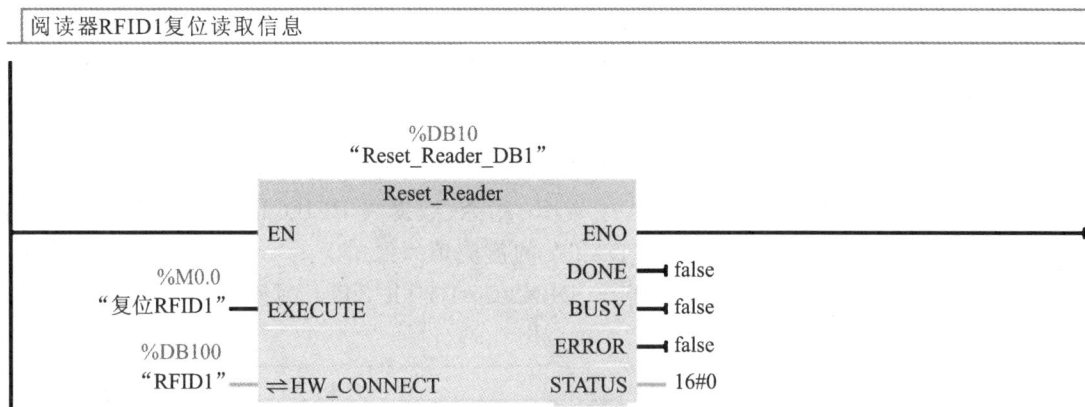

阅读器RFID1复位读取信息

图 3-98　阅读器 RFID1 复位指令 Reset_Reader 的程序

步骤 2.3　添加读取指令 Read

打开 RFIDC［FC1］子程序,点击程序段的梯形图,依次选择"指令—选件包—SIMATIC Ident",找到读取指令 Read 并双击该指令,此时系统自动生成该指令的背景数据块 Read_DB,点击"确定"将读取指令 Read 添加至新程序段。

步骤 2.4　设置读取指令 Read 的参数

读取指令 Read 的 HW_CONNECT 参数选择阅读器工艺对象 RFID1;变量"读取 RFID1"上升沿激活 EXECUTE 参数,执行 Read 指令;数据块 RFID_DATA 的 Read1 数据长度为 20 Byte,故数据长度参数 LEN_DATA 的值应填入"20"。读取数据缓冲区 IDENT_DATA 采用绝对地址编程,即"P#DB1100.DBX0.0 BYTE 20"。阅读器 RFID1 读取指令 Read 的程序如图 3-99 所示。

步骤 2.5　添加写入指令 Write

在 RFIDC［FC1］子程序中,点击程序段 3 的梯形图,依次选择"指令—选件包—SIMATIC Ident",找到写入指令 Write 并双击该指令,此时系统自动生成该指令的背景数据块 Write_DB,点击"确定"将写入指令 Write 添加至新程序段。

阅读器RFID1读取信息

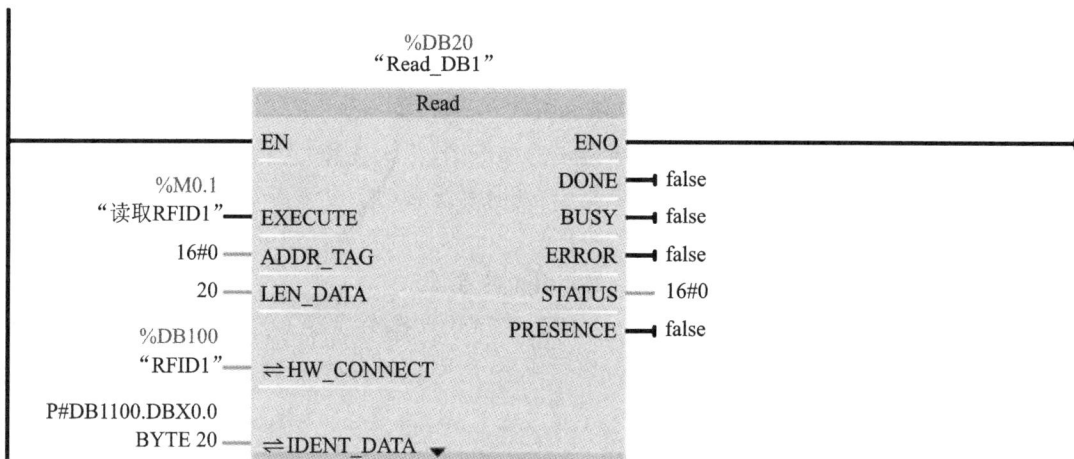

图 3-99　阅读器 RFID1 读取指令 Read 的程序

步骤 2.6　设置写入指令 Write 的参数

写入指令 Write 的 HW_CONNECT 参数选择阅读器工艺对象 RFID1；变量"写入RFID1"上升沿激活 EXECUTE 参数,执行 Write 指令；数据块 RFID_DATA 的 Write1 数据长度为 20 Byte,故数据长度参数 LEN_DATA 的值应填入"20"。写入数据缓冲区 IDENT_DATA 采用绝对地址编程,即"P#DB1100.DBX20.0 BYTE 20"。阅读器 RFID1 写入指令Write 的程序如图 3-100 所示。

阅读器RFID1写入信息

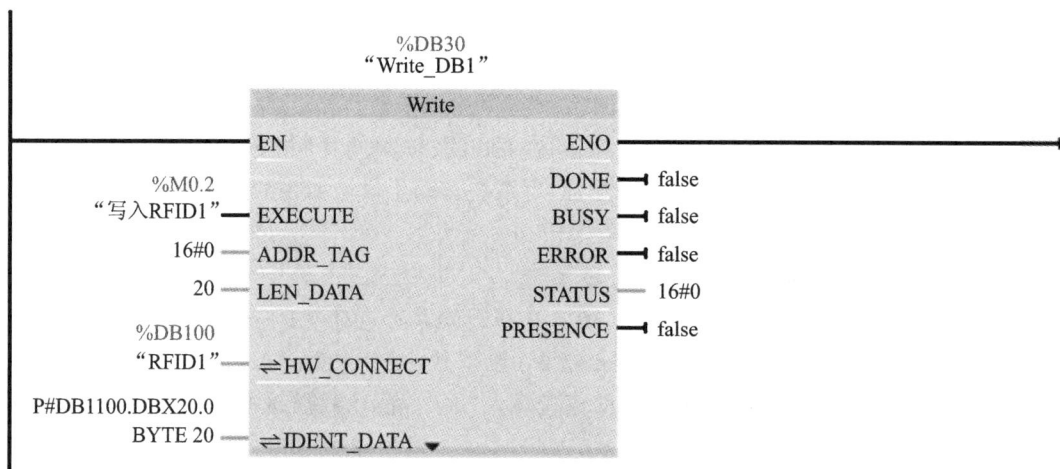

图 3-100　阅读器 RFID1 写入指令 Write 的程序

步骤 2.7　添加 RFID2 的指令并设置相应指令的参数

按照上述阅读器 RFID1 的编程方法,依次编写阅读器 RFID2 的复位指令 Reset_Reader、读取指令 Read 和写入指令 Write 的程序。

项目 4
智能产线安装调试

知识目标

(1) 熟悉智能产线 6 个工作站控制器的输入输出电气接线、信息流分析与物料流分析。

(2) 掌握人机界面(HMI)的硬件结构与技术参数。

(3) 掌握 S7-1500 控制器、S7-1200 控制器和 HMI 等智能设备的恢复出厂设置。

(4) 掌握双轴气缸、笔形气缸、旋转气缸的基本组成部件、原理和工作过程。

(5) 掌握激光位移传感器测量高度的原理和使用方法。

(6) 掌握旋转工作站和产品分拣站的步进驱动系统原理、选型原则、技术参数、细分数、信号连接、常见故障排除方法。

(7) 掌握脉冲发生器 PWM、阅读器 RFID 和读码器 MV 的调试原理和调试方法。

(8) 掌握产品分拣站颜色分拣的调试原理和调试方法。

技能目标

(1) 正确调试智能产线 6 个工作站控制器的控制程序。

(2) 正确设置 HMI 的画面,如发布指令、状态监控、显示状态与输出动作监控等。

(3) 正确完成 S7-1500 控制器、S7-1200 控制器和 HMI 等智能设备的恢复出厂设置。

(4) 正确使用气缸并控制气缸完成相应工艺动作。

(5) 正确使用与安装双轴气缸、笔形气缸、旋转气缸、限位开关及相应电磁阀。

(6) 正确调试激光位移传感器测量高度的程序。

(7) 正确调试旋转工作站和产品分拣站的步进驱动系统。

(8) 正确调试和设置脉冲发生器 PWM、阅读器 RFID 和读码器 MV。

(9) 正确调试和设置产品分拣站的颜色分拣功能。

素质目标

(1) 借阅图书资料或查找网络资源,了解西门子等智能设备的新工艺、新技术、新知识。

(2) 借助各种媒体资源或说明书,自主学习智能产线安装调试、参数设置。

(3) 在现场安装调试过程中,遵守操作规程,安全、文明生产,团结协作。

(4) 借助新标准和新规范,积累智能产线安装调试经验,从装调案例中总结共性。

(5) 培养现场工程调试过程中的严谨、细致、规范和标准操作的工匠精神。

任务 1　主件供料站安装调试

任务导入

在主件供料站的安装调试前,需先分析其控制器的输入输出电气接线、信息流和物料流。随后,设置变频器 V20 的参数,并配置 HMI 画面。此外,还需检测主件供料站设备的相关功能。最终,结合项目 1、项目 2 和项目 3 的相关知识,完成主件供料站的单站装调。

知识平台　主件供料站单站分析

任务知识 1　主件供料站系统分析

主件供料站的 S7-1500 控制器的输入输出电气接线如图 4-1 所示。主件供料站的传感器分为光电开关、接近开关和磁性开关 3 种。光电开关用于检测主件是否到达上料点。接近开关用于检测主件是否到达搬运初始位或搬运右侧位。磁性开关用于限制气缸的升降、夹紧和松开工作范围。

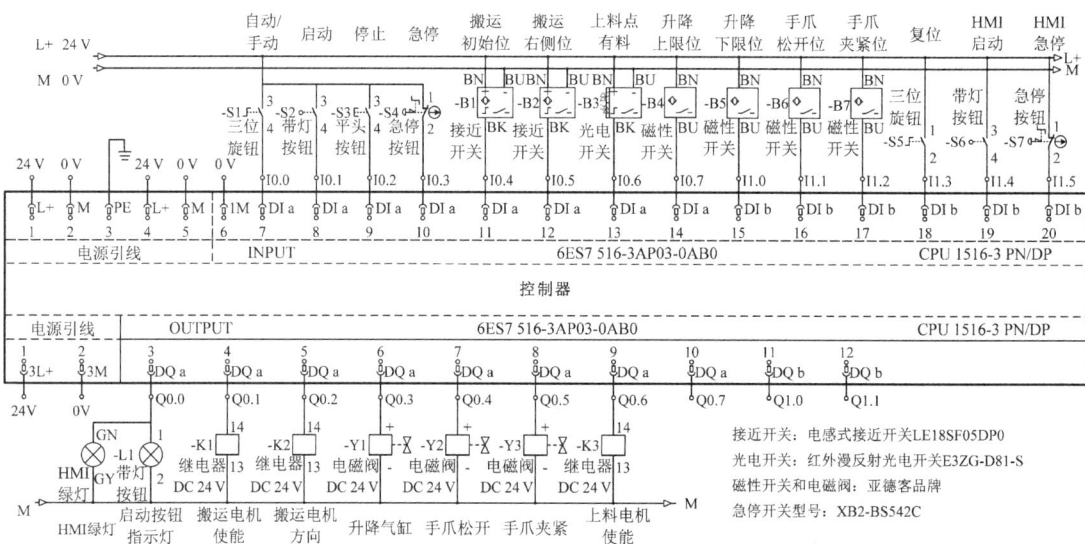

图 4-1　主件供料站的 S7-1500 控制器的输入输出电气接线

图 4-2 所示为主件供料站的信息流与物料流分析。主件供料站通过机械、电动和气动系统(机电气)的协调配合实现主件搬运。传送带接收来自变频器 V20 的输出信号;搬运输送组件接收来自同步带驱动电机的使能信号和方向信号;气缸的升降、伸缩、夹紧和松开动作均来

自电磁阀的输出信号。

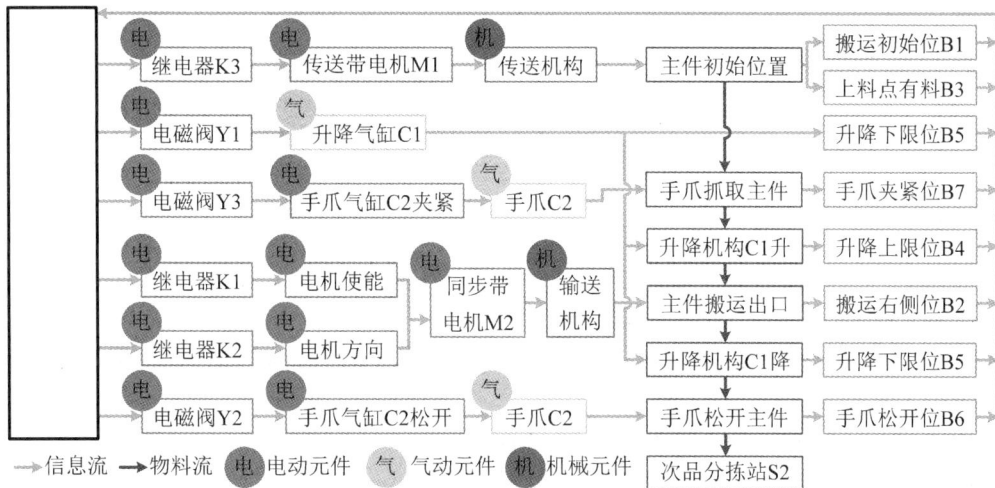

图 4-2　主件供料站的信息流与物料流分析

结合主件供料站的 S7-1500 控制器的输入输出电气接线、信息流分析、物料流分析、初步设置与程序编制等知识,采用 S7-1500 控制器作为主要控制设备,结合变频器 V20、HMI 及其他智能设备,共同实现主件搬运和订单信息采集等功能。

任务知识 2　HMI 设置功能

HMI 可连接控制器、变频器、直流调速器和仪表等工业控制设备。通过 HMI 的显示屏以及键盘、触摸屏和鼠标等输入单元,用户可以写入工作参数或输入操作指令,从而实现人与机器之间的信息交互。HMI 接通电源后,其运行系统会启动并显示启动中心界面。用户可以通过触摸屏上的按钮或所连接的鼠标、键盘来操作启动中心。点击设置(Settings)按钮,可以打开用于对设备进行参数化设置的界面,进行操作设置、通信设置、密码保护设置、传输设置、屏幕保护程序设置等。Settings 设置功能如表 4-1 所示。

表 4-1　Settings 设置功能

符号	功能	符号	功能
			配置时间服务器,输入时间和日期
			激活声音信号
	备份至外部存储介质上(Backup) 从外部存储介质恢复(Restore) 从外部存储媒介加载项目 通过外部存储介质更新操作系统 更改控制器的 IP 地址和设备名称 编辑通信连接		更改 PROFINET 设备的网络设置
			传输参数设置
			校准触摸屏
			更改屏幕设置

符号	功能	符号	功能
	配置自动启动或等待时间 更改密码 显示操作设备的许可证信息 显示操作设备的信息		配置 Sm@rt Server 通过 USB 导入认证 显示和删除认证
			设置屏幕保护程序

HMI 与 PLC 或 PC 通过 PROFINET 连接时,需将一端的 RJ45 插头连接到 HMI 的以太网接口,另一端连接到 PLC 或 PC 的以太网接口。单台 HMI 最多可连接 4 台控制器。点击开始 (Start)按钮,可以启动操作设备上现有的项目;也可以进入 Start Center 的设置(Settings)页面,在此页面中进行传输设置、网络设置等各种设置。

点击传输(Transfer)按钮,可以将操作设备切换至传输运行模式。只有在至少有一条用于传输的数据通道被释放的情况下,传输运行模式才能被激活。激活 HMI 的传输运行模式后,需设置 HMI 的 IP 地址,确保其与通信连接设备的 IP 地址不同,但处于同一网段。只有这样,在传输参数设置中,组态数据才能从 PC 成功下载到 HMI。

任务知识 3　主件供料站设备检测与程序调试

智能产线融合了电气控制、传感检测、气动、变频、伺服驱动、控制和网络通信等多种系统技术。其中,电气控制系统由自动开关、漏电保护开关及继电器等组成;气动执行机构包括气源处理元件、电磁阀、气缸、磁性开关、气泵、气压表、气阀和气管等;传感检测系统则由激光位移传感器、色标传感器、光纤放大器、光电传感器、磁性开关、接近开关等分布在不同的智能产线工作站的各类传感器组成。在对主件供料站进行安装调试前,需对设备进行检测,确认设备正常可靠运行,例如检测气压系统是否正常、开关是否正常使用、气动和电气执行机构运转是否顺畅、PLC 硬件是否正常等。

1　气压系统设备检测

首先检查主件供料站设备周围环境,确认无阻碍工作站正常运行的外部因素;然后检测主件供料站的运行环境是否满足正常运行条件,注意周围环境和人员安全,以免造成人身事故和设备故障。若环境不满足主件供料站的运行要求,在排除环境问题、故障和危险之前,不能启动主件供料站。

气压系统设备检测主要内容:气压系统气压指示是否正常;升降气缸、手爪气缸有无故障或漏气情况;气压系统入口阀门是否切换至"ON"挡以通气;气缸电磁阀能否正常控制动作,如升降、松开和夹紧;气泵能否正常打气及气泵阀门是否打开;手爪是否处于松开状态,升降气缸是否处于上限初始位置等。

2　电气控制系统设备检测

主件供料站电气控制系统设备检测主要内容:设备与组件是否在初始位;设备是否需要进行复位操作;设备是否满足运行条件;部件是否正常,如有设备损坏,应当及时更换或维修。

3 智能设备的网络检测

主件供料站采用网络交换机将工程师 PC 机、S7-1500 控制器、HMI 和变频器 V20 直接以工业以太网形式连接。在下载初步编制好的程序之前,需进行以下网络检测:

(1) 工程师 PC 机、S7-1500 控制器、HMI 和变频器 V20 是否已通过工业以太网线物理连接。

(2) 工程师 PC 机、S7-1500 控制器、HMI 和变频器 V20 是否已正常开机并显示正常,且故障灯无显示。

(3) 网络交换机是否已设置好,开机是否正常,且故障灯无显示。

(4) 工程师 PC 机、S7-1500 控制器、HMI、变频器 V20 和网络交换机是否设置在同一子网和网段。

(5) 工程师 PC 机的网络 PC/PG 接口是否已经设置好。

(6) 变频器 V20 的参数设置是否已经完成,以确保其能正常运行。

(7) 网络设备检测完成后,将工程师 PC 机上的控制程序下载至 S7-1500 控制器中,将HMI 设置画面下载至 HMI。

4 智能设备的程序调试

Portal 软件可通过程序状态和监控表两种方法调试程序。程序状态可用于监视程序运行、显示程序状态、查找用户程序的逻辑错误和修改变量值;监控表可用于监视、修改和强制操作用户程序或 CPU 内的各个变量,以测试程序或硬件。

程序状态通过"能流"可以直观地监视程序执行的情况,但不能同时查看与程序功能相关的全部变量状态。监控表可以在工作区同时监视、修改和强制操作全部变量,可用于输入(I)、输出(Q)、存储(M)、数据块(DB)存储单元的变量显示或赋值。监控表还可以显示监视用户程序或 CPU 变量的当前值;为用户程序或 CPU 变量分配固定值;在 STOP 模式下,允许将固定值赋给 CPU 外设输出点,用于检测硬件接线。

任务实施 主件供料站单站安装调试

任务实施 1 HMI 画面设置

◈ 任务实施要求

设置智能产线人机界面(HMI)的初始画面与主件供料站监控画面。

项目 3 任务 2 已经阐述了 HMI 的设备组态、网络组态和初始空白画面的设置方法。智能产线的 HMI 画面可以根据不同用户需求设置不同级别,以便快速进入监控和查看。智能产线的 HMI 初始画面如图 4-3 所示。

智能产线的 HMI 画面根据功能分为 7 个部分:订单管理、主件供料站(供料站 S1)、次品分拣站(检测站 S2)、旋转工作站(旋转站 S3)、方向调整站(调整站 S4)、产品组装站(装配站 S5)及产品分拣站(分拣站 S6)。订单管理画面用于设置与订单相关的信息,包括订单号、订单

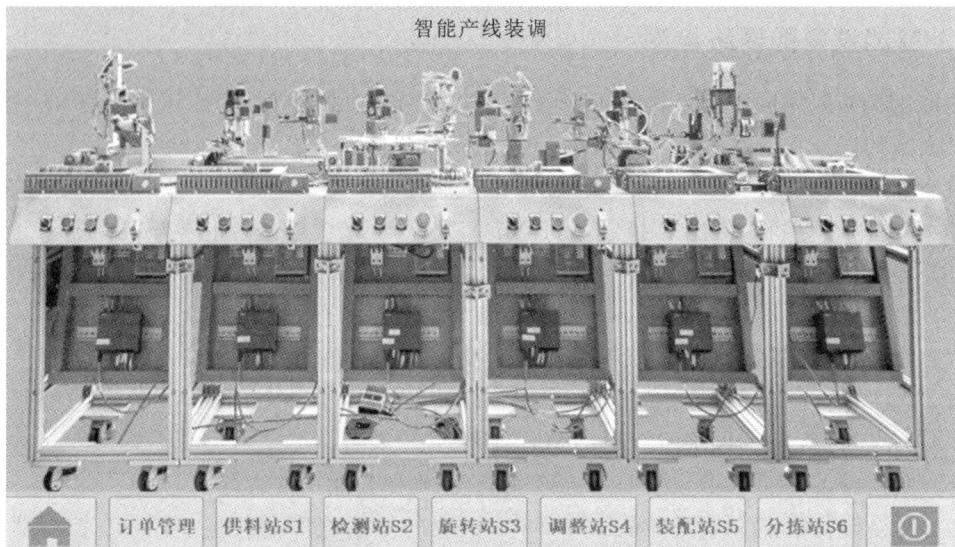

图 4-3　智能产线的 HMI 初始画面

数量、已出产数量、合格品数量、废品数量、红色合格品数量、白色合格品数量、红色废品数量、白色废品数量等。不同工作站的 HMI 画面均可实现发出控制指令(如手动、自动、停止、急停、复位等)，显示传感器工作状态、设备运行状态、执行机构动作是否正常检测、订单具体状态、HMI 状态，以及 HMI 画面间的切换操作等功能。

HMI 用于实现智能产线系统的控制指令发布、状态显示和设备动作输出等功能。

步骤 1　HMI 画面切换设置

(1) 在项目树"画面"中选择"添加新画面"，添加 7 个新空白画面，依次命名为订单管理、供料站 S1、检测站 S2、旋转站 S3、调整站 S4、装配站 S5 和分拣站 S6。

(2) 在项目树"画面管理"的"模板"中选择"模板_1"，从"基本对象"中选择矩形并选中此矩形，依次选择"事件—属性"。

(3) 选择"单击"，在"添加函数"中依次选择"画面—激活屏幕"，选择相应画面。

在订单管理矩形中选择并激活"订单管理"画面，在主件供料站矩形中选择并激活"供料站 S1"画面，在次品分拣站矩形中选择并激活"检测站 S2"画面，在旋转工作站矩形中选择并激活"旋转站 S3"画面，在方向调整站矩形中选择并激活"调整站 S4"画面，在产品组装站矩形中选择并激活"装配站 S5"画面，在产品分拣站矩形中选择并激活"分拣站 S6"画面，如图 4-4 所示。

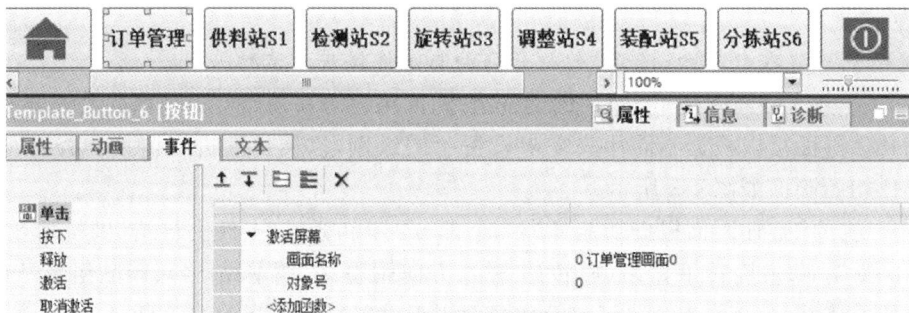

图 4-4　HMI 画面切换设置

步骤 2　主件供料站的控制指令操作画面设置

选择"元素"按钮,在"事件—属性"窗口中选择"按下",在"添加函数"中依次选择"系统函数—编辑位—按下按键时置位位",在变量(输入/输出)处链接相应控制指令,如"自动/手动S1"以实现手动与自动切换操作功能,如图 4-5 所示。

图 4-5　主件供料站的控制指令操作画面设置

步骤 3　传感器工作状态与设备运行状态显示的画面设置

在画面中显示搬运初始位、搬运右侧位、抓取点有料、升降上限位、升降下限位、手爪夹紧位与手爪松开位等传感器工作状态,并显示上料电机、升降气缸、手爪气缸、搬运电机等设备的运行状态。

(1)选择工具箱"基本对象"中的矩形,添加并选中矩形。

(2)在"动画—属性"窗口中选择"显示",双击进入"添加新动画"窗口,选择"外观",点击"确定",进入状态显示画面设置。

(3)在"变量"处选择 PLC 相应变量并设置范围,如图 4-6 所示。

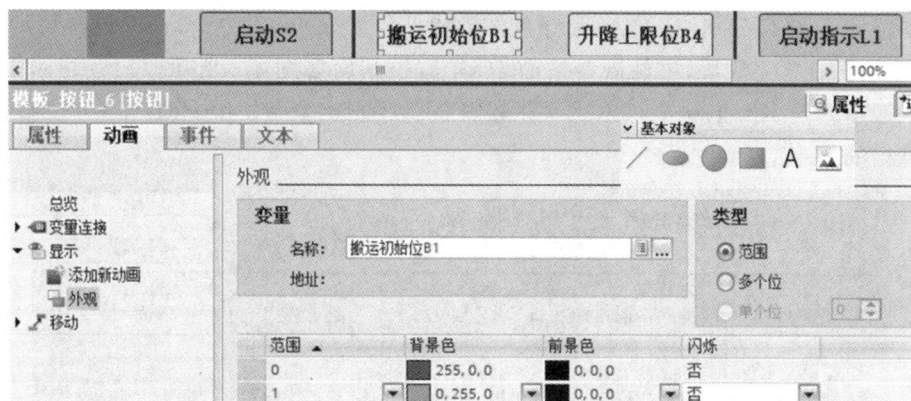

图 4-6　传感器工作状态与设备运行状态显示的画面设置

步骤 4　单点测试输出的 HMI 画面设置

单点测试输出的 HMI 画面设置用于检测执行机构动作是否正常。升降气缸按键控制气缸的上升和下降动作;手爪夹紧按键控制手爪夹紧动作;手爪松开按键控制手爪松开动作;电机正转按键控制搬运电机向搬运右侧位运行;电机反转按键控制搬运电机向搬运初始位运行;

上料电机按键控制上料电机运行。

(1) 选择"元素"按钮,在"事件—属性"窗口中选择"按下",在"添加函数"中依次选择"系统函数—编辑位—置位位",在变量(输入/输出)处链接相应控制指令,如为升降气缸 Y1 选择主件供料站 PLC 的"机械手下降 1"和"机械手下降 2"变量,如图 4-7(a)所示。

(2) 选择"元素"按钮,在"事件—属性"窗口中选择"按下",在"添加函数"中依次选择"系统函数—编辑位—复位位",在变量(输入/输出)处链接相应控制指令,如为升降气缸 Y1 选择主件供料站 PLC 的"机械手下降 1"和"机械手下降 2"变量,如图 4-7(b)所示。

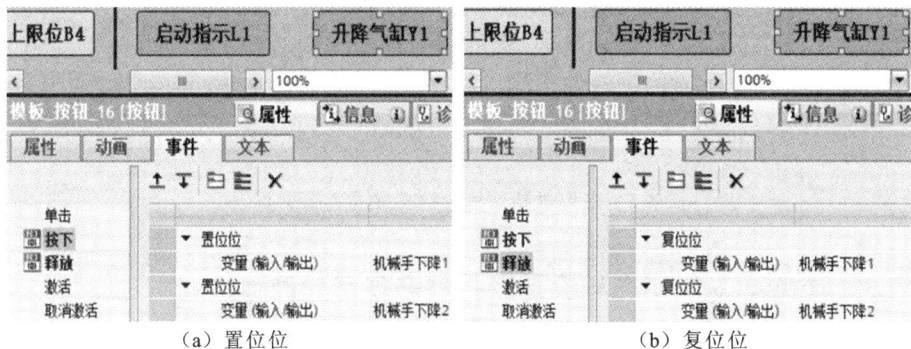

图 4-7　单点测试输出的画面设置

同理,为启动指示 L1、搬运使能 K1、搬运方向 K2、上料电机 K3、手爪松开 Y2、手爪夹紧 Y3 和 HMI 准备就绪选择主件供料站 PLC 的"启动指示""搬运物料""搬运方向""上料电机""手爪松开""手爪夹紧"和"HMI 准备就绪"变量。

(3) 在"动画—属性"窗口中选择"显示",双击进入"添加新动画"窗口,选择"外观",点击"确定",进入状态显示画面设置。变量链接主件供料站 PLC 的升降气缸 Y1,类型选择"范围",范围值为 0 和 1,分别使用红色和绿色作为背景色。

HMI 画面设置完成后,主件供料站的 HMI 监控画面如图 4-8 所示。启动指示 L1、搬运使能 K1、搬运方向 K2、上料电机 K3、手爪松开 Y2、手爪夹紧 Y3 和 HMI 准备就绪均属于单点测试输出的 HMI 画面。

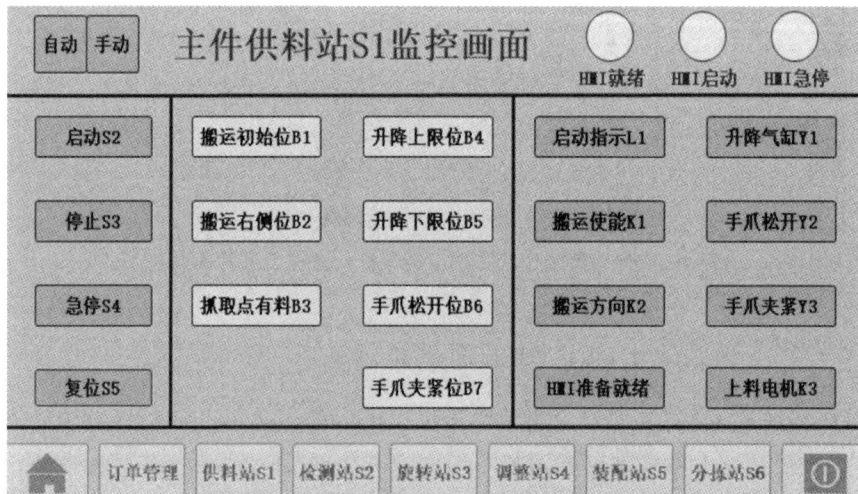

图 4-8　主件供料站的 HMI 监控画面

任务实施 2 主件供料站设备检测与操作

◆ **任务实施要求**

检测主件供料站气动、电气、传感检测和网络等智能设备是否正常。

步骤 1 气压系统设备检测与上气操作

在主件供料站运行前,需对气压系统设备进行检测,检测内容包括气管是否连接好、气压是否正常、通气阀是否开启、是否存在漏气现象、电磁阀是否发热等。主件供料站气压系统设备的检测内容与检测方法如表 4-2 所示。

表 4-2 主件供料站气压系统设备的检测内容与检测方法

序号	检测内容	检测方法
1	气路有无泄漏,气动联件压力数值是否正常	开启空压机,气动两联件压力表显示数值范围为 0.4~0.6 MPa,听气路有无漏气的声音
2	升降气缸上升到位检测开关是否正常	关闭气源,拉动气缸杆,HMI 画面中相应的磁性开关变为绿色
3	升降气缸下降到位检测开关是否正常	关闭气源,拉动气缸杆,HMI 画面中相应的磁性开关变为绿色
4	手爪气缸松开到位检测开关是否正常	关闭气源,拉动气缸杆,HMI 画面中相应的磁性开关变为绿色
5	手爪气缸夹紧到位检测开关是否正常	关闭气源,拉动气缸杆,HMI 画面中相应的磁性开关变为绿色
6	升降气缸能否正常执行上升动作	选择触摸屏上的气缸,按下操作面板上的启动按钮,气缸上升
7	升降气缸能否正常执行下降动作	选择触摸屏上的气缸,按下操作面板上的启动按钮,气缸下降
8	手爪气缸能否正常执行松开动作	选择触摸屏上的气缸,按下操作面板上的启动按钮,手爪松开
9	手爪气缸能否正常执行夹紧动作	选择触摸屏上的气缸,按下操作面板上的启动按钮,手爪夹紧

主件供料站的动作元器件(如气缸和手爪)需要有气压才能正常动作。气压系统设备的上气操作步骤如下,操作如图 4-9 所示。

(1)打气:顺时针旋转气泵气阀进行打气,当气压表指针指向红色区域(约 0.65 MPa)时,气泵将自动停止打气。

(2)开气:将气泵气管阀门旋转至与气管平行的位置,以打开气管通路,确保气压能够顺利传送至气阀开关处。

(3)充气:将工作站的气阀开关旋钮切换至"ON"位置,观察气源处理元件的气压是否正常(气压应约为 0.4 MPa)。

（a）向上拉红色按钮，打气

（b）旋转气泵气管阀门，开气　　　（c）旋转红色旋钮至"ON"，充气

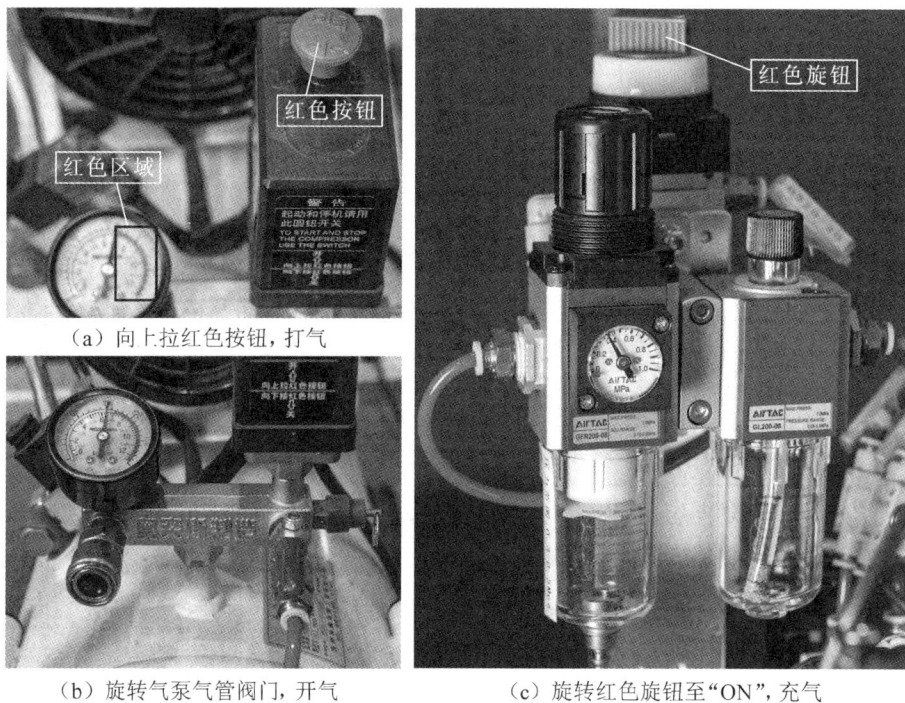

图 4-9　气压系统设备上气操作

步骤 2　电气控制系统设备检测与上电操作

在运行或操作主件供料站的智能设备之前，应先检查电气接线是否正确、传感器显示是否正常、执行机构能否动作以及按钮是否能够正常使用等。主件供料站电气控制系统设备检测内容与检测方法如表 4-3 所示。在主件供料站控制柜上，依次合上绿色电源开关和自动空气开关，观察设备的上电情况。

表 4-3　主件供料站电气控制系统设备检测内容与检测方法

序号	检测内容	检测方法
1	电源连接线是否连接牢固，电源线有无破损	观察电源连接线的连接情况，连接应牢固，电源线应无破损
2	上电后，主件供料站是否能正常启动	主件供料站上电启动
3	PLC 模块指示灯有无异常	观察 PLC 模块指示灯颜色，应当无红色
4	启动、停止按钮及按钮指示灯能否正常使用（按钮、按钮指示灯）	按下操作面板上的启动按钮，HMI 画面中的启动按钮和启动按钮指示灯变为绿色；按下操作面板上的停止按钮，HMI 画面中的停止按钮变为绿色
5	模式选择开关（手动、自动、复位）能否正常使用	将操作面板的模式选择开关切换到复位模式，HMI 画面中的复位指示灯变为绿色；切换到手动或自动模式，HMI 画面中的手动和自动指示灯变为绿色

序号	检测内容	检测方法
6	搬运初始位、搬运右侧位接近开关是否正常	用金属触发，触摸屏画面中相应开关变为绿色
7	上料点物料光电检测开关是否正常	遮挡光电开关，触摸屏画面中相应开关变为绿色
8	搬运电机能否正常正向、反向运行	选择触摸屏上的搬运电机，按下操作面板上的启动按钮，电机运转
9	传送带电机运行功能是否正常	选择触摸屏上的上料电机，按下操作面板上的启动按钮，电机运转

步骤 3　智能设备初始状态检测

（1）检查搬运组件是否处于搬运初始位置，即搬运初始位是否亮。

（2）检查升降气缸到位检测传感器是否在上限位置，即升降上限位是否亮。

（3）检查气爪到位检测传感器是否在松开位置，即手爪松开位是否亮。

（4）检查上料点物料检测传感器是否灭。

（5）检查复位、手动、自动、启动、急停、停止、HMI 启动和 HMI 急停等是否正常。

（6）检查搬运电机和传送带电机是否停止。

（7）检查连接件以及固定螺钉是否松动。

步骤 4　智能设备网络检测

工程师 PC 机的 IP 地址为 192.168.0.168，子网掩码为 255.255.255.0，如图 4-10 所示。

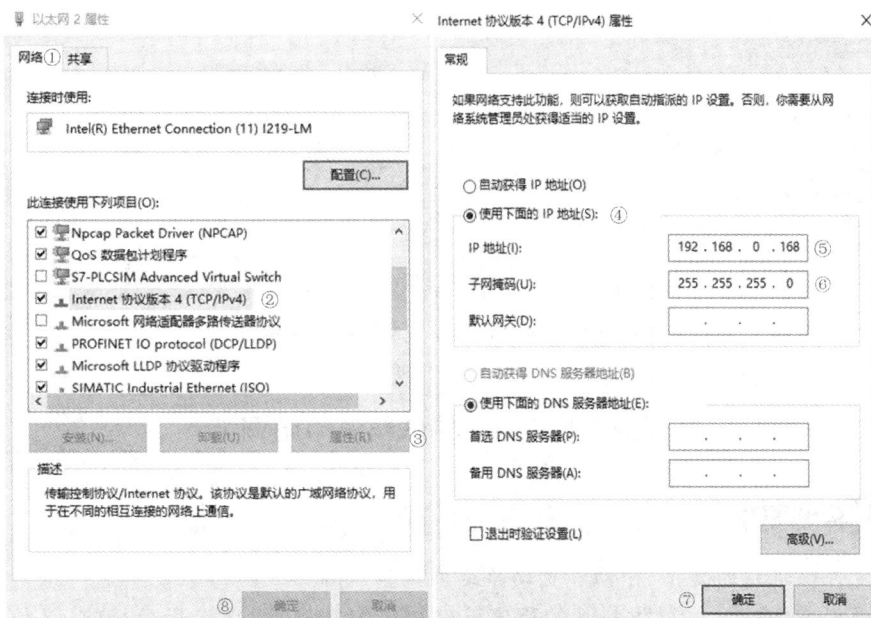

（a）工程师PC机以太网属性界面　　　（b）工程师PC机以太网TCP/IP属性界面

图 4-10　工程师 PC 机网络属性配置和检测

检查控制主件供料站的工程师 PC 机、S7-1500 控制器与 HMI 网络的是否在同一子网内。例如,若 S7-1500 控制器的 IP 地址为 192.168.0.1,子网掩码为 255.255.255.0,则工程师 PC 机与 S7-1500 控制器应属于同一网段(即 0 网段),且各自 IP 地址唯一不重叠。

步骤 5　智能设备程序下载

网络设备检测完成后,将工程师 PC 机的控制程序下载至 S7-1500 控制器,如图 4-11 所示。按照同样的方法,将 HMI 设置画面下载至 HMI。

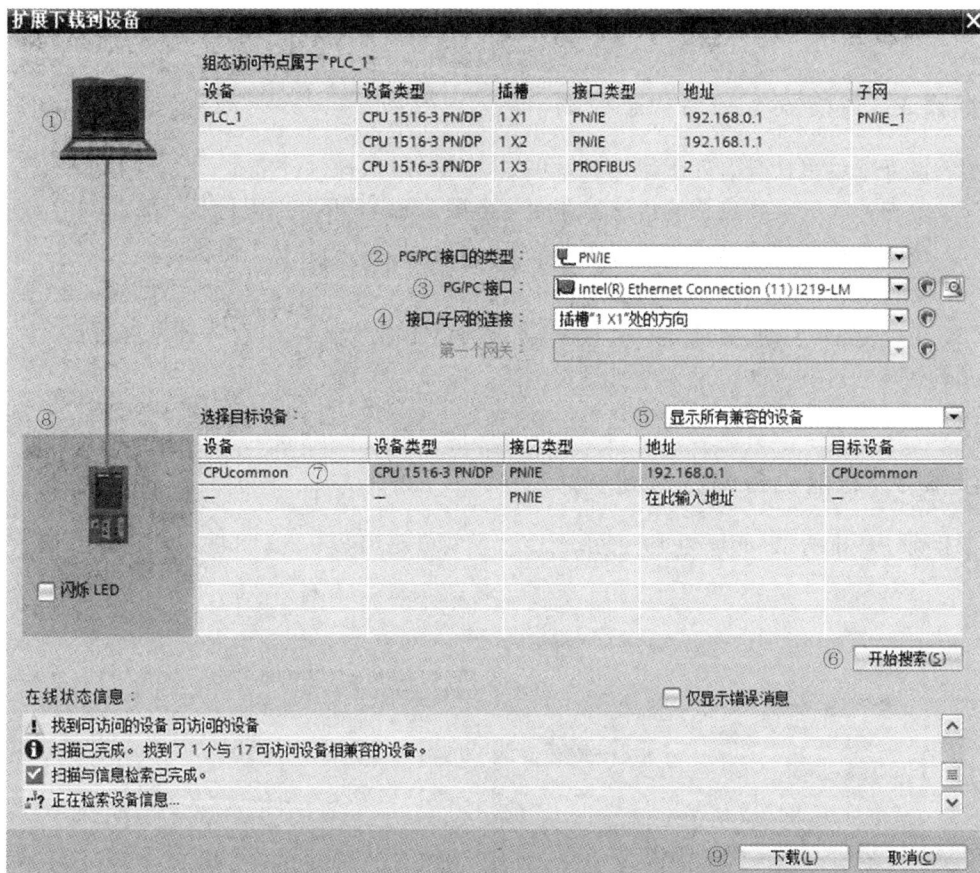

图 4-11　主件供料站控制器的下载界面

任务实施 3　主件供料站单站调试

◆ 任务实施要求

实现主件供料站的复位、手动和自动单站调试。

根据项目 3 任务 1,主件供料站的程序已经初步编制好,但在实际运行前,必须根据实际设备和运行特点对程序进行修正和调试。调试过程中,若设备出现故障或运行不稳定,需进行维修、修正和调试等一系列工作。

主件供料站单站调试不涉及与智能产线其他工作站的通信调试和 HMI 显示调试。由项

目 3 任务 1 的模块化程序结构设计可知,主件供料站单站调试分为系统初始化调试、顺序功能控制调试和输出执行动作调试。

步骤 1　系统初始化调试

初始化调试包括主件供料站的硬件和软件系统初始化调试。根据硬件初始化流程图,依次进行判断、发布初始化命令、开始执行动作和停止执行动作。例如,先设置同步带输送组件不在搬运初始位 B1、升降气缸不在上限位 B4 以及手爪不在松开位 B6,以判别同步带输送组件是否处于初始化状态。

如图 4-12 所示,将模式选择开关切换至复位,点击绿色启动按钮后,观察同步带输送组件是否开始动作,例如是否返回搬运初始位、升降气缸是否上升以及手爪是否松开。当运行至搬运初始位、升降气缸上限位和手爪松开位时,设备应自行停止。

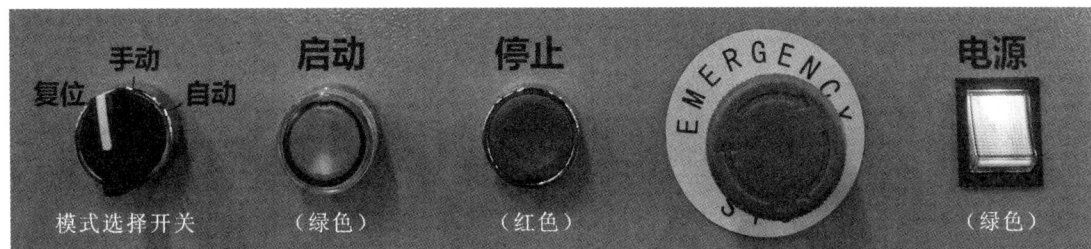

图 4-12　智能产线工作站的操作面板

软件系统初始化调试主要关注数据变量、中间变量和状态变量是否从初始状态开始。通常采用移动指令 Move 进行清零操作,采用复位指令 R 进行及时复位。

> **注意:**
> (1) 复位时需根据实际情况确定执行动作的先后顺序。例如,应先使升降气缸上升,再使手爪松开并返回搬运初始位。
> (2) 运行灯闪烁表示设备处于复位状态;复位完成后,运行灯应停止闪烁。
> (3) 若满足判断条件但执行机构出现拒动现象,需检查硬件是否存在故障以及程序是否编制正确等。

步骤 2　顺序功能控制调试

主件供料站有手动和自动两种运行模式。通常情况下,手动模式用于验证设备接线是否正确以及设备能否正常运行;自动模式则用于验证程序是否能够按照功能要求实现单站连续运行。在手动模式下,每次按下启动按钮,设备将运行一次,运行指示灯亮起;在自动模式下,只需按下启动按钮一次,设备将按照顺序功能图连续动作。

在顺序功能控制调试过程中,需观察传送带传送、气缸下降、手爪夹紧、气缸上升、物料搬运、气缸下降、手爪松开、气缸上升和返回搬运初始位等动作是否按照顺序功能图的动作顺序执行。若出现动作顺序错乱或拒动现象,应通过监控程序状态和变量表方法,查找错误并分析

原因,进而修正程序或调整设备,再次进行调试验证。

> **注意:**
> (1)调试前,应先检查程序是否存在逻辑错误,例如是否存在双线圈现象。
> (2)应按照先手动后自动的顺序进行调试,以确保设备接线正确且设备能够正常运行。
> (3)若调试过程中出现设备误动作或拒动现象,应依次检查以下内容:本段程序的能流是否接通;前面程序段和后面程序段是否对本段程序的动作产生影响;输出程序段是否有相应的输出动作;设备硬件设置是否正确,如变速器是否在"ON"状态,绿灯是否亮起等。

步骤 3　输出执行动作调试

输出执行动作调试主要用于驱动执行结构动作及显示其状态,必须与系统初始化调试、顺序功能控制调试配合进行。尤其需要注意防止双线圈导致设备因无法判断动作来源而拒动或误动。

步骤 4　验证设备是否处于初始状态

调试完成后,按照复位、手动、自动的顺序操作,验证设备是否处于初始状态并符合运行要求。具体操作流程如图 4-13 所示。

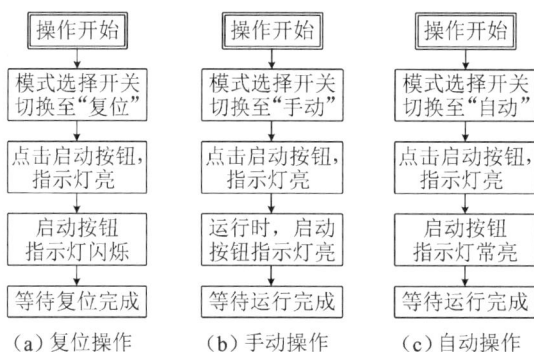

图 4-13　智能产线 3 种模式的操作流程

步骤 5　手动运行验证调试结果

调试完成后,手动运行设备以验证调试结果,如表 4-4 所示。

表 4-4　主件供料站的顺序功能控制手动运行

步骤	操作	正确动作现象
1	将模式选择开关切换至"手动"	观察主件供料站的初始状态,不在搬运初始位时需先复位
2	点击启动按钮	传送带携带主件运行,至主件上料点停止
3	点击启动按钮	搬运组件的升降气缸从搬运初始位开始下降,至下限位停止

续表

步骤	操作	正确动作现象
4	点击启动按钮	搬运组件的手爪气缸在搬运初始位夹紧主件,至夹紧位停止
5	点击启动按钮	搬运组件的升降气缸在搬运初始位从下限位开始上升,至上限位停止
6	点击启动按钮	搬运组件从搬运初始位开始搬运主件,至搬运右侧位停止
7	点击启动按钮	搬运组件的升降气缸在搬运右侧位从上限位开始下降,至下限位停止
8	点击启动按钮	搬运组件的手爪气缸在搬运右侧位松开主件,至松开位停止
9	点击启动按钮	搬运组件的升降气缸在搬运右侧位从下限位开始上升,至上限位停止
10	点击启动按钮	搬运组件从搬运右侧位开始返回,至搬运初始位停止

步骤 6　自动运行验证调试结果

步骤 6.1　选择"复位"模式

按下停止按钮,将模式选择开关切换至"复位",复位成功后,自动运行指示灯闪烁。

步骤 6.2　放置主件

把主件放在传送带入口处,完成主件供料站的上料。

步骤 6.3　选择"自动"模式

按下停止按钮,将模式选择开关切换至"自动",按下启动按钮,指示灯亮起。

步骤 6.4　工作站运行

主件供料站检测到有主件后,按照所选择的运行模式及工艺流程开始运行。

拓展知识　智能产线的安装工艺标准

智能产线涉及控制器、人机界面、变频器和驱动器等众多智能设备,这些设备均安装在控制柜中。控制柜的安装步骤如下:

(1)根据电气图纸和材料表,准备电气元件、材料及工具,并进行检查,确保无质量问题。

(2)安装线槽和导轨。

(3)按照布局图,在元器件安装板、门面板和控制柜侧板上安装元器件,并做好元器件标识。

(4)根据电气图纸要求,打印线号管,准备导线及其他耗材。

(5)按照工艺标准连接线路。

(6)检查并检测电路,确保电路符合电气标准规范。

智能产线必须严格按照相应的安装标准进行安装。下面介绍导轨、线槽、常规元器件、控制器及导线的安装标准。

1　导轨的安装标准

导轨必须水平安装,至少设置两个固定点。当导轨长度超过 200 mm 时需增加一个固定点,固定点之间的距离应为 150~200 mm,具体值可根据导轨的固定强度进行调整。导轨的切割面应当去除毛刺,尖角应当倒圆角,以免安装时对设备和人造成伤害。

2 线槽的安装标准

线槽的安装应横平竖直,无扭曲变形,内壁无毛刺、无碎片。线槽连接口应平整,接缝处紧密平直,槽盖装上后应平整、无翘角,出线口位置正确。线槽的布局应合理、美观,尽量按"目"字形排列。应根据导线的数量选用型号合适的线槽,线槽内导线不宜过挤。线槽应至少有两个固定点,一般固定点之间的距离不超过 800 mm。

3 常规元器件安装标准

(1)元器件安装应符合图形及技术要求,安装应整齐、牢固、无破损、标识清楚。

(2)低压断路器的安装应符合产品技术文件的规定,无明确规定时宜垂直安装,其倾斜度不应大于 5°。

(3)自动开关与分汇流排(或绝缘母线)的连接应正确对位,以免自动开关受到连接母线的机械预应力而影响其正常工作。

(4)不同系统或不同工作电压电路的熔断器应分开布置。

(5)动作灵敏的电器元件应安装在尽量远离强力动作的电器的地方,必要时应设置减振装置。

(6)需接地的电气装置应可靠接地。

(7)强弱电端子应分开布置。若分开布置困难,则应有明显标志,并使用空端子隔开或增加绝缘隔板。

4 控制器安装标准

S7-1200 控制器可安装在面板或标准 DIN 导轨上,且可以水平或垂直安装。规划安装布局时,应留出足够的空隙,以方便接线和连接通信电缆。

> **注意**:对于漏型输入,应将"−"连接到 M 上;对于源型输入,应将"+"连接到 M 上。

5 导线的安装标准

1)保护导线标识

根据形状、位置、标记或颜色等对保护导线进行标识。保护导线的色标是专用的,一般采用黄绿双色线作保护导线。

2)中性线标识

使用颜色识别的中性线一般采用浅蓝色。

3)其他导线标识

除保护导线和中性线外,使用颜色作为导线标识时,交流和直流动力电路使用黑色导线,交流控制电路使用红色导线,直流控制电路使用蓝色导线,维修照明电路使用橙色导线。

安装完智能产线的设备后,在设备上电前必须检测安装是否达到工程要求。设备上电前检测项目包括外观检查、接地连续性测量和绝缘电阻测量,如表 4-5 所示。其中,外观检查主要对控制柜的外观、元器件安装情况和导线连接情况进行目测检查;接地连续性测量主要针对保护接地、功能接地等,按图纸资料和系统设备技术条件要求进行检查;导线接线施工完毕,检测回路的绝缘电阻时,应检查控制板上有无不能承受实际电压的元件,并采取防止弱电设备损坏的安全措施。

表 4-5　设备上电前检测项目

检查项目	检查内容	检查要求
外观检查	元器件	元器件按照图纸要求安装,整齐、牢固、标识清楚
	元器件	元器件无破损
	导线	导线连接规范整洁,导线无破损
	导线	导线颜色、线号标识清楚
	接地	接地保护线连接符合专业要求
接地连续性测量	保护接地	系统设备的保护接地应与接地图一致
	功能接地	系统设备的功能接地应与接地图一致
	内部接地	设备内部接地网不应形成回路
	电阻测量	主接地点与绝缘损坏可能带电的金属部件之间的电阻不得超过 0.1 Ω
绝缘电阻测量	开路绝缘电阻	主触头在断开位置时,同极的进线端及出线端之间的电阻应符合实际要求
	绝缘电阻	主触头在闭合位置时,不同极的带电部件之间的电阻、触头与线圈之间的电阻、主电路与同它不直接连接的控制和辅助电路(包括线圈)之间的电阻应符合实际要求
	绝缘电阻	主电路、控制电路、辅助电路等带电部件与金属支架之间的电阻应符合实际要求

任务 2　次品分拣站安装调试

智能现场控制技术

任务导入

在次品分拣站安装调试前,应先分析控制器的输入输出电气接线、信息流和物料流;接着设置 HMI 组态,并检测次品分拣站设备;最后,依据项目 1 和项目 3 的内容,开始执行次品分拣站的单站安装调试。

知识平台　次品分拣站单站分析

任务知识1　次品分拣站系统分析

次品分拣站的 S7-1200 控制器的输入输出电气接线如图 4-14 所示。

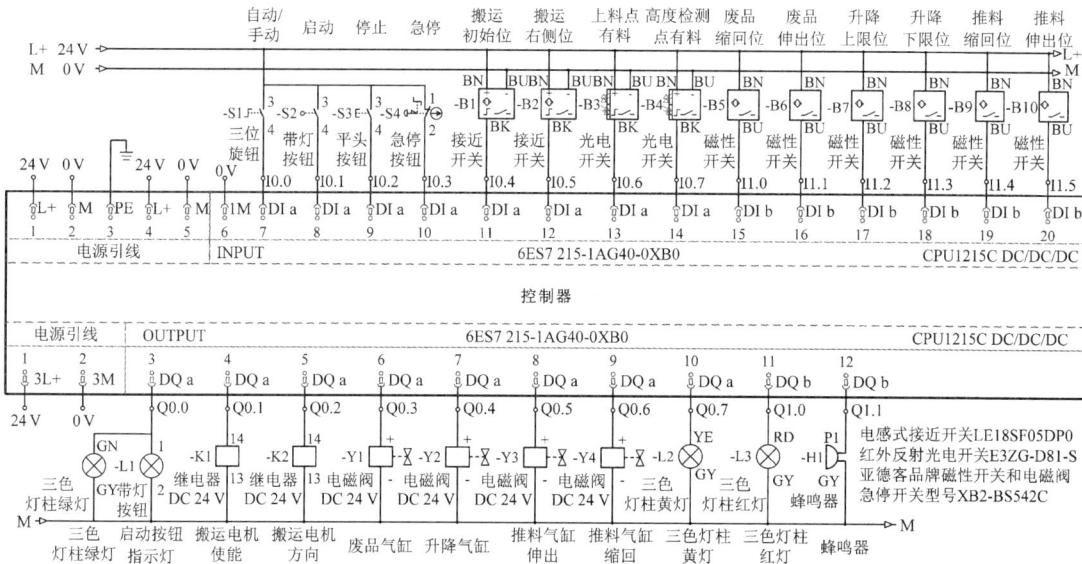

图 4-14　次品分拣站的 S7-1200 控制器的输入输出电气接线

次品分拣站的传感器分为红外反射光电开关、磁性开关和电感式接近开关 3 种。红外反射光电开关(激光位移传感器)用于检测主件高度,并通过设定的高度取值范围来判定主件是否合格。在硬件组态时,需将主件高度的输入地址设置为 IW64。光电开关还可用于采集主件是否到达上料点和高度检测点的信号。磁性开关用于限制气缸的升降和伸缩工作范围。电感式接近开关用于采集方向检测点处有无主件到达搬运初始位或搬运右侧位的信号。

由于 S7-1200 控制器的输入量不够,因此采用信号板进行扩展。扩展输入点的地址需要根据实际硬件组态地址修改,在此情况下,硬件组态时需将输入地址设置为 I2.0,如图 4-15 所示。

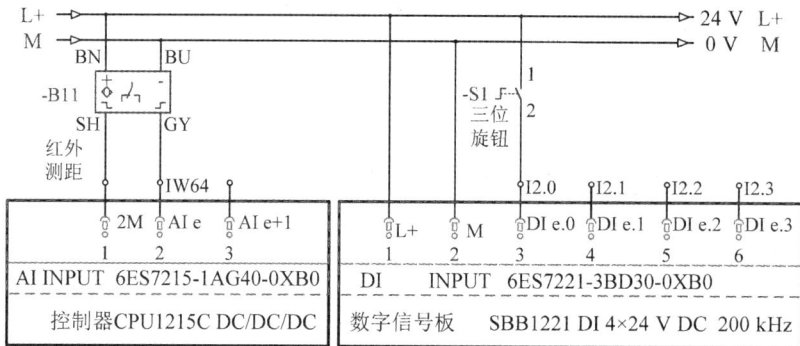

图 4-15　次品分拣站的模拟信号与数字信号板电气接线

图 4-16 所示为次品分拣站的信息流与物料流分析。次品分拣站通过机、电、气的协调配合，实现废品与合格主件的分拣。传送带搬运机构接收来自同步带驱动电机的使能和方向信号；气缸的升降和伸缩动作则由电磁阀的输出信号决定。

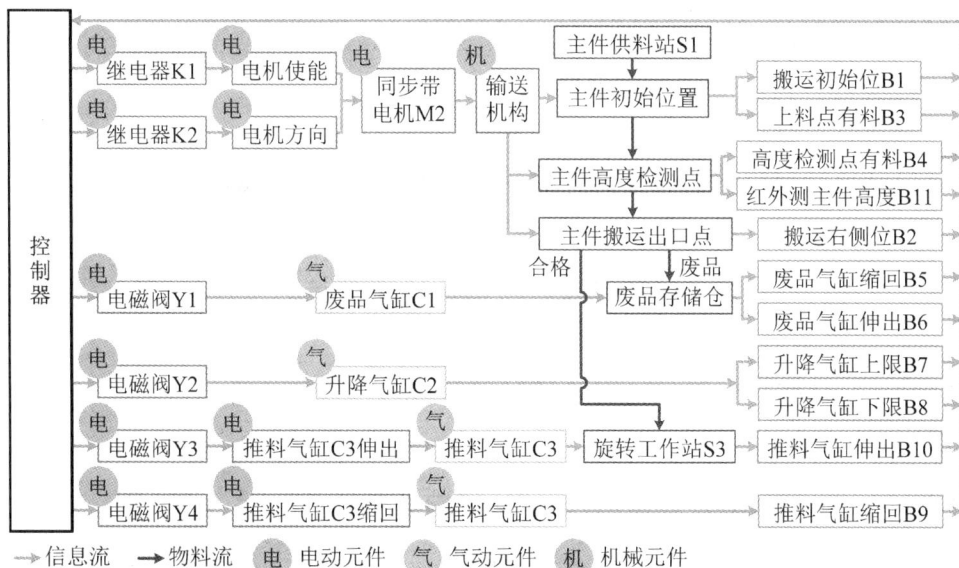

图 4-16　次品分拣站的信息流与物料流分析

结合次品分拣站的 S7-1200 控制器的输入输出电气接线、信息流与物料流分析、初步设置与程序编制等知识，次品分拣站采用 S7-1200 控制器作为主要控制设备，结合 HMI、激光位移传感器、气压设备、电气设备和传感检测设备等实现主件分拣和订单信息采集等工作。

任务知识 2　人机界面（HMI）组态设置

在 HMI 系统运行时，点击"退出"按钮，HMI 将回到启动中心界面。若未设置"退出"按钮，则在系统运行过程中就无法返回启动中心界面，也无法对 HMI 设置进行更改，此时只能关闭 HMI 电源并重新上电，以更改设置。

组态下载前，需确保组态 HMI 与实际 HMI 设备的 IP 地址相同，同时激活实际 HMI 设备的"传输"设置，方可将组态 HMI 下载至实际 HMI 设备。实际 HMI 硬件的 IP 地址设置如下：

首先，在 HMI 触摸屏的启动中心界面中选择设置"Settings"，然后选择网络接口"Network Interface"，更改 PROFINET 设备的网络设置。

在动态主机配置协议（DHCP）自动分配地址和手动指定地址之间进行选择。若手动分配地址，需通过屏幕键盘在 IP 地址和子网掩码（SM）的输入框中输入有效的值。在网络参数"Ethernet parameters"下的方式和速度"Mode and speed"选择框中选择 PROFINET 网络的传输速率（有效数值为 10 Mbit/s 或 100 Mbit/s）和连接方式（半双工（HDX）或全双工（FDX））。若选择自动协商"Auto negotiation"，系统将自动识别并设定 PROFINET 网络中的连接方式和传输速率。若激活开关"LLDP"，则当前操作设备可与其他操作设备交换信息。

其次，在设置"Settings"界面中选择传输设置"Transfer Settings"，启动 HMI 传输设置。在 HMI 传输设置中，需要设置传输控制"Transfer control"的传输使能"Enable transfer"开关,以允许博途软件将 HMI 组态信息下载至 HMI 硬件中。激活自动传输"Automatic"功能后,可以从组态 PC 开始传输(即使项目正在运行,设置也会被刷新)。在 WinCC V14 及以上版本的 HMI 设备映像连接时,可用数字签名"Digital Signature"功能选择验证签名"Validate Signature",以在传输时启用 HMI 设备映像的签名检查功能。

最后,在 HMI 的启动中心"Start Center"界面中点击传输"Transfer"按钮,进入传送模式,即可将博途软件 HMI 组态下载至 HMI 硬件中。

任务实施　次品分拣站单站安装调试

任务实施 1　HMI 组态下载

◈ 任务实施要求

完成智能产线的 HMI 组态下载。

步骤 1　添加 HMI 并设置 IP 地址和子网掩码

添加 HMI 的步骤:在左侧项目树栏中双击"添加新设备",进入"添加新设备"窗口,在窗口中选择 HMI,添加名称"HMI_1",依次选择"SIMATIC 精简系列面板—7 寸显示屏—KTP700 Basic—6AV2 123-2GB03-0AX",选择版本"15.1.0.0",最后点击"确定"即可添加 HMI_1 设备。添加 HMI_1 设备后,用鼠标右键单击"属性",依次选择"常规—以太网地址",将子网设置为"PN/IE_1",选择"在项目中设置 IP 地址",将 IP 地址设置为"192.168.0.10",将子网掩码设置为"255.255.255.0",勾选"自动生成 PROFINET 设备名称",如图 4-17 所示。

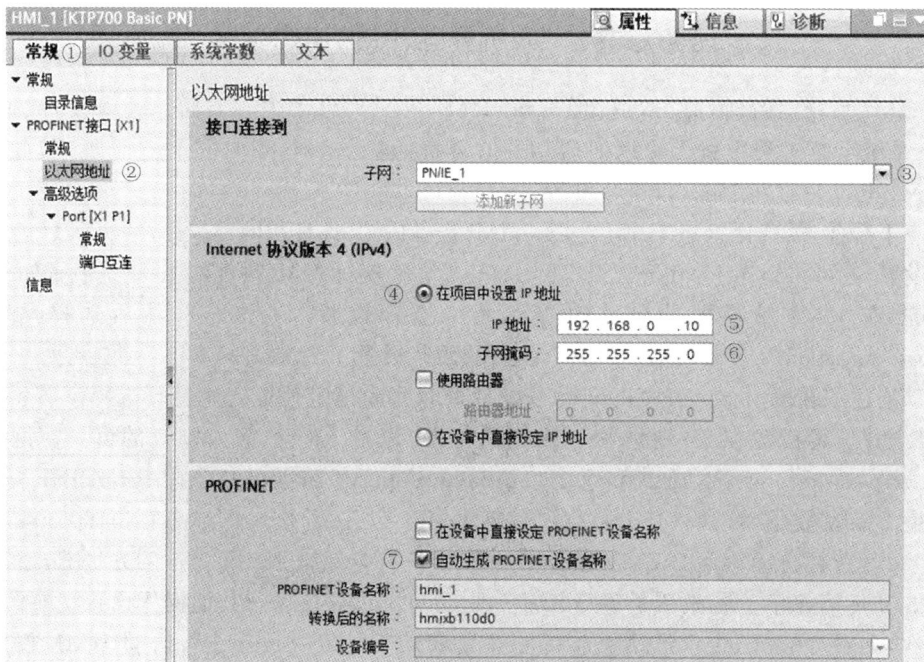

图 4-17　HMI 的 IP 地址与子网掩码设置

步骤 2　HMI 硬件网络接口设置

在实际 HMI 的启动中心界面中选择设置"Settings",选择网络接口"Network Interface",更改 PROFINET 设备的网络设置,如图 4-18 所示。实际 HMI 的 IP 地址和子网掩码需要与博途软件组态 HMI 的 IP 地址和子网掩码相同,如 IP 地址设置为"192.168.0.9",子网掩码设置为"255.255.255.0"。

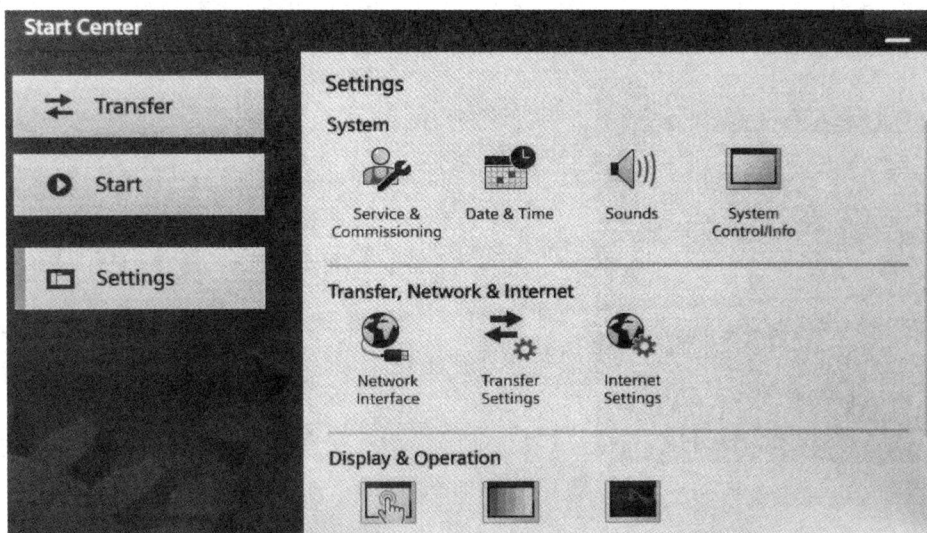

图 4-18　启动中心"Start Center"界面与设置"Settings"显示

在"PROFINET"下的设备名称"Device name"框中输入 HMI 设备的网络名称,将 DHCP 设置为"OFF";接着填入 IP 地址和子网掩码,在网络参数中选择自动协商,激活 LLDP 至"ON",如图 4-19 所示。

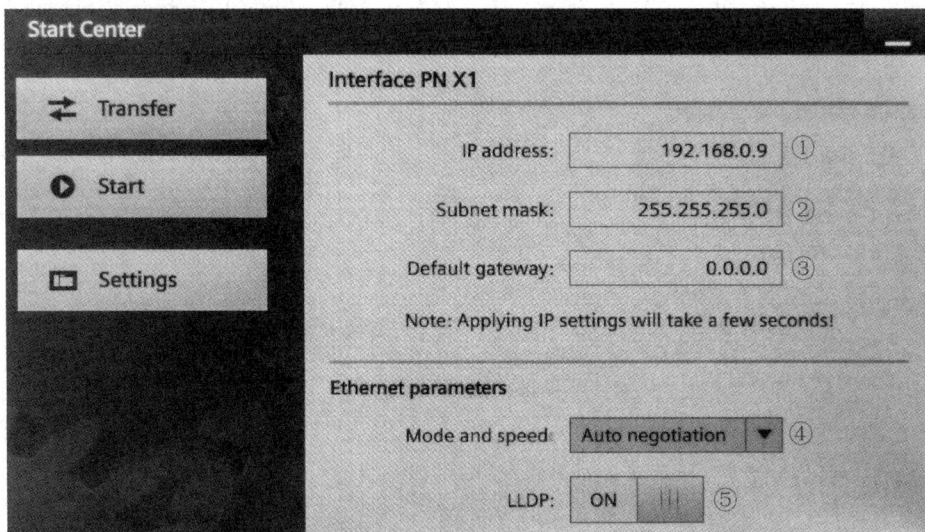

图 4-19　HMI 硬件网络接口设置

步骤 3　HMI 传输设置

在传输设置界面中,将传输使能"Enable transfer"开关设置为"ON",将"Automatic"设置为"ON"以激活自动传输,将数字签名处的验证签名"Validate Signature"也设置为"ON",如图 4-20 所示。

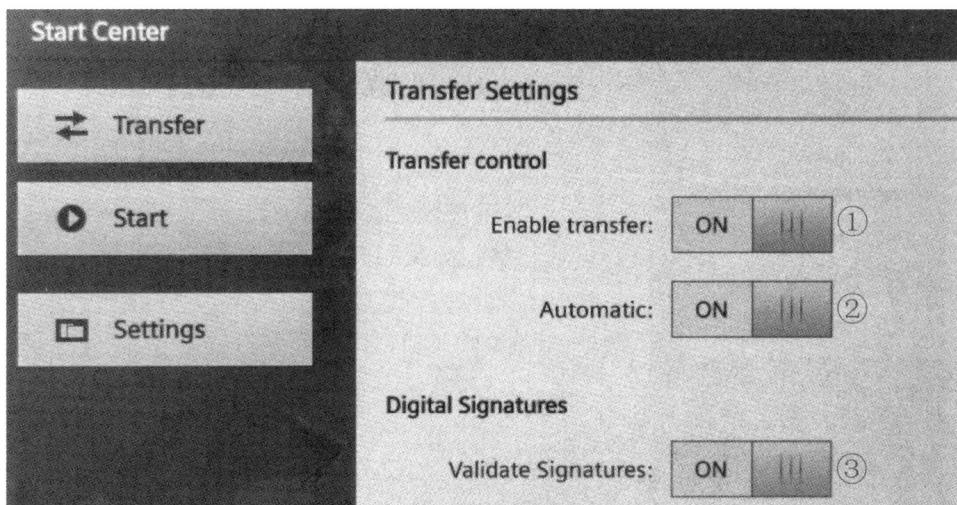

图 4-20　HMI 传输设置

步骤 4　HMI 传输启动

HMI 传输设置完成后,在 HMI 的启动中心"Start Center"界面中选择传输"Transfer"按钮,进入传送模式,如图 4-21 所示。此时可将博途软件组态 HMI 下载至实际 HMI 硬件中。

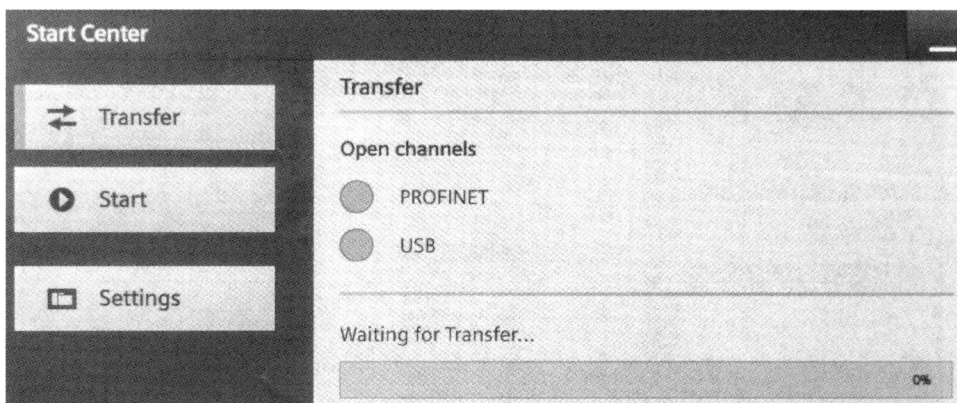

图 4-21　HMI 传输启动

步骤 5　HMI 组态下载

选择"编译—下载",进入"扩展下载到设备"窗口,如图 4-22 所示。PG/PC 接口的类型选择"PN/IE",PG/PC 接口选择"Intel(R) Ethernet Connection(11)1219-LM",接口/子网的连

接选择"插槽'5×1'处的方向",选择目标设备选择"显示所有兼容的设备",选择 HMI 设备，勾选闪烁 LED，点击"开始搜索"。等待系统搜索到设备后，观察闪烁的 HMI 设备是否是所需要的 HMI，若是则点击"下载"即可将组态 HMI 下载到实际 HMI 中。

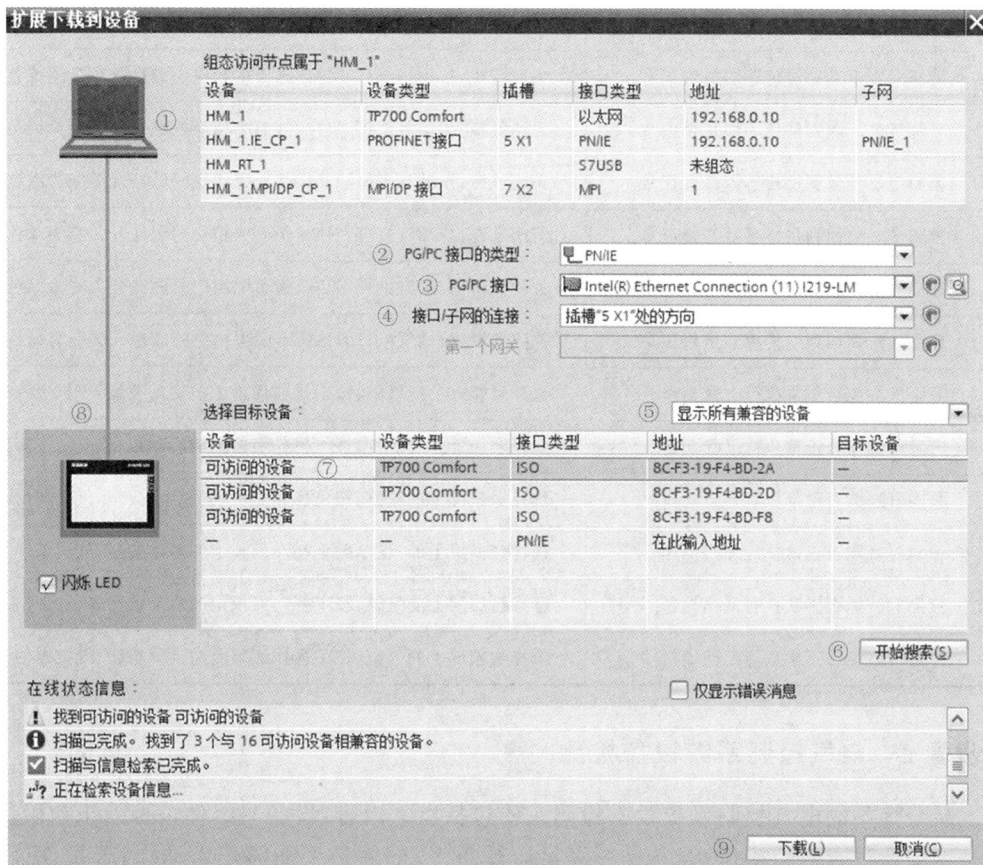

图 4-22　HMI 组态下载

任务实施 2　次品分拣站设备检测

◈ 任务实施要求

检测次品分拣站的气动、电气、传感检测、网络等智能设备是否正常。

步骤 1　气压系统设备检测

次品分拣站的气压系统设备检测主要包括以下内容：气压指示是否正常；升降气缸、伸缩气缸有无故障和漏气情况；气压系统入口阀门是否切换至"ON"挡以确保通气；气缸电磁阀能否正常动作；气泵能否正常打气及气泵阀门是否打开；升降气缸是否处于上限初始位置。在设备运行前，需要先检查气压系统的气压是否正常、通气阀是否开启、是否存在漏气现象、电磁阀是否发热等。次品分拣站气压系统设备的检测内容与检测方法如表 4-6 所示。

表 4-6 次品分拣站气压系统设备的检测内容与检测方法

序号	检测内容	检测方法
1	气路有无泄漏现象,气动联件压力数值是否正常	开启空压机,两联件压力值为 0.4～0.6 MPa,听气路有无漏气声音
2	升降气缸上升到位传感器是否正常	关闭气源,拉动气缸杆,HMI 画面中相应的磁性开关变为绿色
3	升降气缸下降到位传感器是否正常	关闭气源,拉动气缸杆,HMI 画面中相应的磁性开关变为绿色
4	推料气缸伸出到位传感器是否正常	关闭气源,拉动气缸杆,HMI 画面中相应的磁性开关变为绿色
5	推料气缸缩回到位传感器是否正常	关闭气源,拉动气缸杆,HMI 画面中相应的磁性开关变为绿色
6	废品气缸伸出到位传感器是否正常	关闭气源,拉动气缸杆,HMI 画面中相应的磁性开关变为绿色
7	废品气缸缩回到位传感器是否正常	关闭气源,拉动气缸杆,HMI 画面中相应的磁性开关变为绿色
8	升降气缸能否正常执行上升动作	选择触摸屏上的气缸,按下操作面板上的启动按钮,气缸上升
9	升降气缸能否正常执行下降动作	选择触摸屏上的气缸,按下操作面板上的启动按钮,气缸下降
10	推料气缸能否正常执行伸出动作	选择触摸屏上的气缸,按下操作面板上的启动按钮,气缸伸出
11	推料气缸能否正常执行缩回动作	选择触摸屏上的气缸,按下操作面板上的启动按钮,气缸缩回
12	废品气缸能否正常执行伸出动作	选择触摸屏上的气缸,按下操作面板上的启动按钮,气缸伸出
13	废品气缸能否正常执行缩回动作	选择触摸屏上的气缸,按下操作面板上的启动按钮,气缸缩回

步骤 2 电气控制系统设备检测

次品分拣站的电气控制系统设备检测主要包括以下内容:设备与组件是否处于初始位置;设备是否需要进行复位操作;设备是否满足运行条件;部件是否能够正常动作;若发现设备损坏,应当及时更换或维修。

在设备运行前,需要先检查电气接线是否正确、传感器显示是否正常、执行机构能否动作、按钮能否正常使用等。次品分拣站电气控制系统设备的检测内容与检测方法如表 4-7 所示。

表 4-7 次品分拣站电气控制系统设备的检测内容与检测方法

序号	检测内容	检测方法
1	电源连接线是否连接牢固、无破损	观察电源连接线的连接情况,应牢固无破损
2	上电后是否能正常启动次品分拣站	次品分拣站上电启动
3	PLC 模块指示灯是否无异常	观察 PLC 模块指示灯有无红色
4	启动、停止按钮能否正常使用,按钮指示灯能否正常显示	按下操作面板上的启动按钮,HMI 画面中的启动按钮及其指示灯变为绿色;按下操作面板上的停止按钮,HMI 画面中的停止按钮变为绿色
5	模式选择开关(手动、自动、复位)能否正常使用	将操作面板上的模式选择开关调至"复位",HMI 画面中的复位指示灯变为绿色;调至"手动"或"自动",HMI 画面中的手动或自动指示灯变为绿色

序号	检测内容	检测方法
6	搬运初始位、搬运右侧位的接近开关是否正常	用金属触发,触摸屏画面中的相应开关变为绿色
7	上料点光电检测开关是否正常	遮挡光电开关,触摸屏画面中的相应开关变为绿色
8	高度测量检测开关能否正常使用	遮挡光电开关,触摸屏画面中的相应开关变为绿色
9	搬运电机能否正常正向、反向运行	选择触摸屏上的搬运电机,按下操作面板上的启动按钮,电机运转
10	高度检测传感器能否正常工作	在高度检测传感器下放入主件,HMI画面中的高度检测数值在0～60之间

步骤3 智能设备初始状态检测

(1) 检查搬运组件是否处于搬运初始位置,即搬运初始位是否亮。

(2) 检查升降气缸到位检测传感器是否在上限位置,即升降上限位是否亮。

(3) 检查推料气缸到位检测传感器是否在缩回位置,即推料气缸缩回位是否亮。

(4) 检查废品气缸到位检测传感器是否在缩回位置,即废品气缸缩回位是否亮。

(5) 检查上料点检测传感器是否灭;高度检测点传感器是否熄灭;高度检测传感器显示是否正常。

(6) 检查启动(S2)、急停(S4)、停止(S3)等开关能否正常使用。

(7) 检查搬运电机是否停止。

(8) 检查连接件以及固定螺钉是否松动。

步骤4 智能设备网络检测

次品分拣站的网络检测主要包括以下内容:

(1) 工程师PC机、S7-1200控制器和HMI是否已通过工业以太网线进行物理连接。

(2) 工程师PC机、S7-1200控制器和HMI是否已正常开机并显示正常,且无故障灯亮起。

(3) 网络交换机是否已设置好,并确认其开机正常且无故障灯亮起。

(4) 工程师PC机、S7-1200控制器、HMI和网络交换机是否设置在同一子网和网段内。工程师PC机的IP地址为"192.168.0.168",其子网掩码为"255.255.255.0";S7-1200控制器的IP地址为"192.168.0.2",其子网掩码为"255.255.255.0"。保证工程师PC机和S7-1200控制器属于同一网段(0网段)且IP地址唯一不重叠。

(5) 工程师PC机网络的PC/PG接口是否已经设置好。

步骤5 智能设备程序下载

网络设备检测完成后,可将工程师PC机中的控制程序下载至S7-1200控制器,将HMI设置画面下载至HMI。

任务实施 3 次品分拣站单站调试

◆ 任务实施要求

完成次品分拣站的复位、手动和自动单站调试。

根据项目 3 任务 2，次品分拣站的程序已经初步编制好，但在实际运行前，必须根据实际设备和运行特点对程序进行修正和调试。调试过程中，若设备出现故障或运行不稳定，需进行维修、修正和调试等一系列工作。

次品分拣站单站调试不涉及与智能产线其他工作站的通信调试和 HMI 显示调试。由项目 3 任务 2 的模块化程序结构设计可知，次品分拣站单站调试分为系统初始化调试、顺序功能控制调试和输出执行动作调试。

步骤 1 系统初始化调试

根据硬件初始化流程图，依次进行判断、发布初始化命令、开始执行动作以及停止执行动作。例如，先设置同步带输送组件不在搬运初始位、推料气缸不在缩回位、废品气缸不在缩回位以及升降气缸不在上限位，以判别同步带输送组件是否处于初始状态。

把模式选择开关切换到"复位"，点击绿色启动按钮后，观察同步带输送组件是否开始动作，例如是否返回搬运初始位、升降气缸是否上升、废品气缸是否缩回和推料气缸是否缩回等。当运行至搬运初始位、升降气缸上限位、废品气缸缩回位和推料气缸缩回位时，设备应自行停止。

软件系统初始化调试主要关注数据变量、中间变量和状态变量是否从初始状态开始。通常采用移动指令 Move 进行清零操作，采用复位指令 R 进行及时复位。

复位时需根据实际情况确定执行动作的先后顺序。例如，应先使升降气缸上升，再使废品气缸缩回，最后使推料气缸缩回并返回搬运初始位。

步骤 2 顺序功能控制调试

次品分拣站处于手动运行模式时，每次按下启动按钮，设备将运行一次，运行指示灯亮起；处于自动运行模式时，只需按下启动按钮一次，设备将按照顺序功能图连续动作。

在顺序功能控制调试过程中，需观察搬运与高度检测、废品气缸伸出、废品气缸缩回或升降气缸下降、推料气缸伸出、推料气缸缩回、升降气缸上升和返回搬运初始位等动作是否按照顺序功能图的动作顺序执行。如果出现动作顺序错乱或拒动现象，应通过监控程序状态和变量表方法，查找错误之处，分析原因，并修正程序或调整设备后再进行调试验证。

步骤 3 输出执行动作调试

输出执行动作调试主要用于驱动执行机构动作及显示其状态，必须与系统初始化调试、顺序功能控制调试配合进行。

步骤 4 验证设备是否处于初始状态

将模式选择开关切换至"复位"，点击启动按钮，启动按钮指示灯闪烁。观察设备是否处于

初始状态,设备不运行或不动作表明设备已在初始状态。

步骤 5 手动运行验证调试结果

将模式选择开关切换至"手动",点击启动按钮,设备运行时启动按钮指示灯亮起。手动运行以验证设备是否符合要求,如表 4-8 所示。

表 4-8 次品分拣站的顺序功能控制手动运行

步骤		操作	正确动作现象
1		将模式选择开关切换至"手动"	观察次品分拣站是否处于初始状态,若不在搬运初始位则需先复位
2		点击启动按钮	承载台携带主件,将其搬运至高度检测点,检测主件高度并记录高度值
3		点击启动按钮	搬运组件的承载台携带主件,继续搬运至搬运右侧位时停止
合格物料	4	点击启动按钮	升降气缸在搬运右侧位开始下降,至下限位停止
	5	点击启动按钮	推料气缸在搬运右侧位开始伸出,至伸出位置停止,推送主件至下一站
	6	点击启动按钮	搬运组件在搬运右侧位开始缩回,至缩回位停止
	7	点击启动按钮	升降气缸在搬运右侧位开始上升,至上限位停止
废品	4	点击启动按钮	废品气缸在搬运右侧位开始伸出,至伸出位停止,将主件推入废品存储区
	5	点击启动按钮	废品气缸在搬运右侧位开始缩回,至缩回位停止
8		点击启动按钮	搬运组件从搬运右侧位开始返回,至搬运初始位停止

步骤 6 自动运行验证调试结果

将模式选择开关切换至"自动",按下启动按钮,启动按钮指示灯常亮。次品分拣站检测到主件后,按照工艺流程开始运行,直至回到初始状态。

拓展知识 智能产线的面板规范操作

智能产线的操作面板由三挡位模式选择开关、带指示灯的启动按钮和停止按钮、急停按钮和电源开关组成,用于控制和指示智能产线各工作站运行、停止和复位。模式选择开关可选择复位模式、手动模式和自动模式。运行指示灯有熄灭、闪烁和常亮 3 种状态:熄灭表示设备处于非工作状态;闪烁表示设备正在复位;常亮表示设备处于自动运行模式。

操作人员应当根据不同需求,按照正确的流程进行规范操作,以控制智能产线工作站。

1 复位操作

在手动或自动运行之前,首先需要对设备进行复位操作。将模式选择开关切换到"复位",按下启动按钮,工作站开始执行复位动作。复位完成后,工作站上各执行机构须处于初始位置。复位前,需要确认急停按钮是否抬起。若急停按钮处于按下状态,则复位完成后需将其抬

起。复位操作流程(见图 4-13(a)):

(1) 将模式选择开关切换至"复位"。

(2) 按下启动按钮,指示灯变为闪烁,表明设备正在复位,等待复位完成即可。

2　手动运行操作

手动运行模式主要用于控制工作站进行单步操作。当模式选择开关切换到"手动"时,每次按下启动按钮,工作站按照预定程序执行一步动作。

手动运行操作流程(见图 4-13(b)):

(1) 判断启动按钮指示灯是否闪烁,闪烁表示工作站在复位,等待复位完成即可。

(2) 将模式选择开关切换至"手动",启动按钮指示灯由闪烁变为熄灭。

(3) 按下启动按钮,指示灯常亮,代表设备正在运行,运行完一个动作后指示灯熄灭。

(4) 再次按下启动按钮,重复步骤(3)。

(5) 当运行到工作站的终点时,手动运行结束。

3　自动运行操作

智能产线投入日常生产时,需要使用自动运行模式。自动运行模式下,设备将按照预设程序自动运行。设备在初始点检测到主件后,将按照设定程序生产,直至订单完成。

自动运行操作流程(见图 4-13(c)):

(1) 判断启动按钮指示灯是否闪烁,闪烁表示工作站在复位,等待复位完成即可。

(2) 将模式选择开关切换至"自动",启动按钮指示灯由闪烁变为熄灭。

(3) 按下启动按钮,指示灯常亮,代表设备正在运行。

(4) 当运行到工作站的终点时,自动运行结束。

4　急停操作

急停按钮通常在危急情况下使用,比如程序错误、卡料、发生干涉或碰撞等需要立即停止的情形。按下急停按钮后,工作站将停止运行,同时各执行机构断电。

5　停止操作

按下停止按钮,工作站立即停止运行并保持当前状态。再按下启动按钮,工作站继续按照当前模式运行。在进行手动或自动模式切换前,需先按下停止按钮,再切换模式选择开关。

6　模式切换

自动模式切换至手动模式:先按下停止按钮,结束自动运行模式,然后根据复位流程进行复位,最后按照手动运行流程进行手动操作。如果在进行模式切换前没有按下急停按钮,则工作站继续保持自动运行状态。

手动模式切换至自动模式:先按下停止按钮,结束手动运行模式,然后根据复位流程进行复位,最后按照自动运行流程进行操作。如果在进行模式切换前没有按下急停按钮,则工作站继续保持手动运行状态。

自动或手动模式切换至复位模式：先按下停止按钮，结束当前模式，然后将模式选择开关切换至"复位"，按下启动按钮后，设备按照复位流程进行复位。

旋转工作站
安装调试

┃任务 3　旋转工作站安装调试┃

任 务 导 入

装调前先分析旋转工作站控制器的输入输出电气接线、信息流和物料流。同时，还需对气压控制系统进行装调和检测。结合项目 1 和项目 3 的内容，开始旋转工作站单站装调。

知识平台　旋转工作站单站分析

任务知识 1　旋转工作站系统分析

旋转工作站的 S7-1200 控制器的输入输出电气接线如图 4-23 所示。旋转工作站的传感器分为光电开关、电感式接近开关和磁性开关 3 种。光电开关用于采集主件是否到达上料点、检测点、旋转点的信号，其中对射光纤通过光线是否被主件遮挡来判别主件放置方向是否需要调整。电感式接近开关用于采集方向检测点处有无主件到达的信号。磁性开关用于限制气缸的升降、旋转、夹紧和松开的工作范围（限位功能）。

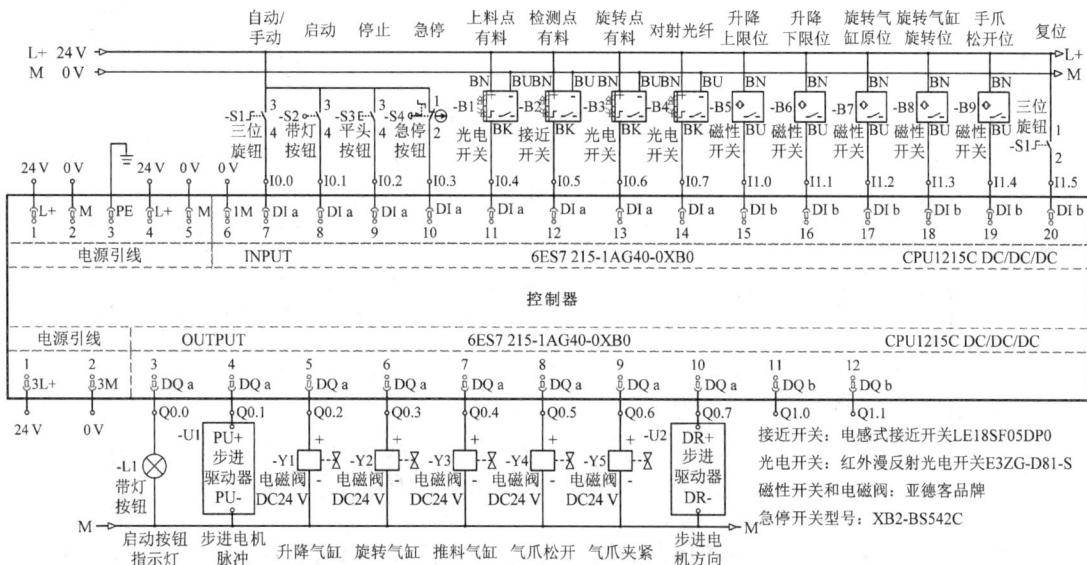

图 4-23　旋转工作站的 S7-1200 控制器的输入输出电气接线

旋转工作站采用数字信号板扩展输入点,用于限制气缸的伸缩行程、确定转盘原位位置和复位。扩展输入点的地址需根据实际硬件组态进行修改,输入起始地址应改为 I2.0,如图 4-24 所示。

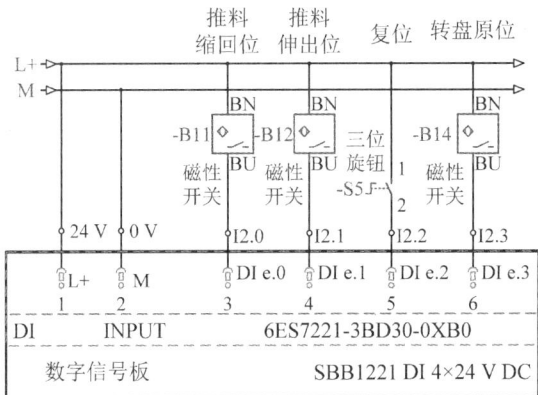

图 4-24　旋转工作站数字信号板的电气接线

图 4-25 所示为旋转工作站的信息流与物料流分析。旋转工作站通过机、电、气的协调配合,实现合格主件姿态调整。旋转工作站的步进驱动系统接收 S7-1200 控制器的脉冲信号 Q0.1 和脉冲方向信号 Q0.7,控制转盘急停、复位、回零、启停和旋转等。

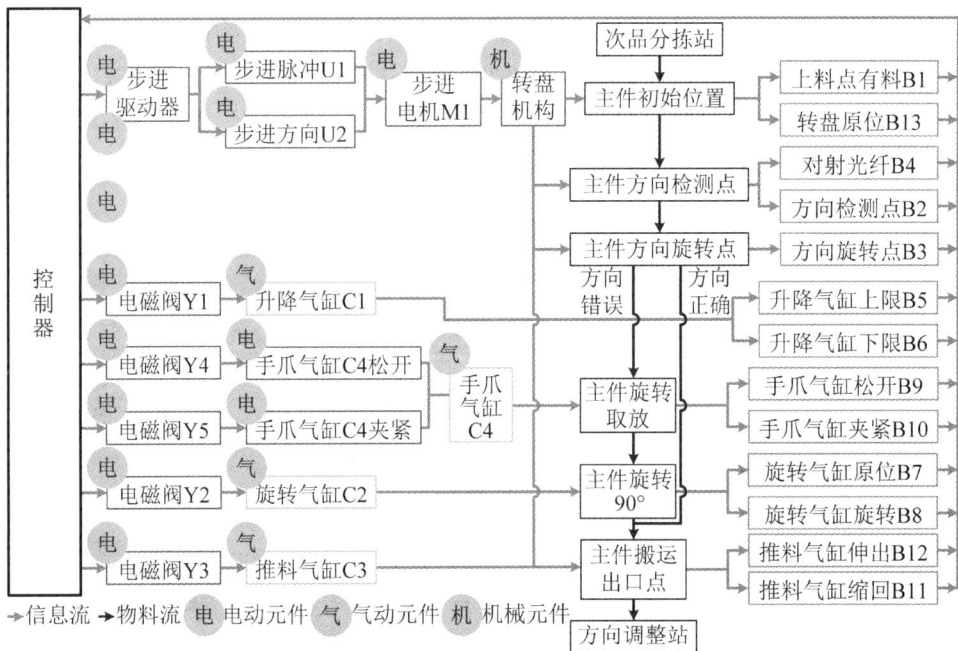

图 4-25　旋转工作站的信息流与物料流分析

结合旋转工作站的 S7-1200 控制器的输入输出电气接线、信息流和物料流分析、初步设置与程序编制等知识,旋转工作站采用 S7-1200 控制器作为主要控制设备,结合 HMI、步进驱动系统、气压设备、电气设备和传感检测设备等,完成合格主件姿态调整和订单信息采集等工作。

任务知识 2　气压控制系统工作流程

气动控制系统以压缩空气为工作介质,在控制元件和辅助元件的配合下,通过执行元件把空气的压缩能转换成机械能,从而驱动机构直线往复运动、摆动或旋转并对外做功。气动控制系统一般由压缩空气发生装置(如静音气泵)、执行元件(如气缸)、控制元件(如电磁阀)、辅助元件、检测装置(如磁性开关)和控制器 6 部分组成,实现气缸伸缩运动的控制。

压缩空气发生装置包括空气压缩机、安全阀、过载安全保护器、储气罐、罐体压力指示表、压力调节指示表、过滤减压阀及气源开关等部件。静音气泵是一种特殊的压缩空气发生装置,用于产生、净化、处理及存储具有压力和流量的压缩空气,其输出压力可通过其上的过滤减压阀进行调节。

电磁阀是用电磁控制流体的工业级自动化控制设备,由电磁线圈和磁芯组成。当电磁阀线圈通电或断电时,磁芯动作,从而导通或关闭阀体,以改变流体的通断,进而控制气体的进出。

磁性开关可直接安装在气缸缸体上。当带有磁环的活塞移动到磁性开关所在位置时,磁性开关的两个金属簧片在磁环磁场的作用下吸合,发出信号;当活塞移开,舌簧开关离开磁场,触点自动断开,信号切断,从而可以方便地实现对气缸活塞位置的检测。

双轴气缸是引导活塞在缸内进行直线运动的圆筒形金属机件,由缸筒、端盖、活塞、活塞杆和密封件等组成。双轴气缸分为 TN 型和 TR 型两种。双轴气缸有两组无杆腔和有杆腔。当下行有杆腔输入压缩空气,下行无杆腔排气时,压力差作用使气缸下行;当上行有杆腔输入压缩空气,上行无杆腔排气时,压力差作用使气缸上行。

旋转气缸是一种进气导管和导气头固定而气缸本体可以转动的气缸,主要由导气头、缸体、活塞和活塞杆等组成。旋转气缸将缸体本身固定在旋转体上与旋转负载一起旋转,供气组件是固定不动的。旋转缸体与不旋转的供气阀之间采用轴承连接,从而使旋转气缸能够灵活旋转。旋转气缸的工作过程如表 4-9 所示。

表 4-9　旋转气缸的工作过程

序号	工作过程
第一步 复位	从气口 B 通入一定压力($0.1\sim0.8$ MPa)的气体,同时从气口 A 排气,活塞及活塞杆向后退回。当活塞碰到缸体右端时便停止,此时活塞杆端处于 a 点位置,称为复位状态
第二步 工作	从气口 A 通入一定压力($0.1\sim0.8$ MPa)的气体,同时从气口 B 排气,活塞及活塞杆向前伸出。当活塞碰到前盖时便停止运动,活塞杆端处于 b 点位置(ab 之间的距离就是活塞的行程 S),称为工作状态

笔形气缸是引导活塞在缸内进行直线往复运动的圆筒形金属机件,主要由缸筒、端盖、活塞、活塞杆和密封件等组成。当从无杆腔输入压缩空气时,有杆腔排气,气缸的两腔压力差作用在活塞上,所形成的力推动活塞运动,使活塞杆伸出;当从有杆腔输入压缩空气时,无杆腔排气,气缸的两腔压力差作用在活塞上,所形成的力推动活塞运动,使活塞杆缩回。无杆腔和有杆腔交替进气和排气,活塞实现往复直线运动。

旋转工作站使用 TR 型双轴气缸、旋转气缸、笔形气缸 3 种气缸,其特性如表 4-10 所示。推料气缸采用笔形气缸,用于控制气缸的伸缩运动;双轴气缸用于控制气缸的升降、夹紧与松

开动作。根据对射光纤获取的信息,旋转气缸控制物料方向是否需要调整180°。

表4-10 3种气缸的特性

名称	特性
TR型 双轴气缸	(1) 不回转精度高,活塞杆端挠度小,采用精确导向设计; (2) 采用加长型滑动支承导向,无须额外加油润滑,导向性能好; (3) 固定板三面均有安装孔,便于多位置加载; (4) 具有一定的抗弯曲及抗扭转性能,能承受一定的侧向负载; (5) 气缸本体除轴向外,其余各面均有安装孔位,提供多种安装固定方式; (6) 气缸两侧各有两组进、排气口,可根据实际需要选用; (7) 气缸本体前端防撞垫可调节气缸行程,并能缓解冲击
旋转气缸 (HRQ2)	(1) 采用齿轮齿条结构,运转平稳; (2) 双气缸结构,能实现双倍出力; (3) 工作台加工精度高,负载安装方便,定位准确; (4) 工作台中间有通孔,可通过此孔配管; (5) 气缸本体两面或底面均有定位孔,安装方便; (6) 提供调整螺钉固定缓冲或带油压缓冲两种方式,可自由选择。其中,带油压缓冲的最大缓冲能量是调整螺钉固定缓冲的3～5倍,调整效果更佳
笔形气缸 (CJ2B)	(1) 易于微调磁性开关的位置; (2) 开关托架透明化,便于查看指示灯; (3) 杆端振摆精度高

任务实施 旋转工作站单站安装调试

任务实施1 气压控制系统装调

◆ **任务实施要求**

完成旋转工作站气压控制系统的安装与调试。

步骤1 安装气缸

安装双轴气缸时,使用六角扳手把夹具在固定位置的螺钉拧紧,从而确定双轴气缸在侧面、顶面、前面与底面的安装位置。安装旋转气缸时,以旋转定位销孔为基准调整转角范围。旋转工作站的旋转气缸需要将主件旋转180°,使用六角扳手拧紧或拧松螺钉即可完成旋转气缸的旋转范围调整。

步骤2 调节磁性开关

在气缸不进气的条件下,通过手动拖拽气缸动作来调节磁性开关。对于双轴气缸,当推杆下行、上行到合适位置且指示灯亮起时,使用一字螺丝刀调整磁性开关位置,完成磁性开关的

调节。对于旋转气缸,将物料放置在其正下方,以与物料平行且气爪能抓起物料的位置为 0 刻度线。拖拽磁性开关至指示灯亮起,使用一字螺丝刀固定,即可调整磁性开关的旋转起始位置;旋转 180°后,拖拽磁性开关至指示灯亮起,使用一字螺丝刀固定,即可调整磁性开关的旋转终止位置。对于笔形气缸,手动拉出推杆到合适位置。拖拽磁性开关至指示灯亮起,使用一字螺丝刀固定,即可调整笔形气缸对应的磁性开关停止位置;手动推回推杆到初始位置,拖拽磁性开关至指示灯亮起,使用一字螺丝刀固定,即可调整磁性开关的初始位置。

步骤 3　控制信号接线

安装好气缸与磁性开关后,将不同类型的气缸、磁性开关与 S7-1200 控制器进行通信连接,确定相关变量。

步骤 4　程序编制

根据 S7-1200 控制器电气接线和输入输出变量编制程序,驱动电磁阀和气缸做出相应动作。

步骤 5　试运行

通过试运行验证步骤 1～步骤 4 的安装调试是否正确,并检查气压控制设备能否正常使用。

任务实施 2　旋转工作站设备检测

◆ **任务实施要求**

检测旋转工作站的气动、电气、传感检测、网络等智能设备是否正常。

步骤 1　气压系统设备检测

在旋转工作站运行前,需先检查气压系统设备的气压是否正常、通气阀是否开启、是否存在漏气现象、电磁阀是否发热等。旋转工作站气压系统设备检测内容与检测方法如表 4-11 所示。

表 4-11　旋转工作站气压系统设备检测内容与检测方法

序号	检测内容	检测方法
1	气路有无泄漏,气动联件压力数值是否正常	开启空气压缩机,气动两联件压力表数值范围为 0.4～0.6 MPa,听气路有无漏气声音
2	升降气缸上升到位传感器是否正常	关闭气源,拉动气缸杆,HMI 画面中相应的磁性开关变为绿色
3	升降气缸下降到位传感器是否正常	关闭气源,拉动气缸杆,HMI 画面中相应的磁性开关变为绿色
4	手爪气缸夹紧到位传感器是否正常	关闭气源,拉动气缸杆,HMI 画面中相应的磁性开关变为绿色
5	手爪气缸松开到位传感器是否正常	关闭气源,拉动气缸杆,HMI 画面中相应的磁性开关变为绿色
6	旋转气缸旋转到位传感器是否正常	关闭气源,拉动气缸杆,HMI 画面中相应的磁性开关变为绿色

续表

序号	检测内容	检测方法
7	旋转气缸原位传感器是否正常	关闭气源,拉动气缸杆,HMI画面中相应的磁性开关变为绿色
8	推料气缸伸出到位传感器是否正常	关闭气源,拉动气缸杆,HMI画面中相应的磁性开关变为绿色
9	推料气缸缩回到位传感器是否正常	关闭气源,拉动气缸杆,HMI画面中相应的磁性开关变为绿色
10	升降气缸能否正常执行上升动作	选择触摸屏上的气缸,按下操作面板上的启动按钮,气缸上升
11	升降气缸能否正常执行下降动作	选择触摸屏上的气缸,按下操作面板上的启动按钮,气缸下降
12	手爪气缸能否正常执行夹紧动作	选择触摸屏上的气缸,按下操作面板上的启动按钮,手爪夹紧
13	手爪气缸能否正常执行松开动作	选择触摸屏上的气缸,按下操作面板上的启动按钮,手爪松开
14	旋转气缸能否正常执行旋转动作	选择触摸屏上的气缸,按下操作面板上的启动按钮,气缸旋转
15	旋转气缸能否正常返回原位	选择触摸屏上的气缸,按下操作面板上的启动按钮,气缸旋转
16	推料气缸能否正常执行伸出动作	选择触摸屏上的气缸,按下操作面板上的启动按钮,气缸伸出
17	推料气缸能否正常执行缩回动作	选择触摸屏上的气缸,按下操作面板上的启动按钮,气缸缩回

步骤 2　电气控制系统设备检测

在设备运行前,须先检查电气接线是否正确、传感器是否正常显示、执行机构能否动作、按钮能否正常使用等。旋转工作站电气控制系统设备检测内容与检测方法如表 4-12 所示。

表 4-12　旋转工作站电气控制系统设备检测内容与检测方法

序号	检测内容	检测方法
1	电源连接线是否连接牢固、无破损	观察电源连接线连接情况,应连接牢固、无破损
2	上电后能否正常启动旋转工作站	旋转工作站上电启动
3	PLC模块指示灯有无异常	观察 PLC 模块指示灯有无红色
4	启动、停止按钮能否正常使用,按钮指示灯能否正常显示	按下操作面板上的启动按钮,HMI画面中的启动按钮指示灯变绿色;按下操作面板上的停止按钮,HMI画面中的停止按钮变为绿色
5	模式选择开关(手动、自动、复位)能否正常使用	将模式选择开关切换至"复位",HMI画面中的复位指示灯变为绿色;切换至"手动"或"自动",对应 HMI 画面中的手动或自动指示灯变为绿色
6	上料点光电检测开关是否正常	遮挡光电开关,触摸屏画面中的相应开关变为绿色
7	检测点接近开关是否正常	用主件触发,触摸屏画面中的相应开关变为绿色
8	旋转点光电检测开关是否正常	遮挡光电开关,触摸屏画面中的相应开关变为绿色
9	对射光纤检测开关是否正常	用主件触发,触摸屏画面中的相应开关变为绿色
10	步进电机能否正常运行	选择触摸屏上的步进电机,按下操作面板上的启动按钮,电机运转

步骤 3　智能设备初始状态检测

（1）检查转盘组件是否处于转盘原位，即转盘原位指示灯是否亮。

（2）检查升降气缸传感器是否在上限位置，即升降上限位指示灯是否亮。

（3）检查旋转气缸传感器是否在原点位置，即旋转气缸原位指示灯是否亮。

（4）检查手爪气缸传感器是否在松开位置，即手爪气缸松开位指示灯是否亮。

（5）检查推料气缸传感器是否在缩回位置，即推料气缸缩回位指示灯是否亮。

（6）检查上料点传感器指示灯是否灭，检测点传感器指示灯是否灭，旋转点传感器指示灯是否灭。

（7）检查急停（S4）、复位（S5）、启动（S2）、停止（S3）等开关能否正常使用。

（8）检查步进电机是否停止。

（9）检查连接件以及固定螺钉是否松动。

步骤 4　智能设备网络检测

检查控制旋转工作站的工程师 PC 机、S7-1200 控制器、HMI 是否在同一子网内。工程师 PC 机的 IP 地址为"192.168.0.168"，子网掩码为"255.255.255.0"；S7-1200 控制器的 IP 地址为"192.168.0.3"，子网掩码为"255.255.255.0"。确保工程师 PC 机和 S7-1200 控制器属于同一网段（0 网段），且 IP 地址唯一不重叠。

步骤 5　智能设备程序下载

网络设备检测完成后，将工程师 PC 机的控制程序下载至 S7-1200 控制器，并将 HMI 设置画面下载至 HMI。

任务实施 3　旋转工作站单站调试

◆ **任务实施要求**

完成旋转工作站的复位、手动和自动单站调试。

根据项目 3 任务 3，旋转工作站的程序已经初步编制好，但在实际运行前，必须根据实际设备和运行特点对程序进行修正和调试。调试过程中，若设备出现故障或运行不稳定，必须进行维修、修正和调试等一系列工作。

旋转工作站单站调试不涉及与智能产线其他工作站的通信调试和 HMI 显示调试。由项目 3 任务 3 的模块化程序结构设计可知，旋转工作站单站调试分为系统初始化调试、伺服驱动控制调试、顺序功能控制调试和输出执行动作调试。

步骤 1　系统初始化调试

根据硬件初始化流程图，依次进行判断、发布初始化命令、开始执行动作和停止执行动作。首先，设置转盘组件不在转盘原位、升降气缸不在上限位、手爪气缸不在松开位、旋转气缸不在原位以及推料气缸不在缩回位，以判别转盘组件、方向调整组件和推料组件是否处于初始状态。将模式选择开关切换到"复位"，点击绿色启动按钮后，观察转盘组件、方向调整组件和推料组件是否开始动作，如转盘回零、升降气缸上升、旋转气缸返回原位、手爪气缸松开和推料气缸缩回。当运行至转盘零点、升降气缸上限位、旋转气缸原位、手爪气缸松开位和推料气缸缩回位指示灯亮起时,设备应自行停止。

软件系统初始化调试主要关注数据变量、中间变量和状态变量是否从初始状态开始。通常采用移动指令 Move 进行清零操作,采用复位指令 R 进行及时复位。

复位时需根据实际情况确定执行动作的先后顺序,例如手爪气缸先松开,升降气缸后上升,最后推料气缸缩回和转盘回零。

步骤 2　伺服驱动控制调试

旋转工作站的伺服驱动控制调试分为手动调试和程序调试两个阶段。手动调试的目的是验证伺服驱动设备组态是否正确,并确认伺服驱动设备的运动位置。例如,转盘从上料点旋转至方向检测点的旋转角度为 58°,从方向检测点旋转至主件方向旋转点的旋转角度为 61°,从旋转点旋转至旋转工作站出料点的旋转角度为 60°。旋转工作站的转盘旋转手动调试界面如图 4-26 所示。

伺服驱动控制程序调试的目的是为后续手动和自动运行做准备,通过监控程序状态和变量表方法调试程序并检查错误,根据错误现象判断原因,并修正程序和维修设备。

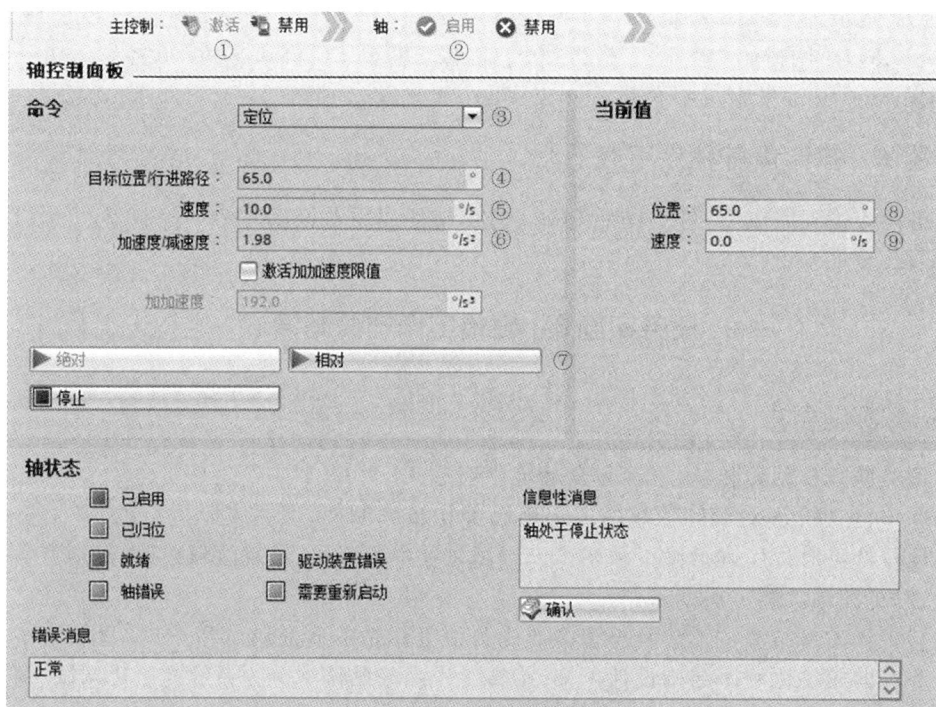

图 4-26　转盘旋转手动调试界面

步骤 3　顺序功能控制调试

在手动模式下,按下启动按钮一次,设备动作一次,运行指示灯亮起;在自动模式下,只需按下启动按钮一次,设备将按顺序功能图连续动作。

在顺序功能控制调试过程中,观察转盘旋转、方向检测正确、转盘旋转、推料气缸伸出、推料气缸缩回、转盘回零动作或者转盘旋转、方向检测错误、转盘旋转、升降气缸下降、手爪夹紧、升降气缸上升、旋转气缸旋转、升降气缸下降、手爪松开、升降气缸上升、旋转气缸旋转返回、转盘旋转、推料气缸伸出、推料气缸缩回和转盘回零动作是否按照选择分支顺序功能图进行。如果出现动作顺序错乱或拒动,通过监控程序状态和变量表方法检查错误之处,修正程序或设备调整后,再次进行调试验证。

步骤 4　输出执行动作调试

输出执行动作调试主要用于驱动执行机构动作和显示状态,必须与系统初始化调试、顺序功能控制调试共同配合进行。

步骤 5　验证设备是否处于初始状态

将模式选择开关切换至"复位",点击启动按钮,启动按钮指示灯闪烁,观察设备是否处于初始状态。设备不运行或不动作表明设备已在初始状态。

步骤 6　手动运行验证调试结果

将模式选择开关切换至"手动",点击启动按钮,设备运行时启动按钮指示灯亮起。手动运行以验证设备是否符合要求,如表 4-13 所示。

表 4-13　旋转工作站的顺序功能控制手动运行

步骤		操作	正确动作现象
1		将模式选择开关切换至"手动"	观察旋转工作站是否在初始状态,若不在初始位需先复位
2		点击启动按钮	转盘携带主件旋转至方向检测点,检测主件放置方向并记录结果
3		点击启动按钮	转盘携带主件旋转约 60°,至方向旋转点停止
方向错误	4	点击启动按钮	升降气缸从方向旋转点正上方开始下降,至下限位停止
	5	点击启动按钮	手爪气缸在方向旋转点夹紧主件,至夹紧位停止
	6	点击启动按钮	升降气缸从方向旋转点开始上升,至上限位停止
	7	点击启动按钮	旋转气缸从方向旋转点正上方开始旋转,至旋转位停止,主件调整 90°
	8	点击启动按钮	升降气缸从方向旋转点正上方开始下降,至下限位停止
	9	点击启动按钮	手爪气缸在方向旋转点松开主件,至松开位停止
	10	点击启动按钮	升降气缸从方向旋转点开始上升,至上限位停止
	11	点击启动按钮	旋转气缸从方向旋转点正上方开始旋转返回,至旋转原位停止
12		点击启动按钮	转盘携带主件旋转,至旋转工作站出口处停止(方向错误与方向正确分支合并)
13		点击启动按钮	推料气缸伸出,至伸出位停止,将主件送入方向调整站上料点
14		点击启动按钮	推料气缸缩回,至缩回位停止
15		点击启动按钮	转盘旋转回零,至转盘原点停止

步骤 7　自动运行验证调试结果

将模式选择开关切换至"自动",按下启动按钮,启动按钮指示灯亮起。旋转工作站检测到主件后,按照工艺流程开始运行,直至回到初始状态。

拓展知识　智能产线常见故障与排除

在 HMI 组态下载过程中,会出现无法下载、搜索不到设备等故障。HMI 常见故障与处理方法如表 4-14 所示。

表 4-14　HMI 常见故障与处理方法

HMI 常见故障	处理方法
无法搜索到 HMI 设备	检查以太网连接是否可靠;检查 IP 地址与 PC 网卡是否在同一网段
能搜索到 HMI 设备但无法下载	检查 HMI 的传输设置中,启动传输是否处于"ON"位置,传输模式是否开启
未组态退出按钮,无法退出"Start"模式	关闭 HMI 电源,重新上电

气爪常见故障与处理方法如表 4-15 所示。

表 4-15　气爪常见故障与处理方法

气爪常见故障	处理方法
气爪无法与物料对准	按下急停键,关闭气阀,使用六角扳手调整气爪支架位置
气爪抓住物料后无法上行	按下急停键,关闭气阀,使用一字螺丝刀调整气爪夹紧的传感器至指示灯亮
气爪放下物料后无法上行	按下急停键,关闭气阀,使用六角扳手调整气爪夹取物料深浅程度
气爪无法与放料台对准	按下急停键,关闭气阀,使用六角扳手调整气爪前后位置
气阀漏气,能听到漏气声	用右手手指按住玻璃气管下方几秒即可;如继续漏气,需检查气管的生料带是否损坏

在安装气缸的过程中,经常出现气缸动作速度慢、气缸压力不足等故障现象,需及时处理和排除故障。气缸故障及其排除措施如表 4-16 所示。

表 4-16　气缸故障及其排除措施

故障名称	故障原因	故障排除措施
输出力不足	压力不足	检查压力是否正常
	活塞密封圈破损	更换活塞密封圈

续表

故障名称	故障原因	故障排除措施
缓冲不良	缓冲密封圈破损	更换缓冲密封圈
	缓冲阀松动	重新调整后锁定
	缓冲不通,管路堵塞	去除杂质(固化的润滑油、密封胶带等)
	负荷过大	在外部设置缓冲机构
	速度过快	在外部设置缓冲机构或减速机构
速度慢	排气通路太小	检查速度控制阀与配管的大小
	相对于气缸的实际输出,负荷过大	提高压力或更换内径更大的气缸
	活塞杆弯曲	更换活塞杆
动作不稳定	咬合	检查安装情况,避免横向负载
	缸筒生锈、损伤	损伤大时更换
	混入冷凝水、杂质	拆卸、清扫,重新设置过滤器
	发生爬行	速度低于 50 mm/s 时要使用液压制动缸或液压转换器
活塞杆和轴承部位漏气	活塞杆密封圈磨损	更换活塞杆密封圈
	活塞杆偏芯	调整气缸,避免横向负载
	活塞杆有损伤	修补;损伤过大时更换活塞杆
	卡进杂质	去除杂质,安装防尘罩
活塞杆弯曲损伤	气缸安装不同心	调整安装情况:固定型气缸,在活塞前端安装活塞;旋转型气缸,使气缸的运动平面与负荷的运动平面一致
	缓冲不起作用,在行程端有冲击	吸收冲量的缓冲容量不足时,在外部设置缓冲装置或在气压回路中设置缓冲机构

　　在调试过程中,控制转盘和凸轮运行的执行机构会发生故障,需要根据故障原因排除故障。步进电机故障及其排除措施如表 4-17 所示。

表 4-17　步进电机故障及其排除措施

故障	故障原因	故障排除措施
电机不转	电源灯不亮	正常范围供电
	驱动器报警	排除故障后,重新上电
	使能信号为低	信号拉高或不接
	控制信号问题	(1) 检查控制信号的幅值和宽度是否满足要求; (2) 电机高速启动,控制信号需做加减速处理; (3) 输出信号不同选择不同的接线方式(NPN 选择共阳,PNP 选择共阴)

续表

故障	故障原因	故障排除措施
电机转向错误	电机接线错误	任意交换电机同一相的两根线
	电机线有断路	检查并正确接线
报警指示灯亮	电机线接错	检查并正确接线
	电压过高或温度过热	检查电源电压;放置待温度下降再使用
	电机或驱动器损坏	更换电机或驱动器
位置不准	信号受干扰	排除信号干扰,加屏蔽线处理
	屏蔽地未接或未接好	可靠接地
	细分错误	重新设置细分
	控制信号问题	检查控制信号是否满足时序要求

试运行过程中会遇到磁性开关灯不亮、磁性开关灯亮但气缸不动、气缸动作特快或过慢等故障现象,需及时处理和排除故障。磁性开关和气缸故障及其排除措施如表 4-18 所示。

表 4-18　磁性开关和气缸故障及其排除措施

故障现象	故障原因	排除措施
磁性开关灯不亮	磁性开关安装位置不对	调整磁性开关安装位置
	导线损坏	更换导线
磁性开关灯亮,而气缸不动作	气压不足	检查气缸压力是否充足、进气阀开度是否正常
	电磁阀与 PLC 连接出现故障	检查导线连接与变量表是否正确
气缸不动作	气泵关闭、气路堵塞或气阀关闭	检查气泵是否开启、气路是否通畅
气缸动作过快或过慢	气量过大或过小	调整气量大小
物体移动不到准确位置	传感器、气缸的安装位置不准	调整传感器、气缸的安装位置
气缸不动作	电磁阀接线错误,程序无信号输出	检查电磁阀接线、程序对应信号是否有输出
磁性开关不正确触发	磁性开关位置不正确	调整磁性开关位置
高度检测值过大或过小	激光位移传感器安装位置不对	调整激光位移传感器安装位置

任务4　方向调整站安装调试

方向调整站安装调试

任务导入

装调前应先分析方向调整站控制器的输入输出电气接线、信息流和物料流,检测方向调整

站设备,然后结合项目 1 和项目 3 的知识进行方向调整站的单站装调。

知识平台　方向调整站单站分析

方向调整站的 S7-1200 控制器的输入输出电气接线如图 4-27 所示。方向调整站的传感器分为红外漫反射光电开关、电感式接近开关和磁性开关 3 种。红外漫反射光电开关用于检测主件是否到达上料点或旋转点。电感式接近开关用于检测主件金属面,进而判断主件姿态是否需要进一步调整。磁性开关用于限制气缸的升降、夹紧、旋转和松开的工作行程(限位)。

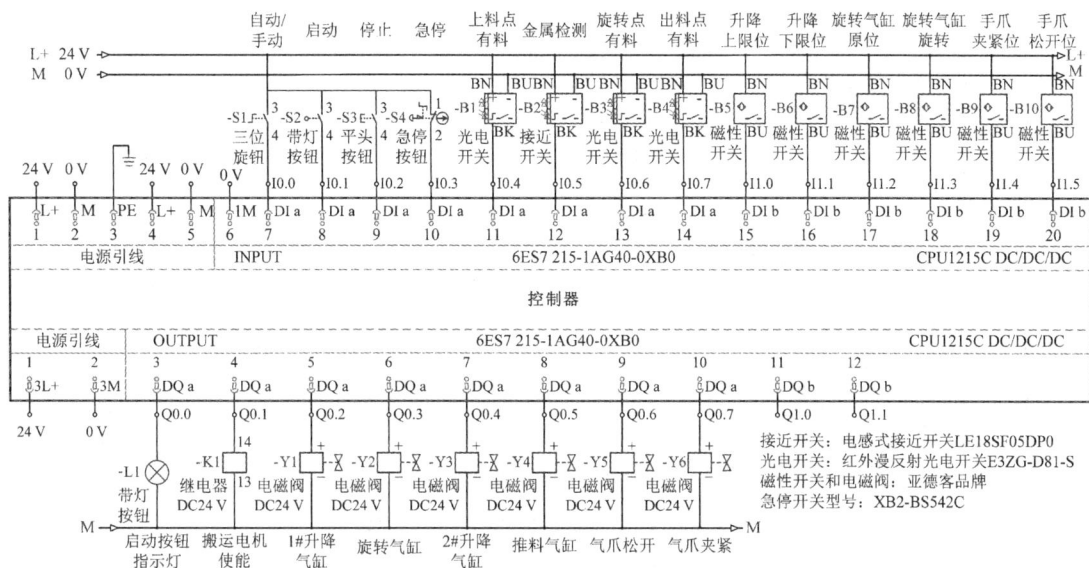

图 4-27　方向调整站的 S7-1200 控制器的输入输出电气接线

方向调整站采用数字信号板扩展输入点来限制推料气缸的伸缩行程。扩展输入点需要根据实际硬件组态地址修改,此处在硬件组态时需把输入起始地址改成 I2.0,如图 4-28 所示。

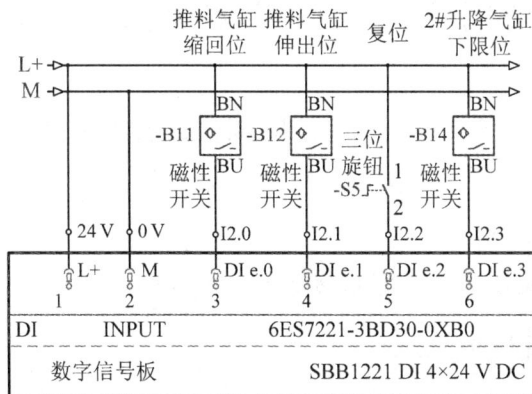

图 4-28　方向调整站数字信号板 DI 电气接线

图 4-29 所示为方向调整站的信息流与物料流分析。方向调整站通过机、电、气的协调配合,实现对合格主件姿态是否需要调整的判断。传送带搬运机构接收来自同步带驱动电机的电信号;升降气缸、手爪气缸、旋转气缸和推料气缸则接收电磁阀的输出信号。S7-1200 控制器的输出信号经过机、电、气转换,实现合格主件从有料点开始搬运至出料点,并在金属检测传感器处判断是否检测到金属面,进而决定方向调整组件是否需要动作。

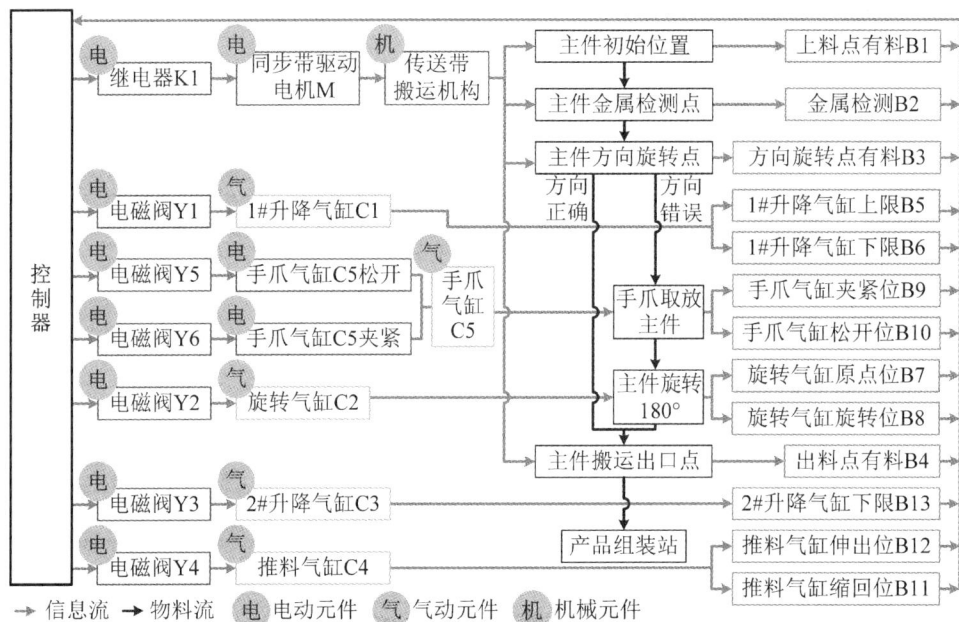

图 4-29 方向调整站的信息流与物料流分析

结合方向调整站的 S7-1200 控制器的输入输出电气接线、信息流和物料流分析、初步设置与程序编制等知识,方向调整站采用 S7-1200 控制器作为主要控制设备,结合 HMI、金属检测装置、气压设备、电气设备和传感检测设备,实现合格主件姿态调整和订单信息采集等工作。

任务实施　方向调整站单站安装调试

任务实施 1　方向调整站设备检测

◈ 任务实施要求

检测方向调整站的气动、电气、传感、网络等智能设备是否正常。

步骤 1　气压系统设备检测

在方向调整站运行前,需先检查气压系统设备的气压是否正常、通气阀是否开启、是否存在漏气现象、电磁阀是否发热等。方向调整站气压系统设备检测内容与检测方法如表 4-19 所示。

表 4-19　方向调整站气压系统设备检测内容与检测方法

序号	检测内容	检测方法
1	气路有无泄漏,气动联件压力数值是否正常	开启空压机,气动两联件压力表数值范围为 0.4～0.6 MPa,听气路有无漏气声音
2	1♯升降气缸上升到位传感器是否正常	关闭气源,拉动气缸杆,HMI 画面中的磁性开关变为绿色
3	1♯、2♯升降气缸下降到位传感器是否正常	关闭气源,拉动气缸杆,HMI 画面中的磁性开关变为绿色
4	手爪气缸夹紧到位传感器是否正常	关闭气源,拉动气缸杆,HMI 画面中的磁性开关变为绿色
5	手爪气缸松开到位传感器是否正常	关闭气源,拉动气缸杆,HMI 画面中的磁性开关变为绿色
6	旋转气缸旋转到位传感器是否正常	关闭气源,拉动气缸杆,HMI 画面中的磁性开关变为绿色
7	旋转气缸原位传感器是否正常	关闭气源,拉动气缸杆,HMI 画面中的磁性开关变为绿色
8	推料气缸伸出到位传感器是否正常	关闭气源,拉动气缸杆,HMI 画面中的磁性开关变为绿色
9	推料气缸缩回到位传感器是否正常	关闭气源,拉动气缸杆,HMI 画面中的磁性开关变为绿色
10	升降气缸能否正常执行上升动作	选择触摸屏上的气缸,按下操作面板上的启动按钮,气缸上升
11	升降气缸能否正常执行下降动作	选择触摸屏上的气缸,按下操作面板上的启动按钮,气缸下降
12	手爪气缸能否正常执行夹紧动作	选择触摸屏上的气缸,按下操作面板上的启动按钮,手爪夹紧
13	手爪气缸能否正常执行松开动作	选择触摸屏上的气缸,按下操作面板上的启动按钮,手爪松开
14	旋转气缸能否正常执行旋转动作	选择触摸屏上的气缸,按下操作面板上的启动按钮,气缸旋转
15	旋转气缸能否正常执行返回原位动作	选择触摸屏上的气缸,按下操作面板上的启动按钮,气缸旋转
16	推料气缸能否正常执行伸出动作	选择触摸屏上的气缸,按下操作面板上的启动按钮,气缸伸出
17	推料气缸能否正常执行缩回动作	选择触摸屏上的气缸,按下操作面板上的启动按钮,气缸缩回

步骤 2　电气控制系统设备检测

在设备运行前,须先检查电气接线是否正确、传感器是否正常显示、执行机构能否动作、按钮能否正常使用等。方向调整站电气控制系统设备检测内容与检测方法如表 4-20 所示。

表 4-20　方向调整站电气控制系统设备检测内容与检测方法

序号	检测内容	检测方法
1	电源连接线是否连接牢固、无破损	观察电源连接线连接情况,应连接牢固、无破损
2	上电后能否正常启动方向调整站	方向调整站上电启动
3	PLC 模块指示灯有无异常	观察 PLC 模块指示灯有无红色
4	启动按钮能否正常使用,按钮指示灯能否正常显示	按下操作面板上的启动按钮,HMI 画面中的启动按钮指示灯变为绿色

续表

序号	检测内容	检测方法
5	停止按钮能否正常使用	按下操作面板上的停止按钮,HMI画面中的停止按钮变为绿色
6	模式选择开关(复位)能否正常使用	将模式选择开关切换至"复位",HMI画面中的复位指示灯变为绿色
7	模式选择开关(手动、自动)能否正常使用	将模式选择开关切换至"手动"或"自动",HMI画面中的手动或自动指示灯变为绿色
8	上料点光电检测开关是否正常	遮挡光电开关,触摸屏画面中的相应开关变为绿色
9	金属检测点接近开关是否正常	用主件触发,触摸屏画面中的相应开关变为绿色
10	旋转点光电检测开关是否正常	遮挡光电开关,触摸屏画面中的相应开关变为绿色
11	出料点检测开关是否正常	用主件触发,触摸屏画面中的相应开关变为绿色

步骤3 智能设备初始状态检测

(1) 检查1#升降气缸传感器是否在上限位置,即升降上限位指示灯是否亮。

(2) 检查2#升降气缸传感器是否在上限位置,即升降上限位指示灯是否亮。

(3) 检查旋转气缸传感器是否在原点位置,即旋转气缸原位指示灯是否亮。

(4) 检查手爪气缸传感器是否在松开位置,即手爪气缸松开位指示灯是否亮。

(5) 检查推料气缸传感器是否在缩回位置,即推料气缸缩回位指示灯是否亮。

(6) 检查上料点传感器指示灯是否灭,金属检测传感器指示灯是否灭,旋转点传感器指示灯是否灭。

(7) 检查急停(S4)、复位(S5)、启动(S2)、停止(S3)等开关能否正常使用。

(8) 检查连接件以及固定螺钉是否松动。

步骤4 智能设备网络检测

检查控制方向调整站的工程师PC机、S7-1200控制器、HMI是否在同一子网内。工程师PC机的IP地址为"192.168.0.168",子网掩码为"255.255.255.0";S7-1200控制器的IP地址为"192.168.0.4",子网掩码为"255.255.255.0"。确保工程师PC机和S7-1200控制器属于同一网段(0网段),且IP地址唯一不重叠。

步骤5 智能设备程序下载

网络设备检测完成后,将工程师PC机的控制程序下载至S7-1200控制器,并将HMI设置画面下载至HMI。

任务实施2 方向调整站单站调试

◆ 任务实施要求

完成方向调整站的复位、手动和自动单站调试。

根据项目 3 任务 4,方向调整站的程序已经初步编制好,但在实际运行前,必须根据实际设备和运行特点对程序进行修正和调试。调试过程中,若设备出现故障或运行不稳定,必须进行维修、修正和调试等一系列工作。

方向调整站单站调试不涉及与智能产线其他工作站的通信调试和 HMI 显示调试。由项目 3 任务 4 的模块化程序结构设计可知,方向调整站单站调试分为系统初始化调试、读码器 MV 调试、顺序功能控制调试和输出执行动作调试。

步骤 1　系统初始化调试

根据硬件初始化流程图,依次进行判断、发布初始化命令、开始执行动作以及停止执行动作。首先,设置 1♯升降气缸上限位、手爪气缸缩回位、旋转气缸原位、2♯升降气缸上限位和推料气缸缩回位,判断转盘组件、方向调整组件和推料组件是否处于初始状态。将模式选择开关切换至"复位",点击绿色启动按钮后,观察转盘组件、方向调整组件和推料组件是否开始动作,如升降气缸上升、旋转气缸回原位、手爪气缸松开和推料气缸缩回。当运行至升降气缸上限位、旋转气缸原位、手爪气缸松开位和推料气缸缩回位时,各指示灯亮起,设备自行停止。

软件系统初始化调试主要关注数据变量、中间变量和状态变量是否从初始状态开始。通常采用移动指令 Move 进行清零操作,采用复位指令 R 及时进行复位操作。

复位时,需要根据实际情况确定执行动作的先后顺序。例如,升降气缸先上升,手爪气缸随后松开,最后推料气缸缩回和旋转气缸回原位。

步骤 2　读码器 MV 调试

方向调整站采用金属检测传感器或读码器 MV540 来识别主件的正反面,并根据主件不同姿态执行不同动作。按照项目 3 任务 4 的任务实施 1 和任务实施 2 的相关知识,调试 MV540 以确认是否已完成 MV540 组态、是否已使用 360 浏览器 IE 模式启动 MV540 界面、控制器与 MV540 之间的通信是否已经建立、是否已通过控制器对 MV540 进行读写操作。

步骤 3　顺序功能控制调试

在手动模式下,按下启动按钮一次,设备动作一次,运行指示灯亮起;在自动模式下,只需按下启动按钮一次,设备将按照顺序功能图连续动作。

在顺序功能控制调试过程中,观察主件搬运与金属检测、方向检测错误、1♯升降气缸下降、手爪夹紧、1♯升降气缸上升、旋转气缸旋转 180°、1♯升降气缸下降、手爪松开、1♯升降气缸上升、旋转气缸旋转 180°回零、主件搬运、2♯升降气缸下降、推料气缸伸出、推料气缸缩回、2♯升降气缸上升动作;或者主件搬运与金属检测、方向检测正确、2♯升降气缸下降、推料气缸伸出、推料气缸缩回、2♯升降气缸上升动作是否按照选择分支顺序功能图的顺序进行。如果出现动作顺序错乱或拒动现象,应通过监控程序状态和变量表的方法检查错误之处,并修正程序或调整设备,之后再进行调试验证。

步骤 4　输出执行动作调试

输出执行动作调试主要用于驱动执行机构动作和显示状态,必须与系统初始化调试、顺序功能控制调试共同配合进行。

步骤 5　验证设备是否处于初始状态

将模式选择开关切换至"复位",点击启动按钮,启动按钮指示灯闪烁。观察方向调整站的设备是否处于初始状态。设备不运行或不动作,表明设备已在初始状态。

步骤 6　手动运行验证调试结果

将模式选择开关切换至"手动",点击启动按钮,设备运行时启动按钮指示灯亮起。手动运行验证设备是否符合要求,如表 4-21 所示。

表 4-21　方向调整站的顺序功能控制手动运行

步骤		操作	正确动作现象
1		将模式选择开关切换至"手动"	观察方向调整站是否在初始状态,若不在初始位则需先复位
2		点击启动按钮	同步带将主件搬运至方向检测点,检测主件放置姿态并记录结果
方向错误	3	点击启动按钮	1♯升降气缸从方向旋转点正上方开始下降,至下限位停止
	4	点击启动按钮	手爪气缸在方向旋转点夹紧主件,至夹紧位停止
	5	点击启动按钮	1♯升降气缸在方向旋转点开始上升,至上限位停止
	6	点击启动按钮	旋转气缸在方向旋转点正上方开始旋转,至旋转位停止,主件调整180°
	7	点击启动按钮	1♯升降气缸从方向旋转点正上方开始下降,至下限位停止
	8	点击启动按钮	手爪气缸在方向旋转点松开主件,至松开位停止
	9	点击启动按钮	1♯升降气缸在方向旋转点开始上升,至上限位停止
	10	点击启动按钮	旋转气缸在方向旋转点正上方开始旋转返回,至旋转原位停止
11		点击启动按钮	同步带将主件搬运至方向调整站出口停止(方向错误与方向正确分支合并)
12		点击启动按钮	2♯升降气缸从出料点正上方开始下降,至下限位停止
13		点击启动按钮	推料气缸伸出,至伸出位停止,将主件推送至产品组装站承载台
14		点击启动按钮	推料气缸缩回,至缩回位停止
15		点击启动按钮	2♯升降气缸从出料点正上方开始上升,至上限位停止

步骤 7　自动运行验证调试结果

将模式选择开关切换至"自动",按下启动按钮,启动按钮指示灯亮起。方向调整站检测到主件后,按照工艺流程开始运行,直至回到初始状态。

拓展知识　智能设备的恢复出厂设置

在智能设备程序下载过程中,即使控制器和工程师 PC 机的 IP 地址均设置正确,仍可能出现程序无法下载至控制器。

步骤 1　检查并设置 PG/PC 接口

在"所有控制面板项"页面点击"设置 PG/PC 接口(32 位)",进入"设置 PG/PC 接口"窗口,如图 4-30 所示。使用接口分配参数选择"Intel(R) Ethernet Connection(11)1219-LM. TCPIP.Auto.1〈激活〉",最后点击"确定",为 Portal 分配接口。

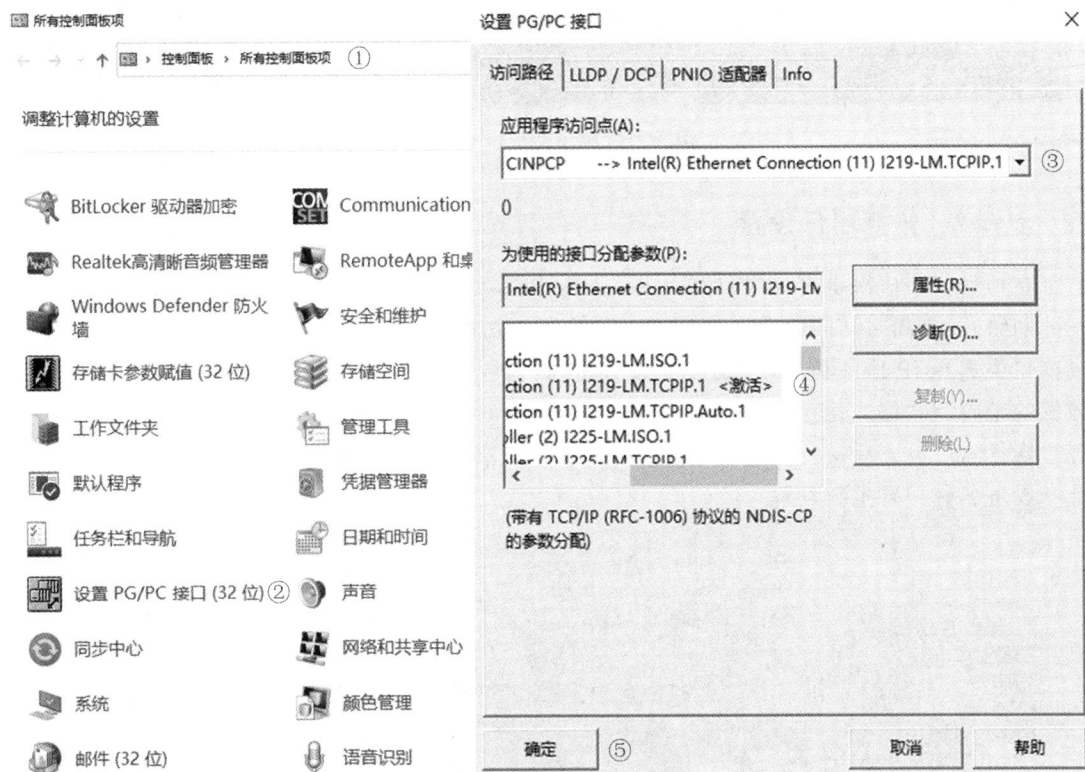

图 4-30　设置 PG/PC 接口

步骤 2　使用 SD 卡清除密码

(1) 将一张 SD 存储卡插在电脑的读卡器中,清空内部文件,如图 4-31 所示。

(2) 在 TIA Portal 中将存储卡的工作模式改成"传送"卡。

(3) 将控制器设备断电,并将存储卡插到控制器的 CPU 上。

(4) 将控制器设备上电,此时 CPU 会停止工作。

(5) 当 MAINT 指示灯闪烁时,将控制器设备断电。

(6) 取出存储卡后,将控制器设备上电,此时 CPU 密码即被清除。

225

图 4-31　使用 SD 卡清除密码

步骤 3　恢复出厂设置

在项目树中依次点击"在线访问—Realtek PCIe GbE Family Controller(根据实际情况修正此网络)—更新可访问的设备—PLC_1—诊断—功能—固件更新—复位为出厂设置",在右侧窗口中选择 IP 地址和 PROFINET 设备名称,勾选"删除 IP 地址""删除保护机密 PLC 组态数据的密码"和"格式化存储卡",最后点击"复位 PLC",确定复位为出厂设置,如图 4-32 所示。等待恢复出厂设置后,在"在线访问"中点击"更新设备"后,会发现设备仅保留 Mac 地址,IP 地址和设备名称需要重新设置。

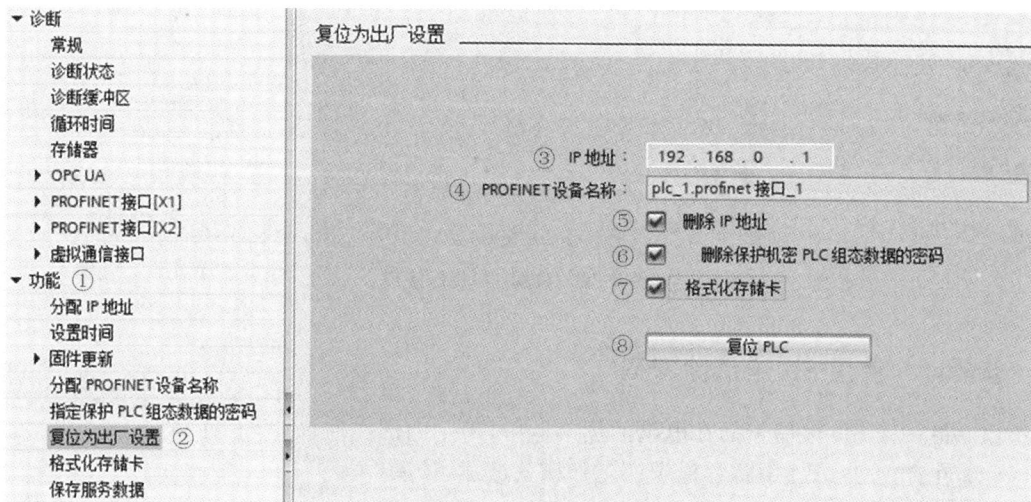

图 4-32　S7-1200 控制器恢复出厂设置

｜任务 5 　产品组装站安装调试｜

产品组装站
安装调试

任 务 导 入

　　装调前应先分析产品组装站控制器的输入输出电气接线、信息流和物料流,检测产品组装站设备,然后结合项目 1 和项目 3 的知识进行产品组装站的单站装调。

知识平台 　产品组装站单站分析

　　产品组装站的 S7-1200 控制器的输入输出电气接线如图 4-33 所示。产品分拣站的传感器分为电感式接近开关和磁性开关两种。电感式接近开关用于检测上料点处是否有主件到达。磁性开关用于限制气缸的伸出和缩回的工作行程(限位)。

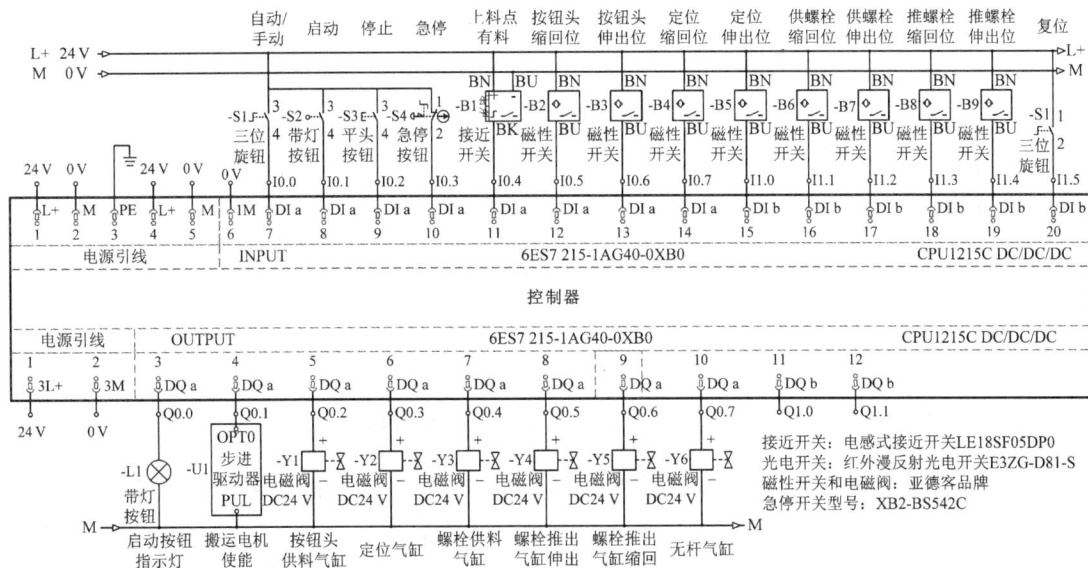

图 4-33 　产品组装站的 S7-1200 控制器的输入输出电气接线

　　产品组装站采用数字信号板扩展输入点来限制搬运(无杆)气缸的伸缩行程。扩展输入点需要根据实际硬件组态地址修改,此处在硬件组态时需把输入起始地址改成 I2.0,如图 4-34 所示。

　　图 4-35 所示为产品组装站的信息流与物料流分析。产品组装站通过机、电、气的协调配合,实现合格主件、按钮头和螺栓的组装。定位气缸、按钮头气缸、螺栓供料气缸和螺栓推出气缸的伸出与缩回动作由电磁阀的输出信号控制。主件输送搬运机构由搬运气缸的伸缩动作控制。组装主件的输送由拧螺栓电机和螺栓推出气缸的伸缩动作共同控制。

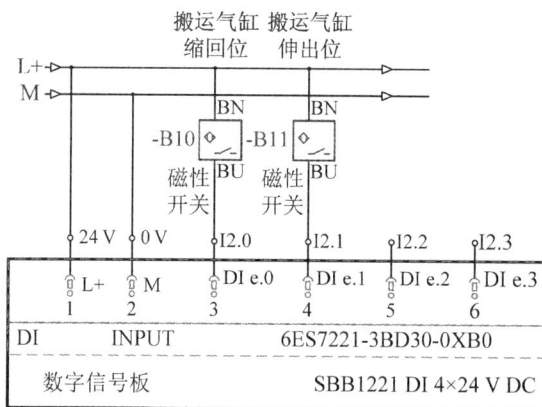

图 4-34   产品组装站数字信号板电气接线

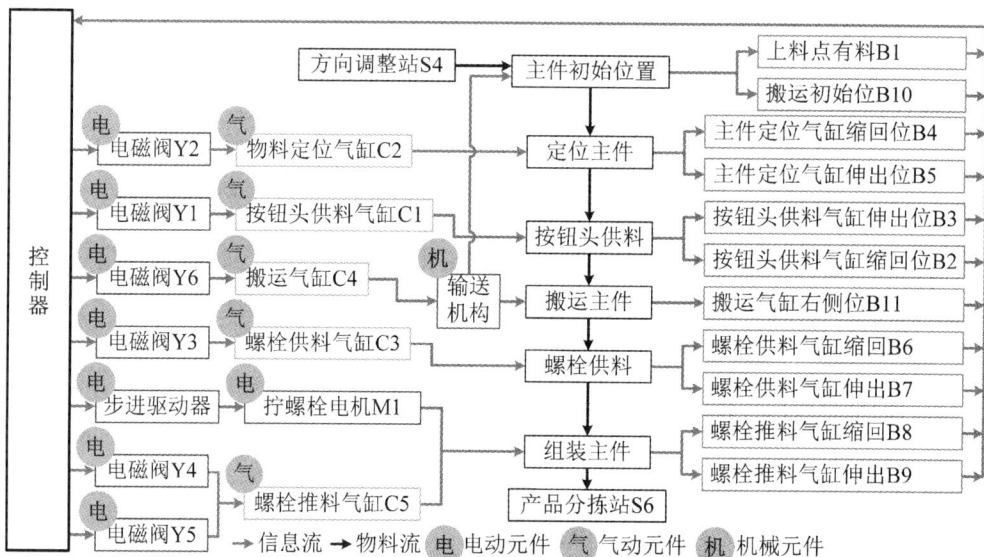

图 4-35   产品组装站的信息流与物料流分析

结合产品组装站的 S7-1200 控制器的输入输出电气接线、信息流和物料流分析、初步设置与程序编制等知识,产品组装站采用 S7-1200 控制器作主要控制设备,结合 HMI、伺服驱动设备、气压设备、电气设备和传感检测设备,实现触点开关主件与按钮头、螺栓的组装。

任务实施   产品组装站单站安装调试

任务实施 1   产品组装站设备检测

◆ 任务实施要求

检测产品组装站的气动、电气、传感、网络等智能设备是否正常。

步骤 1 气压系统设备检测

在产品组装站运行前,需先检查气压系统设备的气压是否正常、通气阀是否开启、是否存在漏气现象、电磁阀是否发热等。产品组装站气压系统设备检测内容与检测方法如表 4-22 所示。

表 4-22 产品组装站气压系统设备检测内容与检测方法

序号	检测内容	检测方法
1	气路有无泄漏,气动联件压力数值是否正常	气动两联件压力表数值范围为 0.4~0.6 MPa,听气路有无漏气声音
2	物料定位气缸伸出到位传感器是否正常	关闭气源,拉动气缸杆,HMI 画面中的磁性开关变为绿色
3	物料定位气缸缩回到位传感器是否正常	关闭气源,拉动气缸杆,HMI 画面中的磁性开关变为绿色
4	按钮头供料气缸伸出到位传感器是否正常	关闭气源,拉动气缸杆,HMI 画面中的磁性开关变为绿色
5	按钮头供料气缸缩回到位传感器是否正常	关闭气源,拉动气缸杆,HMI 画面中的磁性开关变为绿色
6	螺栓供料气缸伸出到位传感器是否正常	关闭气源,拉动气缸杆,HMI 画面中的磁性开关变为绿色
7	螺栓供料气缸缩回到位传感器是否正常	关闭气源,拉动气缸杆,HMI 画面中的磁性开关变为绿色
8	螺栓推出气缸伸出到位传感器是否正常	关闭气源,拉动气缸杆,HMI 画面中的磁性开关变为绿色
9	螺栓推出气缸缩回到位传感器是否正常	关闭气源,拉动气缸杆,HMI 画面中的磁性开关变为绿色
10	搬运气缸伸出到位传感器是否正常	关闭气源,拉动气缸杆,HMI 画面中的磁性开关变为绿色
11	搬运气缸缩回到位传感器是否正常	关闭气源,拉动气缸杆,HMI 画面中的磁性开关变为绿色
12	物料定位气缸能否正常执行伸出动作	选择触摸屏上的气缸,按下操作面板上的启动按钮,气缸伸出
13	物料定位气缸能否正常执行缩回动作	选择触摸屏上的气缸,按下操作面板上的启动按钮,气缸缩回
14	按钮头供料气缸能否正常执行伸出动作	选择触摸屏上的气缸,按下操作面板上的启动按钮,气缸伸出
15	按钮头供料气缸能否正常执行缩回动作	选择触摸屏上的气缸,按下操作面板上的启动按钮,气缸缩回
16	螺栓供料气缸能否正常执行伸出动作	选择触摸屏上的气缸,按下操作面板上的启动按钮,气缸伸出
17	螺栓供料气缸能否正常执行缩回动作	选择触摸屏上的气缸,按下操作面板上的启动按钮,气缸缩回
18	螺栓推出气缸能否正常执行伸出动作	选择触摸屏上的气缸,按下操作面板上的启动按钮,气缸伸出
19	螺栓推出气缸能否正常执行缩回动作	选择触摸屏上的气缸,按下操作面板上的启动按钮,气缸缩回
20	搬运气缸能否正常执行伸出动作	选择触摸屏上的气缸,按下操作面板上的启动按钮,气缸伸出
21	搬运气缸能否正常执行缩回动作	选择触摸屏上的气缸,按下操作面板上的启动按钮,气缸缩回

步骤 2 电气控制系统设备检测

在设备运行前,须先检查电气接线是否正确、传感器是否正常显示、执行机构能否动作、按钮能否正常使用等。产品组装站电气控制系统设备检测内容与检测方法如表 4-23 所示。

表 4-23　产品组装站电气控制系统设备检测内容与检测方法

序号	检测内容	检测方法
1	电源连接线是否连接牢固、无破损	观察电源连接线连接情况,应连接牢固、无破损
2	上电后能否正常启动产品组装站	产品组装站上电启动
3	PLC 模块指示灯有无异常	观察 PLC 模块指示灯有无红色
4	启动按钮能否正常使用,按钮指示灯能否正常显示	按下操作面板上的启动按钮,HMI 画面中的启动按钮指示灯变为绿色
5	停止按钮能否正常使用	按下操作面板上的停止按钮,HMI 画面中的停止按钮变为绿色
6	模式选择开关(复位)能否正常使用	将模式选择开关切换至"复位",HMI 画面中的复位指示灯变为绿色
7	模式选择开关(手动、自动)能否正常使用	将模式选择开关切换至"手动"或"自动",HMI 画面中的手动或自动指示灯变绿色
8	上料点光电检测开关是否正常	遮挡光电开关,触摸屏画面中的相应开关变为绿色
9	拧螺栓电机能否正常运行	选择触摸屏上的拧螺栓电机,按下操作面板上的启动按钮,电机运转

步骤 3　智能设备初始状态检测

(1)检查主件定位气缸传感器是否在缩回位置,即主件定位气缸缩回位指示灯是否亮起。

(2)检查按钮头供料气缸传感器是否在伸出位置,即按钮头供料气缸伸出位指示灯是否亮起。

(3)检查螺栓供料气缸传感器是否在缩回位置,即螺栓供料气缸缩回位指示灯是否亮起。

(4)检查螺栓推出气缸传感器是否在缩回位置,即螺栓推出气缸缩回位指示灯是否亮起。

(5)检查搬运气缸传感器是否在缩回位置,即搬运气缸缩回位指示灯是否亮起。

(6)检查上料点传感器指示灯是否灭。

(7)检查急停(S4)、复位(S5)、启动(S2)、停止(S3)等开关能否正常使用。

(8)检查连接件以及固定螺钉是否松动。

步骤 4　智能设备网络检测

检查控制产品组装站的工程师 PC 机、S7-1200 控制器、HMI 是否在同一子网内。工程师 PC 机的 IP 地址为"192.168.0.100",子网掩码为"255.255.255.0";S7-1200 控制器的 IP 地址为"192.168.0.5",子网掩码为"255.255.255.0"。确保工程师 PC 机和 S7-1200 控制器属于同一网段(0 网段),且 IP 地址唯一不重叠。

步骤 5　智能设备程序下载

网络设备检测完成后,将工程师 PC 机的控制程序下载至 S7-1200 控制器,并将 HMI 设置画面下载至 HMI。

任务实施 2　产品组装站单站调试

◆ 任务实施要求

完成产品组装站的复位、手动和自动单站调试。

根据项目 3 任务 5,产品组装站的程序已经初步编制好,但在实际运行前,必须根据实际设备和运行特点对程序进行修正和调试。调试过程中,若设备出现故障或运行不稳定,必须进行维修、修正和调试等一系列工作。

产品组装站单站调试不涉及与智能产线其他工作站的通信调试和 HMI 显示调试。由项目 3 任务 5 的模块化程序结构设计可知,产品组装站单站调试分为系统初始化调试、顺序功能控制调试和输出执行动作调试。

步骤 1　系统初始化调试

根据硬件初始化流程图,依次进行判断、发布初始化命令、开始执行动作和停止执行动作。首先,设置主件定位气缸缩回位、按钮头供料气缸伸出位、螺栓供料气缸缩回位、螺栓推出气缸缩回位和搬运气缸缩回位,判断搬运组件、按钮头装配组件和螺栓装配组件是否处于初始状态。将模式选择开关切换到"复位",点击绿色启动按钮后,观察搬运组件、按钮头装配组件和螺栓装配组件是否开始动作,如主件定位气缸缩回、按钮头供料气缸伸出、螺栓供料气缸缩回、螺栓推出气缸缩回和搬运气缸缩回。待运行至主件定位气缸缩回位、按钮头供料气缸伸出位、螺栓供料气缸缩回位、螺栓推出气缸缩回位和搬运气缸缩回位时,各指示灯亮起,设备自行停止。

软件系统初始化调试主要关注数据变量、中间变量和状态变量是否从初始状态开始。通常采用移动指令 Move 进行清零操作,采用复位指令 R 进行及时复位。复位时,需要根据实际情况确定执行动作的先后顺序。

步骤 2　顺序功能控制调试

在手动模式下,按下启动按钮一次,设备动作一次,运行指示灯亮起;在自动模式下,只需按下启动按钮一次,设备将按照顺序功能图连续动作。

在顺序功能控制调试过程中,观察按钮头供料气缸缩回、主件定位气缸伸出、按钮头供料气缸伸出、搬运气缸伸出、螺栓供料气缸伸出、螺栓推出气缸伸出与拧螺栓电机运行、螺栓推出气缸缩回、螺栓供料气缸缩回、主件定位气缸缩回和搬运气缸缩回动作是否按照并行分支顺序功能图顺序进行。如果出现动作顺序错乱或拒动现象,应通过监控程序状态和变量表的方法检查错误之处,并修正程序或调整设备,之后再进行调试验证。

步骤 3　输出执行动作调试

输出执行动作调试主要用于驱动执行机构动作和显示状态,必须与系统初始化调试、顺序功能控制调试共同配合进行。

步骤 4   验证设备是否处于初始状态

将模式选择开关切换至"复位",点击启动按钮,启动按钮指示灯闪烁。观察产品组装站的设备是否处于初始状态。设备不运行或不动作,表明设备已在初始状态。

步骤 5   手动运行验证调试结果

将模式选择开关切换至"手动",点击启动按钮,设备运行时启动按钮指示灯亮起。手动运行验证设备是否符合要求,如表 4-24 所示。

表 4-24   产品组装站的顺序功能控制手动运行

步骤	操作	正确动作现象
1	将模式选择开关切换至"手动"	观察产品组装站是否在初始状态,若不在初始位则需先复位
2	点击启动按钮	主件定位气缸伸出,至伸出位停止,定位主件
3	点击启动按钮	按钮头供料气缸缩回,至缩回位停止,把按钮头组装入主件
4	点击启动按钮	按钮头供料气缸伸出,至伸出位停止
5	点击启动按钮	承载台搬运主件,至搬运右侧位停止
6	点击启动按钮	螺栓供料气缸伸出,至伸出位停止,把螺栓组装入主件
7	点击启动按钮	螺栓推出气缸伸出至伸出位,同时拧螺栓电机运行把螺栓拧入主件
8	点击启动按钮	螺栓推出气缸、螺栓供料气缸和主件定位气缸缩回,至缩回位停止
9	点击启动按钮	承载台从搬运右侧位返回,至搬运初始位停止

步骤 6   自动运行验证调试结果

将模式选择开关切换至"自动",按下启动按钮,启动按钮指示灯亮起。产品组装站检测到主件后,按照工艺流程开始运行,直至回到初始状态。

拓展知识   智能产线的网络配置与测试

访问控制列表(access control list,ACL)是包过滤技术的核心内容。它通过获取 IP 数据包的包头信息,包括 IP 层所承载的上层协议的协议号、数据包的源地址和目的地址、源端口号和目的端口号等,并将这些信息与设定的规则进行比较,根据比较结果对数据包进行转发或丢弃操作,从而达到提高网络安全性能的目的。

工业以太网能够将现场层与企业管理层连接起来,但同时也给生产现场带来了网络安全隐患。为工业以太网配置口令和设置访问控制列表是比较基础的网络安全防范方法。访问控制列表可应用于交换机、路由器和防火墙,能够有效保护网络设备,防止外部设备通过网页访问设备、修改配置等操作。

步骤 1　交换机的 IP 配置

先在智能工业网络软件 PRONETA 中设置好网络适配器,然后打开"网络分析"窗口,进入交换机的 IP 配置界面,把两个交换机的 IP 地址分别设置成"192.168.0.10"和"192.168.0.11",子网掩码均设为"255.255.255.0",如图 4-36 所示。

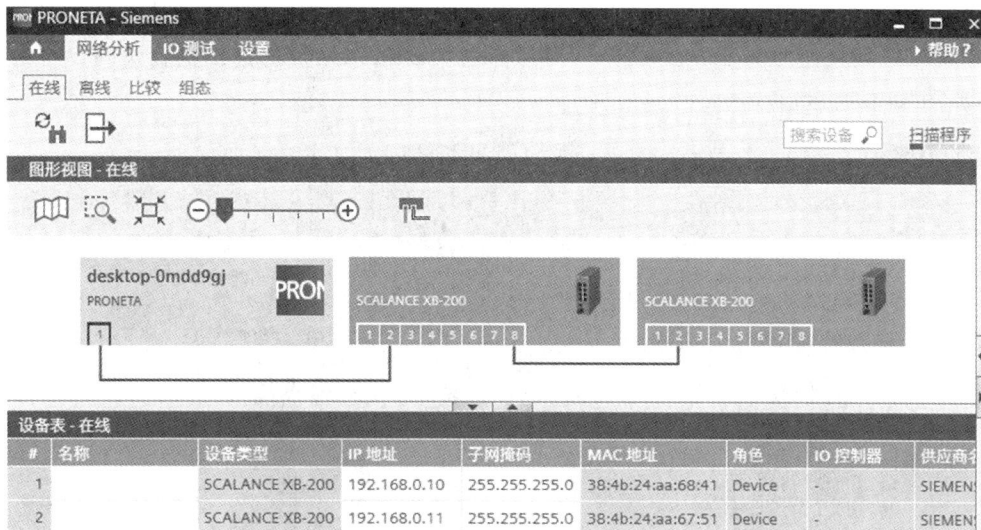

图 4-36　交换机的 IP 配置

步骤 2　配置 ACL

进入浏览器,输入用户名"admin"和初始密码"admin",如图 4-37(a)所示。初次登录时,系统会提示进入修改密码界面。修改密码时,密码必须包含大写字母、特殊字符和数字,例如新密码可设置为"ADmin123＄％",如图 4-37(b)所示。完成密码修改后,将直接进入两个交换机的功能配置界面。

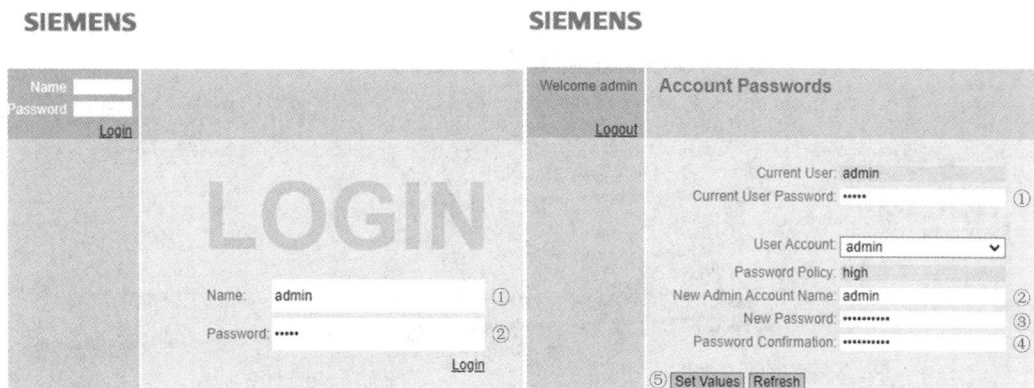

（a）网页登录访问界面　　　　　　　（b）初次登录修改密码界面

图 4-37　网页访问界面和初次登录修改密码界面

交换机的功能配置界面显示 Information、System、Layer2、Layer3 和 Security 共 5 类信

息,还显示诊断模式(Diagnostics Mode)、系统名称(System Name)、设备类型(Device Type)等信息,如图 4-38 所示。每类信息又包含丰富的子栏目信息,如 Security 的子栏目信息包括用户名、密码、访问控制列表管理、防护墙保护等信息。进入 Security 子栏目信息的"Management ACL",就可以设置允许访问交换机的 IP 地址、子网掩码等具体信息。

如图 4-39 所示,依次点击"Security—Management ACL",此时在右侧窗口中设置允许访问交换机的 IP 地址和子网掩码。将此电脑作为访问设备,在配置表中输入本机 IP 地址"192.168.0.168"、子网掩码"255.255.255.255",然后点击"Create",系统将弹出电脑访问设备的具体信息,如图 4-40 所示。

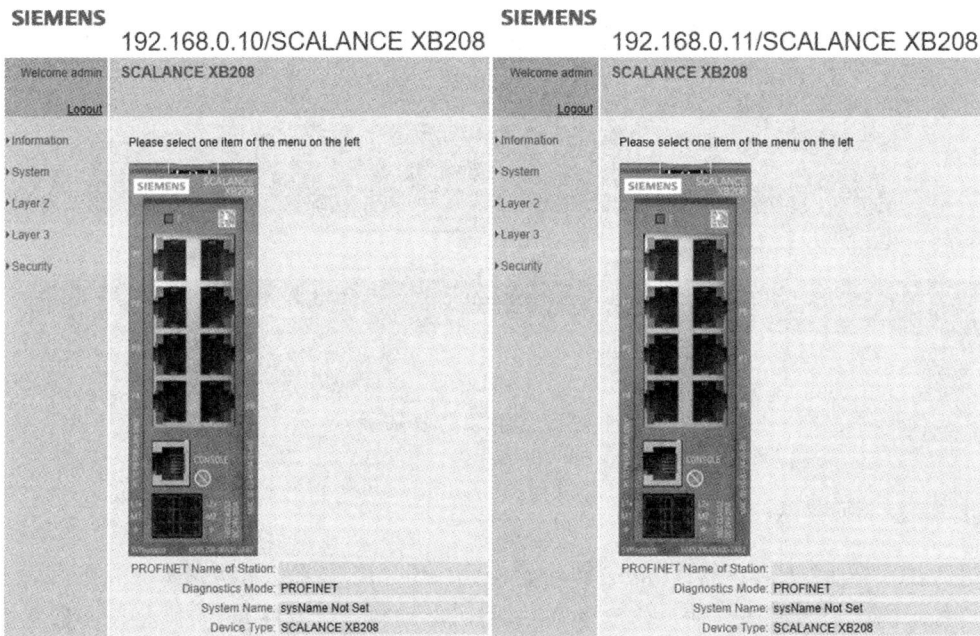

（a）SCALANCE XB208_A功能配置界面　　　　（b）SCALANCE XB208_B功能配置界面

图 4-38　XB208 功能配置界面

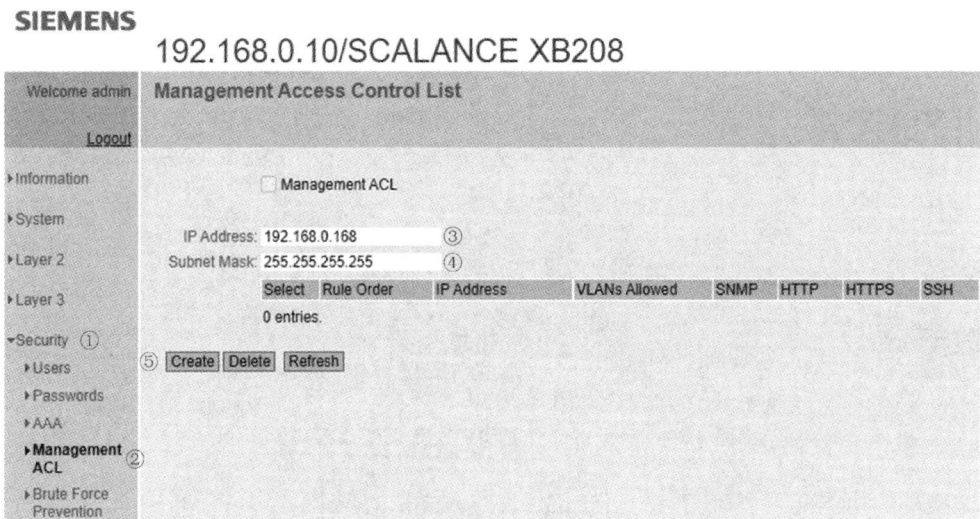

图 4-39　ACL 配置

图 4-40　配置访问列表

如图 4-41 所示,选择允许访问交换机的具体端口。在选择 P0.2 端口和 P0.3 端口后,只有当访问设备接入这两个端口时,才能通过网页访问交换机。然后勾选"Management ACL",点击"Set Values",保存参数配置。

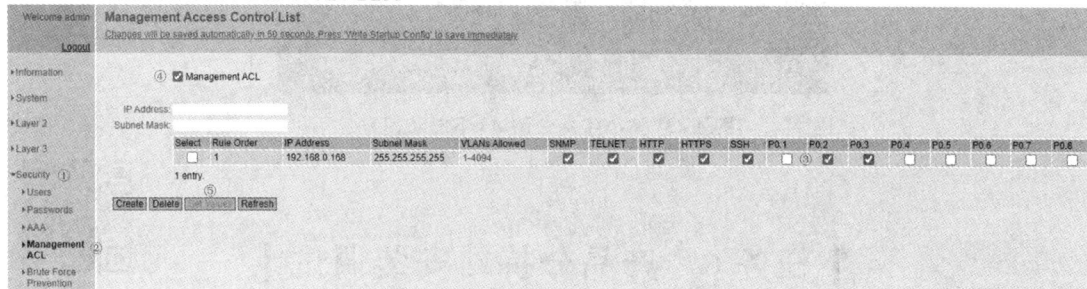

图 4-41　保存参数配置

步骤 3　通信测试

将本机从 P0.2 或 P0.3 端口接入交换机,调用系统的 CMD 指令,对 IP 地址为"192.168.0.11"的交换机执行 PING 指令测试,此时能够访问,如图 4-42 所示。

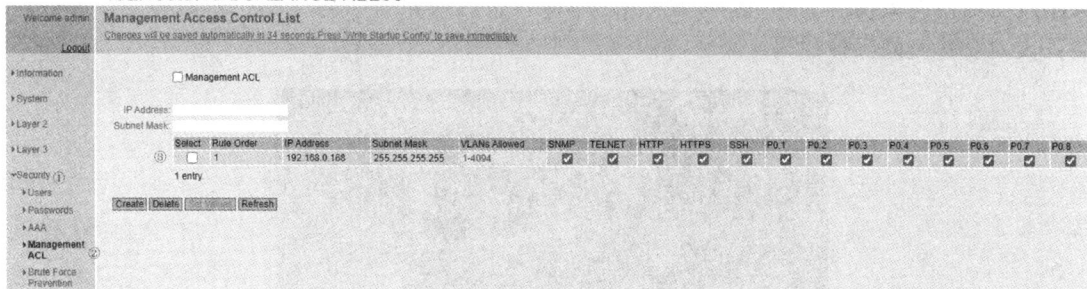

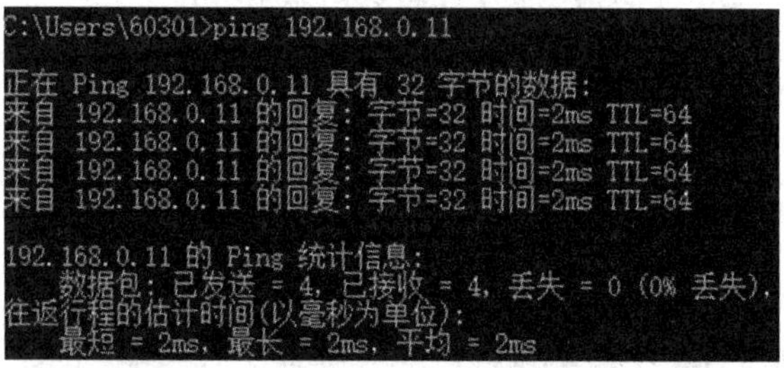

图 4-42　PING 指令测试(能够访问)

接着,打开浏览器,输入"192.168.0.11",依然能够通过网页访问交换机。随后,将电脑接入交换机的端口改为 P0.4(或除 P0.2 和 P0.3 端口外的任一端口),再次对 IP 地址为"192.168.0.10"的交换机执行 PING 指令测试,如图 4-43 所示。此时再打开浏览器,输入"192.168.0.

11",则无法访问。无法访问的原因是访问控制列表（ACL）仅允许从 P0.2 端口和 P0.3 端口接入的设备通过网页访问交换机，不允许从其他端口接入的设备访问交换机。这体现了访问控制列表对交换机的保护作用。

图 4-43　PING 指令测试（不能访问）

任务6　产品分拣站安装调试

产品分拣站
安装调试

任 务 导 入

装调前应先分析产品分拣站控制器的输入输出电气接线、信息流和物料流，设置步进驱动系统参数，确认驱动系统接线，检测产品分拣站设备，然后结合项目 1 和项目 3 的知识进行产品分拣站的单站装调。

知识平台　产品分拣站单站分析

任务知识 1　产品分拣站系统分析

产品分拣站的 S7-1200 控制器的输入输出电气接线如图 4-44 所示。产品分拣站的传感器分为色标传感器、红外漫反射光电开关、电感式接近开关和磁性开关 4 种。色标传感器用于检测装配后合格产品的颜色，以确定分拣储存位置。凸轮原点处的电感式接近开关用于检测产品是否到达凸轮原点；其余电感式接近开关则用于检测产品是否已到达搬运初始位、1#搬运通道位置或2#搬运通道位置。磁性开关用于限制气缸的夹紧和松开的工作行程（限位）。

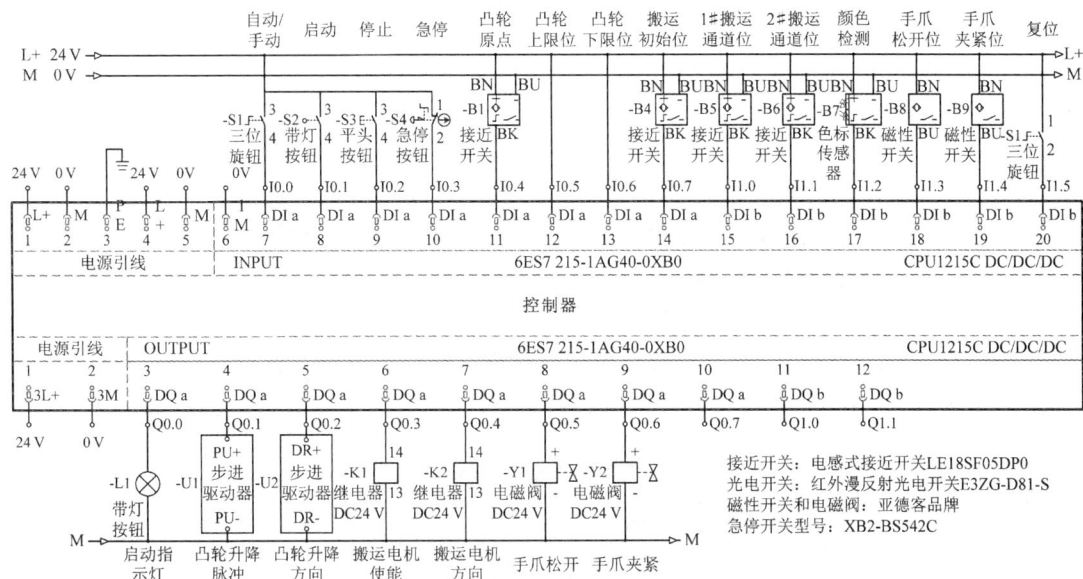

图 4-44　产品分拣站的 S7-1200 控制器的输入输出电气接线

图 4-45 所示为产品分拣站的信息流与物料流分析。产品分拣站通过机、电、气的协调配合，将合格产品按颜色分拣，放入不同的搬运通道。传送带搬运机构接收来自同步带驱动电机的电信号；手爪气缸的松开与夹紧动作由电磁阀的输出信号控制。凸轮升降机构由步进驱动器的脉冲信号 U1 和脉冲方向信号 U2 控制。S7-1200 控制器的输出信号经过机、电、气的转换，实现合格产品从产品组装站出站口开始被搬运至 1# 搬运通道或 2# 搬运通道。

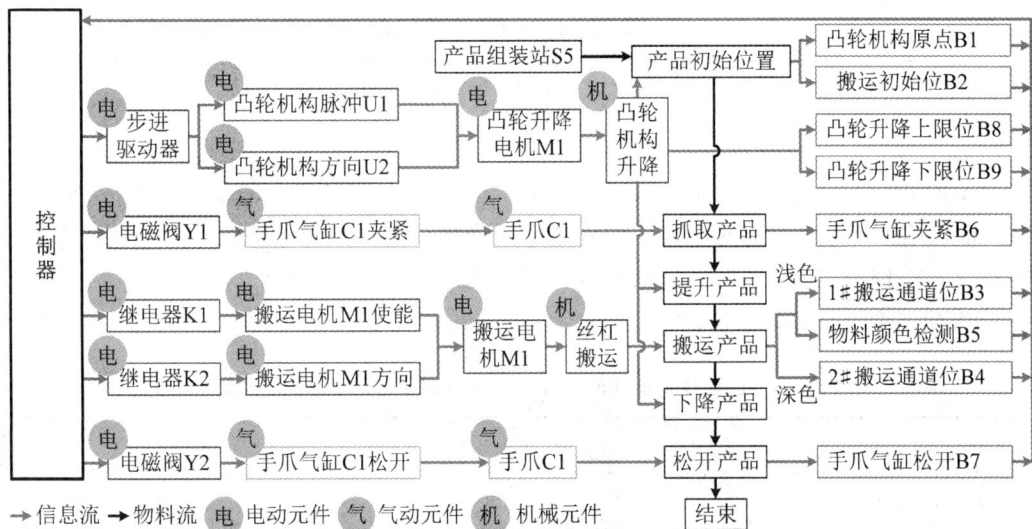

图 4-45　产品分拣站的信息流与物料流分析

结合产品分拣站的 S7-1200 控制器的输入输出电气接线、信息流和物料流分析、初步设置与程序编制等知识,产品分拣站采用 S7-1200 控制器作为主要控制设备,结合 HMI、颜色检测装置、气压设备、电气设备和传感检测设备,实现合格产品的最后分拣工作。

任务知识 2　步进驱动系统参数

产品分拣站的步进驱动系统由步进驱动器 YKA2404MC 和丝杠输送组件组成。丝杠输送组件由丝杠输送模组、步进电机 2HB57-56、凸轮、凸轮提升限位开关、手爪、手爪限位传感器、连接件及固定螺钉等组成。凸轮提升限位开关包括凸轮原点、凸轮上限和凸轮下限;手爪限位传感器包括磁性开关松开位和磁性开关夹紧位。

步进驱动器 YKA2404MC 具有驱动器细分数、电流、电压等重要技术参数。驱动器细分数是控制精度的标志,通常增大细分数可以提高精度。细分功能完全由驱动器通过精确控制电机的相电流来实现,与电机本身无关。步进驱动器 YKA2404MC 的细分设定如表 4-25 所示。

表 4-25　步进驱动器 YKA2404MC 的细分设定

细分数	1	2	4	5	8	10	20	25	40	50	100	200	200	200	200	200
D6	ON	OFF	ON	OFF	ON	OFF	ON	OFF	ON	OFF	ON	OFF	ON	OFF	ON	OFF
D5	ON	ON	OFF	OFF	ON	ON	OFF	OFF	ON	ON	OFF	OFF	ON	ON	OFF	OFF
D4	ON	ON	ON	ON	OFF	OFF	OFF	OFF	ON	ON	ON	ON	OFF	OFF	OFF	OFF
D3	ON	ON	ON	ON	ON	ON	ON	ON	OFF	OFF	OFF	OFF	OFF	OFF	OFF	OFF
D2	ON:双脉冲,PU 为正向步进脉冲信号,DR 为反向步进脉冲信号															
	OFF:单脉冲,PU 为步进脉冲信号,DR 为方向控制信号															
D1	自检测开关(OFF 时接收外部脉冲;ON 时驱动器内部发 3.6 kHz 脉冲,此时细分数应设定为 10~50)															

注:D1 设为"OFF"(接受外部脉冲),D2 设为"OFF"(步进脉冲信号),DR 为方向信号。细分数设置为 20 时,D3、D4、D5、D6 需依次设置为 ON、OFF、OFF、ON

驱动器电流是衡量驱动器能力大小的重要依据,也是选择驱动器的重要指标,通常驱动器的最大电流略大于电机的标称电流。驱动器电压则决定了驱动器的升速能力,常见的驱动器电压有 24 V DC、40 V DC、60 V DC、80 V DC、110 V AC 和 220 V AC。步进驱动器 YKA2404MC 接线端子的符号、功能与说明如表 4-26 所示。

表 4-26　步进驱动器 YKA2404MC 接线端子的符号、功能与说明

符号	功能	说明
POWER	电源指示灯	通电时,指示灯亮
TM	工作指示灯	原点信号有效。有脉冲连续输入时,绿色指示灯闪烁
O.H	过热指示灯	过热时,红色指示灯亮

续表

符号	功能	说明
O.C	过流/欠压指示灯	电流过大或电压过低时,红色指示灯亮
Im	P 电机线圈电流设定电位器	调整电机相电流,逆时针方向为减小,顺时针方向为增大
+	输入信号光电隔离正端	接信号电源,+5 V～+24 V 均可驱动,高于+5 V 时需在 PU 端接限流电阻
PU	D2 设置为 OFF 时,PU 为步进脉冲信号	下降沿有效。每当脉冲由高变低时,电机走 1 步,输入电阻为 220 Ω;要求低电平在 0～0.5 V 之间,高电平在 4～5 V 之间,脉冲宽度大于 2.5 µs
	D2 设置为 ON 时,PU 为正向步进脉冲信号	
DR	D2 设置为 OFF 时,DR 为方向控制信号	用于改变电机转向,输入电阻为 220 Ω,要求低电平在 0～0.5 V 之间,高电平在 4～5 V 之间
	D2 设置为 ON 时,DR 为反向步进脉冲信号	
MF	电机释放信号	低电平时关断电机线圈电流,电机处于自由状态
+V、−V	电源正极、电源负极	DC 12～40 V

丝杠输送组件的步进电机型号为 2HB57-56,其具体参数如表 4-27 所示。

表 4-27　步进电机型号及参数

型号	步距角/(°)	电机长度/mm	保持转矩/(N·m)	额定电流/A	相电阻/Ω	相电感/mH	转子惯量/(g·cm²)	电机重量/kg
2HB57-41	1.8	41	0.39	2.0	1.40	1.4	120	0.45
2HB57-51	1.8	51	0.72	3.0	1.65	0.9	275	0.65
2HB57-56	1.8	56	0.9	3.0	0.75	1.1	300	0.7
2HB57-76	1.8	76	1.35	3.0	1.00	1.6	480	1.0

表 4-27 中,保持转矩是指步进电机通电但没有转动时,定子锁住转子的力矩。通常,步进电机在低速时的力矩接近保持转矩。由于步进电机的输出力矩随速度的增大而不断衰减,输出功率也随速度的变化而变化,因此保持转矩是步进电机的重要参数之一。

任务实施　产品分拣站单站安装调试

任务实施 1　步进驱动系统接线

◈ 任务实施要求

根据步进驱动系统参数对步进驱动系统进行电气接线。

产品分拣站的步进驱动器与控制器的所有连接信号都通过光电隔离以确保内置高速光耦可导通。连接时,要求提供控制信号的电流驱动能力至少为 15 mA。驱动器内部已串入光耦限流电阻,当输入信号高于 5 V 时,可根据需要外串电阻 R 进行限流,如图 4-46 所示。控制器信号输出电平为 $+5$ V 时,限流电阻 R_1 和 R_2 阻值均为 0;控制器信号输出电平为 $+12$ V 时,限流电阻 $R_1=510$ Ω,限流电阻 $R_2=820$ Ω;控制器信号输出电平为 $+24$ V 时,限流电阻 $R_1=1.20$ kΩ,限流电阻 $R_2=1.80$ kΩ。产品分拣站的 S7-1200 控制器型号为 CPU 1215C DC/DC/DC,属于 PNP 型,输出电压为 $+24$ V,输入信号采用独立端共阳极接法,限流电阻 $R_1=1.20$ kΩ,限流电阻 $R_2=1.80$ kΩ。在接线时,提升电机脉冲信号 Q0.1 经限流电阻接驱动器 PU 端,提升电机方向信号 Q0.2 经限流电阻接驱动器 DR 端。

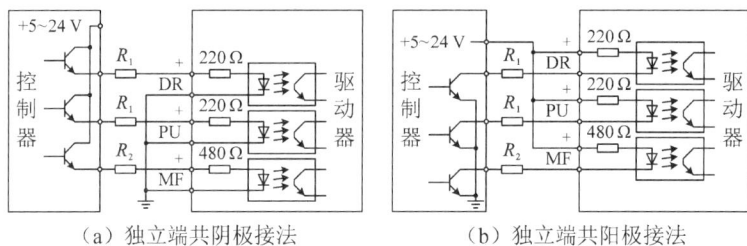

（a）独立端共阴极接法　　　　　（b）独立端共阳极接法

图 4-46　驱动器与控制器的信号连接

任务实施 2　产品分拣站设备检测

◆ **任务实施要求**

检测产品分拣站的气动、电气、传感、网络等智能设备是否正常。

步骤 1　气压系统设备检测

在产品分拣站运行前,需先检查气压系统设备的气压是否正常、通气阀是否开启、是否存在漏气现象、电磁阀是否发热等。产品分拣站气压系统设备检测内容与检测方法如表 4-28 所示。

表 4-28　产品分拣站气压系统设备检测内容与检测方法

序号	检测内容	检测方法
1	气路有无泄漏,气动联件压力数值是否正常	开启空压机,两联件压力数值在 0.4～0.6 MPa 之间。听有无漏气的声音
2	手爪气缸夹紧到位传感器是否正常	关闭气源,拉动气缸杆,HMI 画面中的磁性开关变为绿色
3	手爪气缸松开到位传感器是否正常	关闭气源,拉动气缸杆,HMI 画面中的磁性开关变为绿色
4	手爪气缸能否正常执行夹紧动作	选择触摸屏上的气缸,按下操作面板上的启动按钮,手爪夹紧
5	手爪气缸能否正常执行松开动作	选择触摸屏上的气缸,按下操作面板上的启动按钮,手爪松开

步骤 2　电气控制系统设备检测

在设备运行前,须先检查电气接线是否正确、传感器是否正常显示、执行机构能否动作、按钮能否正常使用等。产品分拣站电气控制系统设备检测内容与检测方法如表 4-29 所示。

表 4-29　产品分拣站电气控制系统设备检测内容与检测方法

序号	检测内容	检测方法
1	电源连接线是否连接牢固、无破损	观察电源连接线连接情况,应连接牢固、无破损
2	上电后能否正常启动产品分拣站	产品分拣站上电启动
3	S7-1200 控制器模块指示灯有无异常	观察 S7-1200 控制器模块指示灯有无红色
4	启动按钮能否正常使用,按钮指示灯能否正常显示	按下操作面板上的启动按钮,HMI 画面中的启动按钮指示灯变为绿色
5	停止按钮能否正常使用	按下操作面板上的停止按钮,HMI 画面中的停止按钮变为绿色
6	模式选择开关(复位)能否正常使用	将模式选择开关切换至"复位",HMI 画面中的复位指示灯变绿色
7	模式选择开关(手动、自动)能否正常使用	将模式选择开关切换至"手动"或"自动",HMI 画面中的手动或自动指示灯变绿色
8	搬运初始位接近开关是否正常	用金属触发,触摸屏画面中的相应开关变为绿色
9	1# 搬运通道位接近开关是否正常	用金属触发,触摸屏画面中的相应开关变为绿色
10	2# 搬运通道位接近开关是否正常	用金属触发,触摸屏画面中的相应开关变为绿色
11	凸轮原点接近开关是否正常	用金属触发,触摸屏画面中的相应开关变为绿色
12	凸轮上限位接近开关是否正常	用金属触发,触摸屏画面中的相应开关变为绿色
13	凸轮下限位接近开关是否正常	用金属触发,触摸屏画面中的相应开关变为绿色
14	颜色检测传感器是否正常	遮挡光电开关,触摸屏画面中的相应开关变为绿色
15	搬运电机能否正常正向运行	选择触摸屏上的搬运电机,按下操作面板上的启动按钮,电机正转
16	搬运电机能否正常反向运行	选择触摸屏上的搬运电机,按下操作面板上的启动按钮,电机反转
17	凸轮机构能否正常执行上升动作	选择触摸屏上的凸轮上升,按下操作面板上的启动按钮,凸轮上升
18	凸轮机构能否正常执行下降动作	选择触摸屏上的凸轮下降,按下操作面板上的启动按钮,凸轮下降

步骤 3　智能设备初始状态检测

(1)检查凸轮升降传感器是否在上限位置,即凸轮上限位指示灯是否亮起。

(2)检查凸轮机构是否在搬运初始位位置,即搬运初始位指示灯是否亮起。

(3)检查手爪气缸传感器是否在松开位置,即手爪气缸松开位指示灯是否亮起。

(4)检查急停(S4)、复位(S5)、启动(S2)、停止(S3)等开关能否正常使用。

(5)检查连接件以及固定螺钉是否松动。

步骤 4　智能设备网络检测

检查控制产品分拣站的工程师 PC 机、S7-1200 控制器、HMI 是否在同一子网内。工程师 PC 机的 IP 地址为"192.168.0.168",子网掩码为"255.255.255.0";S7-1200 控制器的 IP 地址为 "192.168.0.6",子网掩码为"255.255.255.0"。确保工程师 PC 机和 S7-1200 控制器属于同一网段(0 网段),且 IP 地址唯一不重叠。

步骤 5　智能设备程序下载

网络设备检测完成后,将工程师 PC 机的控制程序下载至 S7-1200 控制器,并将 HMI 设置画面下载至 HMI。

任务实施 3　产品分拣站单站调试

◆ **任务实施要求**

完成产品分拣站的复位、手动和自动单站调试。

根据项目 3 任务 6,产品分拣站的程序已经初步编制好,但在实际运行前,必须根据实际设备和运行特点对程序进行修正和调试。调试过程中,若设备出现故障或运行不稳定,必须进行维修、修正和调试等一系列工作。

产品分拣站单站调试不涉及与智能产线其他工作站的通信调试和 HMI 显示调试。由项目 3 任务 6 的模块化程序结构设计可知,产品分拣站单站调试分为系统初始化调试、伺服驱动控制调试、顺序功能控制调试和输出执行动作调试。

步骤 1　系统初始化调试

根据硬件初始化流程图,依次进行判断、发布初始化命令、开始执行动作和停止执行动作。首先,观察凸轮升降传感器、手爪气缸和搬运初始位,判断凸轮机构和手爪气缸是否处于初始状态。将模式选择开关切换到"复位",点击绿色启动按钮后,观察凸轮机构和手爪气缸是否开始动作,如凸轮上升、凸轮机构返回搬运初始位和手爪气缸松开。待运行至凸轮上限位、搬运初始位和手爪气缸松开位时,各指示灯亮起,设备自行停止。

软件系统初始化调试主要关注数据变量、中间变量和状态变量是否从初始状态开始。通常采用移动指令 Move 进行清零操作,采用复位指令 R 进行及时复位。

复位时,需要根据实际情况确定执行动作的先后顺序。例如,凸轮机构先上升,手爪气缸后松开,最后返回搬运初始位。

步骤 2　伺服驱动控制调试

产品分拣站的伺服驱动控制调试分为手动调试和程序调试两个阶段。手动调试的目的是验证伺服驱动设备组态是否正确,并确认伺服驱动设备的运动位置,例如凸轮机构从上限位下降至产品组装站出站口的抓取点的角度为 90°,从产品组装站出站口的抓取点上升至凸轮机构上限位的角度为 −90°。

伺服驱动控制程序调试目的是为后续手动和自动运行做准备,通过监控程序状态和变量

表的方法调试并检查错误,根据错误现象判断原因,并修正程序和维修设备。

步骤 3　顺序功能控制调试

在手动模式下,按下启动按钮一次,设备动作一次,运行指示灯亮起;在自动模式下,只需按下启动按钮一次,设备将按照顺序功能图连续动作。

在顺序功能控制调试过程中,观察凸轮机构下降、手爪夹紧、凸轮机构上升、搬运并检测动作、凸轮机构下降、手爪松开、凸轮机构上升、搬运返回与凸轮机构回零动作是否按照颜色检测选择分支顺序功能图的顺序进行。如果出现动作顺序错乱或拒动现象,应通过监控程序状态和变量表的方法检查错误之处,并修正程序或调整设备,之后再进行调试验证。

步骤 4　输出执行动作调试

输出执行动作调试主要用于驱动执行机构动作和显示状态,必须与系统初始化调试、伺服驱动控制调试和顺序功能控制调试共同配合进行。

步骤 5　验证设备是否处于初始状态

将模式选择开关切换至"复位",点击启动按钮,启动按钮指示灯闪烁。观察产品分拣站的设备是否处于初始状态。设备不运行或不动作,表明设备已在初始状态。

步骤 6　手动运行验证调试结果

将模式选择开关切换至"手动",点击启动按钮,设备运行时启动按钮指示灯亮起。手动运行验证设备是否符合要求,如表 4-30 所示。

表 4-30　产品分拣站的顺序功能控制手动运行

步骤		操作	正确动作现象
1		将模式选择开关切换至"手动"	观察产品分拣站是否在初始状态,若不在初始位则需先复位
2		点击启动按钮	凸轮机构在搬运初始位开始下降,至抓取位停止
3		点击启动按钮	手爪夹紧产品,至夹紧位停止
4		点击启动按钮	凸轮机构在搬运初始位开始上升,至检测位停止
5		点击启动按钮	搬运组件搬运产品至颜色检测处,检测产品颜色并保存记录
白色产品	6	点击启动按钮	搬运组件继续搬运产品,至 1# 搬运右侧位停止
	7	点击启动按钮	凸轮机构在 1# 搬运右侧位开始下降,至放置位停止
	8	点击启动按钮	手爪松开产品,至松开位停止,产品送入 1# 仓储
	9	点击启动按钮	凸轮机构在 1# 搬运右侧位处上升,至放置位上方停止
	10	点击启动按钮	搬运组件返回至搬运初始位,同时凸轮回初始位置

续表

步骤		操作	正确动作现象
红色产品	6	点击启动按钮	搬运组件继续搬运产品,至2♯搬运右侧位停止
	7	点击启动按钮	凸轮机构在2♯搬运右侧位开始下降,至放置位停止
	8	点击启动按钮	手爪松开产品,至松开位停止,产品送入2♯仓储
	9	点击启动按钮	凸轮机构在2♯搬运右侧位开始上升,至放置位上方停止
	10	点击启动按钮	搬运组件返回至搬运初始位,同时凸轮回初始位置

注:抓取位和放置位可以设定在凸轮下限位;凸轮初始位、检测位和放置位上方均可设定在凸轮上限位

步骤7 自动运行验证调试结果

将模式选择开关切换至"自动",按下启动按钮,启动按钮指示灯亮起。产品分拣站检测到产品后,按照工艺流程开始运行,直至回到初始状态。

拓展知识 智能产线的环网配置与测试

环网配置作为一种快速反应备份系统,其主要目的是降低网络意外中断的风险。通过即时响应,环网配置能够确保生产的连续性,从而减轻关键数据流上任意一点失效所带来的影响。

工业网络对可用性要求较高,环网冗余是提高网络可用性的重要手段。环形工业以太网继承了以太网速度快、成本低的优点,同时为网络上的数据传输提供了一条冗余链路,提高了网络的可用性。

在环网配置中,各台交换机通过冗余环口依次连接,构成环形网络结构。其中一台交换机被指定为冗余管理器(RM),负责管理整个冗余环网。在一个环网中,只能设置一台交换机为冗余管理器。冗余管理器通过发送监控帧来监控网络链路状态。在网络正常运行时,冗余管理器的一个冗余环口处于逻辑断开状态,使整个网络在逻辑结构上保持线型结构,从而避免广播风暴(当网络中存在环路时,数据帧会在网络中不断重复广播,引发广播风暴)。冗余管理器持续监控网络状态,一旦网络中的连接线断开或交换机发生故障,它会迅速连通一个替代路径,恢复为另一个逻辑上的线型结构。当故障排除后,网络的逻辑结构将恢复为原有的线型结构。环网可以是电气环网、光纤环网,或者是电气与光纤混合环网。

◈ 任务实施要求

(1)通过 WEB 界面配置交换机的 IP 地址和子网掩码。

(2)通过博途软件配置控制器的硬件组态、IP 地址和子网掩码(在变量表中设置)。

(3)利用工业以太网线缆,将各交换机通过配置的冗余接口相连,构成高速冗余环网(HSR),同时将上位机、PLC 与环网中的交换机相连。

(4)通信测试:把环网中 SCALANCE XB208 用于通信激活的端口线缆拔掉,观察通信网络能否重构链路并保证数据能够从 PLC 传输到上位机。

步骤 1　配置上位机的 IP 地址、子网掩码

把上位机有线网卡的 IP 地址设置为"192.168.0.100",子网掩码设置为"255.255.255.0"。

步骤 2　配置第一台交换机 SCALANCE XB208

(1) 用以太网线将上位机和 SCALANCE XB208 连接。

(2) 以管理员身份启动 PRONETA 软件。

点击"网络分析",单机刷新后 PRONETA 软件开始搜索设备,找到设备后如图 4-47 所示。

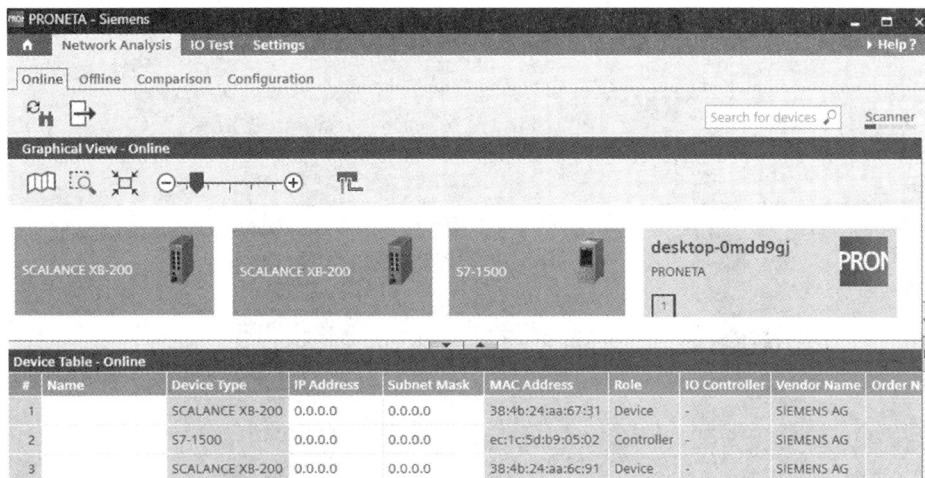

图 4-47　PRONETA 搜索到设备的界面

选择模块,单击鼠标右键,在弹出的菜单中选择"设置网络参数",把 SCALANCE XB208 交换机的 IP 地址设置为"192.168.0.10",子网掩码设置为"255.255.255.0";点击"设置"即可完成对 SCALANCE XB208 的 IP 地址更改,如图 4-48 所示。

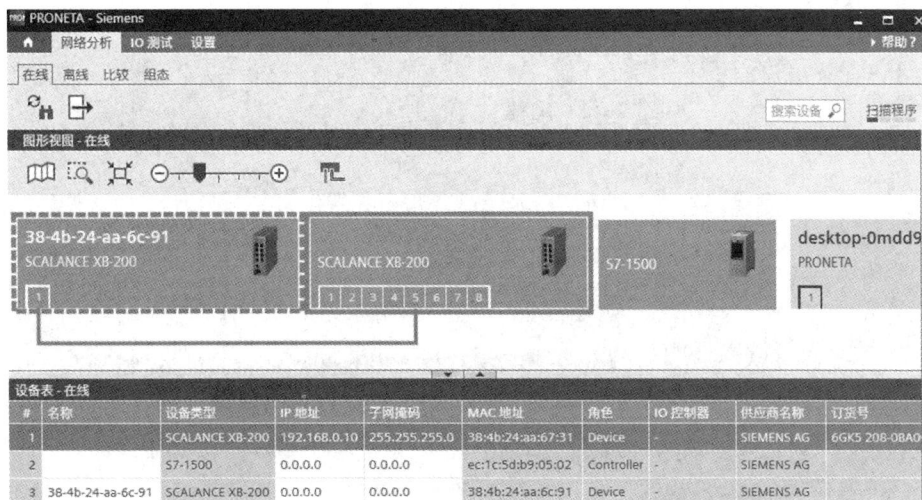

图 4-48　用 PRONETA 配置交换机的 IP 地址和子网掩码

（3）打开浏览器，在地址栏中输入"192.168.0.10"，进入 SCALANCE XB208 的网络配置登录界面（首次进入该页面需要修改密码）。输入用户名 admin 和密码后，进入 SCALANCE XB208 网络配置界面，如图 4-49 所示。

（4）在网络配置主界面的左侧列表中，选中"Layer 2"下的"Ring Redundancy"。在右侧窗口中，将"Ring ID"设置为"1"，勾选"Ring Redundancy"前的复选框，接着在"Ring Redundancy Mode"的下拉列表中选择"HRP Manager"；然后配置"Ring Ports"，把"P0.1"（第一个端口）和"P0.4"（第四个端口）设置为冗余端口，如图 4-50 所示。

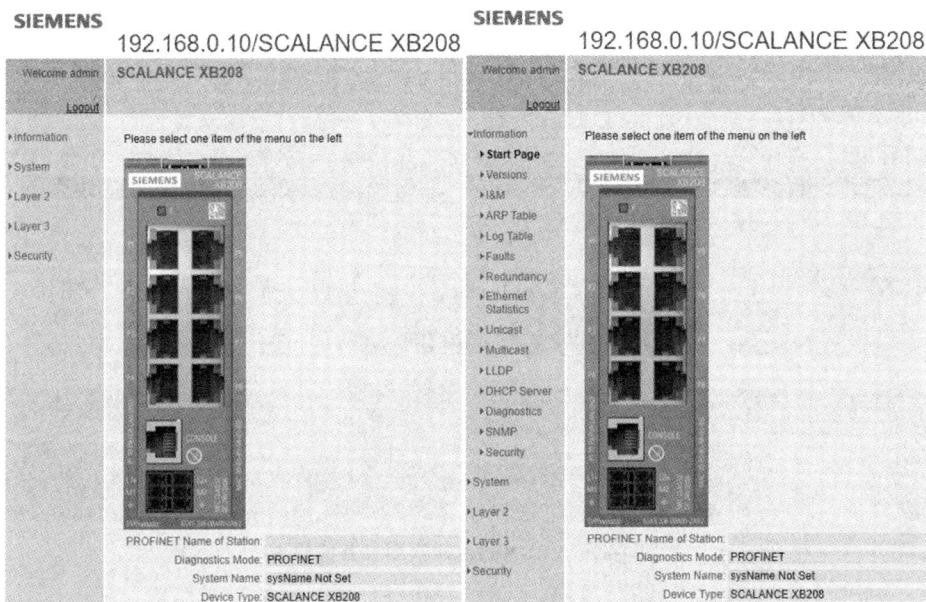

（a）SCALANCE XB208网络配置主界面　　　（b）SCALANCE XB208网络配置起始界面

图 4-49　第一台交换机 XB208 网络配置主界面与起始界面

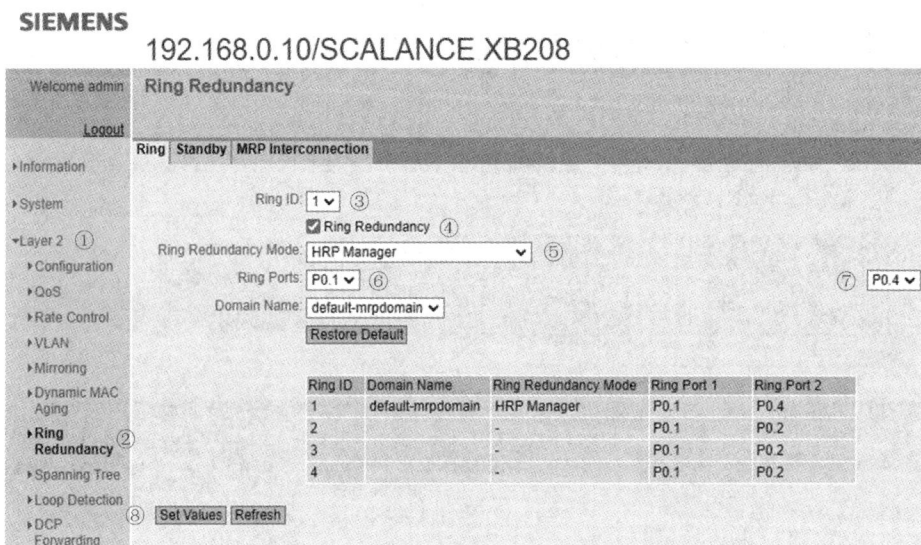

图 4-50　交换机 XB208 环形冗余配置

> **注意**：第一次对该交换机进行配置时，勾选"Ring Redundancy"时会弹出提示。因交换机在出厂时默认将 Spanning Tree 选中。此时，需进入 Layer2 下的"Spanning Tree"，并在右侧窗口中取消勾选"Spanning Tree"，最后点击"Set Values"，如图 4-51 所示。

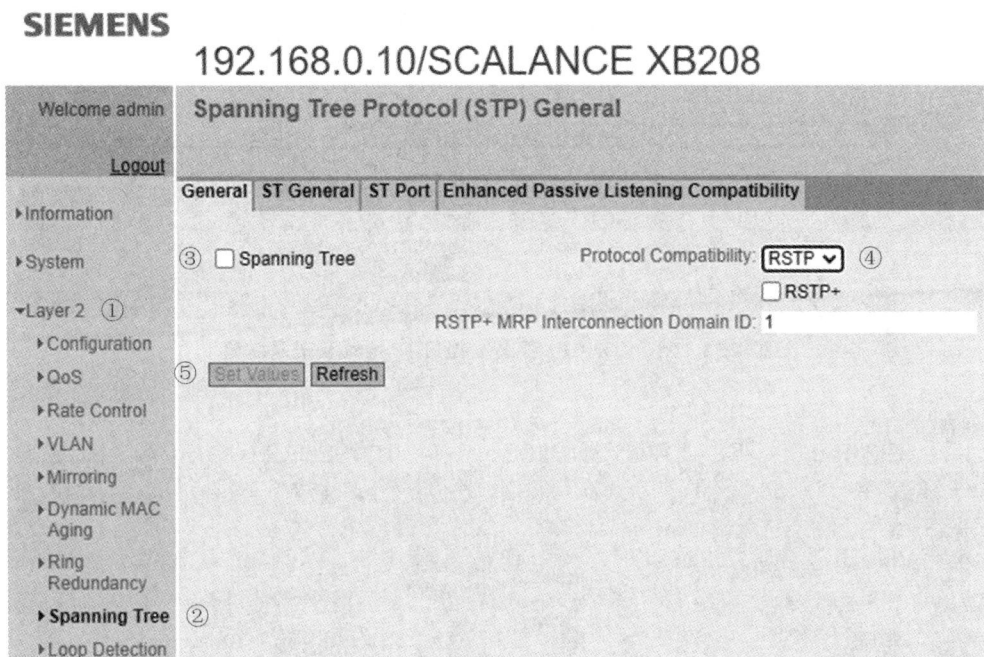

图 4-51　取消勾选"Spanning Tree"

步骤 3　配置第二台 SCALANCE XB208

（1）使用 PRONETA 软件，配置 SCALANCE XB208 交换机的 IP 地址为"192.168.0.11"，子网掩码为"255.255.255.0"，如图 4-52 所示。

（2）打开浏览器，在地址栏中输入"192.168.0.11"，进入 SCALANCE XB208 的网络配置登录界面。输入用户名 admin 和密码后进入配置主界面和起始界面，如图 4-53 所示。

（3）在网络配置主界面的左侧列表中，选中"Layer 2"下的"Ring Redundancy"。在右侧窗口中，将"Ring ID"设置为"1"，勾选"Ring Redundancy"前的复选框，接着在"Ring Redundancy Mode"的下拉列表中选择"HRP Client"；然后配置"Ring Ports"，把"P0.5"（第五个端口）和"P0.8"（第八个端口）设置为冗余端口，如图 4-54 所示。

（4）第一次对第二个交换机进行配置时，勾选"Ring Redundancy"时会弹出提示。因交换机在出厂时默认将 Spanning Tree 选中。此时，需进入 Layer2 下的"Spanning Tree"，并在右侧窗口中取消勾选"Spanning Tree"，同时在"Protocol Compatibility"中选择"RSTP"，然后点击"Set Values"，如图 4-55 所示。

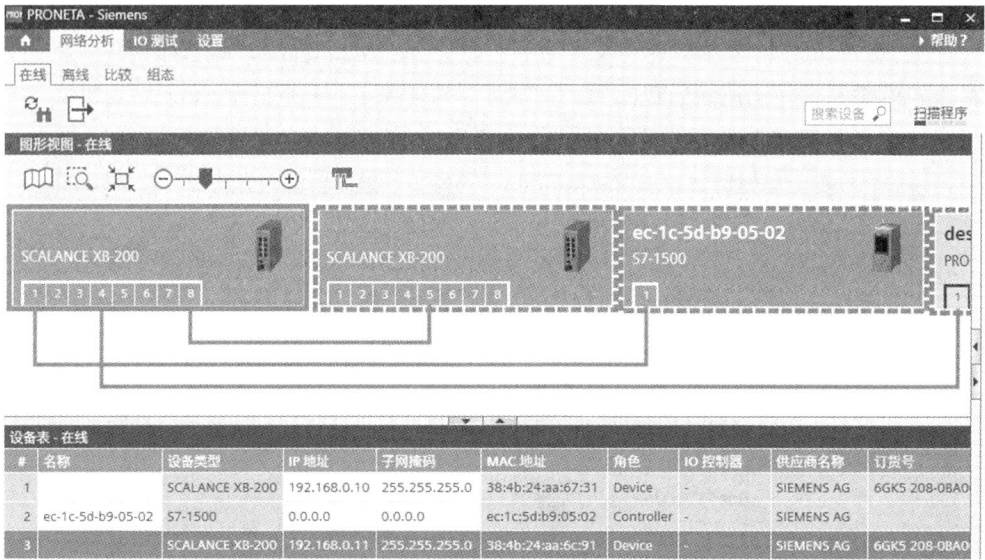

图 4-52　用 PRONETA 配置交换机 IP 地址和子网掩码

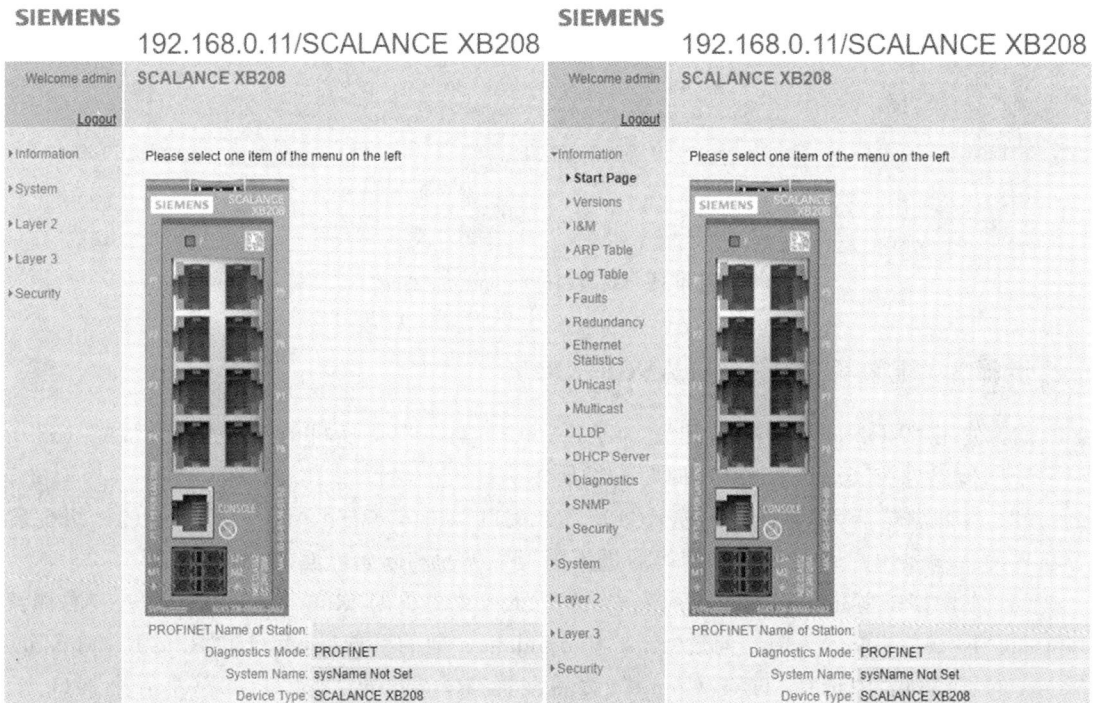

（a）SCALANCE XB208网络配置主界面　　　（b）SCALANCE XB208网络配置起始界面

图 4-53　第二台交换机 XB208 配置主界面与起始界面

SIEMENS

192.168.0.11/SCALANCE XB208

Welcome admin　**Ring Redundancy**

Logout

Ring | Standby | MRP Interconnection

▶Information

▶System

▼Layer 2 ①
- ▶Configuration
- ▶QoS
- ▶Rate Control
- ▶VLAN
- ▶Mirroring
- ▶Dynamic MAC Aging
- ▶**Ring Redundancy** ②
- ▶Spanning Tree
- ▶Loop Detection
- ▶DCP Forwarding

Ring ID: 1 ▾ ③

☑ Ring Redundancy ④

Ring Redundancy Mode: HRP Client ▾ ⑤

Ring Ports: P0.5 ▾ ⑥　　　　　　　　　　⑦ P0.8 ▾

Domain Name: default-mrpdomain ▾

Restore Default

Ring ID	Domain Name	Ring Redundancy Mode	Ring Port 1	Ring Port 2
1	default-mrpdomain	HRP Client	P0.5	P0.8
2	-		P0.1	P0.2
3	-		P0.1	P0.2
4	-		P0.1	P0.2

⑧ Set Values | Refresh

图 4-54　交换机 XB208 环形冗余配置

SIEMENS

192.168.0.11/SCALANCE XB208

Welcome admin　**Spanning Tree Protocol (STP) General**

Logout

General | ST General | ST Port | Enhanced Passive Listening Compatibility

▶Information

▶System

▼Layer 2 ①
- ▶Configuration
- ▶QoS
- ▶Rate Control
- ▶VLAN
- ▶Mirroring
- ▶Dynamic MAC Aging
- ▶Ring Redundancy
- ▶**Spanning Tree** ②
- ▶Loop Detection

③ ☐ Spanning Tree　　　　　Protocol Compatibility: RSTP ▾ ④

☐ RSTP+

RSTP+ MRP Interconnection Domain ID: 1

⑤ Set Values | Refresh

图 4-55　取消勾选"Spanning Tree"

步骤 4　在博途中配置 S7-1200 控制器

在博途中配置 S7-1200 控制器的目的是利用博途软件对控制器中的变量进行监控,同时测试 IO 变量在通信网络中的传输过程。

（1）在博途软件中，在硬件目录中选择与实际订货号一致的 S7-1200 控制器，并将其添加到"设备视图"中；接着，从硬件目录中选择与实际订货号一致的信号板，并将其拖拽到"设备视图"中 S7-1200 控制器的信号板位置上。

（2）在博途软件项目树中，找到"CPU 1215C"，在其树状结构的子项中找到"PLC 变量"。在"PLC 变量"的子项中，双击打开"默认变量表"。根据实际情况在"默认变量表"中添加需要监视的 DI、DO、AI、AO 变量。

步骤 5　网络线缆连接

（1）将 3 个交换机连成环网。按照每个交换环形冗余配置界面中配置的"Ring Port"号，把 3 个交换机连成环网。此时可以看到 SCALANCE XM408 的指示灯亮，因 SCALANCE XB208 被配置为 HRP Manager；SCALANCE XB208 的两个 Ring Port（4 和 8）对应的指示灯一个快闪、一个慢闪，慢闪端口对应的通信线路处于"热备"状态（即暂时不通）。

（2）将 S7-1200 控制器与 SCALANCE XB208 连接。

（3）利用工业以太网线将 SCALANCE XB208 与安装有博途软件的上位机连接。

步骤 6　环形冗余通信测试

步骤 6.1　正常通信测试

在博途软件"CPU 1215C"选项中，点击工具栏中的"转至在线"按钮，然后在"PLC 变量"的子项中，双击打开"默认变量表"。在"默认变量表"中点击"全部监视"按钮。如图 4-56 所示，变量监视界面显示的变量值与实际开关状态一致，说明数据传输路径是通的且数据传输正确。

		名称	数据类型	地址	保持	从 H...	从 H...	在 H...	监视值	注释
1		DI_0	Bool	%I0.0		☑	☑	☑	TRUE	
2		DI_1	Bool	%I0.1		☑	☑	☑	FALSE	
3		DI_2	Bool	%I0.2		☑	☑	☑	TRUE	
4		DI_3	Bool	%I0.3		☑	☑	☑	TRUE	

图 4-56　正常通信变量监视界面

步骤 6.2　环网通信故障测试

将插入 SCALANCE XB208 的 P8 端口的网线拔掉，此时其 P4 端口指示灯立刻变为快闪状态，说明该端口已经"激活"，提示网络结构已经改变，网络中某处出现了故障。然而，在环网出现故障的情况下，数据传输路径仍然是通的且数据传输正确，这是因为数据通过冗余路径传达，不再经过故障路径，从而确保通信不会因故障而中断。

步骤 7　环网通信故障恢复测试

重新插入 SCALANCE XB208 的 P8 端口的网线时，P8 端口指示灯立刻恢复快闪状态，P4 端口指示灯立刻恢复慢闪状态。这说明冗余环网已经修复，XB208 检测到的网络故障已经恢复，P4 端口重新被设置为逻辑断开状态。

项目 5
智能产线集成联调

知识目标

（1）掌握西门子 S7 通信指令、编程与调试。

（2）掌握离散行业智能制造平台的虚拟调试功能与平台虚实联调。

（3）掌握 Modbus RTU 通信组态、Modbus RTU 主站、Modbus TCP 服务器、Modbus TCP 客户端等通信指令，熟悉 Modbus RTU 从站通信指令、编程与调试。

技能目标

（1）正确编制 Modbus RTU 通信组态、Modbus RTU 主站、Modbus TCP 服务器、Modbus TCP 客户端、S7 发送、S7 接收等通信程序。

（2）正确联调离散行业智能制造平台的通信、显示控制和系统功能。

（3）正确联调离散行业智能制造平台虚实系统。

（4）正确实施智能制造理实一体化平台通信联调。

素质目标

（1）借阅图书资料或查找网络资源，查阅西门子等智能设备的新工艺、新技术和新知识。

（2）借助各种媒体资源或说明书，自主学习智能产线集成联调与参数设置。

（3）在现场系统联调过程中，遵守现场操作规范，按 6S 管理要求进行操作，做到安全文明生产，团结协作。

（4）借助新标准和新规范，积累智能产线集成联调经验，创新性地处理智能产线集成联调问题，培养解决现场工程实际问题的能力。

（5）培养严谨、细致、规范和标准操作的工匠精神。

任务 1　智能产线系统联调

任 务 导 入

PROFINET IO 通信是在 IO 控制器和 IO 设备之间进行过程数据交换的通信方式。它用信号线代替电缆,能够传输大量数据;在传输距离较远时,可使用交换机进行桥接。IO 控制器是用于对连接的 IO 设备进行寻址的设备,通常是运行自动化程序的控制器;IO 设备则是分配给某个 IO 控制器的分布式现场设备,如 IO 控制器、变频器、智能设备等。

知识平台　西门子 S7 通信与编程

S7 通信协议是西门子 SIMATIC 产品家族专门为优化产品而设计的通信协议,是面向连接的特定非开放式标准通信协议。数据交换通过所组态的 S7 连接进行,可在一端或同时在两端进行组态。对于一端组态的 S7 连接,仅在一个通信伙伴中组态此连接并下载到此伙伴;在单向连接中,客户机是向服务器请求服务的设备,客户机通过调用 GET/PUT 指令读写服务器的存储区;服务器在通信中是被动方,因此无须编写服务器的 S7 通信程序。对于两端同时组态的 S7 连接,则同时在两个通信伙伴中组态并下载所组态的连接参数。

可使用 GET 和 PUT 指令通过 PROFINET 和 PROFIBUS 连接与 S7 CPU 通信。在进行数据交换前,必须先建立与通信伙伴的连接。在伙伴 CPU 的属性保护中已激活"允许借助 PUT/GET 通信从远程伙伴访问"的功能。

发送指令 PUT 将数据写入远程 CPU。PUT 指令的写入区指针 ADDR 和数据随后会发送给接收方伙伴 CPU,接收方伙伴 CPU 可以处于 RUN 模式或 STOP 模式。接收方伙伴 CPU 将发送方 CPU 发送区域(SD)的发送数据保存在给定的数据区域并返回执行应答。发送指令 PUT 引脚参数及其含义如表 5-1 所示。发送操作激活后,系统会从用户程序中复制要发送的发送区域中的数据。块调用后可对这些区域进行写操作,且不会破坏当前的发送数据。

表 5-1　发送指令 PUT 引脚参数及其含义

PUT 指令	参数	类型	参数含义
	REQ	Bool	控制参数 Request,上升沿激活数据交换功能
	ID	Word	指定与伙伴 CPU 连接的寻址参数
PUT Remote — Variant — EN　　　　ENO — — REQ　　　DONE — — ID　　　ERROR — — ADDR_1　STATUS — — SD_1　　　▼	ADDR	Remote	指向伙伴 CPU 上待写入数据区域的指针/首地址
	SD	Variant	指向本地 CPU 上包含发送数据区域的指针/首地址
	DONE	Bool	状态参数 DONE;0—作业尚未开始或仍在运行;1—作业已成功完成

续表

PUT 指令	参数	类型	参数含义
	ERROR	Bool	ERROR:0—无错误;1—出错
	STATUS	Word	错误代码 STATUS:0000H—无警告;其他—警告或错误代码

接收指令 GET 从远程 CPU 读取数据,控制输入 REQ 上升沿启动指令;要读取区域的相关指针 ADDR 随后会发送给伙伴 CPU,伙伴 CPU 可以处于 RUN 模式或 STOP 模式;GET 指令不会记录伙伴 CPU 上所寻址到的数据区域中的变化。接收指令 GET 引脚参数及其含义如表 5-2 所示。

表 5-2　接收指令 GET 引脚参数及其含义

GET 指令	引脚参数	类型	参数含义
GET Remote — Variant — EN　　ENO — — REQ　　NDR — — ID　　ERROR — — ADDR_1　STATUS — — RD_1　　▼	REQ	Bool	控制参数 Request,上升沿激活数据交换功能
	ID	Word	指定与伙伴 CPU 连接的寻址参数
	RD	Variant	指向本地 CPU 上输入已读数据区域的指针/首地址
	ADDR	Remote	指向伙伴 CPU 上待读取区域的指针/首地址
	NDR	Bool	状态参数 NDR:0—作业尚未开始或仍在运行;1—作业已成功完成
	ERROR	Bool	ERROR:0—无错误;1—出错
	STATUS	Word	错误代码 STATUS:0000H—无警告;其他—警告或错误代码

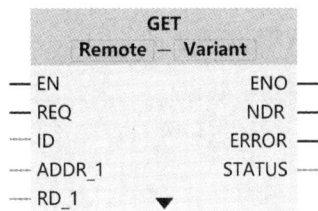

从表 5-1 和表 5-2 可以看出,编写 PUT 和 GET 通信功能指令时,需要确认通信身份、通信时间、通信源头和通信目的地 4 个要素。

(1)确认双方通信身份,即解决谁和谁通信的问题。例如,GET 指令与 PUT 指令用连接参数 ID 解决通信身份问题。

(2)确定通信时间,即解决什么时间开始和完成通信的问题。例如,GET 指令与 PUT 指令用块参数 REQ 解决开始通信问题;GET 指令用块参数 NDR 解决完成通信的问题;PUT 指令用块参数 DONE 解决完成通信的问题。

(3)确定通信源头,即解决通信内容来源地的问题。例如,GET 指令与 PUT 指令用块参数 ADDR 解决此问题。

(4)确定通信目的地,即解决通信内容存储位置的问题。例如,GET 指令用块参数 RD 解决此问题,PUT 指令用块参数 SD 解决此问题。

注意：

（1）PUT 指令和 GET 指令必须建立相应的数据变量，以放置用于发送和接收数据的数据块。所以，在通信编程前一定要先设置好通信源头和通信目的地的数据存放区。

（2）通信双方发送与接收的数据长度、数据地址要相互匹配，否则会出现通信信息无法被接收方接收到或发送方无法知道接收方的具体状态的问题。

接收指令 GET 与发送指令 PUT 的 ERROR 和 STATUS 参数及其含义如表 5-3 所示。出错的原因有未激活、通信故障、响应超时、指针出错及无法访问等。

表 5-3　接收指令 GET 与发送指令 PUT 的 ERROR 和 STATUS 参数及其含义

ERROR	STATUS	含义
0	11	警告：因前作业在执行状态而未激活新作业
0	25	已开始通信；作业正在处理
1	1	通信故障，如本地或远程连接描述信息未加载、连接中断、与伙伴尚未建立连接等
1	2	接收到伙伴设备的否定应答；远程站的响应超出了用户数据最大长度；伙伴 CPU 上的访问保护已激活，在 CPU 设置中禁用访问保护
1	4	指向数据存储 RD 的指针出错；参数 RD 和 ADDR 数据类型不兼容；RD 区域的长度小于待读取 ADDR 参数的数据长度
1	8	访问伙伴 CPU 时出错
1	10	无法访问本地用户存储器（如访问已经删除的数据块）
1	20	仅 S7-1500 发 W♯16♯80C3：已超出并行作业的最大数量
1	20	仅 S7-1500 发 W♯16♯80C3：该作业当前正在执行，但优先级较低

任务实施　离散行业智能制造平台系统联调

◆ 任务实施要求

离散行业智能制造平台工作站的控制器都采用 S7 通信连接。

主件供料站的搬运组件把主件搬运至右侧位时，通知次品分拣站主件已到达出口；另一方面，主件供料站接收到次品分拣站的空闲信号后，其升降气缸才会将手爪携带的主件松开并放置在次品分拣站的承载台上。随后主件供料站和次品分拣站才进行各自的后续动作。

次品分拣站的承载台将合格主件搬运至右侧位时，通知旋转工作站主件已到达出口；另一方面，次品分拣站接收到旋转工作站的空闲信号后，其推料气缸才会将合格主件从承载台推入旋转工作站的转盘工位。随后次品分拣站和旋转工作站分别进行各自的后续动作。

旋转工作站的转盘组件将主件搬运至出料点时，通知方向调整站主件已到达出口；另一方

面,旋转工作站接收到方向调整站的空闲信号后,其推料气缸才会将主件从转盘工位推入方向调整站的传送带。随后旋转工作站和方向调整站分别进行各自的后续动作。

方向调整站的传送带将主件传送至出料点时,通知产品组装站主件已到达出口;另一方面,方向调整站接收到产品组装站的空闲信号后,其推料气缸才会将主件从传送带推入产品组装站的承载台。随后方向调整站和产品组装站分别进行各自的后续动作。

产品组装站的承载台将组装好的限位开关放置在搬运右侧位时,通知产品分拣站主件已到达出口;另一方面,产品组装站接收到产品分拣站的空闲信号后,其承载台上的主件才会等待产品分拣站的手爪抓取。随后产品组装站和产品分拣站分别进行各自的后续动作。

步骤 1　配置通信指令 PUT 与 GET 的连接参数

单击选中主件供料站的控制器 CPU,在"属性"选项卡的"常规"栏配置连接机制。依次选择"防护与安全—连接机制",在右侧窗口中勾选"允许来自远程对象的 PUT/GET 通信访问",最后点击"确定"以配置通信指令 PUT 与 GET 的连接参数,如图 5-1 所示。

按照同样的方法,在次品分拣站、旋转工作站、方向调整站、产品组装站和产品分拣站的 S7-1200 控制器中配置通信指令 PUT 与 GET 的连接参数。

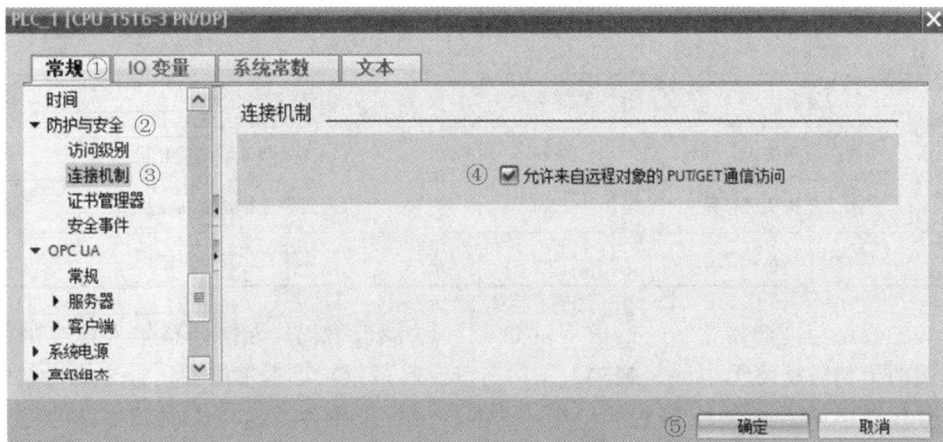

图 5-1　通信指令 PUT 与 GET 连接参数配置

步骤 2　创建通信数据块

在左侧项目树中选中主件供料站的控制器,双击"添加新块",进入"添加新块"窗口。在窗口中选择"数据块",设置编程语言和编号,添加通信数据块名称,最后点击"确定"即可创建通信数据块。通信数据块一般选用非优化的数据块,需要取消勾选"优化的块访问"。

按照同样的方法,在次品分拣站、旋转工作站、方向调整站、产品组装站和产品分拣站的 S7-1200 控制器中创建通信数据块。

步骤 3　添加通信数据块的通信变量

智能制造平台所有工作站的通信变量均分为发送和接收两类。主件供料站与次品分拣站的通信变量如表 5-4 所示。表中,次品分拣站入口空闲是指次品分拣站的承载台在搬运初始

位且上料点检测到无主件。主件供料站出口有料是指主件供料站升降气缸的手爪已携带主件运行至搬运右侧位。若次品分拣站入口空闲,则主件供料站把主件传送给次品分拣站,完成主件传送;若次品分拣站入口忙,则等待至次品分拣站入口空闲后再行传送主件。

表 5-4　主件供料站与次品分拣站的通信变量

主件供料站 S1			次品分拣站 S2		
	通信变量	数据类型		通信变量	数据类型
发送	主件供料站出口有料	Bool	接收	主件供料站出口有料	Bool
接收	次品分拣站入口空闲	Bool	发送	次品分拣站入口空闲	Bool

次品分拣站与旋转工作站的通信变量如表 5-5 所示。表中,旋转工作站入口空闲是指旋转工作站的转盘工位在转盘零位且上料点检测到无主件。次品分拣站出口有料是指承载台已携带合格主件运行至搬运右侧位。若旋转工作站入口空闲,则次品分拣站把主件推入旋转工作站的转盘工位;若旋转工作站入口忙,则等待至旋转工作站入口空闲后再行推送主件。

表 5-5　次品分拣站与旋转工作站的通信变量

次品分拣站 S2			旋转工作站 S3		
	通信变量	数据类型		通信变量	数据类型
发送	次品分拣站出口有料	Bool	接收	次品分拣站出口有料	Bool
	次品分拣站回初始位	Bool		次品分拣站回初始位	Bool
接收	旋转工作站入口空闲	Bool	发送	旋转工作站入口空闲	Bool

旋转工作站与方向调整站的通信变量如表 5-6 所示。表中,方向调整站入口空闲是指方向调整站的上料点检测无主件。旋转工作站出口有料是指转盘携带主件运行至旋转工作站出口。若方向调整站入口空闲,则旋转工作站的推料气缸把主件推送至方向调整站的传送带入口处;若方向调整站入口忙,则等待至方向调整站入口空闲后再行推送主件。

表 5-6　旋转工作站与方向调整站的通信变量

旋转工作站 S3			方向调整站 S4		
	通信变量	数据类型		通信变量	数据类型
发送	旋转工作站出口有料	Bool	接收	旋转工作站出口有料	Bool
接收	方向调整站入口空闲	Bool	发送	方向调整站入口空闲	Bool

方向调整站与产品组装站的通信变量如表 5-7 所示。表中,产品组装站入口空闲是指产品组装站的承载台在搬运初始位、定位气缸在缩回位、按钮头供料气缸在伸出位且承载台无主件。方向调整站出口有料是指主件运行至方向调整站搬运右侧位且 2#升降气缸在下限位置。若产品组装站入口空闲,则方向调整站的推料气缸把主件推入产品组装站的承载台;若产品组装站入口忙,则等待至产品组装站入口空闲后再动作。

表 5-7　方向调整站与产品组装站的通信变量

方向调整站 S4			产品组装站 S5		
	通信变量	数据类型		通信变量	数据类型
发送	方向调整站出口有料	Bool	接收	方向调整站出口有料	Bool
	方向调整站推料缩回	Bool		方向调整站推料缩回	Bool
接收	产品组装站入口空闲	Bool	发送	产品组装站入口空闲	Bool

　　产品组装站与产品分拣站的通信变量如表 5-8 所示。表中,产品分拣站入口空闲是指产品分拣站的凸轮机构在搬运初始位,确保手爪位置不影响产品组装站搬运主件至搬运右侧位且手爪无主件。产品组装站出口有料是指主件运行至产品组装站搬运右侧位、定位气缸在缩回位、螺栓供料气缸和螺栓推出气缸均在缩回位。若产品分拣站入口空闲,则产品组装站等待产品分拣站的手爪下降运行至适合的抓取位置抓取产品;若产品分拣站入口忙,则等待至产品分拣站入口空闲后再动作。

表 5-8　产品组装站与产品分拣站的通信变量

产品组装站 S5			产品分拣站 S6		
	通信变量	数据类型		通信变量	数据类型
发送	产品组装站出口有料	Bool	接收	产品组装站出口有料	Bool
接收	产品分拣站入口空闲	Bool	发送	产品分拣站入口空闲	Bool
	产品分拣站入口有料	Bool		产品分拣站入口有料	Bool

　　离散行业智能制造平台工作站的控制器通信变量如图 5-2 所示。

图 5-2　离散行业智能制造平台工作站的控制器通信变量

注意：发送方写入数据后，经过通信指令传送至接收方；接收方接收数据时只能读取数据，并不能修改数据。

（1）主件供料站出口有料是发送通信变量，发送给次品分拣站。

（2）次品分拣站的发送通信变量是入口空闲和出口有料，入口空闲信息发送给主件供料站，而出口有料信息则发送给旋转工作站。次品分拣站的接收通信变量是主件供料站出口有料和旋转工作站入口空闲，不能修改状态。

（3）旋转工作站的发送通信变量是入口空闲和出口有料，入口空闲信息发送给次品分拣站，而出口有料信息则发送给方向调整站。旋转工作站的接收通信变量是次品分拣站出口有料和方向调整站入口空闲，不能修改状态。

（4）方向调整站的发送通信变量是入口空闲和出口有料，入口空闲信息发送给旋转工作站，而出口有料信息则发送给产品组装站。方向调整站的接收通信变量是旋转工作站出口有料和产品组装站入口空闲，不能修改状态。

（5）产品组装站的发送通信变量是入口空闲和出口有料，入口空闲信息发送给方向调整站，而出口有料信息则发送给产品分拣站。产品组装站的接收通信变量是方向调整站出口有料和产品分拣站入口空闲，不能修改状态。

（6）产品分拣站的发送通信变量是入口空闲，入口空闲信息发送给产品组装站。产品分拣站的接收通信变量是产品组装站出口有料，不能修改状态。

步骤 4　创建通信控制子程序

在左侧项目树中选中主件供料站控制器，双击"添加新块"，进入"添加新块"窗口。在窗口中选择"函数"，设置编程语言和编号，添加通信控制子程序名称，最后点击"确定"即可创建通信控制子程序。添加通信控制子程序后需在主程序 Main 中调用通信控制子程序。

按照同样的方法，在次品分拣站、旋转工作站、方向调整站、产品组装站和产品分拣站的控制器中创建通信控制子程序。创建后需在主程序 Main 中调用通信控制子程序。

步骤 5　发送指令 PUT 与接收指令 GET 通信编程

打开主件供料站的通信控制子程序，在右侧指令栏中依次选择"通信—S7 通信"，双击发送指令 PUT 和接收指令 GET，将发送指令 PUT 和接收指令 GET 添加至通信控制子程序段中。

按照同样的方法，在次品分拣站、旋转工作站、方向调整站、产品组装站和产品分拣站的 S7-1200 控制器的通信控制子程序段中添加发送指令 PUT 和接收指令 GET。

步骤 6　设置发送指令 PUT 与接收指令 GET 的通信参数

添加发送指令 PUT 与接收指令 GET 后，必须设置连接参数 ID、指定伙伴 CPU 地址指针参数 ADDR、指定本地 CPU 地址指针参数 SD 和 RD。

步骤 6.1　设置连接参数 ID

首先确认主件供料站控制器的连接机制"允许来自远程对象的 PUT/GET 通信访问"是

否已经勾选,以及通信双方网络组态是否已完成。点击接收指令 GET 右上角的 ▓ 进入 GET 组态窗口,选择"连接参数",设置本地的端点、接口、子网、子网名称、地址、连接 ID(十六进制),设置通信伙伴的端点、接口、子网、子网名称、地址,接着将连接名称设置为"S7_连接_1",勾选"主动建立连接",即可完成接收指令 GET 的连接参数 ID 设置,如图 5-3(a)所示。按照同样的方法,完成发送指令 PUT 的连接参数 ID 设置,如图 5-3(b)所示。

按照同样的方法,完成次品分拣站、旋转工作站、方向调整站、产品组装站和产品分拣站通信指令的连接参数 ID 设置。

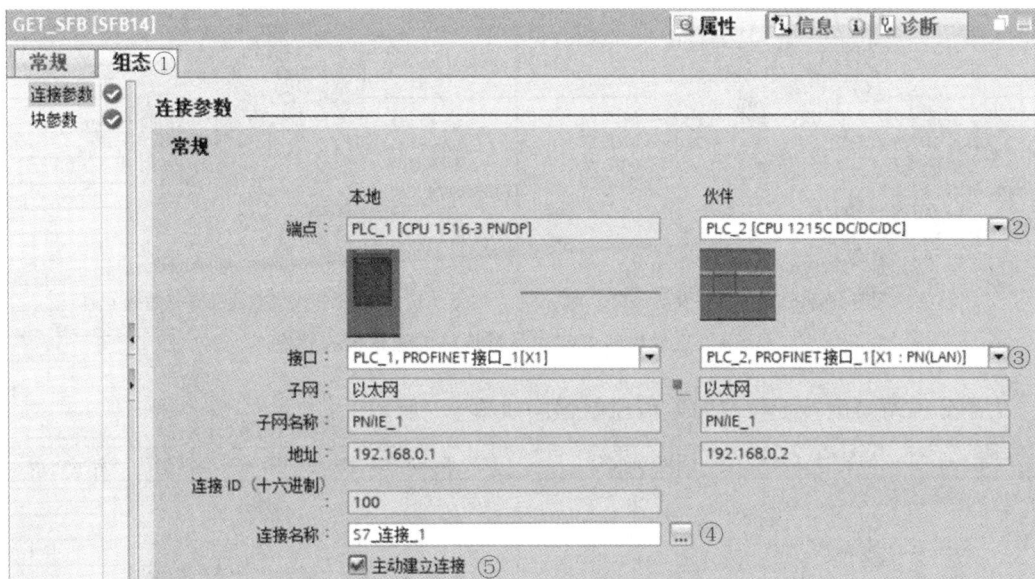

(a) 接收指令GET的连接参数ID设置

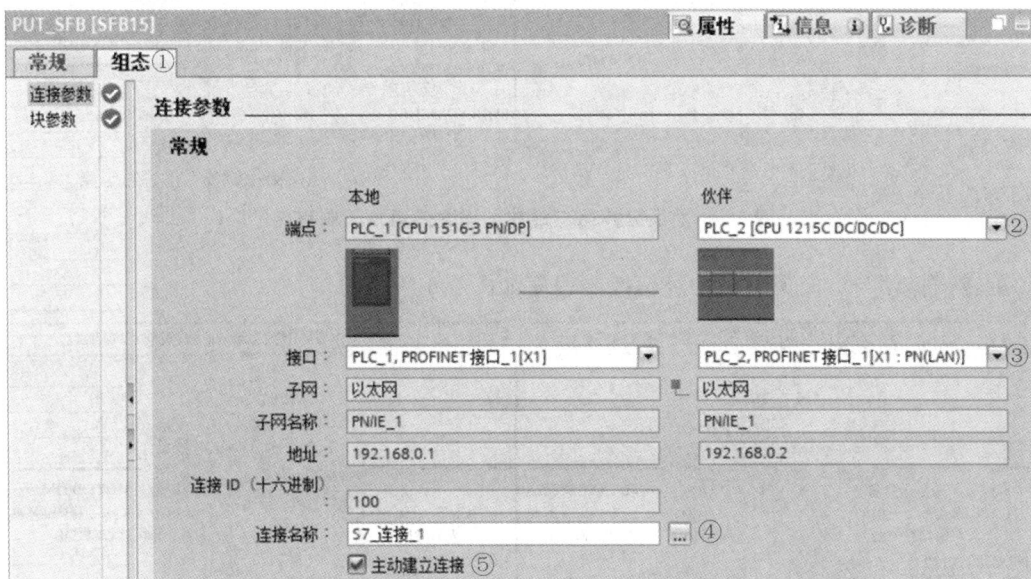

(b) 发送指令PUT的连接参数ID设置

图 5-3　主件供料站与次品分拣站通信的连接参数 ID 设置

步骤 6.2 设置通信数据参数 ADDR、SD、RD

发送指令 PUT 与接收指令 GET 中的参数 ADDR、SD、RD 均可直接采用绝对指针和组态"块参数"的"属性"两种方式设置。

根据主件供料站、次品分拣站、旋转工作站、方向调整站、产品组装站和产品分拣站的通信变量存储地址指针,完成其控制器通信指令的 ADDR、SD、RD 参数设置。

主件供料站与次品分拣站的通信控制程序如图 5-4 所示。

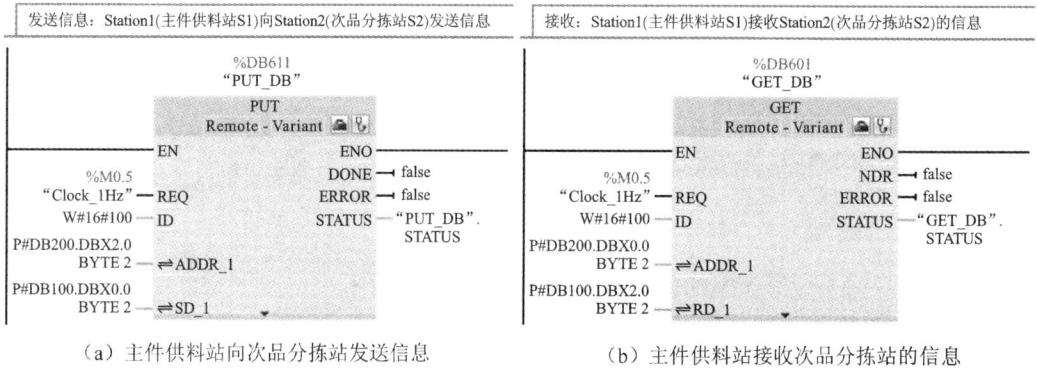

（a）主件供料站向次品分拣站发送信息　　　　　（b）主件供料站接收次品分拣站的信息

图 5-4　主件供料站与次品分拣站的通信控制程序

次品分拣站与旋转工作站的通信控制程序如图 5-5 所示。

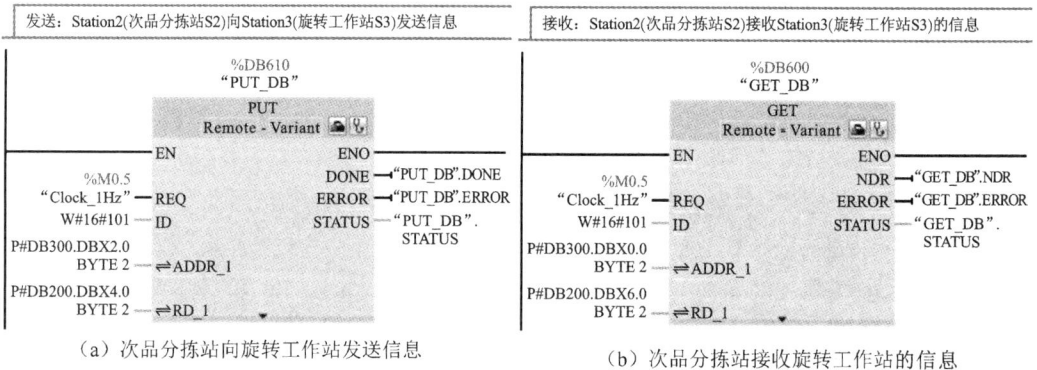

（a）次品分拣站向旋转工作站发送信息　　　　　（b）次品分拣站接收旋转工作站的信息

图 5-5　次品分拣站与旋转工作站的通信控制程序

旋转工作站与方向调整站的通信控制程序如图 5-6 所示。

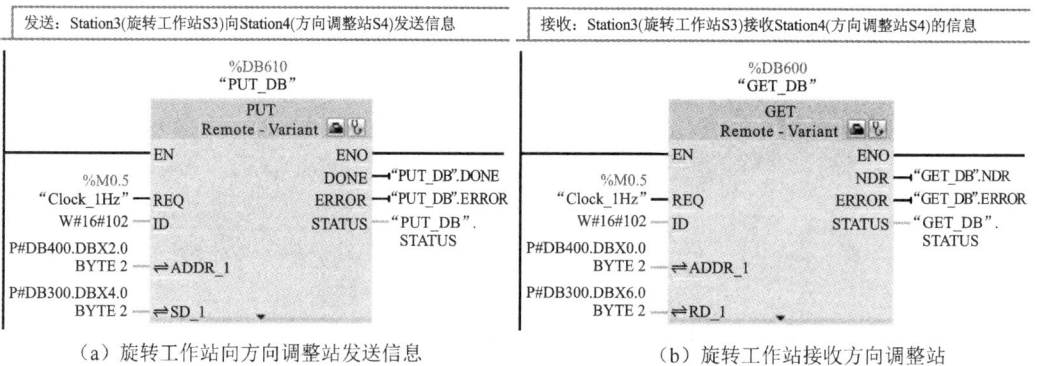

（a）旋转工作站向方向调整站发送信息　　　　　（b）旋转工作站接收方向调整站

图 5-6　旋转工作站与方向调整站的通信控制程序

方向调整站与产品组装站的通信控制程序如图 5-7 所示。

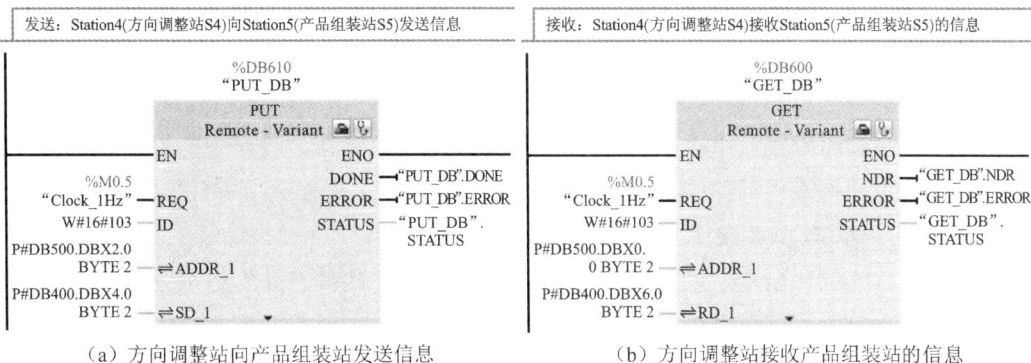

| 发送：Station4(方向调整站S4)向Station5(产品组装站S5)发送信息 | 接收：Station4(方向调整站S4)接收Station5(产品组装站S5)的信息 |

（a）方向调整站向产品组装站发送信息　　　　　（b）方向调整站接收产品组装站的信息

图 5-7　方向调整站与产品组装站的通信控制程序

产品组装站与产品分拣站的通信控制程序如图 5-8 所示。

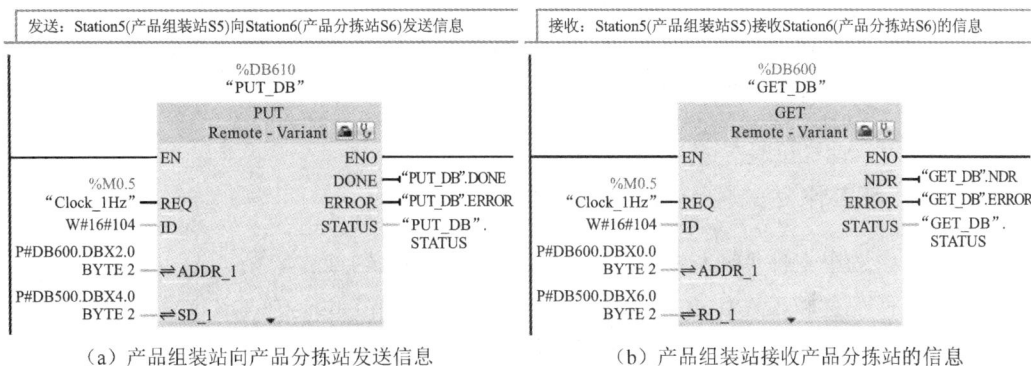

| 发送：Station5(产品组装站S5)向Station6(产品分拣站S6)发送信息 | 接收：Station5(产品组装站S5)接收Station6(产品分拣站S6)的信息 |

（a）产品组装站向产品分拣站发送信息　　　　　（b）产品组装站接收产品分拣站的信息

图 5-8　产品组装站与产品分拣站的通信控制程序

步骤 7　修正各工作站的顺序功能控制程序

步骤 7.1　修正主件供料站的顺序功能控制程序

在升降气缸下降程序段中,加入次品分拣站入口空闲信息作为启动条件;同时,添加出口有料信息并发送至次品分拣站。

步骤 7.2　修正次品分拣站的顺序功能控制程序

在搬运程序段中,添加次品分拣站入口空闲信息并发送至主件供料站,确保次品分拣站入口空闲时可以接收主件供料站的主件。

在推料气缸伸出程序段中,添加旋转工作站入口空闲信息作为启动条件,当旋转工作站入口空闲时接收次品分拣站推送的合格主件;同时,添加出口有料信息并发送至旋转工作站。

步骤 7.3　修正旋转工作站的顺序功能控制程序

在转盘第一次旋转程序段中,添加旋转工作站入口空闲信息并发送至次品分拣站,确保旋转工作站入口空闲时可以接收次品分拣站的主件。

在推料气缸伸出程序段中,添加方向调整站入口空闲信息作为启动条件,当方向调整站入

口空闲时接收旋转工作站推送的主件;同时,添加出口有料信息并发送至方向调整站。

步骤7.4　修正方向调整站的顺序功能控制程序

在产品搬运至方向旋转点的程序段中,添加方向调整站入口空闲信息并发送至旋转工作站,确保方向调整站入口空闲时可以接收旋转工作站的主件。

在推料气缸伸出程序段中,加入产品组装站入口空闲信息作为启动条件,当产品组装站入口空闲时接收方向调整站的主件;同时,添加出口有料信息并发送至产品组装站。

步骤7.5　修正产品组装站的顺序功能控制程序

在产品定位气缸伸出程序段中,添加产品组装站入口空闲信息并发送至方向调整站,确保在产品组装站入口空闲时可以接收方向调整站推送的主件。

产品定位气缸缩回到位后,添加出口有料信息并发送至产品分拣站;在搬运气缸缩回前程序段中,添加产品分拣站入口有料信息,确保主件被产品分拣站抓取后才搬运返回至搬运初始位。

步骤7.6　修正产品分拣站的顺序功能控制程序

添加产品组装站出口有料信息作为凸轮机构从初始位置开始下降的启动条件之一;产品分拣站的手爪夹紧产品后,凸轮机构开始上升,随后添加产品分拣站入口有料信息并发送至产品组装站。

步骤8　各工作站的控制器组态下载

在项目树中选中主件供料站控制器CPU,单击鼠标右键,在弹出的菜单中选择"属性—下载到设备—硬件配置和软件配置",进入"扩展下载到设备"窗口。在该窗口中配置PG/PC接口的类型、PG/PC接口、接口/子网的连接、显示所有兼容的设备,勾选"闪烁LED",点击"开始搜索"后,等待系统搜索到主件供料站控制器,然后点击"下载",将PC机的主件供料站控制器程序下载至实体控制器。

按照同样的方法,将次品分拣站、旋转工作站、产品组装站、方向调整站和产品分拣站的通信程序下载至实体控制器。

步骤9　各工作站的在线自动联调

首先,点击"转至在线",观察PC机的在线控制器设备指示灯是否变成绿色,绿色表示组态设备与实体控制器设备的程序一致。

自动运行主件供料站,当升降气缸的手爪携带主件运行至搬运右侧位时,判断次品分拣站入口是否空闲。若入口空闲,升降气缸立即下降,手爪松开主件,将主件放置在次品分拣站的承载台上。随后,主件供料站和次品分拣站分别开始执行后续动作。

当次品分拣站的承载台携带合格主件运行至搬运右侧位,且升降气缸下降至下限位时,判断旋转工作站入口是否空闲。若入口空闲,推料气缸将主件推入旋转工作站的转盘工位。随后,次品分拣站和旋转工作站分别开始执行后续动作。

自动运行方向调整站,当同步带搬运主件运行至搬运右侧位时,升降气缸立即下降,判断产品组装站入口是否空闲。若入口空闲,推料气缸将主件推送至产品组装站的承载台上。随

后,方向调整站和产品组装站分别开始执行后续动作。

当产品组装站的承载台携带主件运行至搬运右侧位,且待装配完成后,螺栓推出气缸、螺栓供料气缸和主件定位气缸均缩回到位时,判断产品分拣站入口是否空闲。若入口空闲,等待凸轮机构下降至抓取位且手爪抓取产品后,产品组装站和产品分拣站开始执行后续动作。

特别注意事项:

(1) 若主件供料站的手爪未完全松开主件,次品分拣站便开始搬运主件,可能会导致后续高度检测出现问题,或承载台不携带主件而空跑。此时,需修正程序,确保手爪完全松开主件后,次品分拣站再开始搬运。

(2) 次品分拣站搬运右侧位的承载台位置应与旋转工作站转盘的零点位置平行,以确保合格主件能顺利推入旋转工作站。此时,需调整转盘零点位置、合格主件的放置位置,或修正程序。

(3) 若旋转工作站出站口的转盘工位与方向调整站的传送带不平行,可能导致主件无法推送至方向调整站的传送带,或旋转工作站的推料气缸无法伸出到位而卡住。此时,需修正旋转工作站的旋转角度,确保转盘工位旋转至出站口时与方向调整站的传送带平行。

(4) 若方向调整站的推料气缸未完全伸出到位,产品组装站的主件定位气缸便开始动作,可能会将推料气缸卡住,导致其无法缩回,进而影响主件的定位。此时,需修正方向调整站的主件定位程序。

(5) 产品分拣站凸轮机构的手爪位置不应干涉产品组装站承载台携带主件运行至搬运右侧位。此时,需修正凸轮机构手爪的初始位置,避免手爪与承载台上的产品发生干涉。

拓展知识　离散行业智能制造平台的 HMI 联调

◆ 任务实施要求

HMI 经主件供料站控制器向次品分拣站、旋转工作站、方向调整站、产品组装站和产品分拣站发出启动、停止、急停、复位、手动和自动等控制指令。次品分拣站、旋转工作站、方向调整站、产品组装站和产品分拣站接收指令后执行相应动作,并在 HMI 中实时显示各自的动态检测信息。注意 HMI 安装在主件供料站中,采用 PROFNET 直接与主件供料站控制器连接;主件供料站控制器与次品分拣站等其他工作站的控制器采用工业以太网与交换机相连。

步骤 1　通信指令连接参数配置

选中并单击各工作站的控制器 CPU,在"属性"选项卡的"常规"栏配置连接机制,选择"防护与安全—连接机制",勾选"允许来自远程对象的 PUT/GET 通信访问",最后点击"确定",

即可配置通信指令 PUT 与 GET 的连接参数。

步骤 2　创建通信数据块

在左侧项目树中选中控制器,双击"添加新块",进入"添加新块"窗口。在窗口中选择"数据块",设置编程语言和编号,添加通信数据块名称,最后点击"确定"即可创建通信数据块。通信数据块选用非优化的数据块,需要取消勾选"优化的块访问"。

步骤 3　添加通信变量

主件供料站上的 HMI 与其他工作站的通信变量分为 HMI 发送通信变量和 HMI 接收通信变量两类。HMI 发送通信变量指 HMI 经主件供料站向次品分拣站等其他工作站发送的急停、复位、启动和停止等控制指令;HMI 接收通信变量指 HMI 接收的来自次品分拣站、旋转工作站、方向调整站、产品组装站和产品分拣站的传感器、状态显示及机构动作等信息,这些信息在 HMI 中显示,方便工作人员检查和监控各工作站的实时工况。

HMI 与主件供料站、次品分拣站、旋转工作站、方向调整站、产品组装站和产品分拣站的通信变量依据表 3-1、表 3-4、表 3-10、表 3-23、表 3-31、表 3-34 设置。

步骤 4　创建显示控制子程序

在左侧项目树中选中控制器,双击"添加新块",进入"添加新块"窗口。在窗口中选择"函数",设置编程语言和编号,添加显示控制子程序名称,最后点击"确定"即可创建显示控制子程序。创建后需在主程序 Main 中调用显示控制子程序。

步骤 5　发送指令 PUT 与接收指令 GET 通信编程

打开各工作站控制器的通信控制子程序,在右侧指令栏中依次选择"通信—S7 通信",双击发送指令 PUT 和接收指令 GET,将发送指令 PUT 和接收指令 GET 添加至显示控制程序段中。

步骤 6　设置发送指令 PUT 与接收指令 GET 的通信参数

步骤 6.1　设置连接参数 ID
首先确认主件供料站控制器的连接机制"允许来自远程对象的 PUT/GET 通信访问"是否已经勾选,以及通信双方网络组态是否已完成。点击接收指令 GET 右上角的 ▣ 进入 GET 指令的组态窗口,选择"连接参数",设置本地的端点、接口、子网、子网名称、地址、连接 ID(十六进制),设置通信伙伴的端点、接口、子网、子网名称、地址,接着将连接名称设置为"S7_连接_1",勾选"主动建立连接",即可完成接收指令 GET 的连接参数 ID 设置,如图 5-3(a)所示。按照同样的方法,完成发送指令 PUT 的连接参数 ID 设置,如图 5-3(b)所示。

步骤 6.2　数据参数 ADDR、SD、RD 设置
发送指令 PUT 与接收指令 GET 中的参数 ADDR、SD、RD 均可直接采用绝对指针和组态"块参数"的"属性"两种方式设置。

设置完成后,HMI 与次品分拣站的通信控制程序如图 5-9 所示。

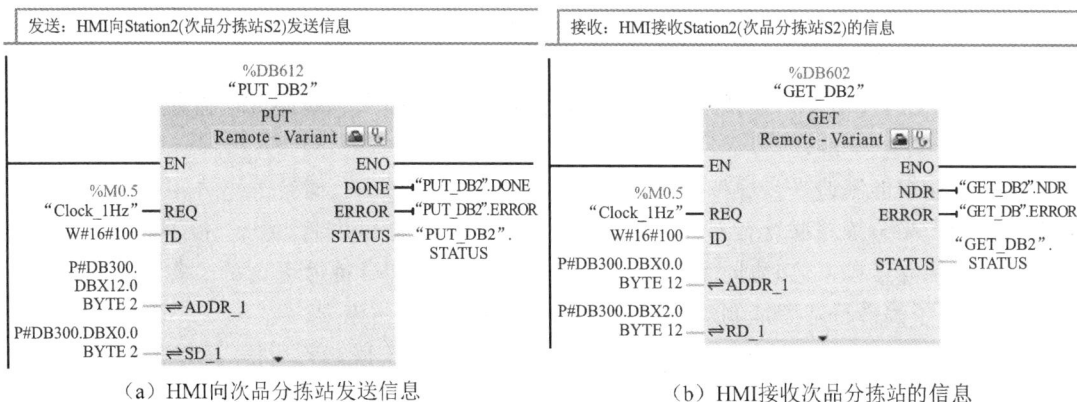

| 发送: HMI向Station2(次品分拣站S2)发送信息 | 接收: HMI接收Station2(次品分拣站S2)的信息 |

（a）HMI向次品分拣站发送信息　　　　　　（b）HMI接收次品分拣站的信息

图 5-9　HMI 与次品分拣站的通信控制程序

按照同样的方法,编制 HMI 与旋转工作站、方向调整站、产品组装站和产品分拣站的通信控制程序。

步骤 7　各工作站和 HMI 组态下载

首先按照项目 4 的相关知识,设置各工作站的 HMI 监控画面。然后按照 HMI 组态下载方法和实施步骤,将 HMI 设置画面下载至实际 HMI 设备中。

根据 HMI 与主件供料站、次品分拣站、旋转工作站、方向调整站、产品组装站和产品分拣站的通信变量,依次设置次品分拣站、旋转工作站、方向调整站、产品组装站和产品分拣站的 HMI 监控画面,例如,主件供料站的 HMI 监控画面如图 4-8 所示。次品分拣站、旋转工作站、方向调整站、产品组装站和产品分拣站的 HMI 监控画面主要包含发布的控制指令、传感器状态及输出机构运行状态。

将各工作站的 HMI 通信控制程序下载至实际 S7-1500 控制器、S7-1200 控制器和 HMI。

步骤 8　HMI 与各工作站控制器联调

首先,点击"转至在线",观察 PC 机的各工作站在线设备指示灯是否变成绿色,绿色表示组态设备与实体设备的程序一致。

其次,运行各工作站,观察 HMI 监控画面状态显示是否与实际一致。

▎任务 2　智能产线虚实联调▏

智能产线
虚实联调

任 务 导 入

虚拟现实技术在工业领域已得到广泛应用。通过虚拟技术创建物理制造环境的数字复制品,可用于测试和验证产品设计的合理性。智能产线虚拟调试平台通过构建智能产线的数字化双胞胎模型,实现了在没有硬件设备实体的情况下,进行设计开发阶段的实践工程开发与调试,从而测试和验证生产工艺的合理性,并进行改进优化。

知识平台　离散行业智能制造平台虚拟联调功能

离散行业智能制造平台虚拟联调将主件供料站、次品分拣站、旋转工作站、方向调整站、产品组装站和产品分拣站联合运行,形成完整的智能产线。通过供料、搬运、检测分拣、方向调整、组装、分拣等经典工艺,协同完成触点开关的检测、组装和分拣过程。在三维场景中模拟仿真,真实还原了离散行业智能制造平台实体工作站的加工工艺流程。

离散行业智能制造平台通过以太网与真实控制器进行数据交互通信,而虚拟调试系统软件不仅能够与实体控制器进行以太网通信,还可以与 PLCSIM Advanced 进行通信,实现 PLC 对虚拟调试系统的控制。打开软件后,进入离散行业智能制造平台虚拟调试系统主界面,如图 5-10 所示。

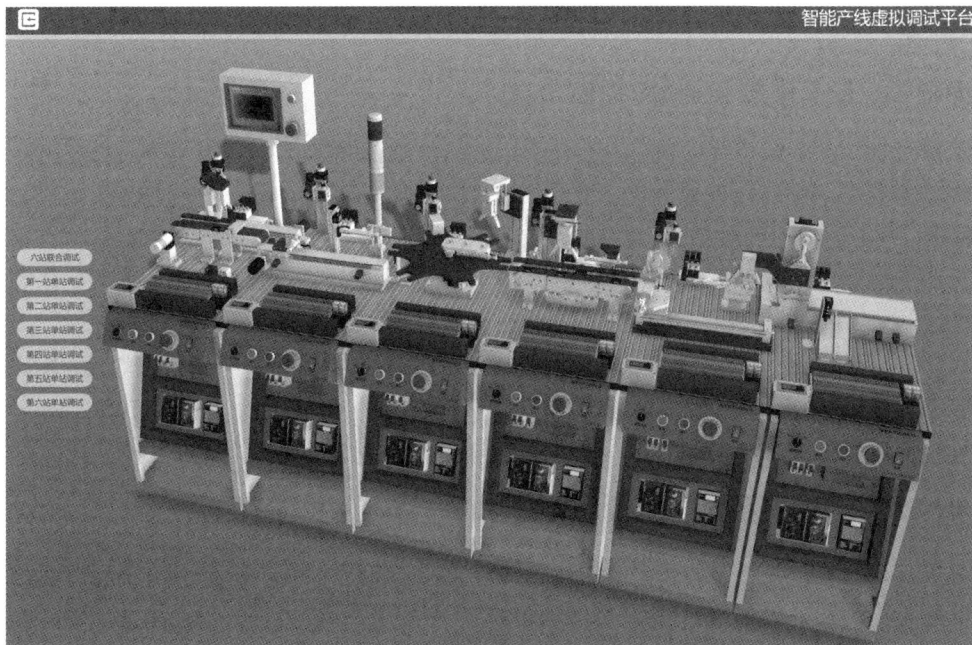

图 5-10　虚拟调试系统主界面

点击左侧的"六站联合调试",进入六站联调主界面,如图 5-11 所示。六站联调主界面中有系统、操作、显示等 3 类功能按钮,方便工作人员调试与操作。系统功能按钮由返回、通信配置、I/O 列表、通信指示灯、重置场景、工作站放大视觉及主件添加组成,能够实现虚拟调试系统的界面切换、通信配置、查询工作站的输入输出变量、通信指示、界面视觉放大、主件添加及应用场景重置。

在智能产线运行过程中,若发现动作故障、机械故障等紧急情况,可点击重置场景图标↻,使智能产线的所有工作站恢复到初始状态。点击 I/O 列表图标后,系统界面上将展现每个工作站的输入输出变量及其名称和状态,便于编程时使用 I/O 变量。点击所选工作站的视

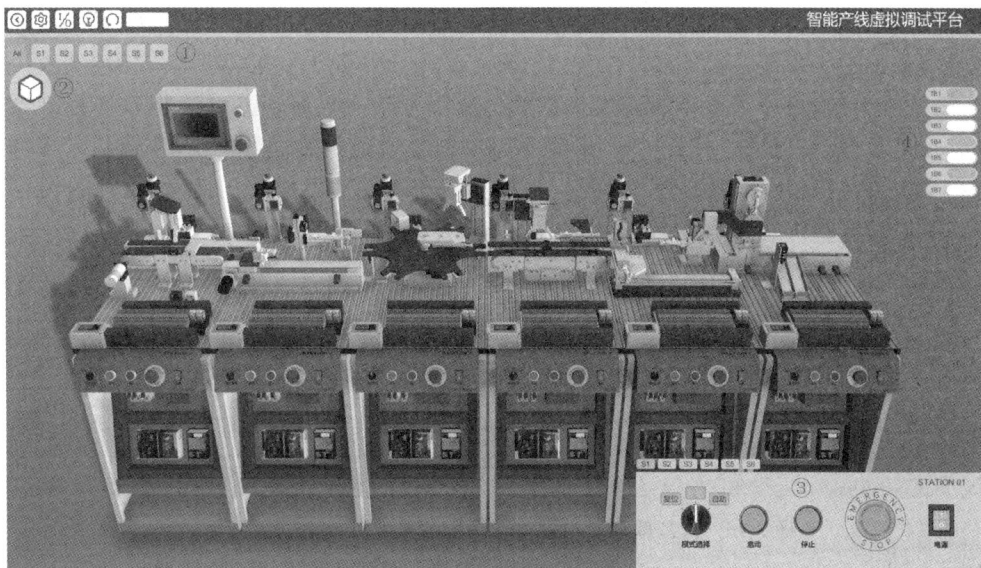

图 5-11　六站联调主界面

觉切换图标,可切换到具体工作站的放大视觉界面,便于近距离观察其动作及主件的位置,如图 5-12 所示。例如点击"All"可查看整个智能产线的放大视觉;点击"S1"可查看第一站主件供料站的放大视觉等。点击添加主件图标后,系统会在工作站的上料点生成一个主件。工作站只有识别到主件后才可以按照工艺流程进行系列连续动作。六站联调时,只能从第一站主件供料站添加主件,主件会从第一站运行到第六站。

图 5-12　工作站的放大视觉界面

点击通信配置图标 ⚙ 后,系统将弹出所选工作站的控制器通信配置界面。通信配置参数包括 IP 地址、机架号、插槽号、输入 DB 编号、输出 DB 编号和模拟量数据类型等。在进行通信配置时,虚拟调试系统中所选工作站的 IP 地址、输入 DB 编号和输出 DB 编号必须与对应实体

控制器的相应参数保持一致。在六站虚拟联调时,需要对 6 个工作站控制器的 IP 地址、输入 DB 编号和输出 DB 编号进行一致性配置,以确保通信连接成功。虚拟调试系统与实体工作站通信连接是否成功,可通过工作站连接状态指示显示判断。只有当 6 个工作站的控制器通信全部成功(单站指示灯显示为绿色)时,总通信指示灯才会显示为绿色;若存在通信未成功的工作站控制器,总通信指示灯将显示为黄色,表明智能产线通信不成功。此时,可点击通信指示灯,进入工作站连接状态指示界面,查看未通信成功的工作站,如图 5-13 所示。

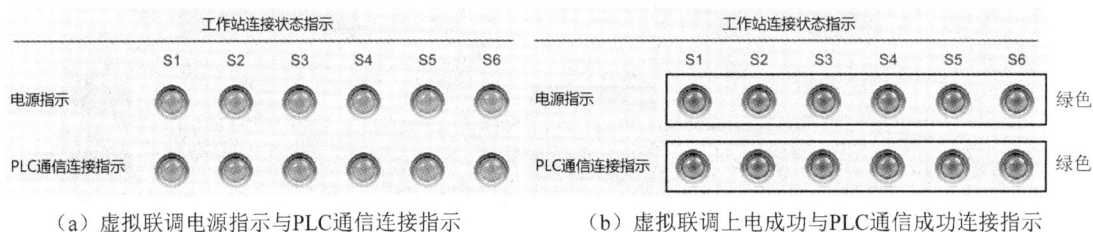

（a）虚拟联调电源指示与PLC通信连接指示　　　（b）虚拟联调上电成功与PLC通信成功连接指示

图 5-13　虚拟联调上电成功电源指示与 PLC 通信连接指示

操作功能按钮包括操作面板切换按钮、电源开关、急停按钮、模式选择开关、启动按钮及停止按钮,共同实现对整个智能产线的单站工作站调试和六站联合调试的控制。虚拟调试系统的系统功能按钮和操作功能按钮如表 5-9 所示。

表 5-9　虚拟调试系统的系统功能按钮和操作功能按钮

类型	图标	名称	功能
系统功能按钮	⚙	通信配置	点击图标后,弹出 PLC 通信配置界面
	💡	通信指示灯	系统与六站所有控制器通信成功后,指示灯为绿色;若有未通信成功的控制器,指示灯为黄色
	All S1 S2 S3 S4 S5 S6	视觉切换	点击相应图标后,切换到具体工作站的放大视觉界面
	⬡	添加主件	点击图标后,将主件放置在所选工作站的上料点
	‹	返回	点击图标后,返回所选工作站界面
	I/O	I/O 列表	点击图标后,出现所选工作站的输入输出变量列表
	↻	应用场景重置	点击图标后,所选工作站恢复至初始状态
操作功能按钮	复位 手动 自动 模式选择	模式选择开关	启动电源,点击图标后,工作站切换至复位、手动或自动运行
		自动模式	启动电源,按下停止按钮后,切换至自动,按下启动按钮
		手动模式	启动电源,按下停止按钮后,切换至手动,按下启动按钮
		复位模式	启动电源,按下停止按钮后,切换至复位,按下启动按钮
	⬤	急停按钮	启动电源,点击图标后,所选工作站急停
	▮	电源开关	点击图标后,开启或关闭所选工作站的电源
	S1 S2 S3 S4 S5 S6	操作面板切换按钮	点击相应图标,进入所选工作站界面,进行调试与操作

点击电源开关图标可开启或关闭电源,只有当工作电源上电后,设备才能与控制器进行通信。启动电源后,点击急停按钮图标可使所选工作站急停。若工作站在运行过程中发生机械故障等紧急情况,需按下急停按钮;在处理完实际故障后,抬起急停按钮以恢复通电。

模式选择开关通常与启动按钮、停止按钮配合使用。模式选择开关有复位、手动和自动 3 个挡位,通过切换挡位来选择工作站的运行模式。当工作站在运行过程中出现动作、机械、电气等方面的紧急情况时,将模式选择开关切换至"复位",可复位工作站的应用场景、PLC 控制程序等。切换模式时,需要先按下停止按钮,再将模式选择开关切换至所需的运行模式。例如,若要从手动运行模式切换至自动运行模式,必须先按下停止按钮,然后将模式选择开关切换至"自动",再点击启动按钮,完成运行模式的切换。

在进行六站虚拟联调时,每个工作站在运行前都必须处于初始状态。按下停止按钮,将模式选择开关切换至"复位",再按下启动按钮,观察启动按钮指示灯情况,即可判断所选工作站是否处于初始状态。若启动按钮指示灯闪烁,则表明所选工作站复位成功,即所选工作站的所有设备均处于初始状态。

显示功能用于显示所选工作站的所有传感器状态,如主件供料站右侧状态显示栏中的图标 181 表示搬运输送组件在搬运初始位。传感器状态显示功能如表 5-10 所示。

表 5-10　智能产线工作站的传感器状态显示功能

站	名称	功能	站	名称	功能
主件供料站	传感器 B1	检测输送组件是否在搬运初始位	旋转工作站	传感器 B1	检测上料点是否有料
	传感器 B2	检测输送组件是否在搬运右侧位		传感器 B2	检测方向检测点是否有料
	传感器 B3	检测上料点是否有料		传感器 B3	检测方向旋转点是否有料
	传感器 B4	检测升降气缸是否在上限位		传感器 B4	对射光纤检测放置方向是否正确
	传感器 B5	检测升降气缸是否在下限位		传感器 B5	检测升降气缸是否在上限位
	传感器 B6	检测手爪是否在松开位		传感器 B6	检测升降气缸是否在下限位
	传感器 B7	检测手爪是否在夹紧位		传感器 B7	检测旋转气缸是否在旋转原位
次品分拣站	传感器 B1	检测输送组件是否在搬运初始位		传感器 B8	检测旋转气缸是否在旋转位
	传感器 B2	检测输送组件是否在搬运右侧位		传感器 B9	检测手爪是否在松开位
	传感器 B3	检测上料点是否有料		传感器 B10	检测手爪是否在夹紧位
	传感器 B4	检测高度检测点是否有料		传感器 B11	检测推料气缸是否在缩回位
	传感器 B5	检测废品气缸是否在缩回位		传感器 B12	检测推料气缸是否在伸出位
	传感器 B6	检测废品气缸是否在伸出位		传感器 B13	检测转盘是否在原位
	传感器 B7	检测升降气缸是否在上限位	产品组装站	传感器 B1	检测上料点是否有料
	传感器 B8	检测升降气缸是否在下限位		传感器 B2	检测按钮头供料气缸是否在缩回位
	传感器 B9	检测推料气缸是否在缩回位		传感器 B3	检测按钮头供料气缸是否在伸出位

站	名称	功能	站	名称	功能
次品分拣站	传感器 B10	检测推料气缸是否在伸出位	产品组装站	传感器 B4	检测主件定位气缸是否在缩回位
	传感器 B11	红外测量主件高度判别是否合格		传感器 B5	检测主件定位气缸是否在伸出位
方向调整站	传感器 B1	检测上料点是否有料		传感器 B6	检测螺栓供料气缸是否在缩回位
	传感器 B2	检测金属面放置方向是否正确		传感器 B7	检测螺栓供料气缸是否在伸出位
	传感器 B3	检测方向旋转点是否有料		传感器 B8	检测螺栓推出气缸是否在缩回位
	传感器 B4	检测出料点是否有料		传感器 B9	检测螺栓推出气缸是否在伸出位
	传感器 B5	检测1♯升降气缸是否在上限位		传感器 B10	检测搬运气缸是否在缩回位
	传感器 B6	检测1♯升降气缸是否在下限位		传感器 B11	检测搬运气缸是否在伸出位
	传感器 B7	检测旋转气缸是否在旋转原位	产品分拣站	传感器 B1	检测凸轮机构是否在原点
	传感器 B8	检测旋转气缸是否在旋转位		传感器 B2	检测凸轮机构是否在上限位
	传感器 B9	检测手爪是否在夹紧位		传感器 B3	检测凸轮机构是否在下限位
	传感器 B10	检测手爪是否在松开位		传感器 B4	检测搬运组件是否在搬运初始位
	传感器 B11	检测推料气缸是否在缩回位		传感器 B5	检测搬运组件是否在1♯搬运右侧位
	传感器 B12	检测推料气缸是否在伸出位		传感器 B6	检测搬运组件是否在2♯搬运右侧位
	传感器 B13	检测2♯升降气缸是否在上限位		传感器 B7	检测颜色
	传感器 B14	检测2♯升降气缸是否在下限位		传感器 B8	检测手爪是否在松开位
备注： 181 显示传感器实际运行状态				传感器 B9	检测手爪是否在夹紧位

任务实施　离散行业智能制造平台虚实联调

◆ 任务实施要求

利用虚拟联调系统实现离散行业智能制造平台的六站虚实联调。

步骤 1　添加虚拟联调系统输入数据块 DB 和输出数据块 DB

在博途软件中的项目树中选中所选控制器 CPU,选择"程序块",点击"添加新块",进入"添加新块"窗口。在窗口中选择"数据块",填写名称,类型选择"全局 DB",选择"手动",填写编号。选中所添加的输入数据块 DB,单击鼠标右键,选择"属性",进入"属性"窗口,再取消勾选"优化的块访问",使用绝对地址访问。

步骤 2　添加虚拟联调系统输入输出数据块 DB 变量

将主件供料站、次品分拣站、旋转工作站、方向调整站、产品组装站和产品分拣站控制器的

输入输出变量，分别放入虚拟联调系统对应工作站的输入输出数据块 DB 中。主件供料站、次品分拣站、旋转工作站、方向调整站、产品组装站和产品分拣站的 6 个输入数据块分别为 DB10、DB20、DB30、DB40、DB50 和 DB60，相应变量如图 5-14 所示。

（a）主件供料站（IN [DB10]）

名称	数据类型	偏移量
▼ Static		
自动/手动S1	Bool	0.0
启动S2	Bool	0.1
停止S3	Bool	0.2
急停S4	Bool	0.3
搬运初始位B1	Bool	0.4
搬运右侧位B2	Bool	0.5
抓取点有料B3	Bool	0.6
机械手上限B4	Bool	0.7
机械手下限B5	Bool	1.0
机械手爪松开B6	Bool	1.1
机械手爪夹紧B7	Bool	1.2
复位S5	Bool	1.3
HMI启动S6	Bool	1.4
HMI急停S7	Bool	1.5

（b）次品分拣站（IN [DB20]）

名称	数据类型	偏移量
▼ Static		
自动/单步S1	Bool	0.0
启动S2	Bool	0.1
停止S3	Bool	0.2
急停S4	Bool	0.3
搬运初始位B1	Bool	0.4
搬运右侧位B2	Bool	0.5
上料点有料B3	Bool	0.6
高度检测点有料B4	Bool	0.7
底料气缸缩回B5	Bool	1.0
底料气缸伸出B6	Bool	1.1
合格物料气缸抬起B7	Bool	1.2
合格物料气缸落B8	Bool	1.3
合格物料气缸缩回B9	Bool	1.4
合格物料气缸伸出B10	Bool	1.5
复位S5	Bool	1.6
红外测距物料高度B11	Word	2.0

（c）旋转工作站（IN [DB30]）

名称	数据类型	偏移量
▼ Static		
自动/单步S1	Bool	0.0
启动S2	Bool	0.1
停止S3	Bool	0.2
急停S4	Bool	0.3
上料点有料B1	Bool	0.4
方向检测点有料B2	Bool	0.5
方向旋转点有料B3	Bool	0.6
对射光纤B4	Bool	0.7
升降气缸抬起B5	Bool	1.0
升降气缸落下B6	Bool	1.1
旋转气缸原位B7	Bool	1.2
旋转气缸旋B8	Bool	1.3
气缸松B9	Bool	1.4
复位S6	Bool	1.5
气爪夹紧B10	Bool	1.6
推料气缸缩回B11	Bool	1.7
推料气缸伸出B12	Bool	2.0
转盘原位B13	Bool	2.1

（d）方向调整站（IN [DB40]）

名称	数据类型	偏移量
▼ Static		
自动/单步S1	Bool	0.0
启动S2	Bool	0.1
停止S3	Bool	0.2
急停S4	Bool	0.3
上料点有料B1	Bool	0.4
金属检测B2	Bool	0.5
方向旋转点有料B3	Bool	0.6
出料点有料B4	Bool	0.7
机械手抬起B5	Bool	1.0
机械手落下B6	Bool	1.1
机械手旋转原位B7	Bool	1.2
机械手旋转B8	Bool	1.3
机械手爪夹紧B9	Bool	1.4
机械手爪松开B10	Bool	1.5
推料气缸缩回B12	Bool	1.6
推料气缸伸出B13	Bool	1.7
复位S5	Bool	2.0
推料气缸落下B13	Bool	2.1

（e）产品组装站（IN [DB50]）

名称	数据类型	偏移量
▼ Static		
自动/单步S1	Bool	0.0
启动S2	Bool	0.1
停止S3	Bool	0.2
急停S4	Bool	0.3
上料点有料B1	Bool	0.4
按钮头供料气缸缩B2	Bool	0.5
按钮头供料气缸伸B3	Bool	0.6
物料定位气缸缩B4	Bool	0.7
物料定位气缸伸B5	Bool	1.0
螺栓供料气缸缩B6	Bool	1.1
螺栓供料气缸回B7	Bool	1.2
螺栓推出气缸缩B8	Bool	1.3
螺栓推出气缸伸B9	Bool	1.4
复位S5	Bool	1.5
搬运气缸缩回B10	Bool	1.6
搬运气缸伸出B11	Bool	1.7

（f）产品分拣站（IN [DB60]）

名称	数据类型	偏移量
▼ Static		
自动/单步S1	Bool	0.0
启动S2	Bool	0.1
停止S3	Bool	0.2
急停S4	Bool	0.3
机械手搬运B1	Bool	0.4
机械手上限B8	Bool	0.5
机械手下限B9	Bool	0.6
搬运初始位B2	Bool	0.7
1#搬运通道B3	Bool	1.0
2#搬运通道B4	Bool	1.1
颜色检测B5	Bool	1.2
机械手爪松开B6	Bool	1.3
机械手爪夹紧B7	Bool	1.4
复位S5	Bool	1.5

图 5-14　智能制造平台各工作站输入数据块 DB 变量

主件供料站、次品分拣站、旋转工作站、方向调整站、产品组装站和产品分拣站的 6 个输出数据块分别为 DB11、DB21、DB31、DB41、DB51 和 DB61，相应变量如图 5-15 所示。

步骤 3　离散行业智能制造平台的虚拟联调程序编制

通过编程将实体控制器输入输出变量与虚拟联调系统的输入输出数据块变量连接起来。编程完成后，设置 6 个工作站控制器的 IP 地址，要求 6 个工作站位于同一新建子网内。例如，将次品分拣站的上料点有料、高度检测点有料与虚拟联调系统的上料点有料、高度检测点有料连接，连接程序如图 5-16 所示。

（a）主件供料站　　　　　　（b）次品分拣站　　　　　　（c）旋转工作站

（d）方向调整站　　　　　　（e）产品组装站　　　　　　（f）产品分拣站

图 5-15　智能制造平台各工作站的输出数据块 DB 变量

实体控制器输入变量与虚拟调试系统输入变量连接

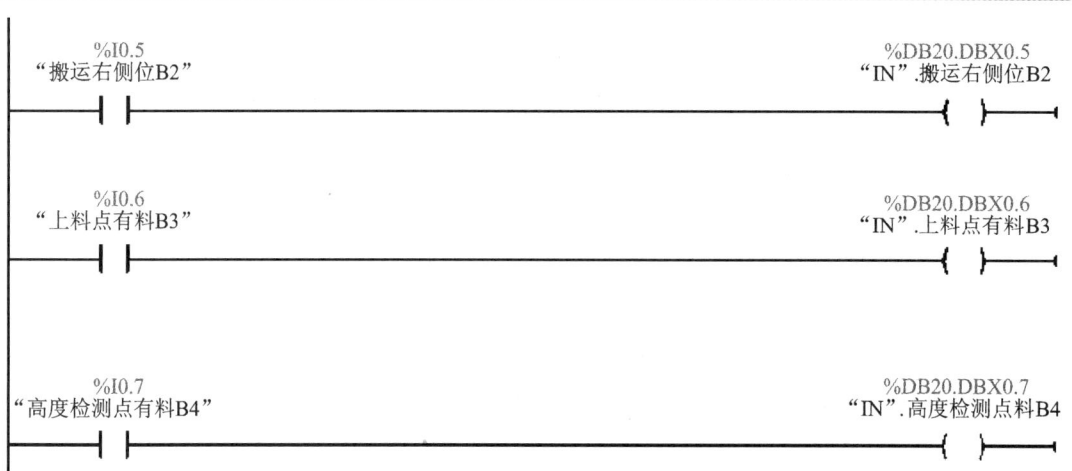

图 5-16　次品分拣站上料点有料与高度检测点有料变量连接程序示例

步骤 4　离散行业智能制造平台虚拟联调程序下载

虚拟联调系统所有工作站的程序编制完成后,编译程序并将其下载至 6 个工作站的实际控制器。

步骤 5　智能制造平台虚拟联调系统上电

在进行六站虚拟联调时,必须给每个工作站上电。依次点击选中 S1、S2、S3、S4、S5 和 S6,点击所选工作站的电源开关,分别为主件供料站、次品分拣站、旋转工作站、方向调整站、产品组装站和产品分拣站上电。通过观察工作站连接状态指示灯是否为绿色,来检测相应工作站是否上电(见图 5-13)。

步骤 6　建立工作站实际控制器与虚拟联调系统的连接

打开虚拟联调系统软件,进入 6 个工作站的联合调试界面,点击通信配置图标,依次设置虚拟联调系统中 6 个控制器的 IP 地址、输入 DB 编号和输出 DB 编号,点击"确定",通信成功时指示灯变成绿色(见图 5-13)。根据图 5-14 和图 5-15 所示的输入输出数据块编号确定虚拟联调系统中 6 个控制器的输入 DB 编号分别为 10、20、30、40、50、60,输出 DB 编号分别为 11、21、31、41、51、61,如图 5-17 所示。

（a）主件供料站S1通信配置　（b）次品分拣站S2通信配置　（c）旋转工作站S3通信配置

（d）方向调整站S4通信配置　（e）产品组装站S5通信配置　（f）产品分拣站S6通信配置

图 5-17　虚拟联调系统各工作站的通信配置

步骤 7　验证复位模式联调运行

在进行六站虚拟联调时,每个工作站在运行前都必须处于初始状态。在复位模式下观察每个工作站的启动按钮指示灯是否闪烁,以确认各工作站是否处于初始状态。

选中工作站后,按下停止按钮,将模式选择开关切换至"复位",启动按钮指示灯闪烁,表明所选工作站复位成功,即所选工作站的设备均处于初始状态。操作如图 5-18 所示。

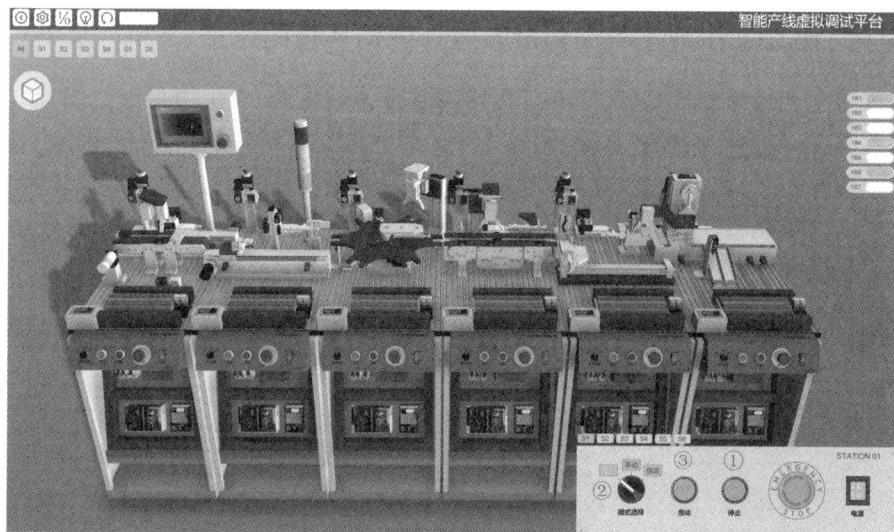

图 5-18　复位模式联调运行

步骤 8　验证手动模式联调运行

在手动模式下,当工作站识别到主件后,每点击一次启动按钮,工作站将按照工艺流程动作一次。工作站通信成功后,按下停止按钮,将模式选择开关切换至"手动",添加主件后点击启动按钮,工作站运行于手动模式。操作如图 5-19 所示。

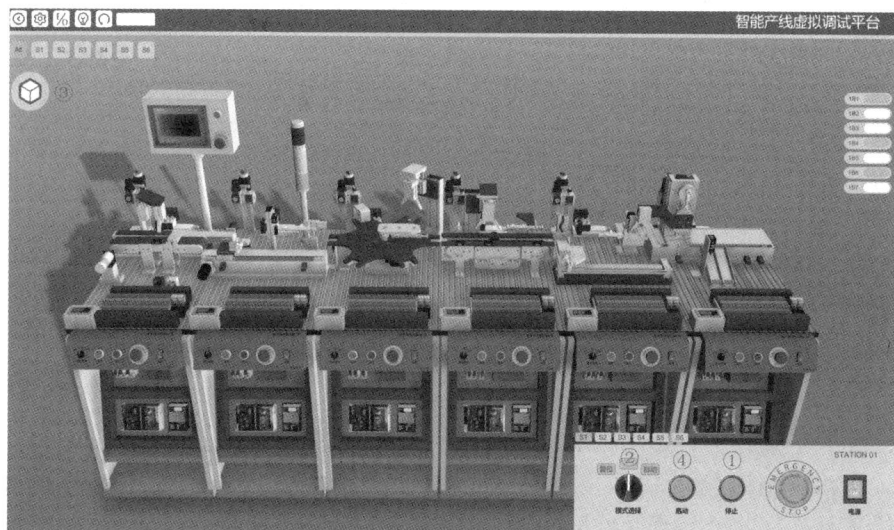

图 5-19　手动模式联调运行

在进行六站虚拟联调时,需先确保所有工作站通信成功,再按下停止按钮,将模式选择开关切换至"手动",向主件供料站添加主件,点击启动按钮后,工作站开始运行。

步骤 9　验证自动模式联调运行

在自动模式下,当工作站识别到主件后,点击一次启动按钮,工作站将按照工艺流程及程序逻辑自动运行。

在进行六站虚拟联调时,需先确保所有工作站通信成功,然后将每个工作站切换至自动运行模式。首先选中主件供料站 S1,按下停止按钮,将模式选择开关切换至"自动",点击启动按钮后,主件供料站处于自动运行热备用状态;接着依次将次品分拣站 S2、旋转工作站 S3、方向调整站 S4、产品组装站 S5 和产品分拣站 S6 切换至自动运行热备用状态。操作如图 5-20 所示。

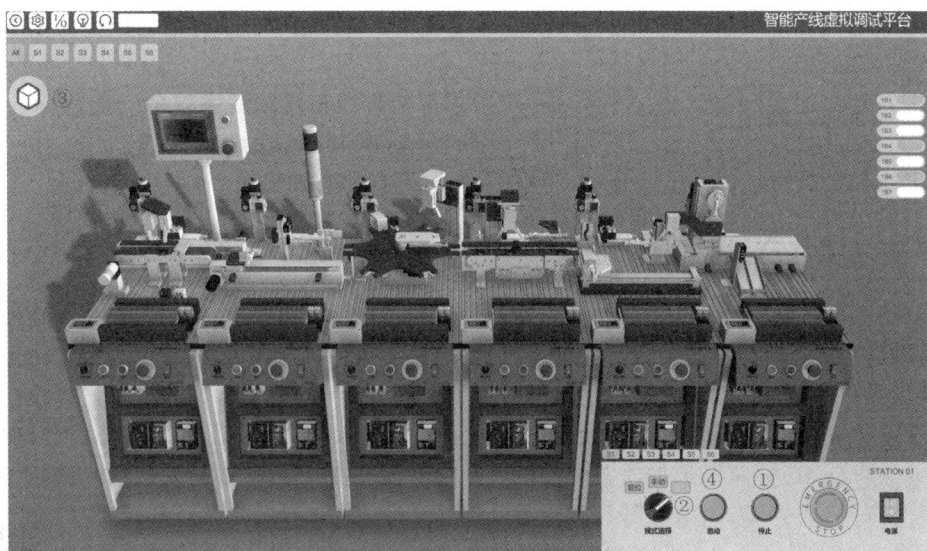

图 5-20　自动模式联调运行

向主件供料站添加主件后,工作站将按照工艺流程及程序逻辑自动运行,直至整个工作站的工艺流程完成为止。

步骤 10　验证多主件同时运行

在离散行业智能制造平台运行时,不可能只有一个主件在智能产线上,最多可以有 6 个主件同时在智能产线上运行,即每个工作站有且仅有一个主件正在运行。

在进行六站联调时,只有当下一站处于空闲状态时,上一站才会将主件推送至下一站。例如,次品分拣站 S2 入口空闲时,接收主件供料站 S1 搬运过来的主件;旋转工作站 S3 入口空闲时,接收次品分拣站 S2 推送的合格主件;方向调整站 S4 入口空闲时,接收旋转工作站 S3 移交的主件;产品组装站 S5 入口空闲时,接收方向调整站 S4 推送的主件;产品分拣站 S6 入口空闲时,方可接收产品组装站 S5 承载台上已组装成功的主件。

步骤 11　退出系统

关闭电源开关后,点击返回图标回到主界面,再点击退出图标,即可退出系统。

拓展知识　智能产线虚拟调试平台安装

安装智能产线虚拟调试平台前需要安装智能产线信息采集系统。

1　安装智能产线信息采集系统

智能产线信息采集系统可以实现数据采集、设备监控,通信连接建立及数据实时传输等功能,从而确保数据传输的准确性和实时性。智能产线信息采集系统应用于智能产线制造执行系统(MES),用于完成数据采集与监视控制任务。针对离散行业智能制造平台的智能产线信息采集系统可从互联网上采集智能产线 MES 网页信息,根据用户需求从网页中分析并提取特定信息,整理后存放到指定的数据库(如 MySQL),并将订单信息传输至控制器中,用于工艺生产。

点击安装程序 IFAE_SCADA_Setup.exe,进入智能产线信息采集系统的安装界面。在安装界面中,按照提示依次点击"下一步"或"NEXT",直至出现安装成功界面,最后点击"完成"即可完成安装。

2　安装智能产线虚拟调试平台

智能产线虚拟调试平台是针对离散行业智能制造平台的硬件设备实体而开发的软件。该平台不仅能够帮助学生熟悉智能产线的工艺流程与基本操作,还可作为 PLC 逻辑编程训练工具,为学生提供多种控制场景。

点击软件安装包 智能产线虚拟调试平台_Setup.exe,进入智能产线虚拟调试平台的安装界面。在安装界面中,按照提示依次点击"下一步"或"NEXT",直至出现安装成功界面,最后点击"完成"即可完成安装,无须进行其他设置。

| 任务3　智能产线通信联调 |

智能产线
通信联调

任 务 导 入

工业通信网络是采用计算机技术、网络技术、信息技术和控制技术等在工业领域实现管理和控制的有机统一的计算机网络。工业通信网络将企业生产现场的信号检测、传输、处理、存储、计算和控制等智能设备或智能系统连接起来,实现现场内部资源共享、信息管理、过程控制及决策,并能访问外部资源。

工业以太网采用 TCP/IP 协议,遵循 IEEE 802.3 标准,将现场自动控制系统连接到企业内部网络和外部网络,实现远程数据交换、数据共享等功能。PROFIBUS 是一种不依赖于设备生产商的现场总线标准,适用于快速、时间要求严格的串口通信系统。PROFINET 支持 TCP/IP、实时通信(RT)和等时同步实时(IRT)3 种通信方式,还支持如分布式 I/O 设备、变频器 G120、HMI 等通信模块和接口。

知识平台　智能产线 Modbus 通信

任务知识 1　Modbus RTU 通信

Modbus 是一种通用串行通信协议,属于 OSI 模型应用层的报文传输协议,因具备使用简单、数据易于处理、功能完善等特点而被广泛用于工业现场智能设备和智能仪表的通信接口。如图 5-21 所示,Modbus 协议定义了通信数据单元(PDU)。PDU 只规定了通信消息结构,对物理端口不做具体要求。Modbus 支持 RS232、RS422、RS485 和以太网接口,作为一种通用的通信标准,方便不同制造商的控制设备连接成工业控制网络。Modbus 协议分为串口协议和网口协议,用于不同的总线或网络。在 PDU 的基础上引入附加域,可扩展成应用数据单元(ADU),即 ADU=附加域+PDU。ADU 分为 RTU、ASCII 和 TCP 共 3 种报文类型。

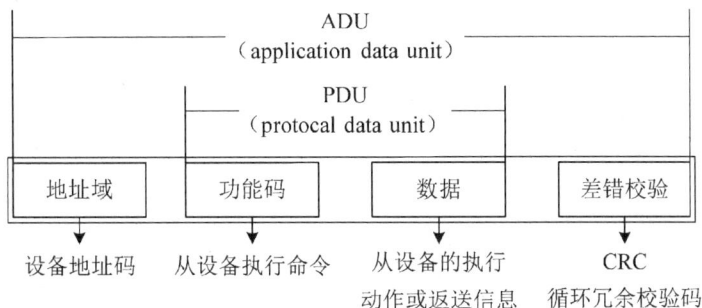

图 5-21　Modbus 信息帧结构

采用 Modbus 主从通信方式时,主站负责初始化系统通信设置,并向从站(从设备)发送消息。从站正确接收消息后,将响应主站的查询或根据主站的发送消息做出相应的动作,如图 5-22 所示。Modbus 串口通信主要在 RS485、RS232 等物理接口上实现 Modbus 协议,可选择远程终端单元(RTU)或美国标准信息交换代码(ASCII)传输模式。RTU 模式采用二进制信息编码,而 ASCII 模式采用字符信息编码。在相同传输速率下,RTU 模式比 ASCII 模式传输效率高一倍,但 RTU 模式对系统时间要求较高。例如,使用通信模块 CM1241(RS232)作为 Modbus RTU 主站时,其

图 5-22　Modbus 主从通信方式

只能与单个从站通信;而使用通信模块 CM1241(RS485)或 CM1241(RS422/RS485)作为 Modbus RTU 主站时,其可与多个从站(不超过 32 个从站)通信。

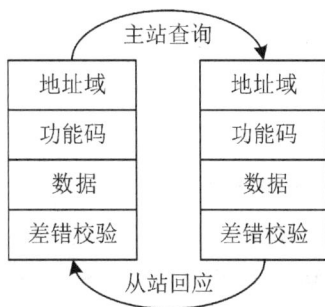

Modbus 功能码用于定义从站执行的指令,如读取数据、接收数据、诊断报告状态等。功能码取值范围为 1～255。主站通过发送指令和功能码,告知从站需要执行的动作;从站响应时,发送与主站相同的功能码,表明从站已成功接收到主站的指令。

1 通信指令 Modbus RTU

使用 Modbus 通信协议进行通信时,通常需要先使用 Modbus RTU 通信指令中的组态指令 Modbus_Comm_Load 对通信设备进行组态,然后根据通信设备是主站还是从站,选择主站通信指令或从站通信指令进行编程。

Modbus_Comm_Load 组态指令用于对 Modbus RTU 协议的通信模块端口进行组态。添加该组态指令时,系统会自动为组态端口分配一个唯一的背景数据块。组态指令的更改会保存在通信模块 CM 中。在恢复电压和插拔操作后,系统会使用保存在设备配置中的数据来重新组态 CM。Modbus_Comm_Load 指令与输入参数说明见表 5-11。

表 5-11　Modbus_Comm_Load 指令与输入参数说明

Modbus_Comm_Load 组态指令	输入引脚	数据类型	默认值	说明
	REQ	Bool	FALSE	输入上升沿启动组态指令
	PORT	Port	0	S7-1500/S7-1200 设备组态的"硬件标识符"
	BAUD	UDInt	9600	选择数据传输速率
	PARITY	UInt	0	选择奇偶校验
	FLOW_CTRL	UInt	0	选择流控制
	RTS_ON_DLY	UInt	0	RTS 接通延迟选择
	RTS_OFF_DLY	UInt	0	RTS 关断延迟选择
	RESP_TO	UInt	1000	响应超时:Modbus_Master 等待从站的响应时间
	MB_DB	MB_BASE	—	引用 Modbus_Master 或 Modbus_Slave 指令的背景数据块

Modbus_Comm_Load 组态指令只能通过 Modbus_Master 指令或 Modbus_Slave 指令来实现通信。Modbus_Comm_Load 指令的参数 MB_DB 必须连接到 Modbus_Master 指令的参数 MB_DB。

在编程和调试过程中,可能会因手误或对参数含义理解不准确而导致错误。系统会提供错误代码(见附表 B.1)以提示错误的发生,编程人员或调试人员可以根据错误代码查找并解决问题。

2 主站通信指令 Modbus_Master

在使用主站通信指令 Modbus_Master 前,必须添加 Modbus_Comm_Load 通信组态硬件端口,并运行相应的组态指令,以确保端口能够顺利通信。Master(主站)组态端口不能作为 Slave(从站)端口使用。使用 1 个或多个 Modbus_Master 指令时,必须使用与该端口相同的背景数据块。添加主站通信指令 Modbus_Master 时，系统会自动分配背景数据块。Modbus_Master 指令与输入参数说明如表 5-12 所示。

表 5-12　Modbus_Master 指令与输入参数说明

Modbus_Master 指令	输入引脚	类型	默认值	说明
	REQ	Bool	0	FALSE—无请求；TRUE—请求向 Modbus 从站发送数据
Modbus_Master	MB_ADDR	UInt	—	Modbus RTU 站地址
EN　　　ENO REQ　　DONE MB_ADDR　BUSY	MODE	USInt	0	指定请求类型：读取、写入或诊断选择
MODE　ERROR DATA_ADDR　STATUS	DATA_ADDR	UDInt	0	从站起始地址：指定 Modbus 从站访问数据的起始地址
DATA_LEN DATA_PTR	DATA_LEN	UInt	0	数据长度：指定访问的数据长度
	DATA_PTR	Variant	—	数据指针：指向写入或读取数据的标记或数据块地址

Modbus_Master 指令不使用通信报警事件来控制通信过程。工程技术人员需进一步根据主站通信指令中的 DONE 和 ERROR 指令判断问题所在。该指令的错误代码如附表 B.2 所示。

任务知识 2　Modbus TCP 通信

Modbus TCP 通信是运行在 TCP/IP 上的 Modbus 报文传输协议。Modbus TCP 支持 Ethernet II 和 802.3 两种帧格式，其信息帧包括 MBAP 报文头（Modbus 协议报文头）、功能码和数据 3 部分，如图 5-23 所示。在 MBAP 报文头中，单元标识符取代了传统的 Modbus 地址码。MBAP 报文头由事务处理标识符（2 B）、协议标识符（2 B）、长度（2 B）和单元标识符（1 B）4 个区域组成。Modbus TCP 通信报文被封装在 TCP/IP 数据报中，即 Modbus TCP 将标准的 Modbus 报文插入 TCP 报文中，不再附加地址和数据校验。

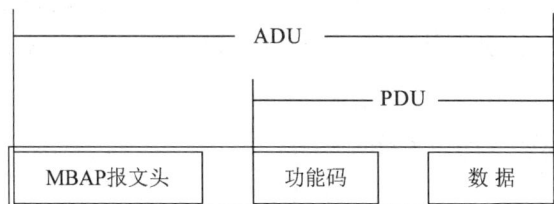

图 5-23　Modbus TCP 信息帧结构

Modbus TCP 服务器支持多个 TCP 连接，最大连接数取决于所使用的 CPU。CPU 的总连接数包括 Modbus TCP 客户端和服务器的连接数，不能超过所支持的最大连接数。

1 服务器通信指令 MB_SERVER

S7-1200 控制器用作服务器时,采用 MB_SERVER 指令来处理 Modbus TCP 客户端的连接请求,接收并处理 Modbus 请求和发送响应。MB_SERVER 指令利用 S7-1200 控制器的 PROFINET 连接进行通信,且无须添加任何硬件模块。MB_SERVER 指令必须使用唯一的背景数据块、IP 端口号和连接 ID 进行通信编程和连接,且每个端口只支持一个连接。服务器通信指令 MB_SERVER 及其参数说明见表 5-13。MB_SERVER 指令通过功能代码 1、2 和 4 直接读取访问 S7-1200 控制器 CPU 的过程映像输入和输出;通过功能代码 5 和 15 写入访问 S7-1200 控制器 CPU 的过程映像输入和输出;通过功能代码 3、6 和 16 将报警写入 Modbus 保持性寄存器或从指定保持性寄存器中读取信息。

表 5-13 服务器通信指令 MB_SERVER 及其参数说明

MB_SERVER 指令	参数	类型	默认值	说明
	DISCONNECT	Bool	0	服务器与客户端伙伴建立被动连接
	CONNECT_ID	UInt	—	确定该参数,将唯一确定 CPU 中的连接
	IP_PORT	UInt	502	客户端连接请求中待监视的 IP 端口
MB_SERVER — EN　　　　　ENO — — DISCONNECT　　NDR — — CONNECT_ID　　DR — — IP_PORT　　　ERROR — — MB_HOLD_REG　STATUS —	MB_HOLD_REG	Variant	—	指向存放服务器的数据指针
	NDR	Bool	FALSE	客户端有无新数据:FALSE—无;TRUE—有
	DR	Bool	FALSE	从站是否读取主站数据:FALSE—未读取数据;TRUE—已读取并保存数据
	ERROR	Bool	FALSE	执行命令请求完成出错,接通 1 周期
	STATUS	Word	0	错误代码

在编译或运行 MB_SERVER 指令时,可能会出现组态错误、协议错误和参数错误等错误情况。系统会提供相应的错误代码(STATUS,见附表 B.3),工程技术人员可根据错误代码查找错误原因。

2 客户端通信指令 MB_CLIENT

MB_CLIENT 指令通过 S7-1200 控制器 CPU 的 PROFINET 连接进行通信,且无须添加其他任何硬件模块。通过 MB_CLIENT 指令,可在客户端和服务器之间建立连接、发送请求、接收响应并控制 Modbus TCP 服务器的连接终端。客户端通信指令 MB_CLIENT 及其输入参数说明见表 5-14。

表 5-14　客户端通信指令 MB_CLIENT 及其输入参数说明

MB_CLIENT 指令	引脚名称	类型	说明
	REQ	Bool	与 Modbus TCP 服务器建立通信请求
	DISCONNECT	Bool	与 Modbus 服务器建立或断开通信连接：0—建立通信连接；1—断开通信连接
	CONNECT_ID	UInt	Modbus 客户端与服务器连接的唯一 ID
MB_CLIENT — EN　　　　ENO — — REQ　　　DONE — — DISCONNECT　BUSY — — CONNECT_ID　ERROR — — IP_OCTET_1　STATUS — — IP_OCTET_2 — IP_OCTET_3 — IP_OCTET_4 — IP_PORT — MB_MODE — MB_DATA_ADDR — MB_DATA_LEN — MB_DATA_PTR	IP_OCTET_1	USInt	TCP 服务器 IP 地址的第 1 个八位字节
	IP_OCTET_2	USInt	TCP 服务器 IP 地址的第 2 个八位字节
	IP_OCTET_3	USInt	TCP 服务器 IP 地址的第 3 个八位字节
	IP_OCTET_4	USInt	TCP 服务器 IP 地址的第 4 个八位字节
	IP_PORT	UInt	服务器使用 TCP/IP 协议与客户端建立连接和通信 IP 端口号
	MB_MODE	USInt	选择读取、写入或诊断请求模式
	MB_DATA_ADDR	UDInt	MB_CLIENT 指令所访问数据的起始地址
	DATA_LEN	UInt	数据长度：数据访问的位数或字数
	MB_DATA_PTR	Variant	指向存放、读取或写入服务器缓冲区的指针

　　客户端通信指令 MB_CLIENT 错误包括参数错误、协议错误两类情况。其中参数错误主要包括模式选择无效、连接参数无效、数据地址无效、数据长度无效、参数指针错误及端口被占用（见附表 B.4）；协议错误主要包括通信双方的连接错误、信息帧格式错误、双方数据长度不匹配、数据指针指向错误、读写区域不对应、系统异常、诊断代码不支持、功能码不支持、代码异常或无效等（见附表 B.5）。工程技术人员发现错误代码后，应先查找错误代码的含义，然后根据错误代码检查通信双方的通信规则和指令连接规则，逐步排查错误原因并解决问题。

任务实施　智能制造理实一体化平台通信联调

任务实施 1　Modbus RTU 通信编程与联调

◆ 任务实施要求

　　智能制造理实一体化平台的 PLC 与 RFID 采用 Modbus RTU 串口通信，PLC 作为主站，RFID 芯片信息在 HMI 中设置。按下"写入"按钮，将 RFID 信息写入 RFID 芯片；按下"读取"按钮，将 RFID 芯片信息读取到 HMI。

PLC 添加硬件通信模块 CM 1241(R422/R485)，为实现总控与 RFID 通信提供硬件支持。RFID 由 RFID 读写头和 RFID 标签两部分组成。RFID 读写头安装在机器人的法兰盘旁，其实际位置跟随机器人的实际位置变化而变化，便于信息的实时读取与写入。RFID 标签安装在立体仓库的仓位下方，用于存放具体仓位的零件信息。RFID 标签编码包含零件场次、零件类型、零件材质和零件状态 4 部分信息，如表 5-15 所示。第一部分用大写字母表示零件场次；第二部分用两位数字表示零件类型；第三部分用一位数字表示零件材质；第四部分用两位数字表示零件状态。

表 5-15　RFID 标签编码信息

编码		含义	RFID 标签信息示例解释	
第一部分	大写字母	零件场次	A 01 0 01 ┬ ┬ ┬ ┬ 场 类 材 状 次 型 质 态	A—第一场次，B—第二场次，C—第三场次…
第二部分	两位数字	零件类型		01—下板，02—上板，03—中间轴，04—连接轴…
第三部分	一位数字	零件材质		0—铝，1—45#钢
第四部分	两位数字	零件状态		00—空，01—毛坯，02—正在加工，03—合格品，04—不合格品，05—车加工完成，06—铣加工完成，07—加工异常

在零件加工前，RFID 读写头需要读取 RFID 标签中的零件信息；零件加工完成后，RFID 读写头向 RFID 标签重新写入新零件状态信息。零件信息可用 HMI 或 MES 进行读取、写入及显示。PLC 与 RFID 的通信变量见表 5-16。

表 5-16　PLC 与 RFID 的通信变量

RFID写入通信变量	数据类型	起始值	RFID读取通信变量	数据类型	起始值
写入设备地址	Byte	16#02	读取设备地址	Byte	16#02
写入设备标签功能码	Byte	16#10	读取设备标签功能码	Byte	16#03
写入起始地址	Word	16#00	读取起始地址	Word	16#00
写入寄存器数量	Word	16#08	读取寄存器数量	Word	16#08
CRC写入备用	Word	16#00	CRC读取备用	Word	16#00
写入零件场次	Int	0	读取零件场次	Int	0
写入零件类型	Int	0	读取零件类型	Int	0
写入零件材质	Int	0	读取零件材质	Int	0
写入零件状态	Int	0	读取零件状态	Int	0

步骤 1　RFID 通信模块的添加与组态

添加通信模块 CM1241(R422/RS485)并完成组态，操作模式选择"半双工(RS-485)2 线制模式"，波特率设置为"115.2 kbps"，如图 5-24 所示。

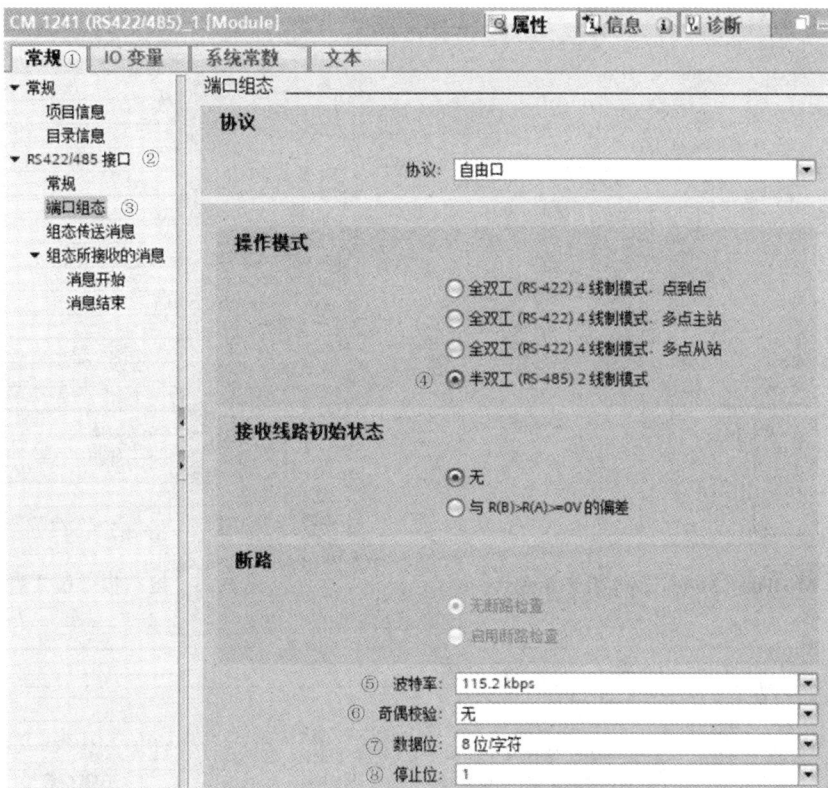

图 5-24 通信模块添加与端口组态

步骤 2 PLC 与 RFID 通信端口组态编程、模式选择

添加通信组态指令 Modbus_Comm_Load 后，设置上电启动组态指令的请求触发信号 REQ，在硬件标识符 PORT 中选择已添加的通信模块 CM1241，将数据传输速率设置为"115.2 kbps"，参数 MB_DB 的引脚直接引用 Modbus_Master 背景数据块的参数 MB_DB，其他如奇偶校验、流控制、RTS 接通延迟、RTS 关断延迟、响应超时等参数均采用系统默认值，如图 5-25 所示。在 Modbus_Comm_Load 数据背景块中找到模式选择 MODE，将其起始值改成 16♯04 以匹配硬件通信模块 CM1241 的操作模式，如图 5-26 所示。

步骤 3 PLC 读取 RFID 芯片信息编程

添加 Modbus_Master 指令，使 PLC 读取 RFID 芯片信息，并在读取完成后向 PLC 发送读取完成指令。

根据 PLC 与 RFID 的通信变量（见表 5-16）设置 Modbus_Master 指令的读取功能参数：将 REQ 设置成由 MES 或 HMI 向 Modbus 从站 RFID 发送数据，将 Modbus RTU 站地址 MB_ADDR 设置为 2，将模式 MODE 设置为 0（读取模式），将起始地址 DATA_ADDR 设置为 400001，将数据长度 DATA_LEN 设置为 8 个 Word，将数据指针 DATA_PTR 指向读取 RFID 通信变量数据块的起始地址。PLC 读取 RFID 芯片信息的程序如图 5-27 所示。

图 5-25 Modbus_Comm_Load 组态指令

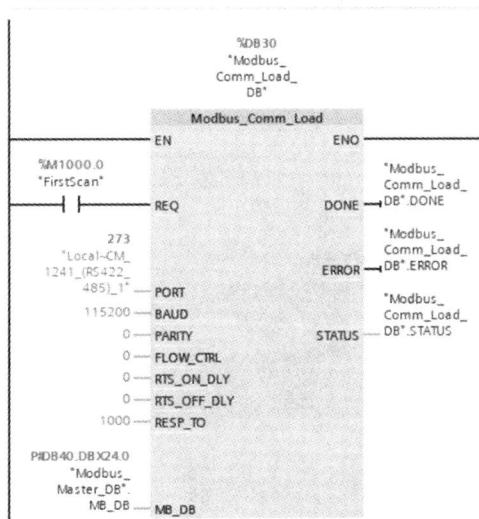

图 5-26 组态指令模式更改

读取RFID芯片信息，读取完成后给机器人发送读取完成信息

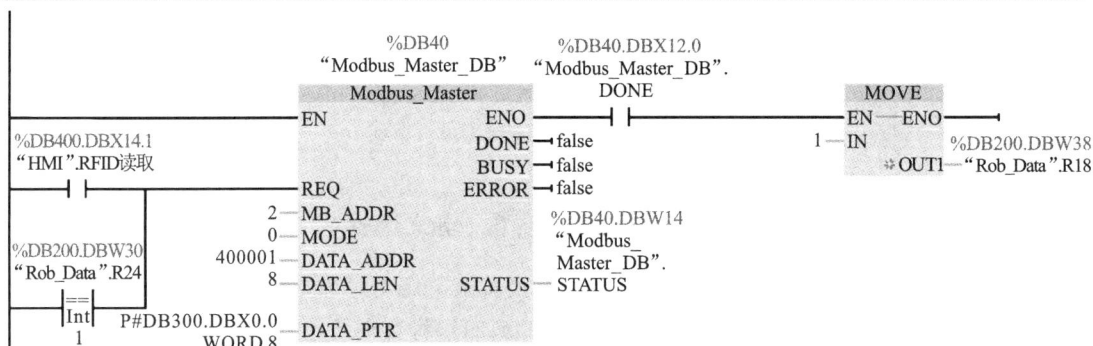

图 5-27 PLC 读取 RFID 芯片信息的程序

步骤 4 PLC 向 RFID 芯片写入信息编程

主站 PLC 向 RFID 芯片写入信息，写入完成后向 PLC 发送写入完成指令。

根据 PLC 与 RFID 的通信变量（见表 5-16）设置 Modbus_Master 指令写入功能参数：将 REQ 设置成由 MES 或 HMI 写入 Modbus 从站 RFID 数据，将模式 MODE 设置为 1（写入模式），将数据指针 DATA_PTR 指向写入 RFID 通信变量数据块起始地址，其他参数设置与步骤 3 相同。PLC 向 RFID 芯片写入信息的程序如图 5-28 所示。PLC 向 RFID 芯片写入信息和 PLC 读取 RFID 芯片信息采用同一个数据背景块 DB40 来完成。

步骤 5 RFID 芯片信息处理编程

采用 SCL 编程对 RFID 芯片信息进行处理，通过 HMI 实现对 RFID 芯片的读取、写入和初始化操作，如图 5-29 和图 5-30 所示。

写入RFID芯片信息，写入完成后给机器人发送写入完成信息

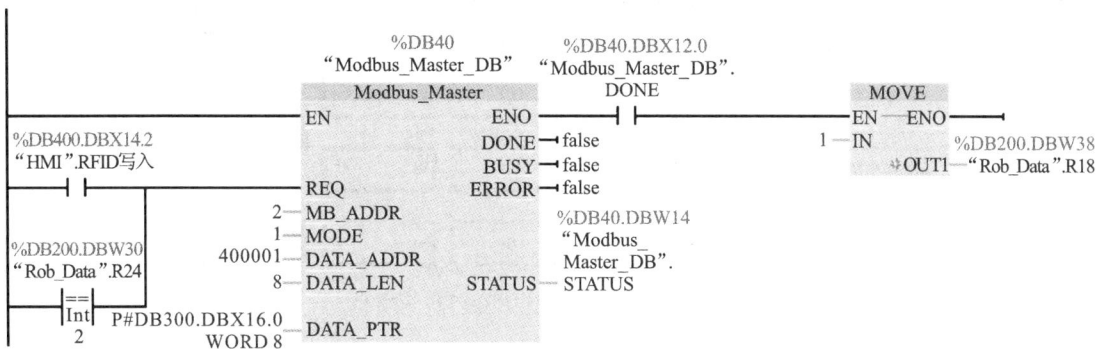

图 5-28　PLC 向 RFID 芯片写入信息的程序

```
IF "Rob_Data".R14<>0 THEN
    IF "Rob_Data".R24=1 THEN  //联调读取RFID芯片信息
        "Mes_Data".RFID["Rob_Data".R14].零件场次:="RFID_Data".零件场次读取;
        "Mes_Data".RFID["Rob_Data".R14].零件类型:="RFID_Data".零件类型读取;
        "Mes_Data".RFID["Rob_Data".R14].零件材质:="RFID_Data".零件材质读取;
        "Mes_Data".RFID["Rob_Data".R14].零件状态:="RFID_Data".零件状态读取;
    END_IF;
    IF "Rob_Data".R24 = 2 THEN  //联调写入RFID芯片信息
        "RFID_Data".零件场次写入:="Mes_Data".RFID["Rob_Data".R14].零件场次;
        "RFID_Data".零件类型写入:="Mes_Data".RFID["Rob_Data".R14].零件类型;
        "RFID_Data".零件材质写入:="Mes_Data".RFID["Rob_Data".R14].零件材质;
        "RFID_Data".零件状态写入:="Mes_Data".RFID["Rob_Data".R14].零件状态;
    END_IF;
END_IF;
```

图 5-29　联调读写 RFID 芯片信息

```
IF "HMI".RFID初始化 = 1 THEN
    //HMI界面初始化按钮程序
    "RFID_Data".零件场次读取 := 0;
    "RFID_Data".零件类型读取 := 0;
    "RFID_Data".零件材质读取 := 0;
    "RFID_Data".零件状态读取 := 0;
    "RFID_Data".零件场次写入 := 0;
    "RFID_Data".零件类型写入 := 0;
    "RFID_Data".零件材质写入 := 0;
    "RFID_Data".零件状态写入 := 0;

END_IF;
```
（a）HMI初始化RFID

```
IF "HMI".RFID写入 = 1 THEN  //HMI写入RFID芯片信息
    "RFID_Data".零件场次写入:="HMI".HMI写入零件场次;
    "RFID_Data".零件类型写入:="HMI".HMI写入零件类型;
    "RFID_Data".零件材质写入:="HMI".HMI写入零件材质;
    "RFID_Data".零件状态写入:="HMI".HMI写入零件状态;
END_IF;
IF "HMI".RFID读取 = 1 THEN  //HMI读取RFID芯片信息
    "HMI".HMI读取零件场次:="RFID_Data".零件场次读取;
    "HMI".HMI读取零件类型:="RFID_Data".零件类型读取;
    "HMI".HMI读取零件材质:="RFID_Data".零件材质读取;
    "HMI".HMI读取零件状态:="RFID_Data".零件状态读取;
END_IF;
```
（b）HMI读写RFID信息

图 5-30　HMI 读写 RFID 芯片信息

步骤 6　HMI 设置

按下 HMI 的"写入"按钮将 RFID 信息写入 RFID 芯片，按下 HMI 的"读取"按钮将 RFID 芯片信息读取到 HMI，如图 5-31 所示。

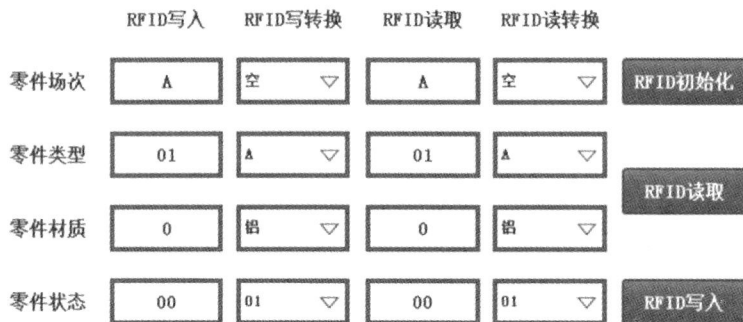

图 5-31　HMI 显示 RFID 芯片读写信息

任务实施 2　Modbus TCP 服务器通信编程与联调

◈ 任务实施要求

智能制造理实一体化平台的 PLC 与 MES 采用 Modbus TCP 通信,在 HMI 和 MES 中实时显示数控机床的安全门与夹具状态、机器人坐标值和工作状态等信息。

步骤 1　设置通信变量

数控机床的安全门状态和卡盘状态经过 PLC 在 HMI 和 MES 中显示。这些状态信息必须存放在 PLC 的 MES 变量数据块中,如表 5-17 所示。

表 5-17　数控机床安全门与卡盘状态的通信变量

数控机床 I/O 变量		MES 变量	
地址	说明	地址	说明
I2.6	数控车床卡盘张开状态	DB100.DBX131.2	数控车床卡盘状态(0—松开)
I2.7	数控车床卡盘夹紧状态	DB100.DBX131.2	数控车床卡盘状态(1—夹紧)
I3.0	数控车床安全门开状态	DB100.DBX131.1	数控车床安全门状态(0—关,1—开)
I4.6	虎钳卡盘张开状态	DB100.DBX133.2	CNC 虎钳卡盘状态(0—松开)
I4.7	虎钳卡盘夹紧状态	DB100.DBX133.2	CNC 虎钳卡盘状态(1—夹紧)
I5.0	CNC(加工中心)安全门开状态	DB100.DBX133.1	CNC 安全门状态(0—关,1—开)

机器人坐标值和工作状态也通过 PLC 在 HMI 和 MES 中显示,这些信息也必须存放在 PLC 的 MES 变量数据块中,如表 5-18 所示。

表 5-18　MES 中显示机器人(Rob)状态信息的通信变量

MES 变量		Rob 变量		说明
通信地址	数据类型	通信地址	数据类型	
DB100.DBW80	Int	DB200.DBW14	Int	ALM:机器人状态

MES 变量		Rob 变量		说明
通信地址	数据类型	通信地址	数据类型	
DB100.DBW82	Int	DB200.DBW16	Int	Home:机器人回零位
DB100.DBW84	Int	DB200.DBW18	Int	Mode:机器人模式
DB100.DBW86	Int	DB200.DBW20	Int	Run:机器人繁忙?
DB100.DBW88	Int	DB200.DBW0	Int	A1:J1 轴实时坐标值
DB100.DBW90	Int	DB200.DBW2	Int	A2:J2 轴实时坐标值
DB100.DBW92	Int	DB200.DBW4	Int	A3:J3 轴实时坐标值
DB100.DBW94	Int	DB200.DBW6	Int	A4:J4 轴实时坐标值
DB100.DBW96	Int	DB200.DBW8	Int	A5:J5 轴实时坐标值
DB100.DBW98	Int	DB200.DBW10	Int	A6:J6 轴实时坐标值
DB100.DBW100	Int	DB200.DBW12	Int	E1:E1 轴实时坐标值
DB100.DBW102	Int	DB200.DBW44	Int	R21:机器人夹具类型

步骤 2 服务器 PLC 与客户端 MES 的 Modbus TCP 通信编程

MES 的系统信息存放在 PLC 的 MES 变量数据块 DB100 中。DB100 包含 MES 发给 PLC 的指令、MES 对 PLC 指令的响应、PLC 发给 MES 的指令、PLC 对 MES 指令的响应、机器人状态、RFID 状态、立体仓库状态等信息,共 244 个 Word。在对 MES 系统变量对应的数据块 DB100 进行设置时,需取消勾选"优化的块访问"选项,然后编译以获得变量偏移地址,如图 5-32 所示。

		名称	数据类型	偏移量
1		▼ Static		
2		▶ Mes_Send_PLC	Array[1..10] of Int	0.0
3		▶ PLC_Send_Mes	Array[1..10] of Int	20.0
4		▶ Mes_Respond_PLC	Array[1..10] of Int	40.0
5		▶ PLC_Respond_Mes	Array[1..10] of Int	60.0
6		▶ Robot	Array[1..20] of Int	80.0
7		▶ Lathe	Array[1..16] of Bool	120.0
8		▶ CNC	Array[1..16] of Bool	122.0
9		▶ Restore1	Array[1..3] of Int	124.0
10		▶ Stock	Array[1..32] of Bool	130.0
11		▶ Restore2	Array[1..3] of Int	134.0
12		▶ RFID	Array[1..30] of "RFID"	140.0
13		▶ Measure_MeterValue	Array[1..5] of "Measure"	380.0
14		▶ Robot_Measure	Array[1..7] of "Measure"	410.0
15		▶ Measure_Data	Array[1..6] of "Measure"	452.0

图 5-32 MES 系统变量

PLC 与 MES 采用 Modbus TCP 通信,其中 PLC 作为服务器,MES 作为客户端。在 PLC 中,使用 Modbus TCP 通信指令时,需先将开放式用户通信设置为 V3.1 版本,然后选择版本 V3.1 的服务器通信指令 MB_SERVER 来添加通信程序,如图 5-33 所示。服务器 PLC 与客户端 MES 建立被动连接,连接状态由 DISCONNECT 参数控制,当 DISCONNECT＝0 时,表示连接已建立。PLC 存放客户端 MES 系统信息的数据指针为 MB_HOLD_REG,采用绝对地址编写,包含起始地址、数据类型和数据长度。通过确定参数 CONNECT_ID＝100,可唯一确定 CPU 中的连接。客户端 MES 连接请求 IP 端口为 IP_PORT＝502。

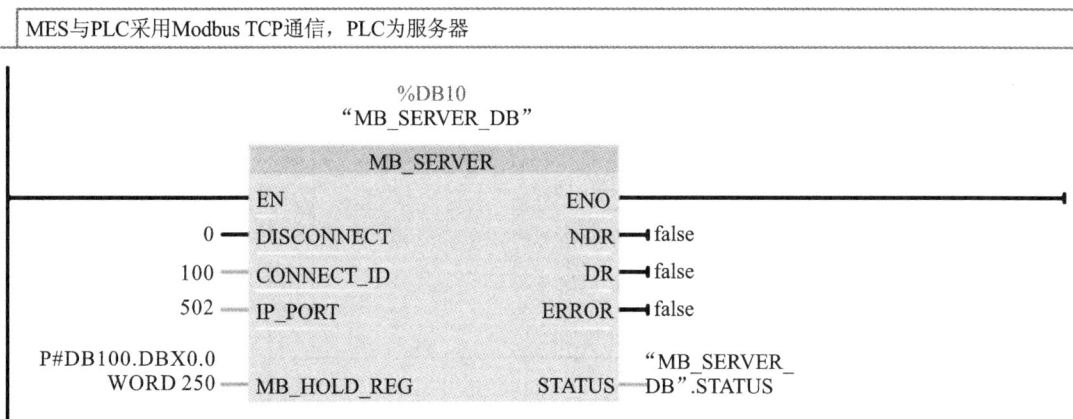

MES与PLC采用Modbus TCP通信，PLC为服务器

```
                        %DB10
                     "MB_SERVER_DB"

                        MB_SERVER

              EN                      ENO
        0 — DISCONNECT            NDR ─┤false
      100 — CONNECT_ID             DR ─┤false
      502 — IP_PORT             ERROR ─┤false
P#DB100.DBX0.0                          "MB_SERVER_
  WORD 250 — MB_HOLD_REG       STATUS ─ DB".STATUS
```

图 5-33   MB_SERVER 程序

步骤 3   MES 显示机床安全门与卡盘状态编程

MES 采用 SCL 编程显示机床状态信息,如图 5-34 所示。数控机床的信号通过 PLC 显示在 HMI 和 MES 中。

```
□IF "车床安全门状态" = TRUE THEN //车床门状态显示       □IF "加工中心安全门状态" = TRUE THEN//CNC门状态
    "MES_Data".Lathe[10] := TRUE;                        "MES_Data".CNC[10] := TRUE;
  ELSE                                                 ELSE
    "MES_Data".Lathe[10] := FALSE;                       "MES_Data".CNC[10] := FALSE;
  END_IF;                                             END_IF;
□IF "车床卡盘张开状态" = TRUE THEN //车床卡盘状态       □IF "虎钳卡盘张开状态" = TRUE THEN//CNC卡盘状态
    "MES_Data".Lathe[11] := FALSE;                       "MES_Data".CNC[11] := FALSE;
  ELSE                                                 ELSE
    "MES_Data".Lathe[11] := TRUE;                        "MES_Data".CNC[11] := TRUE;
  END_IF;                                             END_IF;
```

（a）数控车床安全门与卡盘状态　　　　　　　（b）加工中心安全门与卡盘状态

图 5-34   MES 显示机床安全门与卡盘状态的程序

步骤 4   HMI 设置

HMI 控制与显示数控机床安全门与卡盘状态,如图 5-35 所示。

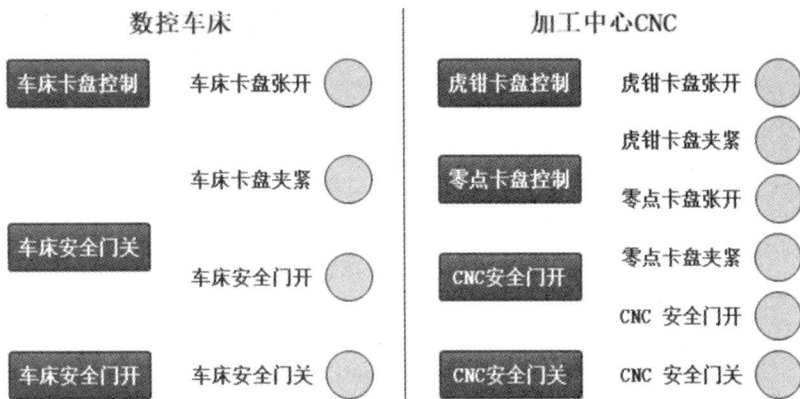

图 5-35　HMI 控制与显示数控机床安全门与卡盘状态

步骤 5　MES 显示机器人坐标值和机器人状态信息编程

MES 采用 SCL 编程显示机器人坐标值和机器人状态信息，如图 5-36 所示。

```
//整型显示机器人状态
"MES_Data".Robot[1] := "Robot_Data".ALM;
"MES_Data".Robot[2] := "Robot_Data".Home;
"MES_Data".Robot[3] := "Robot_Data".Mode;
"MES_Data".Robot[4] := "Robot_Data".Run;
"MES_Data".Robot[12] := "Robot_Data".R21;
//整型显示机器人坐标值
"MES_Data".Robot[5] := "Robot_Data".A1;
"MES_Data".Robot[6] := "Robot_Data".A2;
"MES_Data".Robot[7] := "Robot_Data".A3;
"MES_Data".Robot[8] := "Robot_Data".A4;
"MES_Data".Robot[9] := "Robot_Data".A5;
"MES_Data".Robot[10] := "Robot_Data".A6;
"MES_Data".Robot[11] := "Robot_Data".A7;
```

（a）整型显示机器人坐标值

```
"MES_Data".Robot[1] := "Robot_Data".ALM;
"MES_Data".Robot[2] := "Robot_Data".Home;
"MES_Data".Robot[3] := "Robot_Data".Mode;
"MES_Data".Robot[4] := "Robot_Data".Run;
"MES_Data".Robot[12] := "Robot_Data".R21;
FOR #j := 1 TO 7 BY 1 DO  // 实数显示机器人坐标值
    #整数 := INT_TO_REAL("MES_Data".Robot_Axis[#j].整数);
    #小数 := INT_TO_REAL("MES_Data".Robot_Axis[#j].小数);
    IF "MES_Data".Robot_Axis[#j].符号 = 0 THEN
        "HMI".Robot_Axis[#j] := #整数 + #小数/1000;
    ELSE
        "HMI".Robot_Axis[#j] := (#整数 + #小数/1000) * (-1);
    END_IF;
END_FOR;
```

（b）实数显示机器人坐标值

图 5-36　MES 显示机器人坐标值和机器人状态信息的程序

任务实施 3　Modbus TCP 客户端通信编程与联调

◆ 任务实施要求

智能制造理实一体化平台的 PLC 与机器人（Rob）采用 Modbus TCP 通信，在 HMI 中实时显示机器人坐标值和机器人状态信息。

步骤 1　设置 PLC 与 Rob 的 Modbus TCP 通信变量

Rob 的信息存放在 PLC 的 Rob 变量数据块 DB200 中。DB200 包含 PLC 读取 Rob 的信息和 PLC 向 Rob 写入的控制指令信息，共计 32 个 Word，见表 5-19。在设置变量数据块 DB200 时，需取消勾选"优化的块访问"选项，然后进行编译以获得变量偏移地址。

表 5-19 PLC 与 Rob 的通信变量

PLC 读取 Rob 信息			PLC 向 Rob 写入控制指令信息		
通信地址	数据类型	说明与解释	通信地址	数据类型	说明与解释
30001	Int	A1:J1 轴实时坐标值	40001	Int	R15:取料位
30002	Int	A2:J2 轴实时坐标值	40002	Int	R16:放料位
30003	Int	A3:J3 轴实时坐标值	40003	Int	R17:设备号
30004	Int	A4:J4 轴实时坐标值	40004	Int	R18:RFID 读写完成
30005	Int	A5:J5 轴实时坐标值	40005	Int	R19:车床安全门
30006	Int	A6:J6 轴实时坐标值	40006	Int	R20:CNC 安全门
30007	Int	E1:E1 轴实时坐标值	40007	Int	R21:备用
30008	Int	ALM:机器人状态	40008	Int	R22:外部使能信号
30009	Int	Home:机器人 Home 位	40009	Int	R23:RFID 开始读写
30010	Int	Mode:机器人模式	40010	Int	R25:Robot 确认启动
30011	Int	Run:机器人繁忙?	40011	Int	R26:车床卡盘信号
30012	Int	R11:取料位响应	40012	Int	R27:CNC 卡盘信号
30013	Int	R12:放料位响应	40013	Int	R28:预留
30014	Int	R13:设备号响应	40014	Int	R29:预留
30015	Int	R14:RFID 位置	40015	Int	R31:HMI 信号
30016	Int	R24:机器人状态	40016	Int	EXT:外部模式启动

步骤 2 PLC 与 Rob 的 Modbus TCP 通信编程

PLC 与 Rob 采用 Modbus TCP 通信,其中 PLC 作为客户端,Rob 作为服务器。在 PLC 中,使用 Modbus TCP 通信指令时,需先将开放式用户通信设置为 V3.1 版本,然后选择版本 V3.1 的客户端通信指令 MB_CLIENT 来添加通信程序。服务器 Rob 与客户端 PLC 建立被动连接,连接状态由 DISCONNECT 参数控制,当 DISCONNECT=0 时,表示连接已建立。客户端 PLC 与服务器 Rob 的连接接口标识为 CONNECT_ID=1。服务器 Rob 的 IP 地址为 192.168.8.103;端口 IP_PORT 设置成 502;通信模式 MODE 设置为读取 0 和写入 1。客户端 PLC 读取服务器 Rob 信息的起始地址为 MB_DATA_ADDR=30001;客户端 PLC 向服务器 Rob 写入信息的起始地址为 MB_DATA_ADDR=40001。PLC 存放 Rob 信息的数据指针为 MB_DATA_PTR,采用绝对地址编写,包含起始地址、数据类型和数据长度,如图 5-37 所示。读取和写入调用同一数据背景块,采用轮询方式执行。

Rob与PLC采用Modbus TCP通信，PLC为客户端

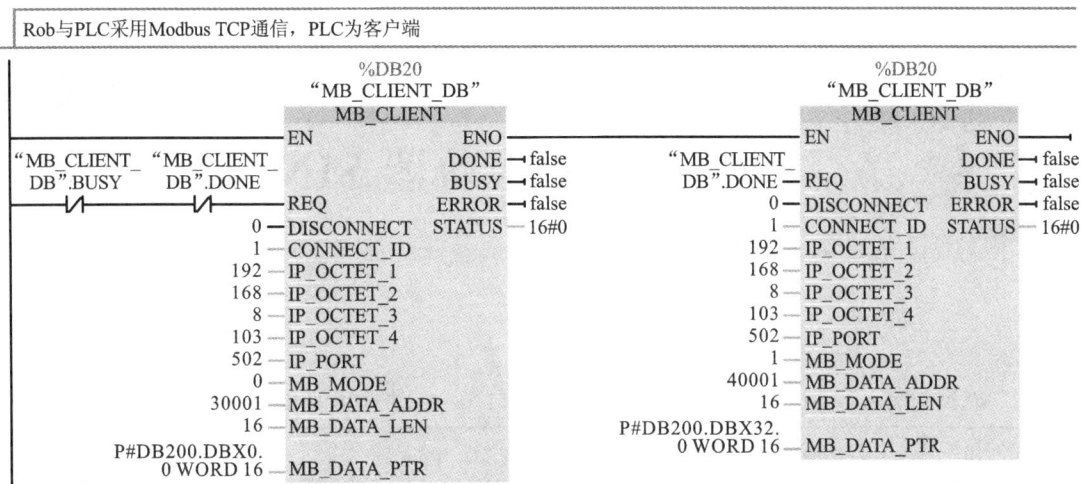

图 5-37 PLC 读取和写入 Rob 信息的程序

拓展知识 Modbus TCP 从站通信

当端口作为从站响应 Modbus 主站时，只能使用 Modbus_Slave 指令编程，相关参数见表 5-20。

表 5-20 Modbus_Slave 从站通信指令参数及其说明

Modbus_Slave 指令	引脚名称	类型	默认值	说明
	MB_ADDR	UInt	—	Modbus 从站标准寻址(0～247)
	MB_HOLD_REG	Variant	—	数据块（起始地址、指针和数据类型）
	NDR	Bool	FALSE	Modbus 主站是否写入新数据：FALSE—否；TRUE—是
	DR	Bool	FALSE	从站是否读取数据：FALSE—未读取；TRUE—已读取并存储
	ERROR	Bool	FALSE	执行命令请求完成出错，接通 1 周期
	STATUS	Word	0	错误代码

使用 Modbus_Slave 从站通信指令前，必须先运行 Modbus_Comm_Load 组态端口，以确保端口能够顺利通信。通过查询 Modbus_Slave 指令的 DONE 和 ERROR 参数，可以控制发送和接收的完整通信过程，而不使用通信报警事件来控制通信过程。此外，为了能够及时响应 Modbus 主站的请求，必须按照一定的频率定期执行 Modbus_Slave 指令，其错误代码详见附表 B.6。

附录 A
伺服驱动器 SINAMICS V90

附表 A.1　SINAMICS V90 的控制/状态接口 X8（50 芯 MDR 插座）信号与功能

类型	针脚	信号	功能（最大频率 1 MHz）	针脚	信号	功能（最大频率 200 kHz）
脉冲输入 PTI/编码器脉冲输出 PTO	1	PTIA_D+	A 相 5 V 高速差分脉冲输入＋	15	PTOA＋	A 相 5 V 高速差分编码器脉冲输出＋
	2	PTIA_D−	A 相 5 V 高速差分脉冲输入－	16	PTOA−	A 相 5 V 高速差分编码器脉冲输出－
	26	PTIB_D+	B 相 5 V 高速差分脉冲输入＋	40	PTOB＋	B 相 5 V 高速差分编码器脉冲输出＋
	27	PTB_D−	B 相 5 V 高速差分脉冲输入－	41	PTOB−	B 相 5 V 高速差分编码器脉冲输出－
	36	PTIA_24P	A 相 24 V 脉冲输入＋（正向）	42	PTOZ＋	Z 相 5 V 高速差分编码器脉冲输出
	37	PTIA_24M	A 相 24 V 脉冲输入－（接地）	43	PTOZ−	Z 相 5 V 高速差分编码器脉冲输出
	38	PTIB_24P	B 相 24 V 脉冲输入＋（正向）	17	PTOZ(OC)	Z 相编码器脉冲输出信号
	39	PTB_24M	B 相 24 V 脉冲输入－（接地）	25	PTOZ_M(OC)	Z 相脉冲输出信号参考地
数字输入输出 DI/DO	3	DI_COM	数字量输入信号公共端	23	Brake	电机抱闸控制信号
	4	DI_COM	数字量输入信号公共端	28	P24V_DO	数字量输出外部 24 V 电源
	5	DI1	数字量输入 1	29	P24V_DO	数字量输出外部 24 V 电源
	6	DI2	数字量输入 2	30	DO1	数字量输出 1
	7	DI3	数字量输入 3	31	DO2	数字量输出 2
	8	DI4	数字量输入 4	32	DO3	数字量输出 3
	9	DI5	数字量输入 5	33	DO4	数字量输出 4
	10	DI6	数字量输入 6	34	DO5	数字量输出 5
	11	DI7	数字量输入 7	35	DO6	数字量输出 6
	12	DI8	数字量输入 8	49	MEXT_DO	数字量输出外部 24 V 接地
	13	DI9	数字量输入 9	50	MEXT_DO	数字量输出外部 24 V 接地
	14	DI10	数字量输入 10		注：DO4 至 DO6 仅支持 NPN 接线类型的伺服驱动器	

续表

类型	针脚	信号	功能(最大频率 1 MHz)	针脚	信号	功能(最大频率 200 kHz)
模拟输入输出 AI/AQ	18	P12AI	模拟量输入的 12 V 电源输出	45	AO_M	模拟量输出接地
	19	AI1+	模拟量输入通道 1,正向	46	AO1	模拟量输出通道 1
	20	AI1-	模拟量输入通道 1,负向	47	AO_M	模拟量输出接地
	21	AI2+	模拟量输入通道 2,正向	48	AO2	模拟量输出通道 2
	22	AI2-	模拟量输入通道 2,负向			24、44 针脚保留未用

附表 A.2 数字量输出接口默认参数及其含义

针脚	信号	参数	默认值	含义
30	DO1	P29330	1	伺服准备就绪 RDY:1—驱动已就绪;0—驱动未就绪(存在故障或使能丢失)
31	DO2	P29331	2	故障 FAULT:1—处于故障状态;0—无故障
32	DO3	P29332	3	位置到达信号 INP:0—剩余脉冲数超出预设的位置到达范围;1—剩余脉冲数在预设的就位取值范围内(参数 P2544)
29/33	DO4	P29333	5	速度达到 SPDR:0—速度设定值与实际值之间的速度差值大于内部指令的速度值;1—电机实际速度已几乎(内部磁滞为 10 rpm)达到内部速度指令或模拟量速度指令的速度值,速度到达范围可通过参数 P29078 设置
34/44	DO5	P29334	6	达到扭矩限制 TLR:1—产生的扭矩已几乎(内部磁滞)达到正向扭矩限制、负向扭矩限制或模拟量扭矩限制扭矩值;0—产生的扭矩尚未达到任何限制
35/49	DO6	P29335	8	仅为电机抱闸状态信号 MBR:1—电机抱闸关闭;0—电机停机抱闸打开。电机停机抱闸的控制与供电均通过特定的端子实现

附表 A.3 数字量输入接口 DI 默认参数设置

针脚	信号	参数	默认信号/值				
			下标 0(PTI)	下标 1(IPos)	下标 2(S)	下标 3(T)	下标 9(Fast PTI)
5	DI1	P29301	1(SON)	1(SON)	1(SON)	1(SON)	1(SON)
6	DI2	P29302	2(RESET)	2(RESET)	2(RESET)	2(RESET)	2(RESET)
7	DI3	P29303	3(CWL)	3(CWL)	3(CWL)	3(CWL)	8(EGEAR1)
8	DI4	P29304	4(CCWL)	4(CCWL)	4(CCWL)	4(CCWL)	9(EGEAR2)
9	DI5	P29305	5(G-CHANGE)	5(G-CHANGE)	12(CWE)	12(CWE)	5(G-CHANGE)
10	DI6	P29306	6(P-TRG)	6(P-TRG)	13(CCWE)	13(CCWE)	19(SLIM1)
11	DI7	P29307	7(CLR)	21(POS1)	15(SPD1)	18(TSET)	7(CLR)
12	DI8	P29308	10(TLIM1)	22(POS2)	16(SPD2)	19(SLIM1)	10(TLM1)

注:DI9 固定分配快速停止信号 EMGS;DI10 固定分配切换模式信号 C-MODE。

附表 A.4　数字量输入接口 DI 默认参数及其含义

编号	名称	含义
1	SON	伺服开启:上升沿时接通电源电路,使伺服驱动准备就绪;下降沿时在 PTI、Fast PTI、IPos、S 模式下减速停车(OFF1),在 T 模式下自由停车(OFF2)
2	RESET	复位报警:上升沿时复位报警
3	CWL	顺时针超行程限制(正限位):1—运行条件;下降沿时急停(OFF3)
4	CCWL	逆时针超行程限制(负限位):1—运行条件;下降沿时急停(OFF3)
5	G-CHANGE	增益参数集间增益切换:0—第一个增益参数集;1—第二个增益参数集
6	P-TRG	在 PTI/Fast PTI 模式下,脉冲允许/禁止:0—允许脉冲设定值;1—禁止脉冲设定值。 在 IPos 模式下,位置触发器:上升沿时根据已选的内部位置设定值开始定位
7	CLR	清除位置控制剩余脉冲:0—不清除;1—按照 P29242 参数选中的模式清除脉冲
8	EGEAR1	电子齿轮:经过 EGEAR1 和 EGEAR2 信号组合可选择 4 组电子齿轮比。
9	EGEAR2	EGEAR2:EGEAR1＝0:0—齿轮比 1;EGEAR2:EGEAR1＝0:1—齿轮比 2;EGEAR2:EGEAR1＝1:0—齿轮比 3;EGEAR2:EGEAR1＝1:1—齿轮比 4
10	TLIM1	选择扭矩限制:TLIM1 和 TLIM2 信号组合可选择 4 个扭矩限制指令。
11	TLIM2	TLIM2:TLIM1＝0:0—内部扭矩限制 1;TLIM2:TLIM1＝0:1—外部扭矩限制(模拟量输入 2);TLIM2:TLIM1＝1:0—内部扭矩限制 2;TLIM2:TLIM1＝1:1—内部扭矩限制 3
12	CWE	使能顺时针旋转:1—使能顺时针旋转,斜坡上升;0—禁止顺时针旋转,斜坡下降
13	CCWE	使能逆时针旋转:1—使能顺时针旋转,斜坡下降;0—禁止顺时针旋转,斜坡上升
14	ZSCLAMP	零速钳位:0—无动作;1—电机速度设定值为模拟量且小于阈值时,电机停止并抱闸
15	SPD1	内部速度设定值(旋转速度模式):SPD1～SPD3 组合可选择 8 个速度设定值/限制指令源。
16	SPD2	SPD3:SPD2:SPD1＝0:0:0—外部模拟量速度设定值;SPD3:SPD2:SPD1＝0:0:1—内设 1;SPD3:SPD2:SPD1＝0:1:0—内设 2;SPD3:SPD2:SPD1＝0:1:1—内设 3;SPD3:SPD2:
17	SPD3	SPD1＝1:0:0—内设 4;SPD3:SPD2:SPD1＝1:0:1—内设 5;SPD3:SPD2:SPD1＝1:1:0—内设 6;SPD3:SPD2:SPD1＝1:1:1—内设 7
18	TSET	选择扭矩设定值:0—外部扭矩设定值(模拟量输入 2);1—内部扭矩设定值
19	SLIM1	选择速度限制:SLIM1、SLIM2 组合可选择 4 个速度限制指令源。
20	SLIM2	SLIM2:SLIM1＝0:0—内部速度限制 1;SLIM2:SLIM1＝0:1—外部速度限制(模拟量输入 1);SLIM2:SLIM1＝1:0—内部速度限制 2;SLIM2:SLIM1＝1:1—内部速度限制 3
21	POS1	选择位置设定值:POS1～POS3 组合可选择 8 个内部位置设定值源。
22	POS2	POS3:POS2:POS1＝0:0:0—1;POS3:POS2:POS1＝0:0:1—2;POS3:POS2:POS1＝0:1:0—3;POS3:POS2:POS1＝0:1:1—4;POS3:POS2:POS1＝1:0:0—5;POS3:POS2:
23	POS3	POS1＝1:0:1—6;POS3:POS2:POS1＝1:1:0—7;POS3:POS2:POS1＝1:1:1—8

编号	名称	含义
24	REF	通过数字量输入或参考挡块输入设置回参考点方式下的零点:上升沿时参考点输入
25	SREF	通过信号 SREF 开始回参考点
26	STEPF	向前位进至下一个内部位置设定值:上升沿时开始进位
27	STEPB	向后位进至上一个内部位置设定值:上升沿时开始进位
28	STEPH	位进至内部位置设定值1:上升沿时开始进位

附录 B
Modbus 通信指令错误代码

附表 B.1 通信组态指令 Modbus_Comm_Load 组态错误代码

错误代码	含义	解决办法
16♯8181	数据传输速率错误	检查数据传输速率 BAUD 参数设置和选择是否有效
16♯8182	奇偶校验设置错误	检查奇偶校验 PARITY 参数设置和选择是否有效
16♯8183	数据流控制类型	检查数据流控制 FLOW_CTRL 参数设置和选择是否有效
16♯8184	"响应超时"值无效	检查响应超时 RESP_TO 参数数值设置是否合适（1～65535 ms）
16♯8280	读取模块时进行否定确认	检查 PORT 参数中的输入
16♯8281	写入模块时进行否定确认	检查 PORT 参数中的输入
16♯8282	模块不可用	检查 PORT 参数中的输入并确保模块可访问

附表 B.2 主站通信指令 Modbus_Master 组态错误代码

错误代码	含义	解决办法
16♯8180	MB_DB 参数值无效	检查 Modbus_Comm_Load 指令 MB_DB 组态值及互连情况
16♯8186	站地址无效	检查站地址 MB_ADDR 参数值是否选择合适
16♯8188	操作模式无效	检查操作模式 MODE 参数值是否选择正确
16♯8189	数据地址无效	检查数据地址 DATA_ADDR 参数值是否设置正确
16♯818A	长度无效	检查数据长度 DATA_LEN 参数值是否设置正确
16♯818B	DATA_PTR 值无效	检查数据指针 DATA_PTR 参数值是否设置正确
16♯818C	DATA_PTR 参数互连错误	检查指令的互连参数值是否设置正确
16♯818D	DATA_PTR 区域长度无效	检查 DATA_PTR 指针参数值是否设置正确
16♯8280	读取模块时进行否定确认	检查 PORT 参数中的输入
16♯8281	写入模块时进行否定确认	检查 PORT 参数中的输入

附表 B.3　服务器通信指令 MB_SERVER 错误代码

错误代码		含义	错误代码		含义
组态错误	0000	指令已执行,且无任何错误	协议错误	8380	接收的 Modbus 帧错误或字节数过少
	0001	连接已建立		8381	不支持功能代码
	0003	连接已终止		8382	数据长度错误
	7000	未激活任何调用(REQ=0)		8383	数据地址错误或超出所指地址区域
	7001	首次调用,已触发连接建立操作		8384	数据值错误(功能 5)
	7002	中间调用,正在建立连接		8385	诊断代码不支持
	7003	正在终止连接	参数错误	80BB	ACTIVE_EST 参数值无效
	7005	正在发送数据		8187	参数 MB_HOLD_REG 指针无效
	7006	正在接收数据		818C	参数 MB_HOLD_REG 引用已优化的 DB

附表 B.4　客户端通信指令 MB_CLIENT 错误代码

错误代码	说明(参数错误)
80BB	ACTIVE_EST 参数值无效;FALSE—只允许对服务器建立被动连接;TRUE—只允许对客户端建立主动连接
8188	MB_MODE 参数值无效
8189	MB_DATA_ADDR 参数的数据地址无效
818A	MB_DATA_LEN 参数的数据长度无效
818B	MB_DATA_PTR 参数的指针无效
818C	MB_DATA_PTR 指针引用一个已优化的数据块,参数 BLOCKED_PROC_TIMEOUT 超时
8200	端口正在处理另一个 Modbus 请求

附表 B.5　客户端通信指令 MB_CLIENT 错误代码

错误代码	本地/远程	默认	说明
80C8	本地	—	检查与 Modbus 服务器的连接,指定时间内服务器无响应;MB_CLIENT 指令指定时间内没有收到最初传输事务 ID 应答
8380	本地	—	接收的 Modbus 帧格式错误或字节数过少
8381	远程	01	不支持功能代码

错误代码	本地/远程	默认	说明
8382	本地	—	帧标头中的 Modbus 帧长度与接收的字节数目不一致;使用功能 1~4 时,字节数目与实际传送的字节数不一致(仅);使用功能 5、6、15、16 时,收到帧的起始地址与已保存的起始地址不一致;使用功能 15 和 16 时,字数与实际传送字数不一致
	远程	03	接收的 Modbus 帧长度无效(检查服务器)
8383	本地	—	读/写数据错误或访问了 MB_DATA_PTR 地址外的区域
	远程	02	读/写数据错误或访问服务器地址区域以外的位置
8384	本地	—	接收到无效异常代码;使用功能 11 时,接收到无效状态值;使用功能 5、6 和 8 时,接收到的数据值与最初由客户端发送的不同
	远程	03	使用功能 5 时,数据值错误
8385	本地	—	诊断代码不支持;使用功能 8 时,接收的子功能代码与客户端发送的不同
	远程	03	诊断代码不支持
8386	本地	—	接收到的功能代码与最初发送的代码不一致
8387	本地	—	服务器收到的 Modbus TCP 协议 ID 不为 0;指定的连接 ID 与之前请求的不同
8388	本地	—	使用功能 15 或 16 时,Modbus 服务器发送的数据长度与所请求的不同

附表 B.6 从站通信指令 Modbus_Slave 组态错误代码

错误代码	含义	解决办法
16#8186	从站地址无效	检查从站地址 MB_ADDR 参数值设置是否正确
16#8187	MB_HOLD_REG 参数值无效	检查保持寄存器 MB_HOLD_REG 参数值设置是否正确
16#8188	操作模式无效	检查操作模式 MODE 选择参数值设置是否正确
16#818C	指向 MB_HOLD_REG 的指针错误	检查 MB_HOLD_REG 的指针是否指向数据块或位存储器地址区
16#8280	读取模块时进行否定确认	检查 PORT 参数中的输入
16#8281	写入模块时进行否定确认	检查 PORT 参数中的输入

参考文献

REFERENCES

[1] 陈青艳,陈帆.机电设备安装与调试[M].南京:南京大学出版社,2016.

[2] 吴繁红.西门子 S7-1200 PLC 应用技术项目教程[M].2 版.北京:电子工业出版社,2021.

[3] 郭艳萍,陈冰.变频及伺服应用技术[M].北京:人民邮电出版社,2024.

[4] 何用辉,等.自动化生产线安装与调试[M].3 版.北京:机械工业出版社,2022.

[5] 廖常初.S7-1200/1500PLC 应用技术[M].北京:机械工业出版社,2018.

[6] 赵橄培,罗赞如.智能制造控制系统编程与调试[M].北京:人民邮电出版社,2022.

[7] 何琼.可编程控制器技术[M].北京:高等教育出版社,2014.

[8] 张永飞,姜秀玲.PLC 程序设计与调试:目化编程[M].2 版.大连:大连理工大学出版社,2015.